I0868530

La Paleovegetación en el Norte de Grecia desde el Tardiglaciar hasta el Atlántico

Formaciones Vegetales, Recursos y Usos

Maria Ntinou

BAR International Series 1038
2002

Published in 2019 by
BAR Publishing, Oxford

BAR International Series 1038

La Paleovegetación en el Norte de Grecia desde el Tardiglaciar hasta el Atlántico

ISBN 9781841713083 paperback
ISBN 9781407324234 e-book

DOI https://doi.org/10.30861/9781841713083

A catalogue record for this book is available from the British Library

This book is available at www.barpublishing.com

BAR Publishing is the trading name of British Archaeological Reports (Oxford) Ltd. British Archaeological Reports was first incorporated in 1974 to publish the BAR Series, International and British. In 1992 Hadrian Books Ltd became part of the BAR group. This volume was originally published by John and Erica Hedges in conjunction with British Archaeological Reports (Oxford) Ltd / Hadrian Books Ltd, the Series principal publisher, in 2002. This present volume is published by BAR Publishing, 2019.

BAR
PUBLISHING

BAR titles are available from:

BAR Publishing
122 Banbury Rd, Oxford, OX2 7BP, UK
EMAIL info@barpublishing.com
PHONE +44 (0)1865 310431
FAX +44 (0)1865 316916
www.barpublishing.com

CONTENIDOS - CONTENTS

Lista de Figuras – List of Figures

Lista de Cuadros – List of Tables

Lista de Laminas – List of Plates

a mis padres

AGRADECIMIENTOS

Antes de empezar la presentación de este trabajo me gustaría agradecer a todas las personas e instituciones que me han ayudado a realizarlo.

A la Dra. Tina Badal, la directora de esta tesis por su amistad y ayuda científica durante varios años. Me considero especialmente afortunada de haber contado con el apoyo de una persona llena de entusiasmo e ideas nuevas. Fue ella que me introdujo en la Antracología y ha conseguido no solamente que aprendiese todo que hoy en día se sobre la disciplina sino que hiciera con mucha ilusión cualquier trabajo de campo o laboratorio. Le tengo que agradecer conocimientos, viajes, colaboración, amistad y sobre todo el trabajo en equipo.

A todo el Departamento de Prehistoria y Arqueología de la Universitat de València y a los directores del Departamento durante estos años, Dra. C. Aranegui, Dr. V. Villaverde y Dr. J.L. Jiménez les tengo que agradecer su constante apoyo. Desde el primer momento y durante los seis años de mi estancia aquí he sido acogida con muchísima amistad y siempre se me ha facilitado toda la ayuda posible. Especialmente al Dr. Villaverde, le tengo que dar las gracias porque durante estos años siempre ha mostrado interés por el desarrollo de mi trabajo y ha contribuido con comentarios o consejos.

A Concha Francés y a Roberto Soria, de la administración del Departamento. Especialmente a Concha que más de una vez ha solucionado problemas de burocracia, más complicados aún con el extranjero.

A los miembros del tribunal de la Tesis Doctoral Dr. J.-L. Vernet, Dra M. Dupré Ollivier, Dr. J. Carrión, Dra. C. Heinz y Dr. N. Efstratiou les debo agradecer la participación y sugerencias.

A los directores de las excavaciones de donde procede el material antracológico aquí presentado les debo mis más sinceros agradecimientos porque han confiado en mi y en la aplicación de una disciplina nueva en yacimientos de Grecia, de la que apenas había resultados. A la Dr. Eleni Kotjabopoulou, a la Dra. Eleni Panagopoulou y a la Dra. Eugenia Adam, que durante los años de excavación en el abrigo de Boila me han facilitado el trabajo de recogida de muestras, han prestado mucha atención en la aplicación más eficaz del método antracológico y han dedicado tiempo a la discusión de los resultados de este trabajo. Al Dr. Nikos Efstratiou, el director de la excavación de Makri, le debo agradecer, aparte del material del yacimiento, el apoyo y la amistad desde el primer momento de la realización de este trabajo. El material del yacimiento de Dispilio me ha sido confiado por el profesor Giorgos Hourmouziadis al que agradezco la colaboración y consejos durante la excavación.

A mis compañeras de laboratorio, Yolanda Carrión y Sonia de Haro, les agradezco la ayuda durante estos años. Especialmente con Yolanda, hemos tenido más de una vez de pasar "crisis" antracológicas juntas y sinceramente, es muy importante para mi seguir contando con su apoyo, opinión y colaboración. Si con Tina y Yolanda he aprendido a trabajar en equipo, éste ha sido el equipo perfecto.

A mis compañeras y compañeros del Departamento de Prehistoria les tengo que agradecer muchísima ayuda. Generalmente, no estoy muy inspirada con los ordenadores y lo saben muy bien Inés Domingo, Esther López y Eva Collado que muchas veces han tenido que dejar su trabajo para solucionar mis problemas informáticos. Manuel Gozalbes me ha prestado constantemente su ayuda ante mi desesperación con impresoras y ordenadores. Guillermo Pascual ha sido el "mestre" que sin su ayuda todavía estaría luchando con los programas de dibujo. A todos ellos, a Magda Gómez, a Charo Cebrián, a Amparo Valcárcel y más amigos del Departamento les tengo que agradecer algo más importante que ayuda científica o técnica, su amistad y muchas horas agradables y divertidas. En estas pocas líneas mis más sinceras gracias.

A mis compañeros de las excavaciones durante varios años, les debo agradecer la ayuda y todos los buenos momentos que hemos pasado a pesar de lo pesada que es a veces la recogida de carbón. A Duska Urem y a Georgia Tsartsidou que me han apoyado más allá de lo profesional. Especialmente, me gustaría agradecerle a Juan Salazar la colaboración en el "arte de tamizar" que tan solo por ello viajó hasta Grecia.

A los habitantes de la aldea de Sarakiní, les debo las gracias por una experiencia que considero única. Han sido siempre muy amables y a pesar de los problemas de comunicación que existen, yo creo que al final han conseguido dejar en mi memoria, ya no la científica sino la humana, un recuerdo muy especial en unas montañas del norte de Grecia, sin luz a finales del siglo XX, pero con paseos, vistas y conversaciones muy interesantes.
Con el texto en inglés me han ayudado con mucha paciencia varias personas. Les debo agradecer especialmente a Magda Ntinou, Nick Thompson, Ntino Zoumberi y Agustín Diez por aportar sus conocimientos y sugerencias. El resultado final con todas las imperfecciones y errores es únicamente responsabilidad mía.

Para la realización de la Tesis Doctoral he contado con la ayuda económica de la Fundación Estatal de Becas de Grecia que me ha sido otorgada durante 3 años, desde el septiembre de 1997 hasta el septiembre de 2000.

Durante el tiempo que he estado realizando este trabajo siempre he contado con la confianza y el apoyo de mi familia, mis padres y mi hermana. Realmente, han colaborado en todo esto, mucho antes de que yo empezase, ofreciéndome siempre la posibilidad de hacer lo que me parecía interesante. Mi padre me enseñó el paisaje antes de yo subiera nada sobre las plantas y seguramente tantas excursiones en el campo dejaron en alguna parte de mi inconsciente su huella.

Serían muy incompletas estas paginas si no incluyera un enorme gracias a muchos amigos en España y en Grecia que a su manera han estado siempre a mi lado.

Durante los últimos meses, los más críticos en cuanto a impresión, depósito y papeleo asociados a un tesis, no he podido estar en Valencia. Muchos amigos aquí, me han ayudado a acabar todo esto y realmente han trabajado ellos más que yo. Por todo, sinceramente, muchísimas gracias.

La publicación de los resultados antracológicos de Grecia en BAR, International Series se realiza un año después de haber presentad mi Tesis Doctoral en el Departamento de Prehistoria de la Universitat de València. Durante este tiempo he contado con una beca del Wiener Laboratory of The American School of Classical Studies at Athens, Grecia, para seguir la investigación sobre la vegetación prehistórica. Mi estancia en este laboratorio me ha permitido cumplir mi deseo de seguir con la investigación y aplicar en nuevos yacimientos los conocimientos ya obtenidos. A la directora del Wiener Laboratory, Sherry Fox, le debo dar las gracia por haberme facilitado el trabajo en todos los aspectos. La presente publicación se ha preparado en parte en este Laboratorio con los consejos y la ayuda técnica de mis compañeros Chrissi Bourbou y Niko Manias.

INTRODUCCION

En las últimas décadas la Arqueología ha mostrado un creciente interés por las condiciones ecológicas del pasado de manera que ha surgido como disciplina complementaria la Arqueología Medioambiental (Environmental Archaeology). Las condiciones paleoambientales se han integrado en modelos interpretativos que han atribuido mayor o menor importancia a su papel para la interpretación de procesos culturales. Actualmente, se considera que hay interacción entre los grupos humanos y el medio; de este modo los grupos prehistóricos se perciben como agentes activos dentro de los ecosistemas que toman decisiones valorando las posibilidades ofrecidas por el medio. A medida que se avanza en el tiempo la balanza se inclina más hacia el lado de los grupos humanos puesto que producen modificaciones de su entorno a gran escala.

Bajo este punto de vista se ha tomado conciencia de la importancia de la investigación sobre todos los factores que intervienen en la composición de los ecosistemas, abióticos y bióticos, para la reconstrucción lo más fiable posible del pasado. Así, mediante análisis específicos se intenta reconstruir las condiciones climáticas y geomorfológicas en periodos concretos bien definidos por métodos perfeccionados de datación. La reconstrucción de la vegetación de los distintos momentos del pasado se ha considerado muy importante como fuente adicional para conocer las condiciones climáticas. Adicionalmente, el medio vegetal adquiere una relación más estrecha con la investigación arqueológica ya que los grupos humanos utilizan los recursos vegetales de manera variable siendo tal vez uno de los usos más constantes, sobre todo a partir del Paleolítico Medio la recogida de madera para combustible. Así los restos de madera carbonizada procedentes de fuegos domésticos o de la quema accidental de objetos y estructuras constituyen hallazgos frecuentes en las excavaciones arqueológicas y son evidencia del uso del entorno vegetal por parte de los humanos.

El interés por el carbón arqueológico comenzó hacia finales del siglo pasado mucho antes de que se consolidase en método bien definido la Antracología. Durante las últimas décadas con el perfeccionamiento de los métodos de datación por ^{14}C y dentro del marco de la Arqueología del Medio Ambiente el carbón recuperado en las excavaciones se ha tratado como un macroresto que está relacionado con las actividades humanas y con la gestión del entorno vegetal. Así cada vez se muestra más interés por la recogida y análisis de los restos de madera carbonizada. El análisis de carbón según investigadores y escuelas puede ofrecer información variada; la interpretación de los datos tiene aportación etnológica puesto que los grupos humanos intervienen en la recogida de leña o madera con criterios culturales o basados en las cualidades de la materia prima; alternativamente los datos del análisis de carbón cuando la recogida del material en la excavación sigue las pautas establecidas de un método riguroso puede aportar información ecológica y etnobotánica. Esta última es la visión de la Antracología actual que dispone de un método bien definido para la recogida y el análisis del carbón hallado en las excavaciones arqueológicas.

Los resultados antracológicos que se presentan en este trabajo se han basado en la disciplina antracológica tal como ha sido definida por la escuela de investigadores de Montpellier y que tiene tres áreas de trabajo: la metodológica, la paleoecológica y la paleoetnobotánica (Vernet 1997). En el trabajo de campo hemos intentado mantener las directrices establecidas que permitirían la máxima fiabilidad de los datos. Evidentemente, cada yacimiento arqueológico es un caso particular y el método se tiene que adaptar a las particularidades.

La metodología es un terreno de constante investigación para la disciplina antracológica. Estudios específicos en varios yacimientos prehistóricos e históricos han sido la base de avances metodológicos que ayudan a consolidar las bases interpretativas de la Antracología. En nuestro caso hemos tenido la oportunidad de participar en un proyecto etnoarqueológico que nos ha ofrecido la posibilidad de realizar un experimento antracológico; aplicar la metodología antracológica específica para conjuntos concretos como los hogares y basureros en un medio vegetal actual.

Un objetivo de este trabajo ha sido realizar algunas consideraciones sobre ciertos aspectos del método antracológico mediante las observaciones en el terreno y los resultados antracológicos del estudio etnoarqueológico. Como bien define la etnoarqueología actual, la analogía no debe utilizarse para la interpretación del pasado; pero sí puede ser una base para reflexionar. Bajo este punto de vista, nuestra finalidad es ver hasta qué punto las hipótesis teóricas de la Antracología arqueológica surgidas en virtud de resultados reproducidos en muchos yacimientos arqueológicos se confirman en contextos actuales. Es decir, intentaremos ver si la variedad del comportamiento humano hacia la gestión del entorno para combustible se refleja en un momento concreto (actual) y en un contexto observable de la misma forma que se percibe en los yacimientos arqueológicos. En todo caso, partimos de la base de que las generalizaciones se deben evitar, tal como demuestra la variabilidad de los ejemplos etnográficos respecto al comportamiento humano; en este sentido los resultados tienen validez para este caso de estudio y en el nivel que se aprecian divergencias o convergencias se hace una valoración en relación a los resultados antracológicos de los contextos arqueológicos.

El segundo objetivo de este trabajo es, mediante la aplicación de la Antracología, aportar información respecto a las formaciones vegetales utilizadas por los grupos humanos prehistóricos en una zona que cuenta con mucha información paleoecológica procedente de análisis polínicos pero con escasos datos antracológicos. Así en Grecia, en las regiones del Epiro, de Macedonia occidental y de Tracia hemos contado con la colaboración de arqueólogos que nos han dado la oportunidad de aplicar el método antracológico en tres yacimientos: uno del Paleolítico Final y dos del Neolítico Tardío. No disponemos de secuencias largas y la distancia cronológica y espacial de los yacimientos es grande pero hay dos puntos interesantes en este análisis aquí presentado.

En primer lugar, el yacimiento de Boila, el abrigo paleolítico, tiene una secuencia que cubre el Tardiglaciar y se localiza en una zona que en la bibliografía se ha asociado a la existencia de refugios de vegetación arbórea durante el Pleistoceno; adicionalmente, la investigación arqueológica sobre el Paleolítico ha detectado posibles cambios en los patrones de explotación y ocupación de hábitats por parte de los grupos humanos en relación con los cambios climáticos y de biomasa registrados durante el Tardiglaciar. De este modo, el análisis antracológico en el abrigo tardiglaciar es importante en lo que concierne la composición vegetal de las zonas de aprovisionamiento de leña de estos grupos humanos al final del Pleistoceno y tal vez al comienzo del Holoceno, un periodo de transición que viene marcado por cambios climáticos globales.

En segundo lugar, los dos yacimientos neolíticos corresponden al Neolítico Tardío y por la evidencia arqueológica se trata de comunidades totalmente sedentarias que se desarrollan durante el VI milenio BC en dos medios muy diversos respecto a sus características geográficas y climáticas. El análisis antracológico en estos yacimientos entra en la problemática de la influencia humana sobre el medio a través de la gestión del entorno vegetal que efectúan las comunidades campesinas de subsistencia. El objetivo es ver de qué forma intervienen en el medio, cómo lo modifican y qué implicaciones puede tener el aspecto del entorno vegetal cercano a estas comunidades respecto a la gestión de su territorio de producción.

Adicionalmente, en estos yacimientos neolíticos hemos recogido muestras de los niveles de incendio de las estructuras de hábitat. Mediante el análisis de los restos de madera de construcción intentaremos aportar información adicional sobre los métodos de construcción y el uso del entorno vegetal como materia prima en otras actividades aparte de la recogida de leña.

Nuestra perspectiva, a través del análisis antracológico tiene la intención de ser más humana que vegetal; con eso queremos decir que el propio material, objeto de este análisis, es el resultado de unas actividades humanas dirigidas a cumplir necesidades primordiales como la de la energía calorífica. El reflejo de estas actividades es el entorno inmediato o mejor dicho la zona de aprovisionamiento de leña. ¿Como se integra la información antracológica en el contexto más amplio del periodo cronológico en cuestión y de la historia de la vegetación en Grecia tan ampliamente descrita a través de numerosos análisis polínicos?

Un intento de sintetizar los datos procedentes de nuestro estudio con aquellos procedentes de estudios polínicos u ocasionalmente otros estudios paleoecológicos realizados en Grecia es primordial. La diferentes disciplinas por su propio método de investigación dan resultados que pueden distanciarse. No obstante, hay puntos de complementariedad y nuestro objetivo es intentar aportar nuevos datos o simplemente información bajo otro punto de vista a la ya existente.

En cualquier caso, además de las finalidades específicas de este trabajo pensamos que el objetivo general es reflexionar sobre dudas metodológicas y de interpretación que el propio material supone. En este trabajo se tratarán unos temas que esperamos poder seguir investigando ampliando así el registro antracológico en el tiempo y en el espacio en un país como Grecia que hasta este momento cuenta con poca información al respecto.

El primer capítulo se dedica a una recopilación de las distintas propuestas de interpretación respecto al carbón arqueológico puesto que la base para la realización de este trabajo ha sido principalmente la definición del método que se iba a seguir. A continuación se explica el método por el que hemos optado tanto para la recogida del carbón como en el laboratorio, en el tratamiento estadístico y en la interpretación de los datos. Problemas metodológicos relacionados con particularidades de las muestras de carbón recogidas en los yacimientos estudiados se incluyen en este primer capítulo; comprobar la fiabilidad estadística de los datos es un paso imprescindible antes de proseguir a su interpretación.

En el segundo capítulo se presenta la descripción anatómica de taxa vegetales identificados junto a una breve mención a sus características ecológicas y sus usos tanto actuales como históricos o prehistóricos.

El tercer capítulo está dedicado a la presentación de las regiones donde se localizan los yacimientos aquí estudiados. Se recoge información geográfica, climática y de vegetación y se describen brevemente los puntos más importantes de la secuencia cronológica - cultural regional en relación con los yacimientos del estudio antracológico.

El cuarto capítulo incluye la presentación del yacimiento actual donde se ha realizado el proyecto etnoaqueológico y de los resultados del análisis antracológico allí llevado a cabo.

Los tres siguientes capítulos contienen toda la información procedente del análisis de carbón de los tres yacimientos prehistóricos. Se mantiene un orden cronológico y de proximidad geográfica de modo que en el quinto capítulo se presentan los resultados antracológicos del abrigo tardiglaciar de Boila, en la región del Epiro, en el sexto capítulo los resultados del yacimiento del Neolítico Tardío de Dispilió, en la región de Macedonia occidental; y en el séptimo capítulo los resultados del yacimiento del Neolítico Tardío de Makri.

El octavo capítulo es una síntesis de toda la información respecto a la historia vegetal del Tardiglaciar y del Holoceno de Grecia. Se basa en nuestros datos antracológicos y los datos polínicos.

Finalmente, el último capítulo está dedicado a la aportación etnobotánica de la antracología y allí se presentan los resultados del la madera de construcción, recogida en los niveles de incendio de los dos yacimientos neolíticos.

En estas primeras paginas de introducción hay que señalar que los términos taxon y taxa frecuentemente encontrados a continuación se refieren a unidades taxonómicas, unidades de clasificación que pueden corresponder a familia, género o especie vegetal.

En cuanto a las dataciones incluidas, BP se refiere a dataciones de radiocarbono sin calibrar, por tanto son fechas de calendario radiocarbono, y la abreviación BC a años antes de Cristo, por tanto años reales. La abreviatura cal. se utiliza para las fechas calibradas.

INTRODUCTION

In recent years, Environmental Archaeology has become an important discipline complementary to Archaeology due to the increasing interest in palaeoenvironmental conditions and the interaction between human groups and the dynamic ecosystems that form the scenery of their activity; human groups are considered to be active agents in their environment, deciding their activities through an evaluation of the possibilities offered by the surrounding ecosystems.

Reconnaissance of past environments is considered to be an important element in the understanding of human decision-making. Specific analyses have been applied in order to reconstruct the climatic and the geomorphological conditions of precise past periods well defined by new dating techniques. Investigation on past vegetation is considered to be an important tool in gaining information on past climates. Additionally, plant formations are closely related to the archaeological research since they constitute the main fuel source for human groups from the Middle Palaeolithic on. In this respect, burned firewood remains, construction elements or wooden artefacts can be recovered in excavations, manifesting the use of vegetation in human activities.

Charcoal recovered in excavations has become the object of analysis since the end of the 19th century long before charcoal analysis was consolidated in a well-defined method. In this century, ^{14}C dating methods turned charcoal into an important find in the archaeological context. The advance of Environmental Archaeology resulted in the inclusion of charcoal among other macro remains related to human activities and the management of plant formations. Charcoal analysis, according to different experts' opinions and schools can either offer ethnobotanical or ecological information. The method of charcoal analysis (Anthracology) as defined by the school of Montpellier, can integrate various information, palaeoecological and palaeoethnobotanical, given that the norms of the method are strictly followed.

Charcoal results presented here are based on this method that includes three investigation areas: methodology, palaeoecology and palaeoethnobotany. We have followed the established methodological lines in the field in order to get the greatest reliability possible. Of course, each site is a particular case and any method has to be adapted to those particularities.

Methodology is an area of constant investigation for charcoal analysis and through specific studies in prehistoric and historical sites there have been major advances in the consolidation of the interpretative bases. In our case we have had the opportunity to participate in an ethnoarchaeological project that offered the possibility of carrying out a charcoal analysis experiment, i.e. applying charcoal analysis method in specific contexts like hearths and waste dumps under present vegetation conditions.

One of the objectives of the present study is to make some considerations about methodological aspects through observations in the terrain and charcoal analysis results of the ethnoarchaeological study. Our aim is to see if some of the theoretical hypotheses of charcoal analysis applied in Archaeology and based on results reproduced in various sites are confirmed in the present contexts. Obviously we accept the limits of ethnoarchaeological analogy, which does not permit interpretation of the past. With those limitations in mind we will try to see if the variability in human activities concerning the managing of vegetation for fuel is reflected in a present day observable context in the same manner as in an archaeological context. We will try to evade generalisations and to the level that convergence and divergence with prehistoric results is observed we will make an evaluation.

Another objective of the present study is to provide more information on plant formations used by human groups in prehistory. In Greece there is plenty of palynological information but scarce data derived from charcoal analysis. In the three Greek regions presented here, Epirus, West Macedonia and Thrace, we had the opportunity to collaborate with archaeologists who supported the application of this method in three sites, a Late Glacial rockshelter and two Late Neolithic sites. The sequences are not long and the chronological and spatial distance between sites is great. However, there are two interesting points in the study here presented.

On one hand, the Boila rockshelter has revealed a sequence that covers the Late Glacial and is located in a region associated in literature with vegetation refugia during the Pleistocene. Additionally palaeolithic investigation carried out in the same region has detected changes in the exploitation and occupation patterns partly related to climate and biomass changes during the Late Glacial. In this respect, charcoal analysis carried out in the rockshelter is important in that it concerns the tree composition of the wood gathering territories visited by human groups during the end of the Pleistocene and probably the beginning of the Holocene, a time of transition marked by global climatic change.

On the other hand the two neolithic sites are attributed to late neolithic, totally sedentary communities of the VI millennium BC, in two geographically and climatically different regions. Charcoal analysis in those sites is integrated in the discussion on human influence upon the environment through activities of subsistence farming communities. Our aim is to document the way they interfere in their environment, how they modify it and what the implications are concerning the managing of their territory of production. Additionally, in those sites, destruction levels were recovered where burned timber was preserved. Analysis of those remains could offer information on the construction techniques and the use of plant resources in other activities apart from firewood gathering.

In Greece much information on palaeovegetation has been recovered through long pollen sequences. A synthesis of those results integrating charcoal analysis data is intended. The disciplines use different methods and the results can vary. Nevertheless, there are complementary aspects and our aim is to provide additional information or another point of view.

The first chapter of this thesis is a presentation of the different interpretative propositions on charcoal analysis since our main interest has been the definition of the method to follow. Methodological problems related to the particularities of the sites studied are treated in this chapter; statistic reliability is the first and most important step prior to interpretation.

In the second chapter we present the anatomical description of each plant taxon followed by a brief comment on ecological characteristics and present, historical or prehistoric uses.

In the third chapter we present the regions where the sites are located giving a general view on geographic, climate, vegetation and chronological-cultural sequence aspects.

The fourth chapter includes a brief presentation of the etnoarchaeological project and the charcoal analysis results.

In the three following chapters we present the results of charcoal analysis in the three sites: in chapter five the Boila Late Glacial rockshelter, in chapter six the neolithic site of Dispilio and in chapter seven the neolithic site of Makri.

The eighth chapter is a synthesis of pollen and charcoal data for the Late Glacial and the Holocene in Greece.

Finally, the last chapter concerns palaeoethnobotanical information derived from the study of burned timber recovered in the destruction levels of the two neolithic sites.

The terms taxon and taxa frequently mentioned in the text refer to taxonomic units, units of classification corresponding either to plant family, genera or species.

BP is used for uncalibrated dates before present and the abbreviation cal is used for calibrated dates BP or BC.

Capítulo 1

EL ANALISIS DEL CARBON ARQUEOLOGICO Y EL METODO ANTRACOLOGICO

1.1. El carbón arqueológico: la problemática

El carbón de madera es el producto de la combustión incompleta donde la madera no terminó de convertirse en restos inorgánicos, en cenizas. El carbón, a pesar de ser un resto muy frecuente en las excavaciones arqueológicas, tan solo recientemente ha comenzado a tratarse como un hallazgo, un componente del conjunto cultural que es el objetivo de la investigación arqueológica. Generalmente, se aprecia su importancia para la obtención de dataciones de radiocarbono pero también tiene un significado paleoetnobotánico y paleoecológico en el sentido de que forma parte de un contexto cultural y es el producto de actividades humanas realizadas en un momento concreto del pasado y en cierto medio natural, resultado de condiciones ambientales y climáticas particulares.

El análisis del carbón en relación a la investigación arqueológica comenzó a finales del siglo pasado, pero la Antracología como disciplina con método y aplicaciones definidas es muy reciente. Los primeros análisis de madera carbonizada se realizaron a finales del siglo pasado en Suiza, Alemania, Francia y Hungría. Las excavaciones del abad Breuil en Francia a principios del siglo XX pusieron en práctica un sistema de investigación arqueológica muy detallado, que incluía la documentación medioambiental. Se recogía el carbón de los hogares con la finalidad de conocer las especies que los hombres utilizaban en sus fuegos domésticos. Los estudios daban como resultado simples listas de flora que no eran suficientes para una interpretación palaeoecológica pero señalaron en su época el interés por los restos orgánicos y la información paleoetnobotánica y paleoecológica que podrían ofrecer (Badal 1992, Badal y Heinz 1991, Vernet 1997).

El carbón empezó a jugar un papel muy importante en la investigación arqueológica después de la Segunda Guerra Mundial, cuando se desarrollo y empezó a aplicarse el método de dataciones por ^{14}C. Paralelamente, se habían perfeccionado los métodos y técnicas de excavación y se había valorado positivamente la aportación de restos orgánicos como las semillas y la fauna.

En este contexto, el análisis del carbón arqueológico seguía realizándose aunque los resultados se veían restringidos por las limitaciones que suponían los medios técnicos. Se trabajaba con el carbón procedente de hogares mediante el uso de láminas delgadas. La cantidad de carbón analizado era muy reducida y los resultados se expresaban en presencia - ausencia de los taxa ya que era difícil cuantificar dado el reducido número de fragmentos de carbón analizados. A pesar de los obstáculos del análisis de carbón los anatomístas se enfrentaban a problemas metodológicos para interpretar los resultados e intentar dar información sobre el paisaje vegetal del pasado. Durante los años 50-60 cada vez más investigadores señalaron la importancia del análisis del carbón no sólo para conocer las especies utilizadas en la combustión sino también el paleoambiente (Vernet 1997).

En Grecia uno de los primeros análisis de carbón fue realizado por Western (apendice en Evans 1964). Este material procedía del yacimiento neolítico de Knossos; el carbón de roble se recogió en un agujero de poste y fue interpretado como madera de construcción. De este material también se obtuvo un datación de ^{14}C.

El cambio definitivo en el análisis de carbón se produjo al principio de los años 70 con el uso del microscopio de luz a reflexión que permitía la multiplicación de muestras analizadas (Vernet 1973). A la vez, se tomó conciencia en la investigación prehistórica de la necesidad de recoger y estudiar todo tipo de restos - componentes del conjunto cultural. Bajo ésta problemática comenzaron a realizarse cada vez más estudios de carbón y los resultados no sólo tenían un significado etnográfico sino también se utilizaban para reconstruir el paisaje vegetal del pasado y llegar a conclusiones sobre las condiciones climáticas. El número de yacimientos que contaban con análisis de carbón aumentó a la vez que el mayor número de fragmentos de carbón analizados por capa y yacimiento hizo posible el tratamiento estadístico de los datos y fue entonces cuando se planteó la posibilidad de una interpretación palaeoecológica (Bazile-Robert 1979, Vernet 1973).

El significado etnobotánico o ecológico del análisis de carbón ha sido un tema en constante debate. Según diferentes experiencias el carbón bien puede ser el resultado de la selección de la madera por los grupos humanos por lo que da información sobre el uso de la madera en variedad de actividades; o alternativamente se considera el producto de recogida de combustible que puede funcionar como indicador ecológico aportando información fiable sobre la vegetación del pasado y en consecuencia sobre las condiciones climáticas.

Es cierto que todavía no hay unanimidad sobre la funcionalidad del análisis de carbón en el contexto arqueológico. Smart y Hoffman afirmaban en un trabajo reciente (1988), y sin dudar de la importancia de la información que el carbón ofrece en cuanto a las condiciones ecológicas del pasado, que el conjunto de madera llevada y utilizada por los grupos humanos es el resultado de una selección cultural y sería una consideración simplista asumir que la proporción de los taxa en ese conjunto refleja la abundancia relativa de ellos en la vegetación local. De esa manera las autoras apuntan hacia la existencia de diversos factores culturales o naturales relacionados con las características de la madera y la vegetación en sí que afectan el conjunto del carbón recuperado en cada excavación.

En la misma época otros investigadores estuvieron trabajando sobre criterios diagnósticos de los conjuntos de carbón, recogidos en yacimientos arqueológicos, para poder distinguir claramente entre resultados puramente ecológicos y otros etnobotánicos. Así se ha estructurado un método antracológico que permite aprovechar todo tipo de información procedente del carbón arqueológico. El trabajo realizado por investigadores de la escuela de Montpellier permitió consolidar la Antracología como disciplina con tres líneas de investigación claramente definidas: metodología, paleoetnobotánica y paleoambiente (Vernet 1997). Varios investigadores trabajaron sobre métodos estadísticos que permiten la interpretación paleoecológica y el resultado de estos trabajos pioneros fue la proliferación de estudios antracológicos de método, ecología y etnobotánica en varios yacimientos (Badal 1988, 1990, 1992, Chabal 1988, 1992, 1994, Figueiral 1990, 1992, Grau 1992a, 1992b, Heinz 1990, 1991, Kraus-Marguet 1981, Thiebault 1988, Vernet 1973).

1.2. La Antracología: el significado del carbón, ¿paleoetnobotánico o paleoecológico?

El carbón es un material cultural desde el momento que lo producen las actividades humanas y forma parte de un conjunto de materiales recuperado en las excavaciones. Sin embargo, se intentó ver hasta que punto este material incluía la posibilidad de una reconstrucción ecológica. Así, en primer lugar se establecieron las premisas que garantizarían la diferenciación de los resultados procedentes del carbón arqueológico. Se distinguió pues, entre:

a) carbón asociado a conjuntos cerrados y asociados a la posible selección de la madera por parte de los grupos humanos, tal como podrían ser los niveles de incendio que conservan la madera de construcción, estructuras de combustión de uso específico como hornos de cerámica o fuegos metalúrgicos, piras funerarias, útiles de madera, etc. y,

b) carbón procedente del combustible doméstico.

La base de partida para la interpretación ecológica es que el combustible doméstico siendo la única fuente de energía es destinado a cumplir necesidades primordiales; por esa razón es más probable que se aproveche todo tipo de material leñoso disponible en un área. La recogida es aleatoria pero a la vez incluye un componente de elección racional asociado a la disponibilidad, la distancia del lugar de ocupación, la facilidad de recogida y los usos específicos del combustible. La recogida de leña es una función de la composición de la vegetación; muchas especies presentes en la vegetación se utilizan como leña y además es mayor el uso de las especies más abundantes. El combustible doméstico, pues, puede ofrecer información ecológica (Chabal 1988).

La argumentación sobre el uso paleoecológico del combustible doméstico conlleva la problemática sobre las propiedades específicas de la madera, la disponibilidad y la economía del esfuerzo.

Evidentemente, no todas las maderas tienen las mismas propiedades como combustible y son la densidad de la madera, la composición molecular y el contenido en minerales que influye sobre el poder calorífico, la inflamabilidad, la duración, la producción de humo u olor, etc. Según las características de las especies se ha postulado, pues, que los grupos humanos hacen una selección de la leña por sus propiedades físicas. Adicionalmente, partiendo de estudios etnográficos actuales se ha considerado la posibilidad de tener reflejadas en el combustible preferencias culturales que podrían estar relacionadas con creencias u otros factores simbólicos que se asocian a ciertas actividades. Con todo esto se ha llamado la atención hacia la posibilidad de tener representada en la muestra antracológica la selección de la leña basada en aquellos criterios que determinan el buen combustible, o en factores culturales difíciles de discernir pero que distorsionan la representatividad ecológica del carbón (Smart y Hoffman 1988).

Sin embargo, otros estudios argumentan que las propiedades de combustión de la madera no están solo asociadas a las propiedades de las especies sino también a las características generales de combustión, es decir, el poder calorífico y la rapidez (Chabal 1994, 1997). El poder calorífico depende de la constitución química de la madera y el contenido en humedad. Si bien es cierto que los resinosos por su contenido en resinas tienen más poder calorífico que los planifolios, por otro lado los segundos no presentan muchas diferencias entre ellos y adicionalmente la humedad contenida en la madera puede anular o hacer muy relativas otras propiedades. En cuanto a la rapidez de combustión, depende de la densidad de la madera y su estructura, las propiedades físicas de cada especie; pero la rapidez de la combustión puede variar y modificarse por la morfología de la leña, es decir, tamaño, diámetro y grosor, de manera que un fragmento de grandes dimensiones de un "buen combustible" en cuanto al rendimiento calorífico, puede ser menos eficaz que unas ramas finas de cualquier otro combustible. Igualmente, para distintas funciones se puede utilizar una u otra especie aprovechando la morfología de la madera y no las propiedades de la especie.

En estudios recientes se ha propuesto la posibilidad de analizar la selección del combustible independientemente de las propiedades de la especie pero teniendo en cuenta las características de la combustión (inflamabilidad, poder calorífico, temperatura, persistencia, altura de las llamas y duración de la calcinación) y la forma en que se asocian a la funcionalidad de los fuegos domésticos (Théry-Parisot 1998). Las propiedades de combustión se asocian a la morfología del material, a la humedad de la madera y a la especie. Se ha comprobado que uno de los factores más importantes en la combustión es la tasa de humedad contenida en la madera y es la que puede reforzar o anular las propiedades físicas de las especies. Ninguna especie alcanza su máxima eficacia hasta que la tasa de humedad no se establezca entre el 15 y el 25% y fuera de estos límites las propiedades combustibles de las especies se pueden variar mucho. La morfología de la madera (tamaño y diámetro), independientemente de la especie, determina la inflamabilidad; en un fuego se necesitan ramas pequeñas para iniciar la inflamación y madera de mayor tamaño para mantenerla. Las propiedades de la especie pueden ser importantes pero las necesidades en energía para las diversas funciones de los fuegos domésticos (alumbrado, calefacción, cocina, ahumado) pueden cumplirse fácilmente por cualquier especie. Asimismo, se llega a la conclusión de que el poder y rendimiento calorífico para las diversas funciones de los fuegos domésticos se pueden alcanzar con un control principalmente basado en el estado de la leña, (muerta o viva, seca o húmeda, sana o alterada), la morfología (tamaño y diámetro) y en segundo lugar de la especie. Varias especies pueden adaptarse a una misma función dependiendo de su estado fisiológico y fenológico. En la naturaleza se pueden encontrar los estados y las formas de leña que podrían responder a las necesidades específicas de la combustión sin tener que recurrir a la selección de especies en particular (Théry-Parisot 1998).

Todas las argumentaciones anteriores minimizan la influencia de selección de combustible basada en las propiedades de las especies. Si las cualidades del combustible no son el criterio para la recogida de leña entonces esta actividad debe estar en relación directa con las necesidades en combustible, con la presencia de las especies vegetales en el medio y con su disponibilidad.

La economía de esfuerzo es uno de los puntos de partida. La disponibilidad en el medio desempeña un papel muy importante en la recogida del combustible; el tiempo y el esfuerzo dedicado a esta actividad hacen que se utilicen preferentemente las especies más próximas a la zona de habitación. Aunque se hayan dado ejemplos de desplazamientos a grandes distancias para el encuentro de combustible para usos específicos, en general se ha comprobado que las distintas comunidades humanas tienen unos criterios de valoración del buen combustible relacionados con la disponibilidad, la abundancia y la proximidad en el medio (Smart y Hoffman 1988, Zapata Peña 1999).

Shackleton y Price (1992) han realizado una valoración de la aplicación del Principio del Mínimo Esfuerzo (PME) con relación a la recogida - selección de combustible y la duración de la ocupación. Distinguen pues, fases de recogida selectiva que se producen porque hay abundancia en el medio y los grupos humanos tienen la posibilidad de escoger aquellos que, según sus criterios, son preferibles. Estas condiciones se observan durante las primeras fases de ocupación de una zona que se caracteriza por alta disponibilidad; el PME no es aplicable, la recogida es selectiva en cuanto a las especies preferidas y consecuentemente en las muestras de carbón los taxa y su abundancia no son representativas de la composición vegetal de un área. Con la duración de la ocupación a medida que la abundancia en combustible se reduce debido a una demanda mayor, al incremento de la población o al clareo continuo durante largo tiempo, la selectividad se reduce, se utilizan especies alternativas y se amplia el territorio de recogida. Entonces se puede aplicar el PME y consecuentemente adquirir información ecológica a través del carbón. Los autores proponen individualizar los casos de investigación y buscar en cada uno el punto en que se cruza el umbral de una representación de recogida selectiva a aquella que es resultado de la disponibilidad con relación al esfuerzo. Bajo estos conceptos, relativizan el significado ecológico del carbón en los diferentes casos y señalan que los cambios en la abundancia y proporciones de las especies a lo largo del tiempo pueden ser en ocasiones indicadores de cambios en el comportamiento humano y no tanto de las condiciones medioambientales.

No obstante, los resultados antracológicos del combustible doméstico se caracterizan por diversidad de taxa y características afines en distintos yacimientos de la misma área lo que parece indicar que la recogida de leña no es función de preferencias particulares de los grupos humanos; más bien la recogida de leña refleja la importancia de las necesidades en combustible y el ahorro de esfuerzo aprovechando las fuentes disponibles en el medio. Se ha postulado pues la recogida exhaustiva de madera muerta y mayoritariamente la recogida de las especies dominantes (Vernet 1973).

Los planteamientos anteriores se pueden considerar teniendo en cuenta el contexto cultural en cada caso de investigación. Durante el Paleolítico es más probable la recogida de madera muerta que se asocia a la relación esfuerzo - rendimiento que supone dicha actividad para grupos humanos no sedentarios y en un medio donde la biomasa no ofrecía siempre variedad (Théry-Parisot 1998). En contextos culturales holocenos el aumento de la biomasa y su variedad junto a la vida sedentaria de las comunidades y las nuevas tecnologías hace posibles otros modos de gestión de la vegetación donde también podría ser posible la selección. En todo caso, se tendría que considerar las necesidades y la gestión del medio vegetal con relación a la duración de la ocupación. La verificación o no de diferentes hipótesis es función de una recogida minuciosa del carbón en la excavación y de la consideración de las particularidades de la interpretación antracológica.

1.3. La Antracología: bases de la interpretación paleoecológica

La recogida no selectiva del combustible doméstico en función de necesidades y disponibilidad, es, pues, el punto de partida para la Antracología. Hay mucha argumentación que sostiene esta hipótesis y la amplitud de estudios realizados han proporcionado un método antracológico para la reconstrucción de la vegetación del pasado estructurado sobre los siguientes requisitos (Chabal 1994):

- el carbón debe ser el resultado de combustible doméstico,

- las actividades tienen que tener una duración larga en el tiempo,

- la recogida del carbón en los yacimientos se debe realizar adecuadamente teniendo en cuenta el carácter distintivo de las categorías del carbón igual que la amplitud de la muestras.

A partir de los dos primeros puntos se comprende que el carbón - combustible doméstico es el único que se puede utilizar para el estudio de la vegetación del pasado y adicionalmente hay que tener una relación directa con la duración de la ocupación del yacimiento, debe reflejar actividades de larga duración. De este modo, se hace clara la división entre el carbón recogido en hogares domésticos y aquel que se encuentra disperso por el sedimento (Badal 1990,1992, Badal y Heinz, 1991, Chabal 1988, 1994).

Los hogares domésticos son elementos arqueológicos fáciles de reconocer en los niveles excavados pero su contenido corresponde a un reducido número de recogidas de leña o a un uso puntual que da la imagen del último combustible allí quemado antes del abandono de la estructura; por lo tanto, la lista taxonómica es incompleta y los resultados cuantitativos aberrantes desde el punto de vista ecológico ya que es muy frecuente la suprarrepresentación de los taxa dominantes (Badal 1992, Badal *et al.* 1991, Badal y Heinz 1991, Chabal 1988).

Los carbones dispersos por los niveles de ocupación son el resultado de vaciado y limpieza de los hogares y por tanto la "suma" de los fuegos realizados durante el periodo de tiempo de la formación del depósito arqueológico. En la medida en que el hombre utiliza el fuego diariamente, se reflejan en el carbón disperso varias recogidas de leña. El estudio antracológico de esa categoría de carbón, proporciona unos resultados cualitativos y cuantitativos coherentes y la interpretación paleoecológica se realiza partiendo de ellos. El carbón disperso por el sedimento ofrece una imagen sintética del territorio explotado para combustible (Badal 1992, Chabal 1988, 1992). En virtud de los datos obtenidos se realizan los diagramas antracológicos. Los cambios y fluctuaciones en las frecuencias de los taxa importantes, de un nivel a otro, reflejan la imagen diacrónica de la vegetación circundante y la modificación del paisaje a lo largo de la ocupación humana en la zona de estudio.

Contrariamente, los resultados antracológicos del carbón recogido en hogares no pueden tener un significado paleoecológico ni reflejan la dinámica de la vegetación (Badal 1992, Badal y Heinz, 1991, Chabal 1988, 1992). Es frecuente observar mayor variabilidad entre hogares de un mismo nivel que entre el carbón disperso de distintos niveles. Los resultados de los hogares tan solo pueden ser complementarios a los datos ecológicos del carbón disperso.

Igualmente el contenido de silos puede estar distorsionado respecto a la imagen ecológica. Su significado es principalmente etnobotánico. En algunos casos, el análisis del carbón procedente de estructuras de ese tipo ha dado resultados afines a los del carbón disperso por el nivel correspondiente (Badal 1990). Se ha asociado entonces la representatividad de las estructuras a su funcionalidad y la duración de esta. Parece ser que los silos utilizados posteriormente como basureros para el vaciado de hogares domésticos durante largo tiempo, dan información antracológica más completa que otro tipo de estructuras y en ocasiones tienen un significado ecológico importante (Figueiral 1992, Pernaud 1992).

El carbón de algunos conjuntos cerrados, niveles de incendio, útiles de madera quemados, fuegos especializados, piras funerarias, etc., aportan información paleoetnobotánica; la selección y la recogida puntual de madera distorsionan la imagen de la vegetación del pasado y estos conjuntos tan solo pueden tener un papel complementario en la discusión ecológica.

La hipótesis de la Antracología se basa en que solo el carbón disperso tiene un significado ecológico indudable porque es el producto del aprovisionamiento medio de leña a lo largo del tiempo, lo que garantiza una representación amplia del entorno vegetal correspondiente. El uso cotidiano de la leña y las condiciones puntuales que la determinan no forman parte de esta hipótesis de estudio.

La representatividad ecológica a través del carbón disperso se evidencia en la diversidad de taxa que componen los espectros de los diagramas antracológicos, una característica que se pone en relación con la argumentación sobre la recogida aleatoria de especies en función de la necesidad para combustible, la disponibilidad y la abundancia. Adicionalmente, los resultados de distintas muestras de carbón coetáneas se reproducen dentro de un mismo nivel tanto en cuanto al contenido en taxa como en cuanto a las proporciones entre ellos; además los resultados entre los diferentes niveles tienen coherencia cuantitativa y cualitativa entre sí y también respecto a los medios actuales. Asimismo, las leyes biológicas que rigen el dominio entre especies en las formaciones vegetales de las zonas templadas caracterizan también las muestras antracológicas (Chabal 1988, 1994, 1997).

1.4. La recogida del carbón y el análisis anatómico

La recogida sistemática del carbón disperso en los yacimientos arqueológicos es un requisito primordial para el estudio antracológico y se debe efectuar en toda la superficie de la excavación y en todos los niveles.

En primer lugar se debe distinguir tanto en la excavación como en el laboratorio y a la hora de interpretar los datos entre:

a) carbón concentrado en estructuras (hogares, fuegos funerarios, silos, etc.) o en niveles de incendio y útiles por la información paleoetnológica que ofrece y,

b) carbón disperso en el sedimento que es el la base de la información paleoecológica (Badal 1990, Chabal 1988).

La unidad de muestreo en Antracología, se refiere bien al conjunto de capas artificiales y cuadrículas donde esté presente un mismo estrato arqueológico o bien a cualquier estructura encontrada en la excavación (Badal, 1990). El carbón concentrado se recoge en su totalidad y se acompaña de toda la documentación que ofrecerá la información más completa sobre la estructura o el contexto y su funcionalidad. El carbón disperso se recoge en todas las cuadrículas excavadas y en cada una de las capas artificiales o niveles arqueológicos. La elección de la posición de las unidades de recogida de muestras para cada cuadrícula se debe efectuar de manera que se consiga el máximo número de unidades en función de la posición de las cuadrículas (Chabal 1997). Es imprescindible que se recojan muestras de todos los estratos arqueológicos y de aquél número de cuadrículas que ofrece suficiente carbón para un estudio estadístico fiable; pues, se ha comprobado que los taxa no aparecen con la misma frecuencia en las distintas partes de la superficie excavada. Si por cualquier razón, no es posible la recogida del carbón en toda la superficie excavada, se debe efectuar esta en una superficie mínima de $4m^2$ siempre bajo la condición de que se recupere suficiente carbón (Badal 1992, Badal *et al.* 1991, Badal y Heinz 1991).

La recogida de carbón se debe realizar mediante el tamizado del sedimento en agua, en seco o por flotación y con tamices de una apertura de malla inferior o igual a 4 mm, lo más frecuente de 2 mm, puesto que es la única forma de tener representados distintos tamaños de carbón.
El tamaño del carbón no está relacionado con la especie quemada así que no afecta de ninguna manera la interpretación paleoecológica. La experimentación sobre la influencia de la combustión asociada a la fragmentación ha documentado que no hay una relación directa entre especie quemada y fragmentación. Se ha demostrado que existe una ley estadística según la cual todas las especies trazan la misma curva de fragmentación durante la combustión. El abanico de masas individuales de fragmentos no es propia de la especie y el azar afecta ligeramente a la fragmentación y de forma que se puede corregir. Los fragmentos mayores de 4 - 5 mm como los de menor tamaño ofrecen información comparable pero entre los más pequeños es posible que aparezcan las especies poco frecuentes, "raras", que dan información complementaria pero no imprescindible para la interpretación ecológica (Chabal 1988, 1992, 1997).

Otros estudios (Badal 1988, 1990, Badal y Heinz 1991) también han demostrado que la imagen de la paleovegetación es independiente del tamaño de los fragmentos de carbón. Asimismo, tanto los fragmentos de carbón mayores de 5 mm como los más pequeños ofrecen resultados iguales. Se ha llegado, pues, a la conclusión que cuando un estrato es rico en carbón, lo cual significa 100 carbones > 5 mm para cada capa de 5 cm de grosor de una cuadrícula de 1 m^2, se recogen solamente los fragmentos que son mayores de 5 mm. Cuando un estrato contiene poco carbón o los fragmentos son muy pequeños, entonces se recoge todo, independientemente del tamaño. Los resultados son correctos y semejantes en ambos casos.

La unidad de observación es cada fragmento de carbón que se recoge en la excavación. La identificación anatómica se basa en que la madera de los vegetales superiores está constituida por una serie de elementos básicos con una estructuración particular para cada familia y género. Los caracteres de la estructura anatómica y su variabilidad entre los distintos géneros hacen posible la determinación anatómica de la madera (Fahn 1982). El carbón preserva la anatomía de la madera y los elementos básicos se pueden observar en los tres planos anatómicos: transversal, longitudinal tangencial y longitudinal radial.

El carbón no se somete a ningún tratamiento químico para la observación. Simplemente se preparan los tres planos partiendo con los dedos cada fragmento de carbón. La única preocupación es obtener planos más o menos uniformes y limpios para facilitar el trabajo en el microscopio de luz a reflexión (Vernet 1973). La determinación suele llegar al género; identificar la especie es más complicado, pero cuando el material lo permite y se pueden tomar las medidas biométricas precisas es factible.

La identificación de los géneros y especies de los que procede el carbón recogido en una excavación, se realiza en el laboratorio con un microscopio de luz a reflexión y posibilidades de aumento X100 - X1000 veces por medio de cuatro objetivos. Para cada fragmento de carbón se preparan los tres planos anatómicos y en cada uno se observan las características anatómicas y biométricas de las distintas especies. El microscopio electrónico de barrido se utiliza para efectuar observaciones más detalladas y para la realización de las fotografías ya que ofrece más posibilidades de aumento y mayor profundidad de campo. Se preparan los tres planos anatómicos igual que para el microscopio de luz a reflexión. Los carbones se fijan en una platina, se metalizan al vacío y se introducen en la columna del microscopio electrónico.

Los elementos indispensables, para la identificación son la bibliografía especializada en la anatomía de especies leñosas y la colección de referencia provista de madera de especies actuales carbonizadas para poder comparar con las prehistóricas.

El método que se utiliza en Antracología para la determinación no es destructivo ni contamina el carbón, por lo tanto a continuación se puede utilizar el mismo material para obtener datación de ^{14}C. El estudio anatómico debe realizarse primero ya que el método de datación destruye totalmente el carbón (Vernet *et al.* 1979).

La datación del carbón analizado se ha comprobado que tiene una aplicación muy importante en los yacimientos arqueológicos (Bernabeu *et al.* 1999a y b). Las dataciones obtenidas a partir de fragmentos de carbón seleccionados, previa identificación antracológica, han dado resultados que demuestran los errores que se pueden producir cuando el material carbonizado a datar procede de muestras compuestas. En contextos mixtos o niveles de contacto, muy frecuentes en los yacimientos arqueológicos, la identificación del género o especie a datar relaciona directamente el material datado, la fecha y las condiciones medioambientales prevalecientes en un momento dado. De este modo las dataciones, que proporcionan especies que aparentemente no corresponden a las formaciones vegetales que caracterizan ciertos periodos, pueden indicar posibles infiltraciones entre niveles o fechan la primera aparición de especies infrecuentes.

1.5. La interpretación de los resultados y los diagramas antracológicos

La identificación anatómica es el primer paso del estudio antracológico. Para obtener datos fiables se debe analizar una cantidad de carbones representativa de cada unidad de muestreo. La cantidad necesaria de carbón a analizar se determina mediante la realización de curvas de esfuerzo - rendimiento. La estabilización de la curva indica el número de fragmentos analizados necesarios para tener representadas todas la especies presentes que ofrecerán la información cualitativa. Chabal (1997) calcula que el número de fragmentos de carbón analizados para cada nivel arqueológico debe estar entre 250 y 400 fragmentos. Badal y Heinz (1991) señalan que el número mínimo de carbones analizados para obtener la información paleoecológica de momentos prehistóricos e históricos está en función de la riqueza de las formaciones vegetales por lo que puede variar según los yacimientos entre 200 y 800 fragmentos.

Seguidamente se realiza el tratamiento cuantitativo de los resultados para poder interpretarlos. El estudio cuantitativo se basa en el recuento de los fragmentos de carbón. Se puede contar los fragmentos o pesar las especies pero ambas técnicas conducen a los mismos resultados; la representación en biomasa no es mejor en ninguna de las dos, puesto que no integran el estado de fragmentación. Se mantiene el fragmento de carbón como unidad de medida por ser más práctico a la hora de hacer los recuentos (Chabal 1997).

Los resultados para cada taxon se expresan en porcentajes y a partir de la lista de las especies leñosas y sus proporciones se constituyen los espectros antracológicos representados en un diagrama si es posible para la totalidad de duración de la ocupación. Cada espectro representa en forma sintética la especies leñosas sedimentadas procedentes de la zona de aprovisionamiento de combustible y mide las proporciones entre ellas para cada época (Chabal 1988, 1992, 1997).

La información que ofrecen los espectros antracológicos es resumida en relación a la vegetación original puesto que el material antracológico ha pasado por varias etapas de transformación que comprenden la recogida de leña efectuada por los grupos humanos dentro del paisaje vegetal, a continuación la carbonización y la reducción de masa, la fragmentación en el proceso de sedimentación y finalmente la recogida de las muestras y el tratamiento cualitativo y cuantitativo de ellas (Chabal 1994).

Las limitaciones de la interpretación antracológica se originan en la falta de un modelo actual para traducir las proporciones entre especies en proporciones dentro del área de aprovisionamiento de leña. Las proporciones entre los taxa en un espectro no dan información respecto a la biomasa, la extensión de las formaciones y su estructura. Las frecuencias relativas de las especies no se traducen en frecuencias absolutas.

La información obtenida a partir de la Antracología corresponde al área de aprovisionamiento de leña; aunque la recogida de leña no sea una actividad selectiva, refleja el concepto humano de la vegetación. El radio de la actividad no es estable, puede variar y consecuentemente afectar a la información antracológica. Cambios en las proporciones de las especies pueden indicar la gestión de nuevos medios.

La interpretación antracológica sólo se puede realizar a partir de la sucesión de los espectros; es decir, la evolución de las proporciones de las especies a lo largo del tiempo. Se aprovecha, pues, una característica de la vegetación que es la dinámica, la presencia de etapas regresivas o progresivas. Entonces se buscan los indicadores ecológicos que señalan, mediante sus variaciones relativas, los cambios progresivos de la vegetación en el área de aprovisionamiento (Chabal 1988, 1992, 1994, 1997).

No es siempre fácil descifrar los cambios en el área de aprovisionamiento y hay más de una posibilidad de interpretación de un diagrama antracológico. Las variaciones relativas pueden reflejar cambios en la cubierta vegetal a lo largo del tiempo y/o alternancia y ampliación de las superficies gestionadas para combustible. La interpretación debe realizarse a partir de todos los espectros del diagrama y de toda la información disponible, bien sea la arqueológica, la de otras disciplinas complementarias, la de fitosociología o biogeografía actual y la palinológica.

1.6. La Antracología y la aplicación del método antracológico en los tres yacimientos prehistóricos de Grecia

En los yacimientos que aquí presentaremos hemos planteado la posibilidad de aplicar el método antracológico pensando que posee una base teórica y metodológica completa que nos permitiría llegar a conclusiones paleoecológicas y etnobotánicas según la forma de deposición del material.

En el proceso de excavación se han recogido siempre por separado los restos de carbón concentrado en hogares, lentejones, fosos o niveles de incendio. El carbón disperso se ha utilizado para el estudio paleoecológico. Trataremos los resultados y presentaremos nuestras interpretaciones partiendo de la base de que el carbón forma parte de la cultura material de cada uno de los yacimientos y es el producto de actividades humanas por lo que tiene un significado cultural. La interpretación ecológica es el reflejo de las zonas de aprovisionamiento de leña que se asocian a decisiones de los grupos humanos a la hora de gestionar su entorno. La interpretación etnobotánica se expresa en la integración particular de los recursos vegetales en las actividades específicas de las comunidades.

En cada uno de los yacimientos las características propias de los depósitos y del método de excavación nos han obligado a seguir diferentes métodos de recogida de las muestras. Así, en el yacimiento tardiglaciar de Boila, el total de los depósitos excavados se tamizó en agua y se recupero la totalidad de carbón. En el yacimiento neolítico de Makri la recogida de carbón se realizó tamizando en seco y finalmente en el yacimiento neolítico de Dispilió se utilizó el método de flotación con máquina.

La aplicación del método antracológico nos ha planteado algunos problemas tanto a la hora de recogida como durante el tratamiento de los resultados. Hemos tratado de resolverlos ya que la fiabilidad de la interpretación se basa en el seguimiento correcto de los distintos pasos metodológicos.
Los problemas con los que nos hemos topado se referían:

- al método de recogida de muestras y su respectivo tratamiento estadístico en el caso del yacimiento de Dispilió,

- a la representatividad ecológica de ciertos niveles de los yacimientos neolíticos de Makri y Dispilió donde cabría la posibilidad de tener reflejados materiales de construcción,

- a la fiabilidad de los resultados de algunas muestras que contenían muy poco carbón.

1.6.1. Recogida y estudio de muestras en el yacimiento neolítico de Dispilió

En cuanto a la recogida de muestras en Dispilió se utilizó la flotación con máquina que constituye un método fácil de aplicar y muy eficaz por la cantidad de sedimento que se puede procesar. El sedimento se deposita en un tamiz de 2 mm de apertura de malla, totalmente sumergido en la cuba. Un inyector proporciona una mezcla de aire y agua que remueve el sedimento de manera que los elementos ligeros flotan y se recuperan por desbordamiento en dos tamices exteriores en columna, de 1 mm y 0,5 mm de apertura de malla de arriba abajo. En el tamiz interior se retiene el residuo de sedimento y el material carbonizado que no ha flotado. Normalmente, la mayoría de los restos carbonizados se recuperan por flotación en los tamices exteriores.

En el yacimiento de Dispilió, en la flotación de sedimentos con máquina observamos que en la mayoría de los casos, sobre todo los niveles impregnados de agua, gran parte del material carbonizado y principalmente los carbones no flotaban, sino que se quedaban depositados en el tamiz de la cuba. Ante esta realidad y el desproporcional número de fragmentos de carbón recuperados en el tamiz de la cuba nos planteamos la posibilidad de analizar solamente este carbón ya que el material flotado era poco.

No obstante, el estudio metodológico de muestras procesadas con flotación ha demostrado que es preciso analizar carbón procedente tanto del residuo flotado como de la cuba ya que hay variación en los resultados entre uno y otro (Chabal 1997). Así, antes de tomar una decisión, realizamos un estudio comparativo en cuatro muestras de carbón (5-468, 5-470, 6-658 y 6-399) analizando por separado el carbón recuperado por flotación en el tamiz exterior y el depositado en el tamiz interior de la cuba. Utilizamos estas cuatro muestras porque fueron las únicas que dieron semejante número de fragmentos en ambas submuestras:
- muestra 5-468: 70 fragmentos de carbón en el tamiz interior de la cuba y 80 en el tamiz exterior por flotación,
- muestra 5-470: 80 fragmentos de carbón en cada submuestra,
- muestra 6-658: 100 fragmentos de carbón en el tamiz interior de la cuba y 110 en el tamiz exterior por flotación,
- muestra 6-399: 100 fragmentos de carbón en el tamiz interior de la cuba y 103 en el tamiz exterior por flotación.

A partir de este análisis comparativo observamos que generalmente las submuestras recuperadas por flotación en el tamiz exterior son más ricas en taxa (Fig. 1, Fig. 2, Fig. 3). Solamente en un caso (Fig. 4) la muestra del tamiz de la cuba ha sido más rica en taxa.

En cuanto a los datos cuantitativos generalmente se observan las mismas tendencias en el carbón de flotación y en el de la cuba aunque los valores porcentuales no sean los mismos. Los taxa dominantes son los mismos y la distribución de los valores mantiene el mismo orden (Fig. 2, Fig. 3, Fig. 4). Solamente en una muestra (Fig. 1) se ha observado inversión en los taxa dominantes entre el carbón recogido por flotación en el tamiz exterior y el depositado en el tamiz de la cuba. Generalmente, los valores presentan diferencias cuantitativas muy dispares, del orden de 10% e incluso hasta un 40%, tanto en los taxa dominantes como en los menos frecuentes (Fig. 1, Fig. 2, Fig. 3, Fig. 4).

Las diferencias se deben a que la flotación ejerce una clasificación desigual en función del peso del carbón. El residuo de la flotación incluye fragmentos de pequeño tamaño que según la ley de fragmentación representan mejor las especies "raras", siendo así estas submuestras generalmente más ricas en especies (Chabal 1988, 1997). Los fragmentos más grandes se recogen en el residuo de la cuba donde existe una refragmentación posterior a la separación de los dos residuos y de este modo aumenta el número de fragmentos en ésta submuestra y cambia la proporción entre los taxa. Pero para el cúmulo de residuos de cuba y flotación la fragmentación deja de causar diferencias significativas entre las especies (Chabal 1997).

Para evitar problemas relacionados con la clasificación desigual que causa la flotación de las muestras, decidimos que a pesar de la mayor concentración del material en el tamiz interior de la cuba, deberíamos basar nuestro estudio sobre el cúmulo de ambos residuos, el de la flotación y el de la cuba, de acuerdo con lo propuesto por Chabal (1997) para obtener resultados óptimos.

1.6.2. La representatividad ecológica de los carbones en algunos niveles de los yacimientos neolíticos de Makri y Dispilió

En los yacimientos neolíticos de Makri y Dispilió se han recogido muestras de carbón de toda la secuencia de aquellas zonas que el material estaba disperso por el sedimento. No obstante, en el yacimiento de Makri dos capas excavadas pertenecían al sedimento entre dos fases de ocupación contiguas, que aunque no presentaban ningún rastro de incendio podrían incluir restos de madera de construcción. Igualmente, en el yacimiento de Dispilió, había capas próximas a un nivel de incendio que nos plantearon la hipótesis de tener mezclados materiales de construcción y de combustión.

El estudio metodológico de espectros antracológicos ha demostrado que existe una relación directa con la vegetación actual que se expresa mediante "la curva de concentración de Pareto" en un índice (el índice de concentración de Pareto) que caracteriza el conjunto de proporciones entre las especies en una muestra. Este índice de concentración representa la ley de equilibrio y es el reflejo de una ley de economía, "la ley de Pareto", en ecología vegetal. Según Chabal (1997), el índice de concentración tiene un significado importante en ecología actual, ya que las desigualdades entre las especies de una comunidad vegetal tienden a estabilizarse hacia un punto de equilibrio. En comunidades vegetales actuales el índice de concentración es el 20/80, que significa que un 20% de las especies representa el 80% de la biomasa de la comunidad. En las muestras antracológicas se ha observado frecuentemente el mismo índice de concentración, el 20/80 y, dado que corresponde a una realidad biológica, puede tener un significado fiable en Antracología. Las fluctuaciones respecto a esa relación de 20/80, en términos paleoecológicos podrían traducirse:

- en una vegetación local desequilibrada, cuando indican menor concentración, p.e. 40/60,

- en una imagen no representativa del medio vegetal por tener pocas recogidas de combustible reflejadas o por repercutir un caso de selección, cuando indican mucha concentración, p.e. 10/90 (Chabal 1997).

En el caso de las capas problemáticas de nuestro estudio hemos decidido calcular el índice de concentración para ver si se asemeja a las normas de la ecología actual. Para esto hemos trazado curvas de concentración, es decir el cúmulo de frecuencias relativas clasificadas por orden decreciente en función del rango de las especies expresado en porcentajes. El índice de concentración se establece en la intersección de la curva con la décima diagonal y la caracteriza.

Las curvas se trazaron para cada una de las capas problemáticas. En el yacimiento de Makri, las capas dudosas S1 (Fig. 5) y S2 (Fig. 6) dieron índices de concentración de 18/83 y 20/80 respectivamente. Vemos pues que la capa, S2 tiene un índice acorde con las observaciones ecológicas actuales y las antracológicas. La capa S1 tiene un índice de concentración más fuerte (18/83) pero también cercano al 20/80 de la capa S2.

En el yacimiento de Dispilió la capas dudosas fueron las 11a (Fig. 7), 9 (Fig. 8) y 7 (Fig. 9) con índices de concentración de 20/80, 19/81 y 18/82 respectivamente. Observamos, pues, que la capa 11a presenta una concentración de equilibrio respecto a las leyes ecológicas. Las otras dos capas presentan ligeramente mayor concentración pero no se alejan mucho del índice ecológico.

Los resultados obtenidos indican la existencia de una ley ecológica en las muestras de las capas que presentaban dudas. Las fluctuaciones respecto al índice ecológico no presentan tendencias que se puedan traducir en desequilibrio o selección. Las capas de mayor concentración podrían incluir un porcentaje mínimo de restos de madera de construcción. Es importante saber que existe esa posibilidad pero tenemos la certeza que las muestras de las capas en cuestión pueden usarse en términos ecológicos con fiabilidad.

1.6.3. El número de fragmentos de carbón analizados

El número de fragmentos de carbón analizados necesarios para obtener la información ecológicamente representativa se ha estimado a partir de diversos estudios metodológicos entre 200 y 500 fragmentos (Badal 1990, Chabal 1988, 1997, Heinz 1990). Sin embargo esta cantidad puede variar de un yacimiento a otro según la riqueza en taxa y las frecuencias relativas de los más frecuentes.

Los yacimientos aquí presentados han sido pobres en carbón con la excepción de Dispilió. En el yacimiento tardiglaciar de Boila se tamizó todo el sedimento y se recogieron los carbones que a continuación fueron analizados en su totalidad. Igualmente, en el yacimiento neolítico de Makri se analizó todo el carbón disponible. No obstante, el número de fragmentos analizados en cada una de las capas o unidades estudiadas en estos yacimientos está por debajo o en el límite de la cantidad que se considera ecológicamente representativa. El yacimiento de Dispilió ha sido más rico en carbón y así se ha podido analizar más de 250 carbones por cada capa, aunque aquí también una capa no contenía suficiente carbón.

Hemos considerado necesario ver hasta que punto los resultados obtenidos a partir del número de carbón analizado en las capas respectivas de cada yacimiento, es representativo de la vegetación correspondiente en cuanto al contenido en taxa. Asimismo es interesante saber si en el número de fragmentos de carbón analizados los taxa identificados adquieren frecuencias relativas estables que en definitiva forman la base de comparación entre espectros a la hora de interpretar la dinámica de la vegetación.

En Antracología se utilizan las curvas taxonómicas de esfuerzo - rendimiento para ver el proceso de aparición de los taxa a medida que avanza el análisis anatómico. La base para estas curvas está en los estudios fitosociológicos que utilizan curvas de "área - especie"; éstas reflejan la relación entre superficie y número de especies y permiten establecer el área mínima necesaria para realizar un inventario de una comunidad vegetal. Según estas curvas el número de especies aumenta rápidamente a medida que aumenta la superficie inventariada pero a partir de cierto punto la curva se estabiliza a pesar del aumento de la superficie (Braun-Blanquet 1979).

La aplicación de las curvas taxonómicas en Antracología tiene la función de indicar el número de carbones mínimo que se debe analizar para obtener una lista completa de taxa. En el eje x se representa el número de fragmentos de carbón analizados y en el eje y los taxa identificados; a medida que aumenta el número de fragmentos analizados, la curva crece rápidamente al principio y a partir de un umbral determinado de fragmentos analizados la curva se estabiliza. De este modo, a partir de este número de carbones los taxa nuevos son infrecuentes o no aparecen, por lo que el carbón analizado es suficiente para obtener datos cualitativos completos de una muestra.

Las curvas cuantitativas tienen la función de indicar la frecuencia máxima de los taxa y su estabilización en relación al número de fragmentos analizados. Se aplican de la misma forma que las curvas taxonómicas pero en el eje y se representan las frecuencias relativas de los taxa más importantes.

En los tres yacimientos presentados en este trabajo, hemos realizado curvas taxonómicas y cuantitativas para cada una de las capas o unidades que contenían mucho carbón. Adicionalmente se han realizado curvas taxonómicas para las capas o unidades más pobres; nuestro propósito era distinguir si se alcanzaba la máxima información cuantitativa y cualitativa en las capas con mucho carbón y si las muestras de poco carbón podrían considerarse representativas.

1.6.3.a. El número de fragmentos de carbón analizados en las muestras del yacimiento tardiglaciar de Boila.

Las muestras del yacimiento tardiglaciar de Boila son pobres en carbón, no obstante, presentan gran riqueza taxonómica. Las curvas taxonómicas de aquellas unidades que contenían más carbón, se caracterizan por la rápida aparición de especies en los 100 primeros fragmentos de carbón analizados. En la curva taxonómica de la unidad IIIb (Fig. 10), la más rica en carbón y taxa, aparecen 15 de los 22 taxa en los primeros 100 fragmentos. A partir de ese punto la curva crece muy lentamente y hasta los 583 fragmentos tan solo aparecen 7 taxa nuevos. En la curva cuantitativa de esta misma unidad (Fig. 11) el orden de predominio entre los taxa más frecuentes se establece en los primeros 50 fragmentos. A partir de ahí y hasta los 200 fragmentos cada taxon sigue un crecimiento particular. No obstante la frecuencia adquirida en este número de fragmentos analizados es la que se alcanza al total de fragmentos analizados. Las fluctuaciones en los valores de los taxa más abundantes entre los 200 y 583 fragmentos disminuyen progresivamente, de 5 puntos a 1, por lo que las curvas se pueden considerar estabilizadas (Cuadro 1).

La curva taxonómica de la unidad I (Fig. 12) con tan solo 191 fragmentos tiene 21 taxa y se comporta de forma parecida a las curvas de las muestras más ricas en carbón. Crece rápidamente al principio, y en los 100 fragmentos se representan 16 de los 21 taxa, el 76% del total. La curva sigue creciendo hasta el total de fragmentos analizados pero más lentamente, solo aparecen 6 taxa nuevos. La curva de la unidad II-C.1 (Fig. 13), con 236 fragmentos analizados, presenta características semejantes; un crecimiento rápido al principio; en los primeros 50 fragmentos aparecen 9 taxa. A partir de ahí crece de forma moderada hasta el total. La curva taxonómica de la unidad estratigráfica IV (Fig. 14), con 227 fragmentos analizados, manifiesta un crecimiento rápido en los primeros 50 fragmentos de carbón analizados donde aparecen 17 de los 19 taxa. A partir de ahí la curva se puede considerar estabilizada puesto que tan solo aparecen dos taxa más hasta el total de fragmentos analizados.

La comparación de las unidades pobres en carbón con la más rica, deja ver que a pesar del reducido número de carbón en las primeras, la lista de taxa es semejante. En los 100 primeros fragmentos de carbón analizados en todas la unidades aparece la mayoría de los taxa. Los taxa que aparecen entre los 100 ó 150 fragmentos tendrán frecuencias bajas, completan la lista taxonómical pero su presencia o ausencia no altera los resultados del conjunto. En términos cualitativos pensamos que existe un umbral en los 100-150 fragmentos de carbón analizados que marca el comienzo de la estabilización de las curvas. Dentro de este intervalo aparecen siempre los taxa que concentran las frecuencias relativas más altas. Con este número de carbones identificado, el reflejo ecológico en cada unidad se puede considerar representativo del conjunto sedimentado.

A partir de la curva cuantitativa de la unidad IIIb (Fig. 11), la más rica en carbón, se aprecia que es necesario analizar un mínimo de 200 fragmentos para obtener la proporción más aproximada a la máxima de los taxa más frecuentes. Cuanto más carbón se analiza, se tiene más garantía de que el resultado porcentual final esté estabilizado. Podemos decir que las unidades con menos carbón, por comparación con la IIIb, contienen valores porcentuales de los taxa muy aproximados a los máximos estabilizados con la excepción de la unidad I, en que el número de fragmentos analizados está por debajo de los 200.

1.6.3.b. El número de fragmentos de carbón analizados en las muestras del yacimiento neolítico de Makri.

En el yacimiento de Makri hemos realizado curvas taxonómicas y cuantitativas en dos de las capas que contenían más carbón. La muestra de la capa 29 incluye 401 fragmentos de carbón analizados y 14 taxa identificados; en la curva taxonómica (Fig. 15) 11 taxa aparecen en los primeros 70 fragmentos analizados. Tan solo 3 taxa nuevos aparecen de forma escalonada a partir de los 240 y hasta el total de los fragmentos analizados. La muestra de la capa 27-28 tiene 371 fragmentos de carbón analizados y 13 taxa identificados; en la curva taxonómica (Fig. 16) 9 taxa aparecen entre los primeros 80 fragmentos de carbón analizados y a partir de ahí tan solo encontramos 3 taxa nuevos.

Las curvas cuantitativas de los taxa más importantes en ambas capas (Fig. 17, Fig. 18), en los 50 primeros fragmentos de carbón analizados adquieren los porcentajes que marcarán el predominio de unas especies sobre otras. A continuación hay fluctuaciones que tienden a disminuir a partir del los 150-250 fragmentos. Según el taxon y hasta el total, son del orden de 3 puntos a 1. Las curvas se pueden considerar relativamente estabilizadas a partir de los 150-200 fragmentos de carbón analizados (Cuadro 2).

El número de fragmentos analizados es representativo de las especies leñosas que se han sedimentado en cada capa durante el intervalo de tiempo que les corresponde; para la total estabilización de las curvas cuantitativas se debería analizar algo más de carbón. No obstante, los valores porcentuales máximos no deben estar lejos de la estabilización puesto que la fluctuación a partir de los 150 tiene un valor pequeño.

Veamos a continuación que pasa en las capas con poco material y como se sitúan en relación a las capas con más carbón.

La muestra de la capa 32-34 contiene 136 fragmentos de carbón analizados y 12 taxa identificados; en la curva taxonómica (Fig. 19) 9 de los taxa aparecen entre los primeros 50 fragmentos de carbón. A partir de ahí y hasta los 136 tan solo aparecen 2 taxa nuevos. En los últimos 150 fragmentos de carbón analizados no aparece ningún taxon nuevo. La muestra de la capa 26 tiene 120 fragmentos de carbón analizados y 9 taxa identificados; en la curva taxonómica de dicha muestra (Fig. 20) 8 taxa aparecen entre los primeros 20 fragmentos de carbón analizados. El último taxon aparece al final.

En las curvas taxonómicas de las capas ricas en carbón observamos que en el intervalo de los 100 primeros fragmentos de carbón analizados aparece la mayoría de los taxa identificados. Esto nos puede ayudar a situar aquellas capas que han sido pobres en carbón; éste reducido número de fragmentos analizados (136 en la capa 32-34 y 120 en la 26) corresponde a la cantidad cualitativamente más representativa de las capas ricas. Si pudiésemos analizar más carbón tan solo encontraríamos dos o tres taxa nuevos que difícilmente llegarían a representar el 10% del total de taxa del yacimiento. Por tanto, las capas pobres se pueden considerar representativas puesto que tienen casi el mismo número de taxa que las capas de más de 300 carbones. Adicionalmente, los taxa importantes y más frecuentes, están presentes en todas las curvas entre los primeros fragmentos identificados.

En cuanto a las frecuencias relativas de los taxa más importantes en las muestras ricas en carbón, hemos observado que en los primeros 50 fragmentos de carbón se representa la jerarquización de los taxa que se mantiene con ligeras fluctuaciones en los valores hasta el final. En el caso de las capas pobres, el reducido número de fragmentos analizados, con toda probabilidad, documenta el orden jerárquico de los taxa más abundantes.

1.6.3.c. El número de fragmentos de carbón analizados en las muestras del yacimiento neolítico de Dispilió.

En el yacimiento de Dispilió, por regla general, las capas contienen mucho carbón del que se han analizado entre 300 y 400 fragmentos por cada una. La excepción es la capa 4 donde se han recogido y analizado tan solo 140 fragmentos. El yacimiento es rico en taxa y nos interesaba ver hasta que punto el total de fragmentos analizados en cada capa daba la máxima información cualitativa y cuantitativa. Hemos realizado curvas taxonómicas y de porcentajes para todas las capas. Los resultados los podemos resumir a partir de tres capas; utilizamos estas capas porque contienen un número de fragmentos de carbón analizado variable siendo la capa 6 la que más contiene de toda la secuencia, 413 fragmentos analizados ; la capa 16 la que tiene una cantidad media de 260 fragmentos analizados y la capa 4, la más pobre, con 140 fragmentos.

En la capa 16, en 260 fragmentos de carbón analizados se incluyen 13 taxa. La curva taxonómica (Fig. 21) documenta el progresivo aumento hasta los 100 fragmentos de carbón analizados entre los cuales aparecen 11 taxa; la curva se estabiliza a los 118 fragmentos y hasta el total de 260 no aparece ningún taxon más.

En la capa 6, en 413 fragmentos de carbón analizados se han identificado 11 taxa. La curva taxonómica (Fig. 22) aumenta rápidamente en los primeros 100 fragmentos de carbón donde 10 taxa aparecen. A partir de este intervalo la curva se puede considerar estabilizada puesto que sólo aparece un taxon nuevo hasta el total de fragmentos de carbón analizados.

La capa 4 es la más pobre en carbón, no obstante la curva taxonómica (Fig. 23) presenta un crecimiento semejante al de las capas más ricas. Se estabiliza en los primeros 85 fragmentos de carbón analizados y a partir de ahí no aparece ningún taxon nuevo. En el intervalo de los 100 fragmentos analizados la capa 4 documenta la misma riqueza en taxa que las demás capas.

A partir de las curvas taxonómicas de todas las capas observamos que su crecimiento es rápido hasta los 100 primeros fragmentos de carbón analizados. A partir de ahí y hasta los 200 fragmentos quedan prácticamente estabilizadas. Los taxa que aparecen al final son muy infrecuentes y aportan información complementaria pero no significativa. En este sentido la capa 4, la más pobre con 140 fragmentos tiene suficientemente representada la composición florística del yacimiento y están presentes todos los taxa constantes en las demás capas.

A partir de las curvas cuantitativas de las capas 16 y 6 (Fig. 24, Fig. 25) observamos que el taxon dominante se define claramente en los primeros 50 fragmentos de carbón analizados. A partir de este número de fragmentos las frecuencias suelen fluctuar alrededor de 3 puntos con tendencia a disminuir; y en el total de fragmentos analizados, las frecuencias adquieren valores próximos a los que obtuvieron en los primeros 50 fragmentos (Cuadro 3). No obstante, el mayor número de fragmentos analizados garantiza que estas frecuencias finales contienen menos posibilidad de error. Teniendo en cuenta estas características de las curvas cuantitativas de las capas con más carbón pensamos que la capa 4 en los 140 fragmentos analizados tendrá representados unos valores de los taxa muy aproximados a los que se obtendrían en un mayor número de fragmentos analizados.

En conclusión y respecto a la representatividad ecológica de las muestras analizadas en los tres yacimientos estudiados observamos que:

- La composición de las muestras en taxa respecto a las especies leñosas sedimentadas parece fiable. En todas las curvas la mayoría de los taxa están presentes entre los primeros 100 a 150 fragmentos de carbón analizados. De ahí en adelante solo aparecen pocos taxa nuevos,

- Adicionalmente, los taxa que aparecen entre los primeros 100 fragmentos de carbón analizados son los más frecuentes, los demás taxa corresponden a especies "raras" de presencia ocasional,

- Las curvas cuantitativas de los taxa más frecuentes en cada muestra documentan la definición del orden jerárquico entre ellos en los primeros 50 fragmentos de carbón analizados. A continuación se presentan fluctuaciones pequeñas en los valores de los taxa predominantes; las curvas se pueden considerar relativamente estabilizadas a partir de los 200 fragmentos de carbón analizados. Se necesitaría analizar algo de más carbón para poder conseguir la estabilización absoluta de las curvas pero generalmente se cumplen los requisitos de la fiabilidad estadística,

- El número de fragmentos de carbón analizados en cada una de las muestras de nuestro estudio es representativo del conjunto de especies leñosas sedimentadas en las capa respectivas. Las tendencias generales en los valores de los taxa más frecuentes se definen claramente con un reducido número de fragmentos analizados. Así pensamos que tanto las muestras de más carbón como las de menos, pueden dar información ecológica sobre la formaciones vegetales del pasado y sobre su desarrollo; asimismo, la estructuración de diagramas antracológicos a partir de ellas nos parece válida.

ARCHAEOLOGICAL CHARCOAL AND THE CHARCOAL ANALYSIS METHOD

Charcoal is a product of incomplete combustion, the process where wood is not completely consumed or converted to inorganic material, ashes. Charcoals, although frequent remains in archaeological excavations, until very recently, have not been treated as a part of the archaeological cultural context. By the end of 19th century identification of charcoal was included in the archaeological process, but the consolidation of the discipline with clear cut methods and objectives is the result of intense investigation over the last few decades. In general, within the archaeological context, charcoal is used for ^{14}C dating, but also as a macroremain related to human activity and its interaction with the natural environment. In this respect, charcoal analysis offers palaeoethnobotanical and palaeoenvironmental data.

Early attempts at charcoal analysis were restricted to simple taxonomic lists due to insufficient methods of recovery and poor laboratory techniques. During the 50's and 60's, charcoal specialists stressed the importance of such analysis not only for the information of plant species used by humans in domestic fires but as reliable tool for palaeoenvironmental reconnaissance. However, a solid foundation for charcoal retrieval was not established until the 70's. At that time, it became clear to prehistorians that recovery of all types of organic material and interdisciplinary collaboration was necessary. Additionally, laboratory techniques were improved drastically through the introduction of incident light microscopy that made the augmentation of charcoal samples analysed and the statistical analysis of the data possible. Under these new methods of investigation, charcoal samples, fragments, and data from archaeological sites increased, and palaeoecological interpretation of the results became feasible.

Nevertheless, among scholars the ethnobotanical or ecological significance of archaeological charcoal is still a matter of debate. Charcoal reflects, either wood selection by humans and the use of wood during everyday activities by them; or firewood gathering is considered a representative sampling of the vegetation, and for this, charcoal can provide information on past vegetation and the climatic conditions.

Smart and Hoffman (1988) in a recent work, though they do not deny the ecological information offered by charcoal analysis, they affirm that the wood used by human groups is the result of a cultural selection. In this respect, there exist various factors, cultural or natural, concerning wood qualities and the vegetation in general that are reflected in the charcoal recovered during archaeological excavation.

At the same time, other specialists have been working on archaeological charcoal context and the criteria that may help distinguish between ecological or ethnobotanical information. In this respect an archaeological charcoal method has been structured systematically to deal with these problems. The specialists at the Montpellier school have defined a clear-cut method with three distinct lines of investigation: methodology, palaeoethnobotany and palaeoenvironment. Much work has focused on statistical analysis, and as a result of this initial research various studies were carried out in diverse archaeological settings.

Charcoal recovered from archaeological excavations forms part of the cultural context since it is the product of human activity. However, special studies have been oriented to investigate the degree to which archaeological charcoal analysis results offer the possibilities for an ecological reconstruction. Consequently, in order to differentiate between distinct results, the provenance-interpretation of archaeological charcoal was established as follows:

a) Charcoal associated to closed contexts probably related to selection of wood for special purposes, for instance burnt layers that preserve timber remains, combustion structures of specific use such as pottery kilns and fires for metal smelting, ritual and funerary fires, wooden tools, etc.,

b) Charcoal produced through burning of firewood in domestic fires. Since firewood is the only energy source it is destined to cover prime necessities; for this reason, it is most probable that human groups use any kind of plant found in an area. However, random wood gathering includes a selective rational component associated to the availability of the raw material, to the distance from the occupation site, to convenience gathering and to the specific uses. Considering all the above, for charcoal analysis the collection of firewood is closely related to the composition of the vegetation; many of the species present in the environment are used while the most abundant are more frequently collected. In this respect, charcoal from domestic fires can offer ecological information.

The arguments for the palaeocological significance of the domestic charcoal make reference to questions concerning the specific properties of wood, availability and economy in effort. Wood density, molecular composition and the mineral content influence the calorific properties, duration of combustion, smoke production, etc. It has been postulated that human groups select firewood considering these physical properties. Ethnographic studies have also indicated that there are cultural preferences reflected in wood gathering. Due to selective criteria based on wood properties and/or cultural factors, caution has been drawn to the possibility of a biased ecological image through archaeological charcoal (Smart and Hoffman 1988).

Specific studies argue that the combustion properties of wood are not strictly associated to the species since humidity and wood morphology influence burning. The content of humidity in wood can invalidate or diminish other properties related to the chemical constitution of woods such as the resinous. The physical properties of wood, density and structure, can be important factors for fast combustion. Nevertheless, this can be changed by modifying the morphology of wood, that is its size, diameter and thickness. Species differences only marginally influence the heat producing properties of wood. Control over the state (dead or alive, dry or humid, altered or healthy) and the morphology of wood (size and diameter) is more important for this purpose. Depending on their physiological state, different plant species can be adapted for the same function, and in nature all states and forms of wood can be found, thus responding to the specific combustion needs. The above results argue in favour of minimum firewood selection in association to the combustion properties of the species. Although there are examples of long distance transport of wood for specific uses, the overall trend is that human groups or communities evaluate a "good quality firewood" in relation to its prime necessity for energy, its availability, abundance and proximity of plant species to the surrounding environment.

Shackleton and Price (1992) evaluated the use of the Principal of Least Effort (PLE) concerning firewood gathering-selection related to the duration of occupation. They conclude that a threshold is reached during the occupation of a site where gathering is no more selective, is closely related to the availability and effort required; thus, cases and sites should be studied individually without accepting generalisations concerning the PLE, but trying to find the moment, where possible changes might occur. The authors analyse the criteria of the ecological significance of the archaeological charcoal and draw the attention not only to environmental conditions but also to modifications in human attitudes that could cause changes in the abundance and proportion of plant species reflected in the charcoal record.

The charcoal analysis results that derive from domestic firewood present taxa diversity and common features in different sites from the same locality. These characteristics indicate that in firewood gathering the most important factors are related to energy necessity and effort saving through the use of the surrounding available resources. Thus, it has been postulated that dead wood and especially the dominant species were exhaustively gathered.

In any case, differences in the subsistence strategy and the duration of the occupation are factors to be considered in relation to a random firewood gathering and/or the possibility of some degree of selection. In order to test different hypothesis it is necessary to carry out detailed charcoal sampling during the excavation, and, to always consider the interpretative particularities of different charcoal contexts.

The basic premise in charcoal analysis is that firewood gathering is not selective but a reflection of the need for energy and the availability of plant resources. There are further arguments that sustain this basic hypothesis and specific studies have provided a method for the analysis of past vegetation as long as the following requisites are maintained:

- Charcoal must be the remain of domestic fires,

- Firewood gathering activities must have a long duration in time,

- Charcoal sampling in sites must be carried out adequately, keeping in mind that different charcoal contexts offer the potential for different results and that sampling must cover a large part of the excavated area.

From the above prerequisites it is clear that only charcoal from domestic fires can be used for a study of past vegetation. In addition, this must be the result of long-term activities in relation to the overall occupation of a site. By this it becomes evident that charcoal recovered in domestic hearths must be separately recovered from charcoal dispersed in the sediment.

Exposed hearths are easily distinguished features during excavation, but the content of charcoal reflects a reduced number of firewood gatherings or a temporary use; thus, the image of the last firewood used is recovered, the taxonomic list is incomplete and quantitative results are erroneous from an ecological point of view since there usually is an overrepresentation of the dominant taxa.

Dispersed charcoal in the excavated deposits is the result of various emptyings and cleanings of different hearth assemblages and for this reason it is considered the "sum" of many fires started during the deposition time of the archaeological remains. Since humans use fire on a daily basis, dispersed charcoal reflects numerous intervals of wood gathering. The analysis of dispersed charcoal offers coherent quantitative and qualitative results, and thus palaeoecological interpretation is feasible. Dispersed charcoal gives a synthetic image of the vegetation of the territory managed for firewood. Charcoal diagrams are structured on the basis of this data. Changes and fluctuations in the frequencies of the taxa in successive layers reflect the diachronic image of the surrounding vegetation and the modifications of the vegetal landscape along with the human occupation of the area under study.
Charcoal from closed contexts cannot be used in terms of ecological interpretation since selection or temporary activities are reflected. Domestic hearths and pit charcoal analysis results can be complementary to the argument on

past vegetation derived from the dispersed charcoal in the excavated layers.

The scientific basis for charcoal analysis is that only dispersed charcoal has reliable ecological significance since it is the result of the mean provision of firewood during the time of the occupation. Arguments for the ecological coherence of dispersed charcoal results are:

- The diversity of taxa in the spectra that comprise charcoal diagrams,

- The reproducibility of the results in the different samples of one same level, which form a charcoal assemblage,

- The qualitative and quantitative coherence of the results of consecutive layers and,

- Finally the observation that the same biological laws that determine dominance between plant species, at least in temperate vegetation zones, characterise charcoal assemblages as well.

The main requisite for the analysis of charcoal is a systematic recovery of samples in the archaeological sites. Sampling must be applied to the whole excavated surface and along the vertical sequence. Additionally, the distinction between:

1. Charcoal concentrated in structures and closed contexts or,

2. Dispersed charcoal in the deposits

must be clear during sampling, laboratory analysis and interpretation of the data.

A sampling unit in charcoal analysis is every single structure, closed context or level in all the layers and spits excavated. It is necessary to recover charcoal from all stratigraphic surfaces and from that number of trenches that will provide enough fragments to guarantee reliable statistical results. Given that enough charcoal fragments are recovered, if for some reason charcoal recovery is not possible in the totality of the excavated surface, then at least a 4-m^2 area should be sampled.

Dry screening, water sieving, or flotation, with a 4 mm (maximum) mesh, most frequently 2 mm, are the main recovery techniques employed to ensure variety among the charcoal fragments. However, the size of the fragments is by no means related to the species burned. Experimentation has demonstrated that there exists a statistic law according to which all species trace the same fragmentation curve during combustion. Charcoal fragments > 4-5 mm as well as those smaller in size offer similar results. It is possible that among smaller fragments appear the least frequent species, which give complementary information, but are not indispensable for an ecological interpretation.

The observation unit is each charcoal fragment recovered. Anatomical identification of wood is based on its unique structure of basic elements that varies between families, genera or even species. This unique structure enables determination. Charcoal preserves the anatomy of wood and the elements can be observed in three anatomical sections: transverse, longitudinal tangential and longitudinal radial.

Charcoal is not submitted to any chemical treatment for observation which is carried out in an incident light microscope of X100 - X1000 magnifications. Determinations usually get to genera level; identification of a species is more complicated but it is feasible when precise biometric measurements can be taken.

The specialised bibliography on lignifying species and a reference collection of modern carbonised species are indispensable tools for microscopic charcoal determination. The identification method of charcoal analysis is not destructive and the fragments identified can be used afterwards for ^{14}C dating.

Dating already anatomically identified charcoal fragments can be very important in archaeological sites, in mixed contexts or in levels of interface, very frequent in archaeological excavations. The genera or species to be dated may directly correlate to the prevalent ecological conditions of that single moment in time. By this, the dates provided by species that apparently do not correspond to the plant formations characteristic for certain periods might indicate possible infiltration, or alternatively date the first appearance of those species in a chronostratigraphic sequence.

The statistical reliability of the data depends on the analysis of the most representative quantity of charcoal for each sampling unit, which is calculated through effort-return (output) curves. The stabilisation of this curve indicates the necessary number of charcoal fragments to be analysed in order to have included in each sample as many species as possible for reliable qualitative information. Chabal (1997) establishes a minimum number of charcoal fragments for each archaeological layer between 250 and 400. Badal and Heinz (1991) mention that the minimum number of charcoal fragments for palaeoecological interpretation for prehistoric and historical times is related to the diversity of plant formations, and for this reason can vary in sites between 200 and 800 fragments.

The quantitative treatment of the samples can be done either by weighting or counting the charcoal fragments for each species. Both techniques draw the same conclusions since representation of the biomass is not better in one technique than the other. For this reason, usually counting of the charcoal fragments is preferred since it is more practical. Results for each taxon are expressed in percentages and the list of lignifying species and their frequencies in consecutive assemblages are represented in charcoal diagrams for the whole sequence of the site's occupation.

Each diagram spectrum represents in a synthetic form the lignifying species deposited in the site proceeding from the managed area, and shows the proportion of them for each period of time.

The information obtained from charcoal analysis corresponds to the area of firewood provisioning. Although firewood gathering is not selective it is still a reflection of the human attitudes towards vegetation. The area, or radius, where the activity is carried out, is not stable and can change in time consequently affecting information on the vegetation derived from charcoal analysis. Changes in the proportions between species might be indicative for the managing of new habitats.

Charcoal interpretation can be carried out through successive assemblages and spectra; that is, the progress of species' frequencies and proportion through time. In this sense, what is taken advantage of is the dynamic of vegetation, the possible presence of regressive or progressive stages. Then ecological indicators are looked for, that through relative variation, can be indicative of the state of the vegetation in the firewood gathering area.

Attempting to decipher changes in the firewood provisioning area is not always easy to do and may be a result of changes in plant cover over time and/or alternatively amplification or variation in the area managed. Interpretation must be carried out from the totality of the charcoal spectra and from the information available, archaeological and/or from other related disciplines, palynology, phytosociology and biogeography.

In the present study, we have applied charcoal analysis method accepting that it stands upon a complete theoretical and methodological framework that permits us to interpret palaeoecological and ethnobotanical data. In each site we have separately recovered dispersed and concentrated charcoal. However, in each site, the sampling methods have been different due to the characteristics of the deposit and the methods of excavation. In the Late Glacial rockshelter of Boila the bulk of the deposits were water sieved, and all charcoal recovered. At the Neolithic site of Makri, dry screening was carried out, and finally at the Neolithic settlement of Dispilio, the flotation technique was applied. At these two sites only a part of each deposit was sampled.

Applying the method of charcoal analysis to these three sites created some problems concerning sampling or treatment of the results. Since the reliability of interpretation is based mainly on a correct methodological resolution, we have tried to clarify the distinct problem of each site that can be described as follows:

- The sampling method and the statistical treatment of the results at the site of Dispilio,

- The ecological reliability of the charcoal assemblages from some levels in the Neolithic sites of Makri and Dispilio where there was a probability of having mixed timber remains,

- The reliability of some assemblages that contained few charcoal fragments.

At the Neolithic lake settlement of Dispilio the flotation technique was used, which constitutes an easy and efficient sampling method, especially when the bulk of the sediment to be floated is large. By this technique normally the majority of carbonised remains is recovered through flotation in exterior sieves (flot). In the sieves located inside the flotation machine the coarse residue is retained together with the material that did not float. At the site of Dispilio during flotation, a great part of charcoal, especially from the water impregnated levels, was deposited in the interior sieves instead of concentrating in the float. In this situation we proposed the possibility of analysing only the charcoal fragments from the interior sieves since charcoal fragments from the float were very few.

Nevertheless, specific studies concerning the qualitative and quantitative results from both flotation residues have shown that there exists a considerable variation and for this is preferable to combine them both. For this reason we carried out a comparative study of the flot and interior residue of four samples (5-468, 5-470, 6-658 and 6-399) that gave similar number of charcoal fragment in each.

The results showed that in general the flot residue was richer in taxa (Fig. 1, Fig. 2, Fig. 3) and only in one case (Fig. 4) this happened with the coarse residue. Quantitatively speaking, we can observe the same tendencies both in the flot and coarse residue although percentage values are somewhat different. The dominant taxa are the same and the distribution of percentages maintains the same order (Fig. 2, Fig. 3, Fig. 4). In one case (Fig. 1) the dominant taxa were inverted. In general, the percentages present differences ranging from 10 to 40% both in dominant and secondary taxa (Fig. 1, Fig. 2, Fig. 3, Fig. 4).

Differences are due to an unequal classification related to charcoal weight, which is effectuated during flotation. Additionally, there is a secondary fragmentation of the coarse residue; the accumulation of coarse residue and flot diminishes the effect of re-fragmentation and invalidates differences between species. The results from both our separate analysis and from the observations concerning the flotation technique have indicated that we should use the sample as a whole without internal separation.

At the Neolithic sites of Makri and Dispilio dispersed charcoal samples were recovered from the whole sequence. However, there were some samples that due to their proximity to burned habitation levels or occupation floors could include timber remains, although apparently were not directly related to the closed construction contexts. These were the problems with two layers at Makri and another three at the site of Dispilio.

Methodological studies of charcoal spectra have demonstrated that there exist a direct relation between charcoal data and present vegetation, which is expressed by an index calculated through the "Pareto concentration curve" that characterises the total of proportions between species in a sample. The concentration index represents an equilibrium law in present ecology; for plant communities in particular, it is established at 20/80, which means that 20% of the species represents 80% of the plant community biomass. The same index has been observed in charcoal assemblages and since it corresponds to a biological reality could be applied in charcoal analysis as well. Fluctuations of the 20/80 index could be interpreted as:

- A rupture in the equilibrium of the local vegetation when concentration is less, e.g. 40/60 or,

- An insufficient representation of the vegetal environment due to few firewood gatherings reflected in the assemblages or due to wood selection, when higher concentration is indicated, e.g. 10/90.

In the case of the problematic assemblages of our sites we have observed in the concentration curves that the indexes coincided with the established 20/80 index or were, close to this. In the site of Makri the assemblages from layers S1 (Fig. 5) and S2 (Fig. 6) gave 18/83 y 20/80 concentration indexes respectively. In the site of Dispilio the layers in doubt were 11a (Fig. 7), 9 (Fig. 8) and 7 (Fig. 9) and the corresponding concentration indexes were 20/80, 19/81 and 18/82 respectively. In general, the assemblages are in agreement with an ecological law. In the cases where there is higher concentration, the samples might include a minimum percentage of timber remains but the fluctuation of the concentration is not indicative of a rupture in the vegetation equilibrium or of selection. Although the problematic assemblages can be used in an ecological discussion it is important to have checked them and keep in mind the diversity of human activities.

The necessary number of charcoal fragments analysed for reliable ecological results has been estimated from 200 to 500. However this number can vary between sites in response to the amplitude of the taxa list and the relative frequencies of the most frequent taxa.
The sites here presented have been quite poor in charcoal with the exception only of Dispilio. In the sites of Boila and Makri all charcoal fragments were analysed irrespective of their size since the material was scarce, but still the total number of fragments for some assemblages is inferior to that accepted as representative in literature. The assemblages from the site of Dispilio have permitted us to analyse more than 250 charcoal fragments for each layer although there is a layer with few charcoal fragments.

We have considered it necessary to check if the number of the charcoal fragments analysed is sufficient for an ample taxa representation. Additionally, we wanted to see if with this number of fragments analysed, the taxa identified acquired stable relative frequencies that are the basis for comparison between charcoal diagram spectra when it comes to the interpretation of the diachronic image of the vegetation.

Taxonomic curves in charcoal analysis are indicative of the minimum number of charcoal fragments to be analysed in order to obtain a more complete taxa list. The x-axis represents the number of charcoal fragments analysed and the y-axis represents the taxa identified; as the number of charcoal fragments analysed is getting larger, the curve increases fast in the beginning and after a certain threshold it stabilises. From this point on new taxa are infrequent or there are no new ones, which indicates that with this number of charcoal fragments analysed the qualitative data of the assemblage are complete.

The quantitative curves indicate the maximum frequency, which a taxon reaches in an assemblage and the stabilisation point of this frequency in relation to the number of charcoal fragments analysed. They are drawn in the same way as the taxonomic curves but the y-axis in this case represents the relative frequencies of the most representative taxa.

For the sites here presented we have carried out taxonomic and quantitative curves for each one of the assemblages that contained many charcoal fragments. Additionally taxonomic curves were drawn for assemblages poor in charcoal; our aim was to distinguish if the assemblages rich in charcoal offered maximum quantitative and qualitative information and if the poor assemblages, through comparison, could be considered representative.

The assemblages from the Late Glacial site of Boila, though poor in charcoal, present a wide taxinomic list. Unit IIIb is the richest in charcoal fragments; taxonomic (Fig. 10), and quantitative curves (Fig. 11) were carried out for this unit. For the poorer in charcoal, units I and II-C.1, only taxonomic curves were drawn (Fig.12, Fig.13, Fig. 14).

Comparing the taxonomic curves of all these units the list of taxa is similar. In all units the majority of the taxa appear within the first 100 charcoal fragments analysed. Taxa that appear from 150 fragments onward have low frequencies, are complementary in the list but their presence or absence does not change the results in the assemblage.

The quantitative curve from unit IIIb (Fig. 11, Table 1) shows that a minimum number of 200 charcoal fragments analysed are necessary to obtain the frequencies closer to stabilisation. The remaining units with fewer charcoal fragments, by comparison to unit IIIb, show frequencies approximate to the maximum stabilised with the exception of unit I that includes fewer than 200 charcoal fragments.

At the site of Makri taxonomic and quantitative curves were drawn for the charcoal assemblages from two of the richest in charcoal layers, 29 and 27-28 (Fig.15, Fig.16, Fig. 17, Fig. 18 and Table 2). Taxonomic curves were also drawn for the charcoal assemblages from the poorer layers 32-34 and 26 (Fig.19, Fig. 20).

In the taxonomic curves of the rich charcoal assemblages we can observe that in the interval of the first 100 charcoal fragments analysed the majority of the taxa are already present. This helps us come to some conclusions about the poorer assemblages; their lower charcoal content (136 for 32-34 and 120 for 26) corresponds to the number of charcoal fragments qualitatively representative for the richer assemblages. If more charcoal fragments could be analysed only 2 to 3 more taxa would be identified, which would hardly represent 10% of the total for the site. For this reason, the poor assemblages can be considered qualitatively representative since they include the same number of taxa as the assemblages with more than 300 charcoal fragments. Additionally, the most important and frequent taxa are present in all curves within the first fragments identified.

As for the quantitative curves of the most important taxa in the rich assemblages, we can observe that within the first 50 fragments analysed the hierarchical order of taxa dominance is established and is maintained with slight fluctuations of the values until the total number of fragments is analysed. In the case of the poor assemblages, it is most probable that the number of charcoal fragments analysed is indicative of the dominance order between taxa.

At the site of Dispilio the assemblages from almost all layers contained a lot of charcoal fragments from which 300 to 400 pieces were analysed in each. The only exception is the assemblage of layer 4 where only 140 fragments were recovered. The assemblages are rich in taxa and what interested us was to see if the total number of fragments analysed offered maximum qualitative and quantitative information. The results can be summarised in the curves of three assemblages, the one from layer 6, the richest in charcoal, the one from layer 16 and finally the assemblage from layer 4, poor in charcoal.

In the taxonomic curves of all the assemblages (Fig. 21, Fig. 22, Fig. 23) we observe that they grow fast within the first 100 fragments analysed and they are practically stabilised at a point of 200 fragments. The taxa that appear towards the end of the curves are very infrequent and the information they offer is complementary but not significant. In this sense, the assemblage from layer 4, although the poorest in charcoal content can be considered sufficiently representative of the plant composition of the site; additionally, all taxa constantly present in the rest of the assemblages, appear within the charcoal fragments analysed of this poor assemblage.

From the quantitative curves of the assemblages from layers 16 and 6 (Fig. 24, Fig. 25) we observe that the dominant taxon is clearly defined within the first 50 fragments analysed; from this point on frequencies fluctuate slightly but generally oscillations show a diminishing trend (Table 3). With this in mind, the assemblage from layer 4 represents values of the taxa very approximate to the ones to be obtained if more charcoal could be analysed.

In conclusion and concerning the ecological significance of the analysed assemblages in the three sites presented here we observe that:

- The composition of the assemblages in taxa in relation to the species deposited seems reliable. In all the curves the majority of the taxa are present among the first 100 to 150 charcoal fragments analysed. From this number on only a few new taxa appear,

- The taxa represented among the first 100 charcoal fragments analysed are the most frequent while the remaining are usually the "rare" ones with an occasional presence,

- The quantitative curves of the most frequent taxa in each assemblage are characterised by the establishment of a hierarchical order between them in the first 50 fragments. There is fluctuation in values of the predominant taxa from this point on; the curve tends to stabilise as a total of 200 fragments analysed is approached,

- The number of charcoal fragments analysed in each one of the assemblages of our study can be considered representative of the assemblage of the lignifying species deposited in the respective layers. The general trend in the values of the dominant taxa is clearly defined with a small number of fragments analysed. For this, we think that both the assemblages rich in charcoal as well as the poorer ones can offer ecological information thus, structuring of charcoal diagrams is valid.

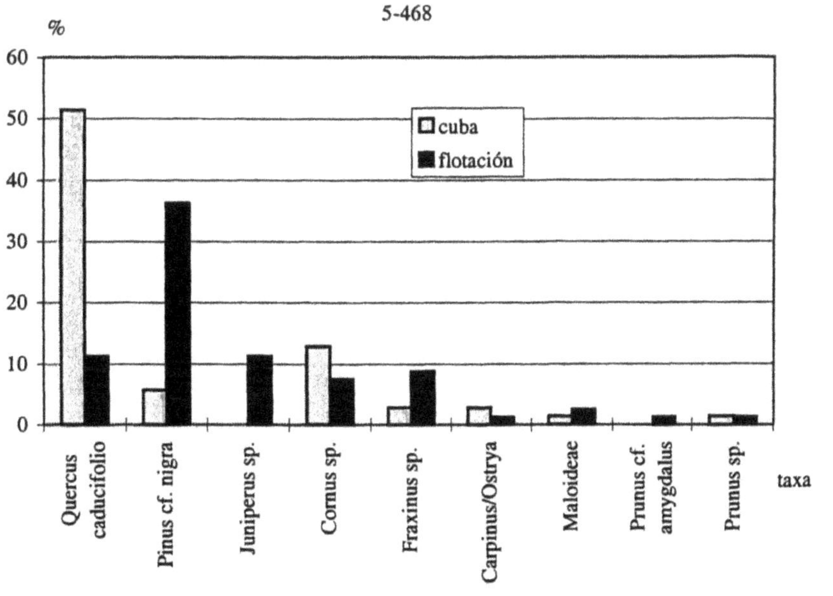

Fig. 1: Frecuencias de los taxa identificados en las submuestras del tamiz exterior de flotación y del tamiz interior de la cuba de la muestra 5-468, capa 5 del yacimiento de Dispilió.

Fig. 1: Frequency of the taxa identified in the flot and the coarse residue of sample 5-468, layer 5 at the site of Dispilio.

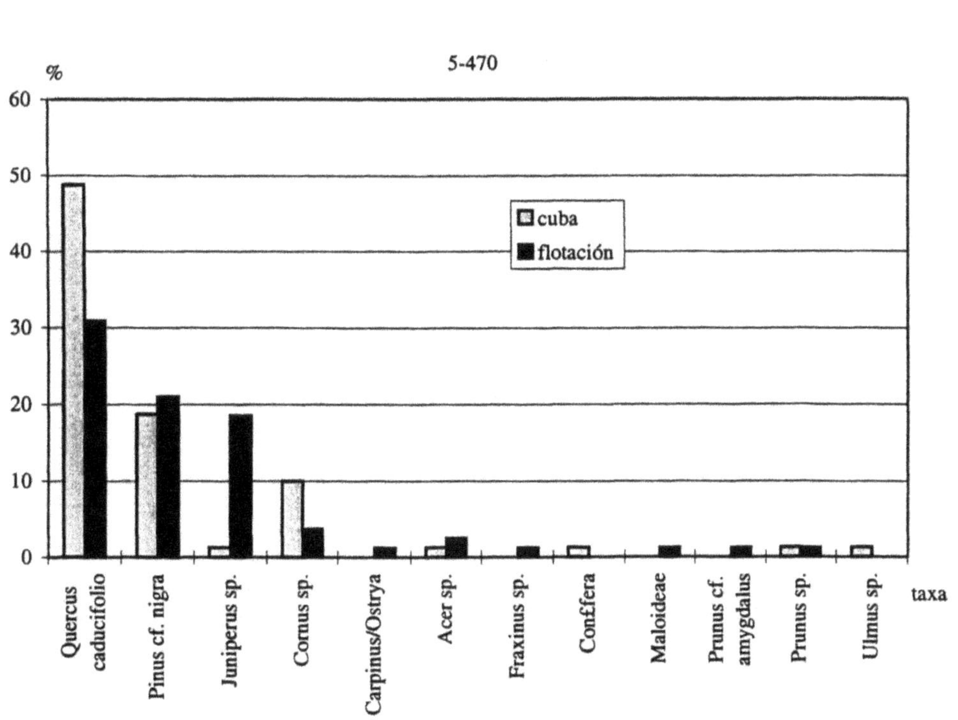

Fig. 2: Frecuencias de los taxa identificados en las submuestras del tamiz exterior y del tamiz interior de la cuba de la muestra 5-470, capa 5 del yacimiento de Dispilió.

Fig. 2: Frequency of the taxa identified in the flot and the coarse residue of sample 5-470, layer 5 at the site of Dispilio.

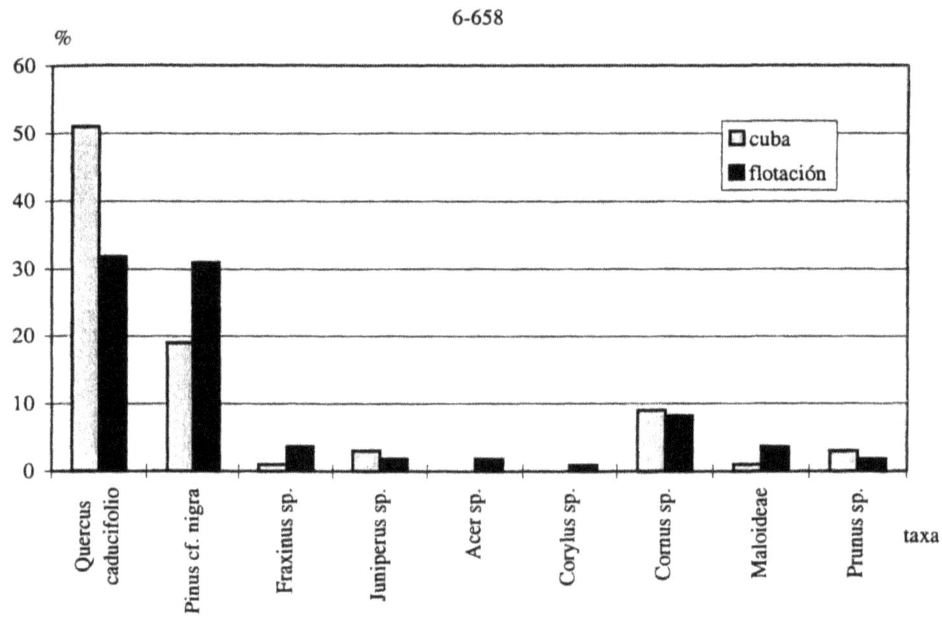

Fig. 3: Frecuencias de los taxa identificados en las submuestras del tamiz exterior de flotación y del tamiz interior de la cuba de la muestra 6-658, capa 6 del yacimiento de Dispilió.
Fig. 3: Frequency of the taxa identified in the flot and the coarse residue of sample 6-658, layer 6 at the site of Dispilio.

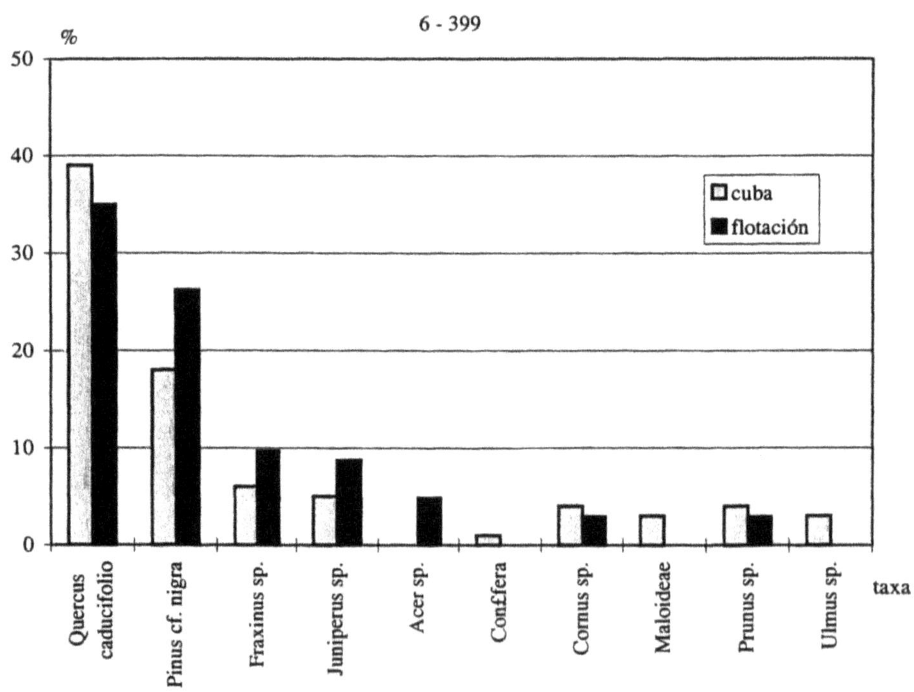

Fig. 4: Frecuencias de los taxa identificados en las submuestras del tamiz exterior de flotación y del tamiz interior de la cuba de la muestra 6-399, capa 6 del yacimiento de Dispilió.
Fig. 4: Frequency of the taxa identified in the flot and the coarse residue of sample 6-399, layer 6 at the site of Dispilio.

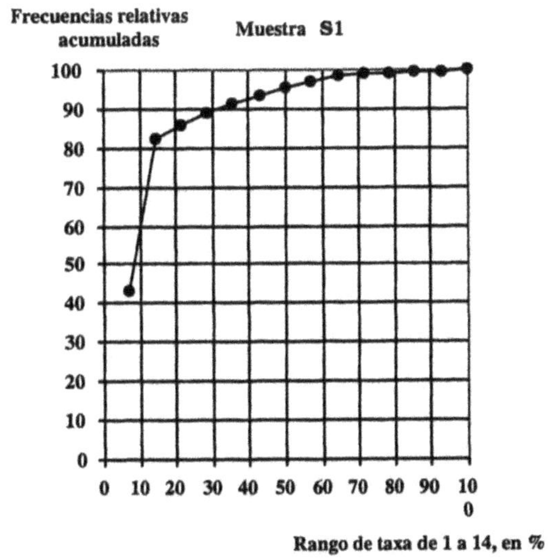

Fig. 5: Curva del índice de concentración para la muestra de la capa S1 del yacimiento de Makri.
Fig. 5: Curve of the concentration index for the assemblage from layer S1 at the site of Makri.

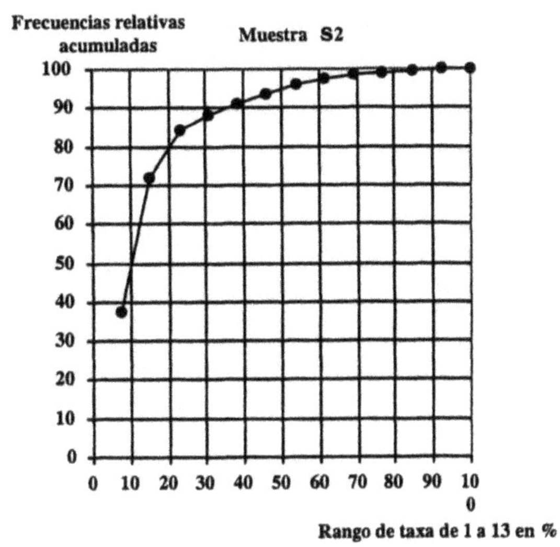

Fig. 6: Curva del índice de concentración para la muestra de la capa S2 del yacimiento de Makri.
Fig. 6: Curve of the concentration index for the assemblage from layer S2 at the site of Makri.

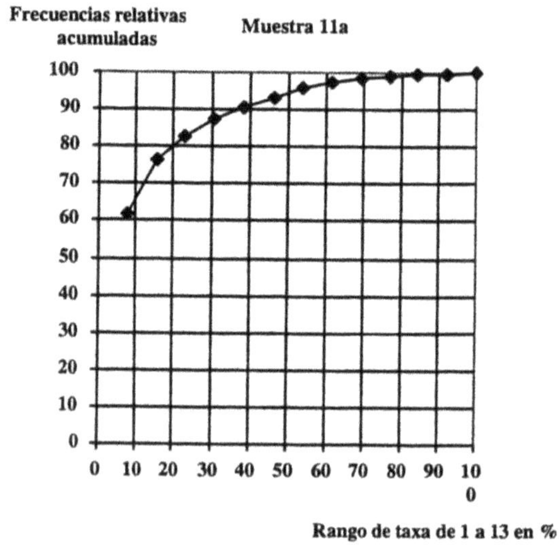

Fig. 7: Curva del índice de concentración para la muestra de la capa 11a del yacimiento de Dispilió.
Fig. 7: Curve of the concentration index for the assemblage from layer 11a at the site of Dispilio.

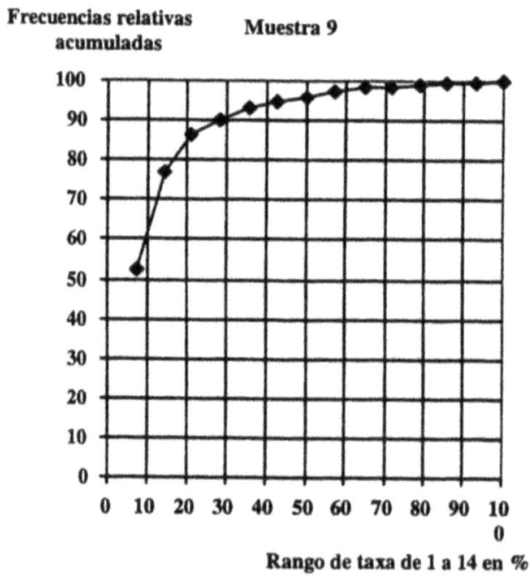

Fig. 8: Curva del índice de concentración para la muestra de la capa 9 del yacimiento de Dispilió.
Fig. 8: Curve of the concentration index for the assemblage from layer 9 at the site of Dispilio.

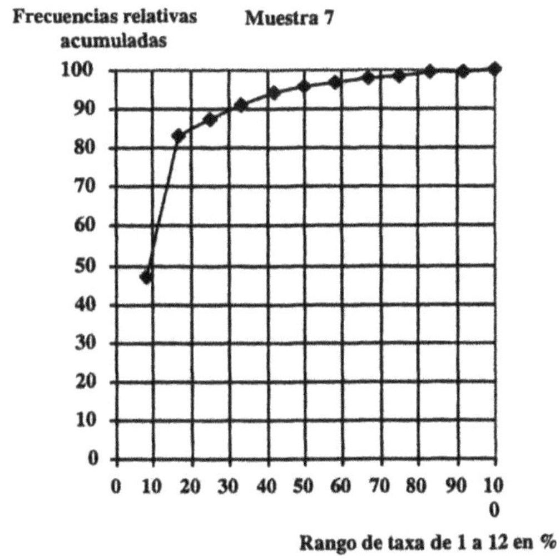

Fig. 9: Curva del índice de concentración para la muestra de la capa 7 del yacimiento de Dispilió.
Fig. 9: Curve of the concentration index for the assemblage from layer 7 at the site of Dispilio.

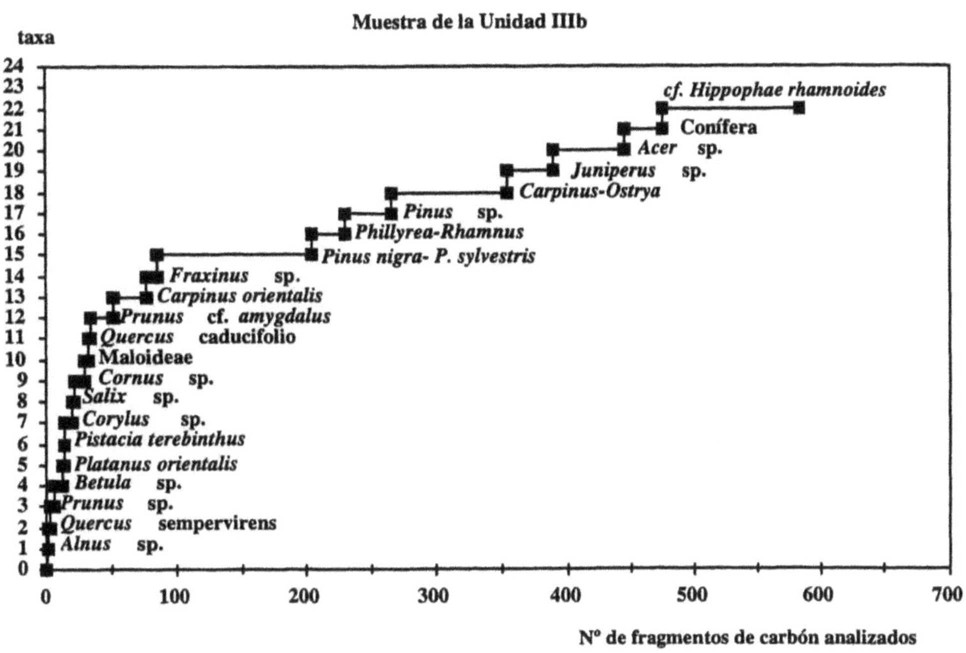

Fig. 10: Curva taxonómica de la muestra de la unidad IIIb del yacimiento de Boila.
Fig. 10: Taxonomic curve for the charcoal assemblage from unit IIIb at the site of Boila.

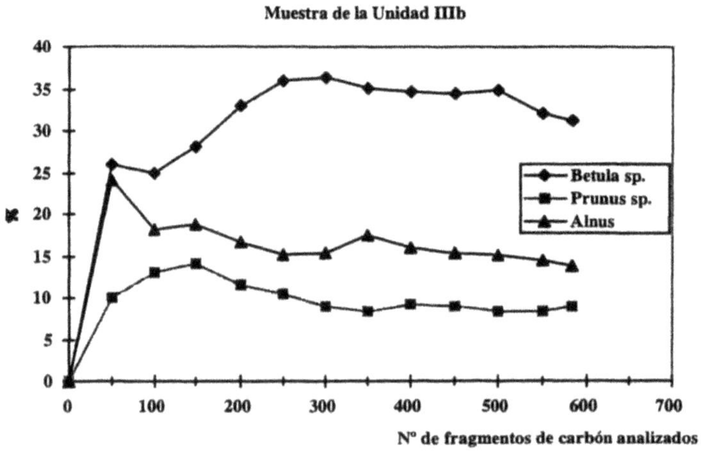

Fig. 11: Curva cuantitativa de los taxa mas abundantes en la unidad IIIb del yacimiento de Boila.
Fig. 11: Quantitative curve for the most abundant taxa in the charcoal assemblage from unit IIIb at the site of Boila.

	UNIDAD	IIIb	
Fragmentos analizados	***Betula* sp.**	***Alnus* sp.**	***Prunus* sp.**
50-100	1	6	3
100-150	3	0,66	1
150-200	5	2,16	2,5
200-250	3	1,3	1,1
250-300	0,33	0,13	1,4
300-350	1,19	2,09	0,8
350-400	0,39	1,42	1,05
400-450	0,31	0,67	0,37
450-500	0,56	0,13	0,48
500-550	2,82	0,84	0,04
550-583	0,97	0,64	0,55

Cuadro 1: Amplitud de variaciones en la frecuencia relativa de los taxa más abundantes en la muestra de la unidad IIIb del yacimiento de Boila.
Table 1: Amplitude of variation in the relative frequencies of the most abundant taxa in the charcoal assemblages from unit IIIb at the site of Boila.

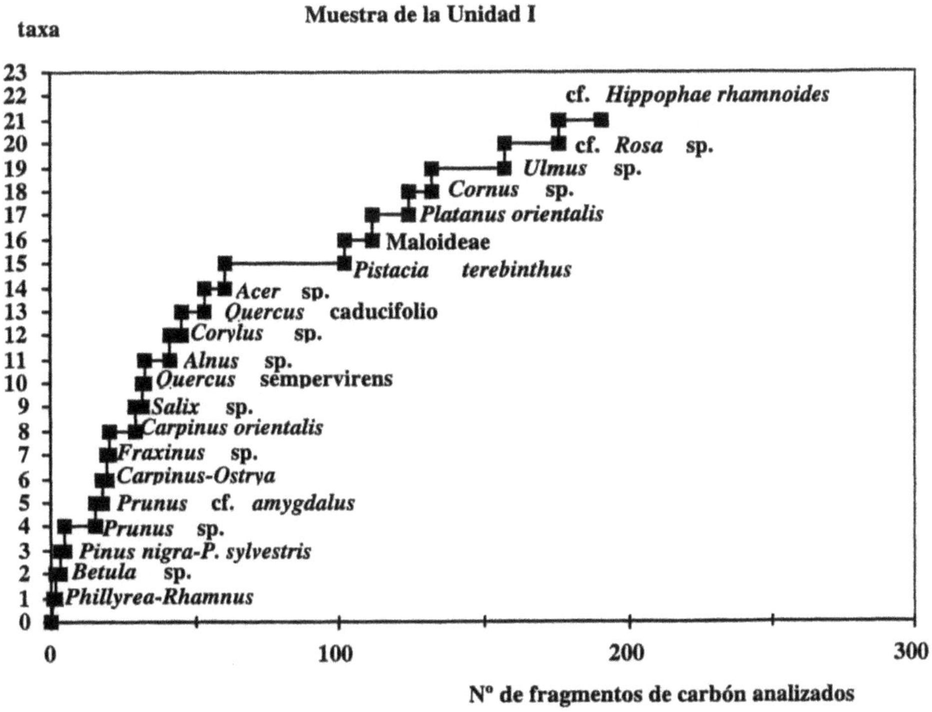

Fig. 12: Curva taxonómica de la muestra de la unidad I del yacimiento de Boila.
Fig. 12: Taxonomic curve for the charcoal assemblage from unit I at the site of Boila.

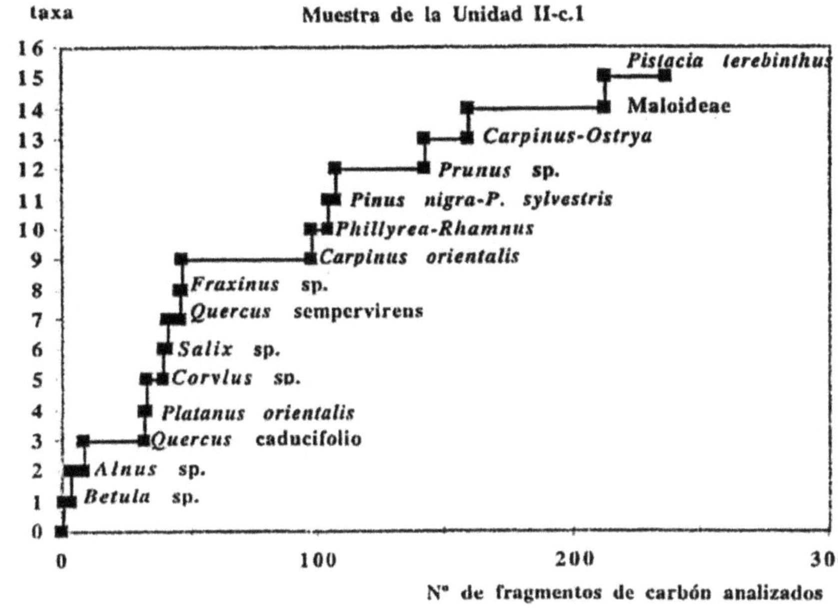

Fig. 13: Curva taxonómica de la muestra de la unidad II-c.1 del yacimiento de Boila.
Fig. 13: Taxonomic curve for the charcoal assemblage from unit II-c.1 at the site of Boila.

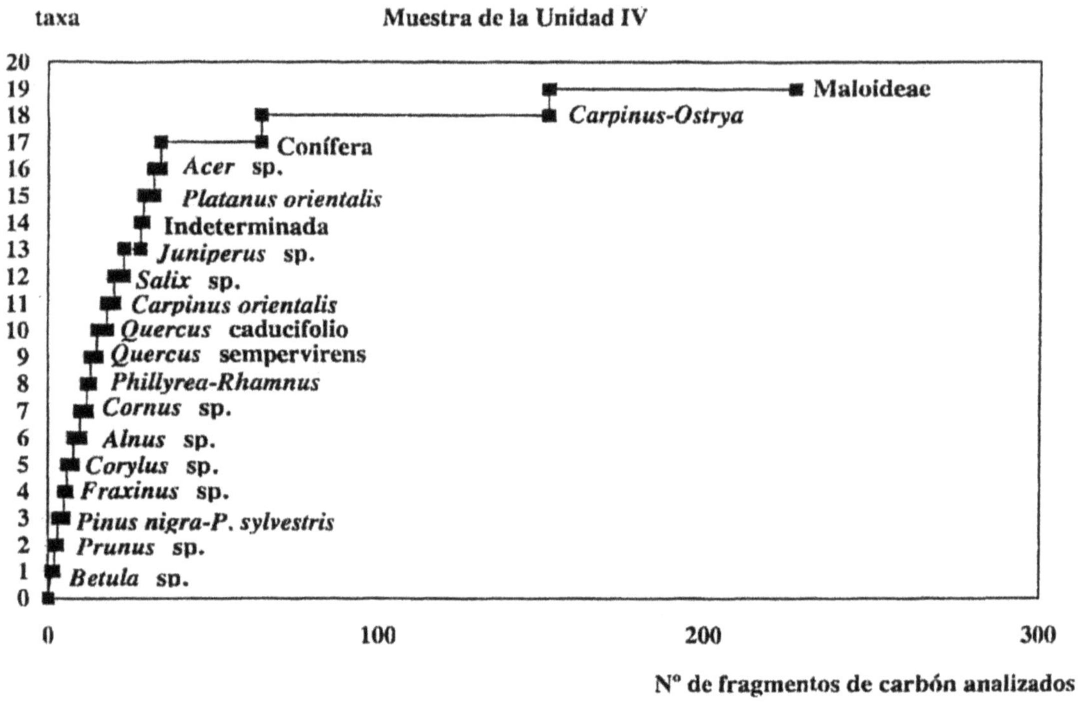

Fig. 14: Curva taxonómica de la muestra de la unidad IV del yacimiento de Boila.
Fig. 14: Taxonomic curve for the charcoal assemblage from unit IV at the site of Boila.

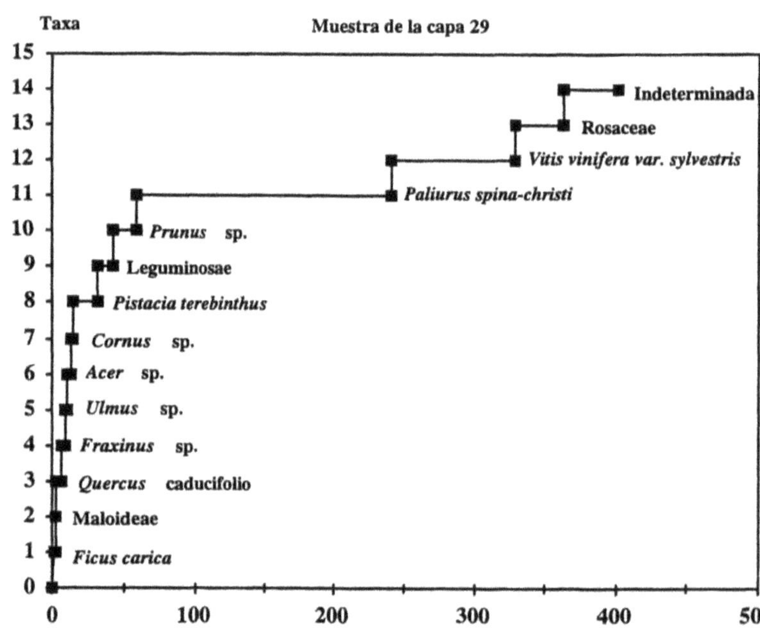

Fig. 15: Curva taxonómica de la muestra de la capa 29 del yacimiento de Makri.
Fig. 15: Taxonomic curve for the charcoal assemblage from layer 29 at the site of Makri.

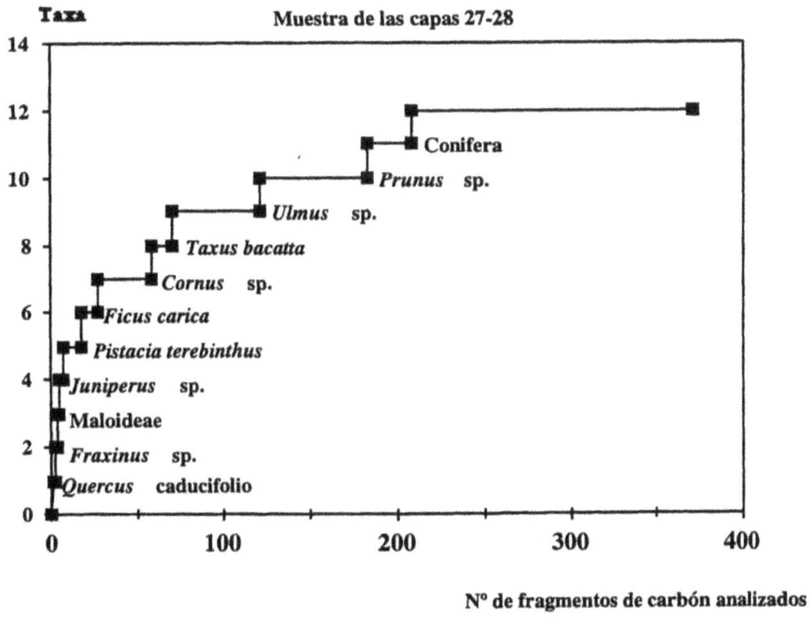

Fig. 16: Curva taxonómica de la capa 27-28 del yacimiento de Makri.
Fig. 16: Taxonomic curve for the charcoal assemblage from layer 27-28 at the site of Makri.

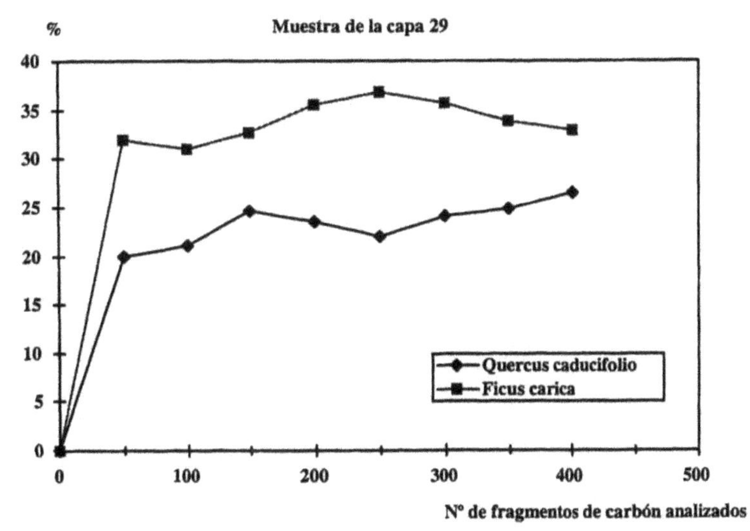

Fig. 17: Curva cuantitativa de los taxa más abundantes en la capa 29 del yacimiento de Makri.
Fig. 17: Quantitative curve for the most abundant taxa in the charcoal assemblage from layer 29 at the site of Makri.

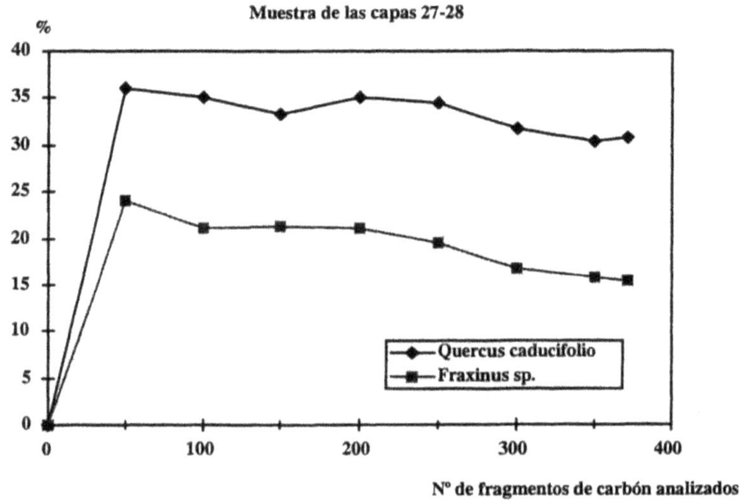

Fig. 18: Curva cuantitativa de los taxa más abundantes en la capa 27-28 del yacimiento de Makri.
Fig. 18: Quantitative curve for the most abundant taxa in the charcoal assemblage from layer 27-28 at the site of Makri.

CAPA 29				CAPA 27-28			
Fragmentos analizados	***Quercus* caducifolio**	***Ficus carica***	***Fraxinus* sp.**	**Fragmentos analizados**	***Quercus* caducifolio**	***Fraxinus* sp.**	***Ficus carica***
50-100	1	1	3	50-100	1	1	1
100-150	3,66	1,66	2,34	100-150	1,67	0,33	1
150-200	1,16	2,84	0,84	150-200	1,67	0,33	1,5
200-250	1,5	1,3	0,9	200-250	0,6	1,4	0,1
250-300	2	1,14	0,4	250-300	2,74	2,94	1,93
300-350	0,85	1,95	1,7	300-350	1,38	0,95	1,09
350-401	1,58	0,8	0,7	350-371	0,44	0,35	0,43

Cuadro 2: Amplitud de variaciones en la frecuencia relativa de los taxa más abundantes en las muestras de las capas 29 y 27-28 del yacimiento de Makri.
Table 2: Amplitude of variation in the relative frequency of the most abundant taxa in the charcoal assemblages from layers 29 and 27-28 at the site of Makri.

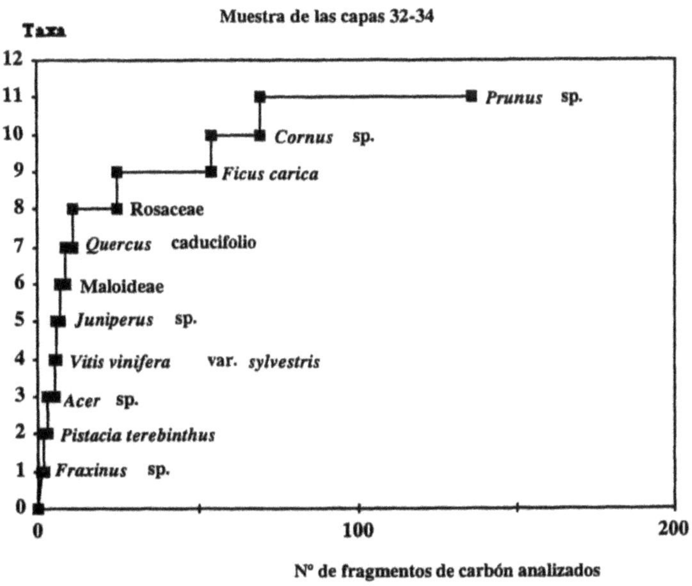

Fig. 19 : Curva taxonómica de la muestra de la capa 32-34 del yacimiento de Makri.
Fig. 19: Taxonomic curve for the charcoal assemblage from layer 32-34 at the site of Makri.

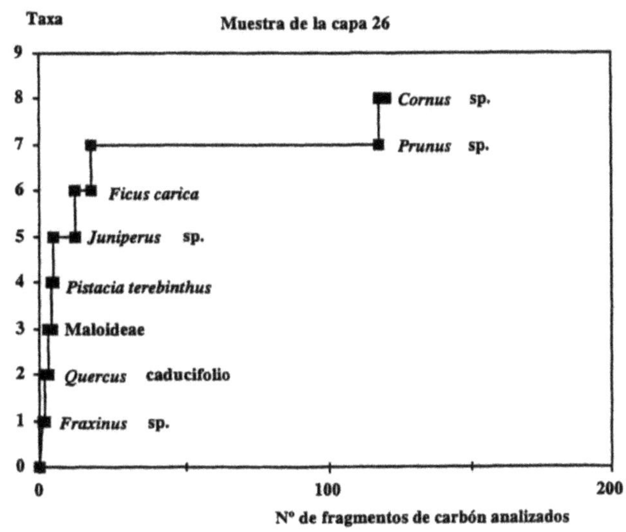

Fig. 20: Curva taxonómica de la muestra de la capa 26 del yacimiento de Makri.
Fig. 20: Taxonomic curve for the charcoal assemblage from layer 26 at the site of Makri.

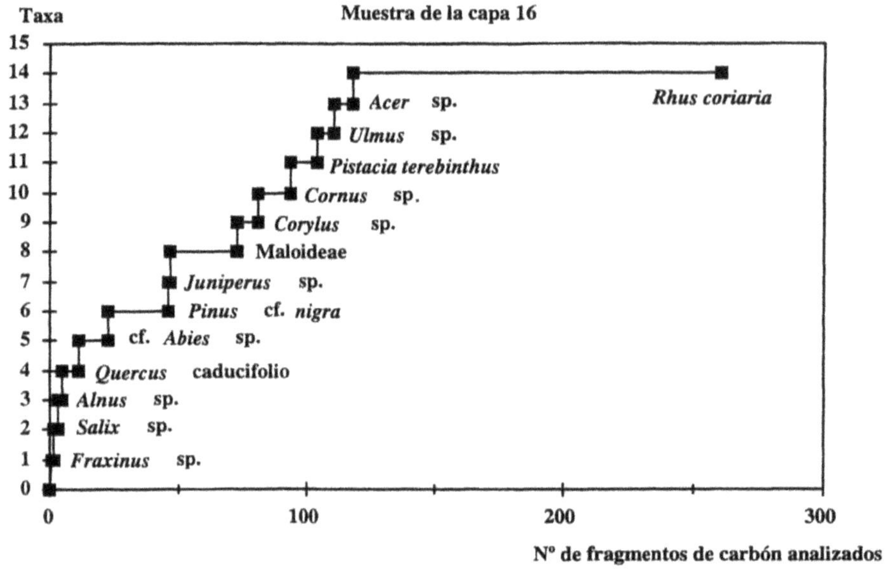

Fig. 21: Curva taxonómica de la muestra de la capa 16 del yacimiento de Dispilió.
Fig. 21: Taxonomic curve for the charcoal assemblage from layer 16 at the site of Dispilio.

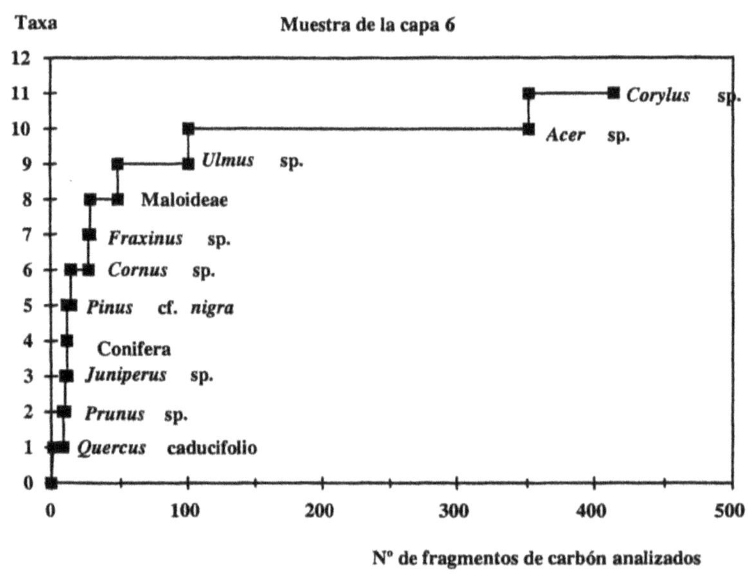

Fig. 22: Curva taxonómica de la muestra de la capa 6 del yacimiento de Dispilió.
Fig. 22: Taxonomic curve for the charcoal assemblage from layer 6 at the site of Dispilio.

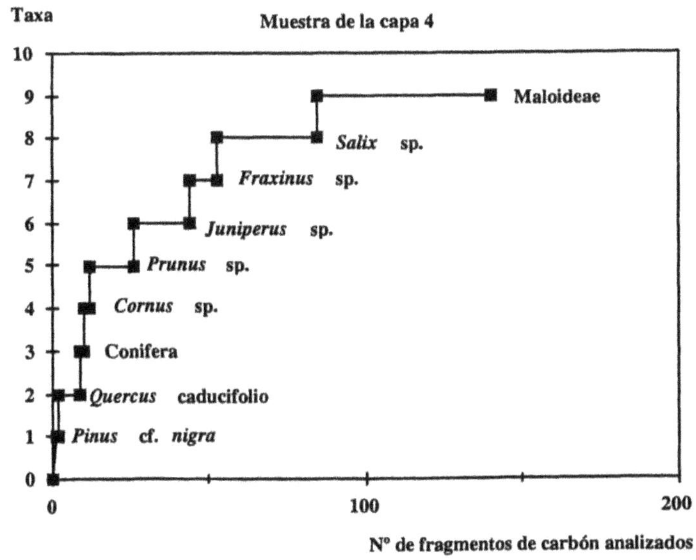

Fig. 23: Curva taxonómica de la muestra de la capa 4 del yacimiento de Dispilió.
Fig. 23: Taxonomic curve for the charcoal assemblage from layer 4 at the site of Dispilio.

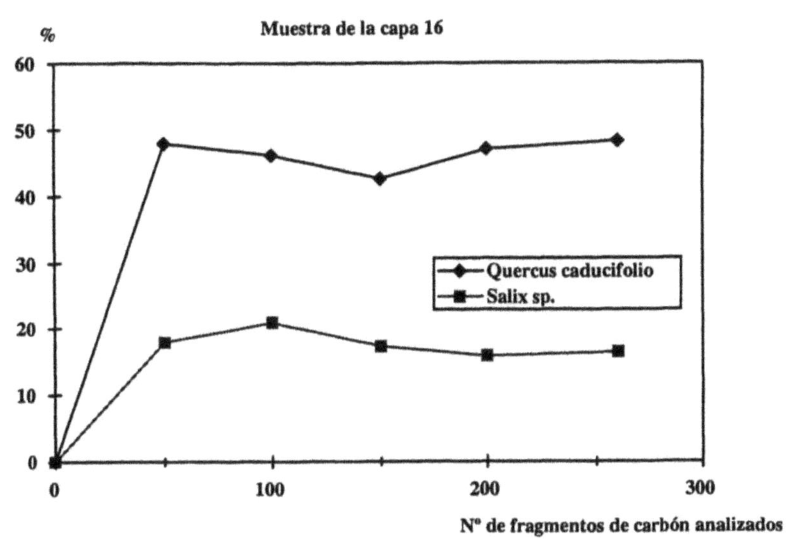

Fig. 24: Curva cuantitativa de los taxa más abundantes en la capa 16 del yacimiento de Dispilió.
Fig. 24: Quantitative curve for the most abundant taxa in the assemblage from layer 16 at the site of Dispilio.

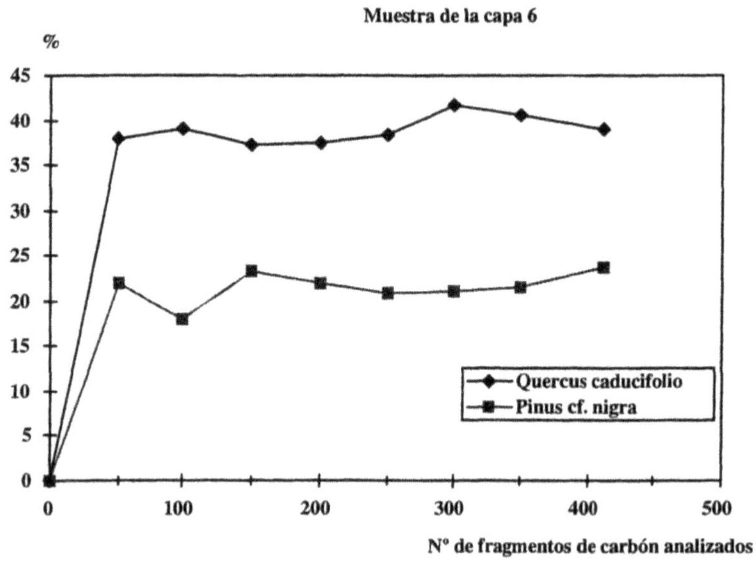

Fig. 25: Curva cuantitativa de los taxa más abundantes en la capa 6 del yacimiento de Dispilió.
Fig. 25: Quantitative curve for the most abundant taxa in the assemblages from layer 6 at the site of Dispilio.

CAPA 16		
Fragmentos analizados	***Quercus* caducifolio**	***Salix* sp.**
50-100	2	3
100-150	3,34	3,67
150-200	4,34	1,33
200-260	1,07	0,53

CAPA 6		
Fragmentos analizados	***Quercus* caducifolio**	***Pinus* cf. *nigra***
50-100	1	4
100-150	1,67	5,33
150-200	0,17	1,33
200-250	0,9	1,2
250-300	3,2	0,2
300-350	1,09	0,42
350-413	1,59	1,78

Cuadro 3: Amplitud de variaciones en la frecuencia relativa de los taxa más abundantes en las muestras de las capas 16 y 6 del yacimiento de Dispilió.
Table 3: Amplitude of variation in the relative frequency of the most abundant taxa in the samples from layers 16 and 6 at the site of Dispilio.

Capítulo 2

LA IDENTIFICACION ANATOMICA DEL CARBON

Introducción

En el capítulo anterior se han expuesto los principales conceptos respecto al análisis del carbón arqueológico y se han descrito las líneas interpretativas de la Antracología. Siendo el carbón la unidad de observación, se comprende que los resultados antracológicos y su interpretación se basan en la identificación del material recogido.

El análisis de carbón de madera comprende la determinación de las especies leñosas que se han quemado. La identificación se realiza a partir de criterios anatómicos y biométricos de los elementos básicos de la madera que se diferencian entre las distintas especies vegetales y que se conservan a pesar de la combustión. La identificación anatómica se realiza en microscopio de luz a reflexión de campo claro/campo oscuro y utilizando diferentes objetivos que permiten de 100 a 1000 aumentos. Se efectúan cortes limpios en cada fragmento de carbón para conseguir los tres planos anatómicos: transversal, longitudinal tangencial y longitudinal radial y sobre ellos se observan los caracteres de la estructura anatómica. El microscopio electrónico de barrido (S.E.M.) se utiliza cuando se requiere mayor profundidad de campo o aumento para la observación y para la realización de fotografías.

A través de la observación en el microscopio de reflexión se aprecian las características anatómicas de las gimnospermas y angiospermas (Fig. 26, A y B). En las primeras la estructura es homóxila, el sistema axial se compone de traqueidas que comunican entre sí por punteaduras areoladas. Los radios están compuestos de células parenquimáticas y en algunos casos de traqueidas radiales. La presencia o ausencia de traqueidas radiales, los canales resiníferos en algunas gimnospermas, la forma y el número de las punteaduras en los campos de cruce de los radios se utilizan como criterios para su identificación (Fig. 26, A). Las angiospermas presentan una anatomía más compleja de tejidos especializados (Fig. 26, B). En su estructura anatómica se distinguen las tráqueas compuestas de células que comunican entre sí a través de perforaciones de forma variable, las traqueidas, las fibras, las células de parénquima y los radios compuestos de células parenquimáticas. Algunos de los criterios que permiten la diferenciación entre distintos géneros y especies de angiospermas son: la distribución de las tráqueas a lo largo del anillo de crecimiento siendo uniforme o en bandas de tráqueas de mayor tamaño en la madera inicial; el tipo de perforación entre los elementos traqueales (perforación escalariforme o simple); las paredes internas de las tráqueas con engrosamientos o no; la disposición de las células de parénquima asociado a las tráqueas (paratraqueal) o independiente (apotraqueal); las dimensiones y la morfología de los radios que consisten en medir su anchura y altura y observar si disponen de células uniformemente procumbentes (radios homogéneos) o si combinan estas con otras verticales siendo así heterogéneos.

Teóricamente cualquier fragmento de carbón de tamaño superior a 1 mm se puede analizar en el microscopio de luz a reflexión. En la práctica, se ha comprobado que los pequeños fragmentos limitan la superficie de observación por lo que hacen la identificación más difícil. Según estudios realizados, tanto los carbones de tamaño pequeño como los de tamaño grande ofrecen los mismos resultados cualitativos y cuantitativos (Badal 1990, Chabal 1988); para resultados de identificación óptimos es aconsejable analizar fragmentos iguales o superiores a 4 mm. En todo caso, el tamaño y el estado de conservación de los fragmentos de carbón independientemente de la recogida en el terreno, es también resultado del tipo de sedimento y de factores tafonómicos por lo que el investigador se tiene que adaptar a las particularidades de cada yacimiento.

Los fragmentos de carbón del yacimiento tardiglaciar de Boila en su gran mayoría eran pequeños, de 2mm aproximadamente; nos hemos visto obligados a analizarlos ya que los fragmentos grandes eran insuficientes. Debido al tamaño y la mala conservación el porcentaje de indeterminados es muy elevado en las muestras de este yacimiento. En los demás yacimientos los fragmentos han sido de tamaño variado y en los casos que ha habido mucho material se han analizado solo una parte separada al azar de fragmentos iguales o superiores a 4 mm.

La identificación se ha realizado partiendo de las claves de identificación anatómica de madera (Greguss 1955, 1959, Jaquiot 1955, Jaquiot *et al.* 1973, Schweingruber 1978, 1990) y por comparación con la colección de referencia del laboratorio de Antracología de la Universitat de València.

Hemos determinado 37 taxa de gimnospermas y angiospermas. La mayoría de los carbones que hemos identificado corresponden a géneros, aunque también se han determinado especies. En algunos casos nos hemos limitado a la identificación de la familia como Leguminosae y Maloideae. En los casos que se identifica el género pero no la especie entonces se indica el nombre del mismo acompañado por la abreviación sp. como por ejemplo en los carbones atribuidos a *Acer* sp. La abreviación cf. se utiliza en aquellos casos que la identificación tiene muchas probabilidades de corresponder a la especie o género mencionado, como en la especie *Prunus* cf. *amygdalus* o en el género cf. *Pistacia*. Algunos taxa incluyen dos especies o géneros de la misma o de diferentes familias que no se pueden diferenciar entre sí por su anatomía; entonces se incluyen en un taxon único compuesto de los nombres unidos por un guión. Es el caso de *Pinus nigra-P. sylvestris* o *Phillyrea-Rhamnus*. Los fragmentos caracterizados indeterminados han tenido una estructura anatómica suficientemente clara para observarlos pero no hemos podido proceder a su identificación ya que no hemos sabido a qué género o familia pertenecen. En el caso de los indeterminables ha sido imposible observar la estructura anatómica por las condiciones de conservación, por la obturación de las células con materias extrañas, por alteración de la estructura anatómica debido a la combustión, por un contenido alto de tejidos parenquimáticos o, finalmente, por el tamaño muy pequeño.

A continuación presentamos la descripción anatómica de cada uno de los taxa identificados junto a una breve presentación de sus características ecológicas y usos. Estos datos se utilizan posteriormente en la interpretación de los resultados de cada yacimiento por separado. Adicionalmente señalamos la presencia - ausencia de cada taxon en los yacimientos estudiados.

2.1. GIMNOSPERMAS

Género: cf. *Abies* sp. Familia: Pinaceae. Nombre común: Abeto.

Descripción anatómica:

Plano Transversal (P.T.): madera homóxila de gimnosperma donde se distinguen claramente los anillos de crecimiento. No hay canales resiníferos. La transición de la madera inicial a la madera final puede variar entre gradual o abrupta.

Plano Longitudinal Tangencial (P.L.T.) (Lamina 1: 1): Los radios son homocelulares uniseries, rara vez parcialmente biseries. La altura media de los radios es de 15-16 células, algunos radios tienen más de 20 células y también los hay cortos.

Plano Longitudinal Radial (P.L.R.) (Lamina 1: 2): La punteaduras de las traqueidas generalmente son uniseries. Ocasionalmente, cerca de los radios las traqueidas presentan punteaduras biseries. En los campos de cruce suele haber de 1 a 4 punteaduras pequeñas taxodioides o piceoides. Más frecuentemente hay dos punteaduras. Las paredes de las células radiales a veces se presentan con nódulos en forma de cremallera (Schweingruber 1990).

Ecología: El género *Abies* en Grecia incluye tres especies con una distribución geográfica en función de la latitud. *A. cephalonica* es la especie que se encuentra en las montañas del sur desde Peloponeso hasta Grecia central a partir de los 800 m. de altitud aproximadamente y suele formar bosques puros. *A. alba* es la especie centroeuropea que se localiza aisladamente en las montañas del Norte de Grecia. *A. borisii-regis*, probablemente un híbrido de las otras dos especies, participa en los bosques de coníferas y en los hayedos en toda Grecia septentrional a partir de los 800-1000 m. En ocasiones también forma bosques puros.

Abies alba, constituye una especie muy exigente en humedad atmosférica y suele crecer en zonas donde la pluviosidad es superior a los 1000 mm anuales. Resiste el frío del invierno pero es sensible a las heladas primaverales y a la sequía. Suele crecer sobre suelos profundos, bien drenados, no muy carbonatados ni compactos. *Abies cephalonica*, siendo una especie mediterránea, resiste bien la sequía pero es sensible al frío y a las heladas de primavera. Prefiere suelos calcáreos, sueltos y bien drenados siendo intolerante a los ácidos (Riou-Nivert 1996). Los abetos no suelen formar bosques extensos en las montañas del norte de Grecia. Crecen entre otras coníferas o en los hayedos y preferentemente ocupan las exposiciones más húmedas de las montañas. Cuando forman bosques puros debido a la densidad y la sombra que crean, pocos árboles o arbustos pueden crecer en el sotobosque.

Usos: El abeto es un importante árbol maderero. Su madera es ligera y blanda, no muy fuerte y poco resistente a la intemperie. Se ha usado en carpintería y en construcción. La corteza es rica en taninos y de lagunas corticales se obtiene la trementina. El aceite de trementina destilado de las hojas y madera se usa en medicina y en veterinaria (Polunin 1976, 1991).

En yacimientos neolíticos del norte de Europa se ha documentado el uso de la madera de abetos en la construcción principalmente para la fabricación de tablas utilizadas en la preparación de suelos (Bocquet y Noël 1984, Pétrequin 1996).

Yacimientos/Taxon	Boila	Dispilió	Makri	Sarakiní
cf. *Abies* sp.		*		

Género: *Juniperus sp.* Familia: Cupressaceae. Nombre común: Enebro.

Descripción anatómica:

P.T.: Madera homóxila de traqueidas conductoras y de sostén. No hay canales resiníferos. La transición de la madera inicial a la madera final es progresiva y son frecuentes los falsos anillos de crecimiento.

P.L.T. (Lamina 1: 3): Los radios son uniseries, homocelulares, cortos de 1 a 6 células de alto, más frecuentemente de 2 a 4.

P.L.R. (Lamina 1: 4): En los campos de cruce suelen haber de 1 a 4 punteaduras cupresoides, en la mayoría de los casos 2 con una distribución muy regular.

Basandose en su anatomía, es muy difícil distinguir las especies de *Juniperus* entre sí. Greguss (1955) propone el alto de los radios como carácter diagnóstico de las especies. Así, se describen dos grupos:

a) un primer grupo de radios cortos de 1 - 6 células, siendo la media de 2 a 4. En este grupo se incluyen las especies *J. communis, J. excelsa, J. sabina, J. thurifera* y *J. phoenicea* que la altura máxima de sus radios puede llegar a ser de 13, 8, 11, 6 y 12 células respectivamente,

b) el segundo grupo se caracteriza por radios más altos, de 1 a 12 células; en la mayoría de los casos superan las 6 células de alto. En este grupo se incluyen *J. oxycedrus* y *J. foetidissima*, con altura máxima de 13 y 20 células respectivamente.

Según ésta clasificación, los fragmentos atribuidos a *Juniperus* sp. en los yacimientos de Boila y Makri pertenecerían al primer grupo y concretamente a *J. communis*, *J. excelsa* o *J. phoenicea* que son los únicos de este grupo que actualmente crecen en Grecia. En el yacimiento de Dispilió creemos tener representados ambos grupos puesto que se han observado fragmentos de *Juniperus* con radios cortos y otros de radios altos algunos de 15 células.

Ecología: El género *Juniperus*, tiene una repartición muy amplia que llega desde el nivel del mar hasta los 2500 m de altitud. Todas las especies son heliófilas, resistentes a la fuerte insolación y la sequía. Suelen ocupar suelos de cualquier tipo, carbonatados o silíceos, superficiales, secos o húmedos. Según su resistencia al frío se reparten en altitud pero tanto en formaciones mediterráneas o en alta montaña crecen en formaciones vegetales abiertas.

Las especies de *Juniperus* en Grecia juegan un papel importante en la composición vegetal sobre todo en las zonas por encima de los límites superiores de los bosques, en las formaciones mediterráneas y en las zonas degradadas. El límite en altitud de la distribución de las distintas especies puede variar en función de la latitud. *Juniperus phoenicea* se encuentra normalmente en las proximidades del mar en formaciones perennifolias mediterráneas igual que *J. oxycedrus*; pero este último tiene una repartición mucho más amplia hacia el interior y en altitud. *J. excelsa* es una especie de montaña repartida en todo el norte de Grecia y en las islas del este del Egeo. Las especies que se encuentran en mayor altitud son *J. communis* hasta los 1700 m, *J. communis nana* hasta los 2500 m y *J. foetidissima* hasta los 2000 m. *J. communis* var. *nana*, participa en la vegetación alpina de las cumbres de las montañas griegas mientras *J. communis* var. *hemispherica* tiene una repartición desde el piso oromediterráneo y los márgenes superiores de los bosques hasta ambientes claramente mediterráneos (Barbéro y Quézel 1976). *J. foetidissima*, se encuentra disperso en las montañas por encima de los límites superiores de los bosques de pinos y abetos y sobre suelos calcáreos (Polunin 1980).

Usos: La madera del enebro es de grano fino, muy duradera y resistente especialmente en la humedad y la intemperie. Se ha usado en construcciones al aire libre, en ebanistería y para tallar. Algunas especies de *Juniperus* como *J. communis* y *J. oxycedrus* producen aceites de uso medicinal. En la aldea de Sarakiní, el yacimiento de nuestro estudio etnoarqueológico, se usan estacas de enebro para hacer cercados en los campos.

Yacimientos/Taxon	Boila	Dispilió	Makri	Sarakiní
Juniperus sp.	*	*	*	*

Géneros: *Pinus* cf. *nigra*, *Pinus nigra* - *P. sylvestris*. Familia: Pinaceae. Nombre común: Pino salgareño - Pino albar.
Descripción anatómica:
P.T. (Lamina 1: 5): Madera homóxila. Hay canales resiníferos; en algunos carbones se sitúan en la madera final y en otros se reparten en la madera de transición y la madera final. Generalmente miden entre 70 y 100 μm.

P.L.T.: Radios uniseries heterocelulares de 3 a 15 células de alto. Hay radios biseries en los cuales suelen encontrarse los canales resiníferos.

P.L.R. (Lamina 1: 6): En los campos de cruce hay normalmente una punteadura fenestriforme; a veces, las punteaduras son dos. Las paredes de las traqueidas horizontales de los radios son dentadas. Las punteaduras de las traqueidas verticales son grandes y areoladas en la madera inicial y pequeñas en la madera final (Schweingruber 1990).

Las especies *Pinus nigra* y *Pinus sylvestris* tienen una anatomía muy parecida. La identificación de las especies es fundamental y se basa en la observación de criterios como la localización de los canales resiníferos en el anillo de crecimiento y la morfología de las paredes transversales de las traqueidas.

A partir de estudios anatómicos en poblaciones actuales de las especies *P. nigra* y *P. sylvestris* se han aislado como criterios diagnósticos la posición de los canales resiníferos en el anillo anual de crecimiento y las paredes de las traqueidas horizontales de los radios. Así pues, se ha establecido una escala de 0 a 1, donde el 0 corresponde a la madera inicial el 1 al límite externo del anillo de crecimiento. Los canales resiníferos en el caso de *P. nigra* están alrededor al 0,75 y en *P. sylvestris* alrededor al 0,9; cuando se localizan entre 0,75 y 0,9 es imposible diferenciar una especie de la otra (Bazile-Robert 1979). Paralelamente, las paredes de las traqueidas horizontales de los radios son más dentadas en *P. sylvestris* que en *P. nigra*.

Los criterios de diferenciación pueden ser significativos cuando hay suficiente material para estudiar y sobre todo de un tamaño que permita observaciones detalladas. En el estudio del material de Boila nos hemos limitado a la identificación de *Pinus nigra-P. sylvestris*. El carbón atribuido a estas especies ha sido muy poco y de tamaño muy pequeño, de manera que no hemos podido realizar un estudio amplio de criterios diagnósticos. El material antracológico del yacimiento neolítico de Dispilió, contenía abundante carbón que en la mayoría de los casos presentaba los rasgos anatómicos de *Pinus nigra*; de este modo lo hemos atribuido a *Pinus* cf. *nigra*.

Ecología: *Pinus nigra* y *P. sylvestris* son ambas especies heliófilas que resisten bien el frío, las heladas primaverales y la sequía estival. No son especialmente exigentes con las características del suelo. Soportan bien los suelos calcáreos, compactos y secos; *Pinus nigra* ocasionalmente se encuentra sobre suelos pedregosos o rocas superficiales y *P. sylvestris* tiene preferencia por suelos arenosos y ligeros (Riou-Nivert 1996).

Pinus nigra pertenece al piso bioclimático supramediterráneo aunque, a menudo desciende al mesomediterráneo superior e igualmente se encuentra en el oromediterráneo. Se expande desde los 500 hasta los 1900 m. *Pinus sylvestris* pertenece al piso oromediterráneo y sustituye a *Pinus nigra* en mayor altitud. Cuando crecen junto a especies exigentes en humedad, como hayas y abetos, suelen ocupar las vertientes más soleadas y secas de las montañas. A veces se expanden en detrimento de formaciones degradadas caducifolias de robles.

Pinus nigra subs. *pallasiana* forma grandes bosques en toda Grecia septentrional a partir de los 800-1000 m. Estas numerosas poblaciones presentan mucha heterogeneidad en cuanto a substratos y condiciones climáticas. *Pinus sylvestris* actualmente se encuentra en núcleos muy reducidos en las montañas de Tracia y Macedonia. El límite más al sur de la especie es el norte de la sierra de Pindo donde se documentaron 40 individuos aislados (Quézel y Barbéro 1985, Sfikas 1994, Tsounis y Sfikas 1993).

Usos: Ambas especies son aprovechadas por su madera que es fuerte, resinosa y resiste bien la intemperie sobre todo la de *P. sylvestris*. *P. nigra* por su resistencia a condiciones muy adversas se utiliza ampliamente para la reforestación de zonas degradadas (Sfikas 1994). Resina se extrae de ambas especies. *P. sylvestris* es una fuente de pez y alquitrán; aceites, resinas y pez han tenido usos medicinales y los conos de esta especie dan un tinte amarillo-rojizo (Polunin 1976).

Yacimientos/Taxon	Boila	Dispilió	Makri	Sarakiní
Pinus cf. *nigra*		*		
Pinus nigra-P. sylvestris	*	*		

Especie: *Pinus sylvestris* - *Pinus peuce*. Familia: Pinaceae. Nombre común: Pino albar - Pino de Macedonia.

En la zona de estudio, la aldea de Sarakiní, no está presente ninguna de las especies de *Pinus*, exceptuando algunos individuos de *Pinus nigra* en una zona repoblada con estos árboles bastante lejos del yacimiento. Los fragmentos de carbón analizado presentan las características de *Pinus nigra-P. sylvestris*, pero en muchos casos en los campos de cruce hay 2 y 3 punteaduras pinoides que constituyen una característica anatómica de *Pinus peuce*. Hemos incluido, pues en un taxon las especies que por sus características podrían estar representadas.

Descripción anatómica:

P.T.: Madera homóxila con grandes canales resiníferos. La transición entre la madera inicial y la madera final es gradual. Los anillos de crecimiento frecuentemente son ondulados y la zona de la madera final es estrecha.

P.L.T.: Los radios son heterocelulares, de 5 a 15 células de altura media y con canales resiníferos.

P.L.R.: En los campos de cruce hay 1 ó 2, rara vez 3, punteaduras fenestriformes. Las paredes de las traqueidas horizontales son lisas.

Ecología: *Pinus peuce* es una especie endémica de las montañas de los Balcanes formando bosques sobre substratos silíceos. Su presencia en Grecia es muy limitada en la sierra de Rodopi, en las montañas fronterizas entre Macedonia y Bulgaria.

Usos: Ocasionalmente se planta por su madera.

Yacimientos/Taxon	Boila	Dispilió	Makri	Sarakiní
Pinus sylvestris-P. peuce				*

Especie: *Taxus baccata*. Familia: Taxaceae. Nombre común: Tejo.

Descripción anatómica:

P.T.: Madera homóxila. Transición gradual entre la madera inicial y la madera final. No hay canales resiníferos.

P.L.T.: Los radios son uniseries, homocelulares, de 5 a 16 células de alto.

P.L.R.: Las traqueidas tienen punteaduras areoladas uniseries. Engrosamientos en espiral en las traqueidas longitudinales. En los campos de cruce hay de 2 a 4 punteaduras cupresoides o piceoides.

Ecología: Es una especie de crecimiento muy lento pero excepcionalmente longeva; se ha calculado que pueden vivir hasta 2000 años (Polunin 1976). Propia de zonas de montaña crece preferentemente sobre suelos ricos en bosques, roquedas y barrancos. Es indiferente a la luz pero soporta bien la sombra. Prefiere humedad atmosférica elevada y temperaturas no excesivamente bajas, la mínima de -20 °C (Riou-Nivert 1996). En Grecia los tejos se encuentran aislados o en grupos reducidos entre otros caducifolios y coníferas en los barrancos y valles de montañas (Sfikas 1994).

Usos: La madera del tejo es muy compacta, elástica y de grano apretado. Es muy duradera y resistente a la intemperie por lo que se ha usado en la construcción, en ebanistería y para la fabricación de mangos. La planta contiene una sustancia tóxica, la taxina. Todas las partes del árbol y especialmente las semillas son venenosas para el hombre. El follaje es venenoso para el ganado (Polunin 1976, 1991).

En prehistoria la madera de tejo se utilizó para la fabricación de arcos y pequeños objetos como agujas o alfileres (Bocquet y Noël 1984).

Yacimientos/Taxon	Boila	Dispilió	Makri	Sarakiní
Taxus baccata			*	

2. 2. ANGIOSPERMAS

Género: *Acer sp.* Familia: Aceraceae. Nombre común: Arce.

Descripción anatómica:

P. T. (Lamina 2: 7): Porosidad difusa. Vasos aislados o con ordenación en cortas filas radiales de 3 a 4 tráqueas. El diámetro medio de los vasos es de 50 a 70 μm. Parénquima apotraqueal en bandas.

P.L.T. (Lamina 2: 8): Radios homogéneos uniseries o multiseries de 3 y hasta 6 células de ancho. La mayoría tiene 3 ó 4 células. Los uniseries tienen una media de 10 células de alto mientras que los multiseries tienen una media de 30.

P.L.R.: Perforación simple. En los vasos hay engrosamientos en espiral finos y densos.

Según Schweingruber (1990), las especies de *Acer* tienen una anatomía muy similar y es difícil distinguirlas excepto en el caso de *A. platanoides* y *A. pseudoplatanus* que se diferencian por sus radios más anchos (4-5 células) y más altos hasta 1 mm; las demás especies tienen radios de 3 o 4 células de ancho y hasta 0,6 mm de alto. Partiendo de estos criterios, el carbón de nuestro estudio es atribuido a especies de *Acer* sp. que no se pueden diferenciar anatómicamente.

Ecología: Los arces, en general, son árboles caducifolios, calcícolas y con una repartición muy amplia. Crecen preferentemente en zonas subhúmedas y húmedas pero existen especies como A. *monspessulanum* y A. *campestre* bastante resistentes a la sequía. En Grecia existe una gran variedad de especies que se extienden desde las formaciones típicamente mediterráneas hasta los bosques de alta montaña. Son componentes típicos de los robledales, de los bosques caducifolios mixtos de media y alta montaña, de riberas y formaciones abiertas. En los bosques mediterráneos caducifolios de baja altitud son frecuentes *A. campestre* y *A. monspessulanum.* Las especies más frecuentes en las montañas son *Acer pseudoplatanus, A. platanoides, A. heldreichii, A. hyrcanum* y *A. obtusatum* (Sfikas 1994).

Usos: La madera de los arces es compacta, tenaz y de grano fino; se emplea en construcción o para la fabricación de mangos, herramientas, cuencos y otros utensilios domésticos. De la savia de ciertas especies se extrae un azúcar (Polunin 1976, 1991). Las ramas y hojas de algunas especies como *A. campestre* y *A. platanoides* se usan ocasionalmente como forraje (Halstead 1998). Todas las especies se consideran buen combustible.

Utiles de madera de arce, principalmente mangos de hachas, y elementos de construcción se han recuperado en los yacimientos lacustres en el norte de Europa (Bocquet y Noël 1984). El arce se utilizó en la fabricación de postes o de tablas para la preparación de suelos de arcilla (Billamboz 1987, Pétrequin 1996). En la aldea de Sarakiní la madera de arce se utiliza para hacer mangos de herramientas agrícolas.

Yacimientos/Taxon	Boila	Dispilió	Makri	Sarakiní
Acer sp.	*	*	*	*

Género: *Alnus sp.* Familia: Betulaceae. Nombre común: Aliso.

Descripción anatómica:

P.T. (Lamina 2: 9): Porosidad difusa con tendencia a formarse zona semi-porosa en la madera inicial. Los vasos tienen una media entre 60 y 100 μm de diámetro; están organizados en bandas radiales o grupos de 4 a 6 vasos. A veces están presentes radios agregados.

P.L.T.: Radios uniseries, homogéneos de 20 células de alto como máximo. Los radios agregados son biseries a cuatriseries.

P.T.R. (Lamina 2: 10): Perforación escalariforme de 10 a 30 barras. Las punteaduras de las tráqueas son de tamaño mediano (Schweingruber 1990).

Las distintas especies de *Alnus* presentan un anatomía muy próxima que dificulta su identificación. En Grecia, la especie existente actualmente es *Alnus glutinosa. Alnus incana* y *A. viridis* crecen en los Balcanes. Dado que la distinción anatómica entre las tres especies es difícil hemos mantenido *Alnus* sp. para el carbón procedente del abrigo tardiglaciar de Boila ya que la flora pleistocena podría ser diferente a la actual en lo referente a especies más resistentes al frío. En el caso de los yacimientos neolíticos de Dispilió y Makri hemos atribuido los carbones a la especie *Alnus glutinosa* puesto que es la única presente actualmente en la flora de Grecia.

Ecología: *Alnus*, es un género muy exigente en agua y se asocia a la ripisilva. Crece en humedales, pantanos y orillas teniendo un papel muy importante en la consolidación y conservación de las riberas y lagos (Polunin 1976). *Alnus glutinosa* es bastante común en Grecia, especialmente en la parte más septentrional. Se encuentra en zonas húmedas tanto de montaña como en el llano formando bosques - galería junto a sauces, álamos y plátanos (Sfikas 1994).

Usos: La madera del aliso es blanda, ligera y se trabaja con facilidad pero es poco resistente fuera del agua. Se ha utilizado para estacas y objetos torneados. Las hojas y la corteza tienen usos medicinales. De la planta se obtienen tintes de varios colores y la corteza se ha usado para curtir pieles y para las redes de pesca (Polunin 1976, 1991). La madera de los alisos se considera mal combustible.

En los yacimientos prehistóricos lacustres en Francia, Suiza y Alemania la madera de alisos se utilizó para la construcción (Billamboz 1987, Jacquat 1989, Pétrequin 1996).

Yacimientos/Taxon	Boila	Dispilió	Makri	Sarakiní
Alnus sp.	*			
Alnus glutinosa		*	*	*

Género: *Betula sp.* Familia: Betulaceae. Nombre común: Abedul.
Descripción anatómica:
P.T. (Lamina 2: 11): Porosidad difusa. Vasos grandes entre 70 y 100 μm, su tamaño tiende a disminuir en la madera final. Están organizados en cortas bandas radiales o en grupos de 2 a 4. Parénquima apotraqueal difuso.

P.L.T. (Lamina 2: 12): Radios homogéneos de 1 a 4 células de ancho y de una media de 10 a 15 células de alto.

P.L.R. (Lamina 2: 13): Perforación escalariforme de 15-20 barras. Las punteaduras de los vasos y en las intersecciones de radios y vasos son muy pequeñas y numerosas (Jacquiot *et al.* 1973, Schweingruber 1990).

Las especies *B. pubescens* y *B. pendula* tienen caracteres antómicos muy parecidos por lo que se distinguen difícilmente. En nuestro estudio hemos agrupado los carbones en un taxon único.

Ecología: En la actualidad, en Grecia, solamente se encuentra la especie *Betula pendula* en la frontera norte del país en la sierra de Rodopi (Ntafis *et al.* 1997, Sfikas 1994) aunque en un estudio etnográfico en el norte de la sierra de Pindo se hace referencia a la presencia ocasional de estos árboles entre otros caducifolios (Halstead 1998).

Los abedules toleran bien el frío, son árboles pioneros, heliófilos y colonizadores de suelos arenosos, silíceos, delgados y turberas. Pueden crecer bien sobre suelos sueltos y secos. Son plantas de crecimiento rápido pero poco longevas, con raíces superficiales y no toleran la sombra. Ocasionalmente forman bosques en lugares donde otras especies han desaparecido. Son desplazados por árboles mayores y de vida más larga como pinos y robles (Polunin 1976, Press 1992).

Usos: La madera del abedul es ligera, blanda y poco resistente a la intemperie. Se considera buen combustible y se usa para la fabricación de objetos torneados y muebles. Las ramas finas se usan para techar, hacer setos, escobas y cepillos. La corteza se usa en los tejados, y siendo rica en taninos también en el curtido de pieles y para teñir. De la corteza de los abedules se extrae también un aceite repelente contra parásitos e insectos. La savia se utiliza para la preparación de bebidas alcohólicas y como edulcorante (Polunin 1976, 1991).

En yacimientos lacustres de Alemania se ha documentado el uso de tablas de madera de abedul para la construcción de paredes y subsuelos de hogares (Billamboz 1987). En Suiza, en el yacimiento de Ergolzwil, los grupos neolíticos recogían al inicio de la primavera ramas jóvenes sin hojas para alimentar el ganado (Rasmussen 1993). Se evidencia el uso de abedules para forraje hasta épocas recientes en zonas de alta montaña en Grecia (Halstead 1998).

Yacimientos/Taxon	Boila	Dispilió	Makri	Sarakiní
Betula sp.	*			

Géneros: *Carpinus-Ostrya*. Familia: Corylaceae. Nombre común: Carpe-Carpe negro.
Descripción anatómica:
P.T. (Lamina 3: 14): Porosidad difusa. Vasos en grupos o filas radiales de 2 a 3. Diámetro de los vasos entre 20 y 60 μm que disminuye gradualmente de la madera inicial a la madera final.
P.L.T. (Lamina 3: 15): Radios homogéneos uniseries a triseries. Engrosamientos en espiral finos y abundantes.

P.L.T. Perforación simple. Radios homogéneos, rara vez con células marginales alargadas.

La diferenciación anatómica entre *Carpinus betulus* y *Ostrya carpinifolia* es difícil. Un criterio diagnóstico, según Schweingruber (1990), es la ausencia de radios agregados en *Ostrya carpinifolia*. Jaquiot *et al.* (1973) observan radios más anchos de 1 a 5 células y más altos, de 20 a 30 células, en *Ostrya carpinifolia.* Sin embargo, Greguss (1955) atribuye radios de 1 a 6 células de ancho a *Carpinus betulus*.

Los carbones estudiados por nosotros y atribuidos a *Carpinus-Ostrya* han sido muy pequeños y consecuentemente no ha sido posible observar detalladamente todos los rasgos que se mencionan en la bibliografía. Además, los criterios de diferenciación entre las dos especies no son siempre acordes. Nos limitamos a la identificación *Carpinus-Ostrya* que nos parece la más adecuada puesto que ambas especies se encuentran en las zonas de estudio.

Especie: *Carpinus orientalis.* Familia: Corylaceae. Nombre común: Carpe oriental.
Descripción anatómica:
P.T.: Porosidad difusa con los vasos en disposición radial. El diámetro de los vasos es de 70 a 30 μm decreciendo en la madera final. Parénquima paratraqueal. Son frecuentes las células con tílide.

P.L.T.: Los radios homogéneos o heterogéneos, uniseries, biseries y triseries, de 15 a 20 células de alto. Engrosamientos en espiral claramente visibles en los vasos.

P.T.R. (Lamina 3: 16): Perforación simple. Frecuentemente las perforaciones son escalariformes de una a dos barras. Radios homogéneos o heterogéneos de una fila de células marginales alargadas.

Según Schweingruber (1990), la perforación escalariforme es el criterio de distinción entre *Carpinus orientalis* y *Carpinus betulus*. En este estudio hemos podido identificar *Carpinus orientalis* por las perforaciones escalariformes en el plano radial. En la colección de referencia disponemos de madera carbonizada actual de esta especie, procedente de Grecia y hemos podido comprobar nuestras observaciones. En los casos que no ha sido posible identificar *Carpinus orientalis,* nos hemos limitado a la identificación genérica *Carpinus-Ostrya.*

Ecología: Son todas especies de crecimiento lento y participan en las formaciones caducifolias, *Carpinus betulus* y *Ostrya carpinifolia* en bosques caducifolios o mixtos y *C. orientalis* también en formaciones abiertas o degradadas. *Carpinus orientalis* es muy abundante en Grecia centro - septentrional, a partir del piso bioclimático mesomediterráneo. En el suprameditenáneo llega a ocupar mayores extensiones y junto a *Ostrya carpinifolia* y *Quercus pubescens* dominan las formaciones caducifolias de los suelos calcáreos (Quézel y Barbéro 1985). *Carpinus betulus* es menos común, pero se encuentra en las zonas montañosas del norte de Grecia entre otros caducifolios. *Carpinus orientalis* tolera bastante bien el pastoreo por lo que prolifera en formaciones arbustivas abiertas que han sufrido las actividades antrópicas.

Usos: La madera de los carpes es dura y tenaz pero difícil de trabajar. Resiste muy bien la abrasión y se usa para la fabricación de suelos y utensilios sobre todos aquellos que sufren golpes. La corteza se usa para curtir. Se considera combustible de alto poder calorífico y sus ramas se recogen para forraje (Polunin 1976, 1991).

Yacimientos/Taxon	Boila	Dispilió	Makri	Sarakiní
Carpinus-Ostrya	*	*		

Yacimientos/Taxon	Boila	Dispilió	Makri	Sarakiní
Carpinus orientalis	*			

Género: ***Cornus sp.*** **Familia: Cornaceae. Nombre común: Cornejo.**

Descripción anatómica:

P.T.: Porosidad difusa. Vasos aislados con diámetro medio de 60 μm. El tamaño de los vasos es uniforme en todo el anillo de crecimiento. Parénquima apotraqueal difuso.

P.L.T.: Radios triseries a 5 series, frecuentemente los hay más estrechos. Heterogéneos de 15 a 30 células de alto.

P.L.R.: Perforación escalariforme de más de 20 barras. Las punteaduras intervasculares también tienden a formas escalariformes. Los radios son heterogéneos con 3 a 5 filas de células marginales alargadas.

La diferenciación entre *Cornus mas* y *Cornus sanguinea* es difícil. Schweingruber (1990) atribuye a *Cornus mas* menos densidad de vasos y anillos de crecimiento poco visibles. De acuerdo con estas características es probable que los carbones de nuestro estudio perteneciesen a la especie *Cornus mas.*

Ecología: Ambas especies de *Cornus* son muy comunes en Grecia. *C. mas* es un árbol pequeño que crece en el sotobosque, en riberas, espesuras y lindes de bosques preferentemente sobre substratos calcáreos o cualquier otro tipo de suelo menos los ácidos. Es un componente frecuente de las formaciones caducifolias. *C. sanguinea* es un arbusto que crece en matorrales, setos y antiguos prados, particularmente en suelos alcalinos y neutros. (Polunin 1976, Press 1992).

Usos: La madera del cornejo macho (*C. mas*) es dura y tenaz. Se usa en construcción y para la fabricación de objetos resistentes al desgaste como bastones, mangos y lanzaderas (Johnson 1994). Los frutos son comestibles cuando están maduros. Las ramitas finas y flexibles de cornejo se usan en cestería y del fruto se extrae un aceite ocasionalmente utilizado para alumbrado y para hacer jabón (Polunin 1991). En yacimientos de lago donde se conservan restos de madera se ha documentado el uso de *Cornus* en entramados y la recogida de frutos de *Cornus sanguinea* (Jacquat, 1989, Pétrequin 1991). En Sarakiní recolectan las frutas y las conservan con azúcar.

Yacimientos/Taxon	Boila	Dispilió	Makri	Sarakiní
Cornus sp.	*	*	*	*

Género: ***Corylus*** **sp. Familia: Corylaceae. Nombre común: Avellano.**

Descripción anatómica:

P.T. (Lamina 3: 17): Porosidad difusa. Los vasos se agrupan en grupos anchos y bandas radiales. El diámetro medio de los vasos es de 30 a 50 μm. Existen zonas desprovistas de vasos. Son frecuentes los radios agregados. Parénquima apotraqueal.

P.L.T.: Radios uniseries, heterogéneos de 10-20 células de alto. Los radios agregados suelen ser biseries o triseries.

P.L.R. (Lamina 3: 18): Las perforaciones son escalariformes de 5-10 barras. Las punteaduras intervasculares y de intersección entre tráquea y radios son grandes y numerosas. Los engrosamientos en espiral es un criterio de diferenciación entre las tres especies de *Corylus* (Schweingruber 1990). *Corylus avellana* y *C. colurna* presentan frecuentemente en los vasos engrosamientos en espiral finos. La especie *Corylus maxima* no tiene engrosamientos.

En Grecia crecen las tres especies de *Corylus*. Los carbones de nuestro estudio en la mayoría de los casos presentan engrosamientos en espiral finos. En algunos casos no ha sido posible distinguirlos lo que podría deberse al pequeño tamaño del carbón o a las características de la especie. Los carbones aquí analizados podrían atribuirse, pues, a cualquiera de la tres especies y por eso nos limitamos a identificar el género sin especificar la especie.

En el carbón del yacimiento de Boila se ha mantenido a veces la identificación *Alnus-Corylus*. Ambos géneros tienen una anatomía bastante próxima. Un criterio clave de diferenciación es el número de barras en las perforaciones. No obstante, hubo casos que el tamaño pequeño del carbón no nos permitió observar detalladamente los tres planos anatómicos y la diferenciación de los géneros no fue posible.

Ecología: El avellano es un arbusto grande de distribución amplia por toda Europa. Es una especie bastante heliófila que en Grecia crece en lindes de bosques, en formaciones caducifolias abiertas (*shiblyak*), en setos y barrancos.

Usos: El avellano, actualmente se cultiva por sus frutos comestibles y de alto valor nutritivo. El consumo de avellanas se constata desde la prehistoria. Los pericarpios de las nueces se han encontrado en muchos yacimientos prehistóricos. Estos arbustos fueron uno de los recursos vegetales más aprovechados por los grupos mesolíticos y epipaleolíticos; se postula la manipulación de los bosques mediante el uso de fuego y el aclarado para favorecer la expansión de estas plantas; durante el Neolítico y Bronce, las avellanas fueron recolectadas como complemento alimenticio (Buxó 1990, 1997, Clarke 1978, Jacquat 1988, Marinval 1988, Zapata-Peña 1999, Zvelebil 1994).

La madera del avellano es blanda y se astilla fácilmente pero es a la vez flexible y tenaz. Si se poda a intervalos constantes se obtienen varas jóvenes de diámetro regular que se usan para estacas, setos, entramados, trampas de salmones, etc. (Polunin 1976). El uso del avellano en la construcción se documenta desde la prehistoria; entramados de madera de avellano se utilizaban en el alzado de paredes de cabañas neolíticas en yacimientos de Francia (Passard 1986, Pétrequin 1991). En Sarakiní, ramas de avellano se usan en el entramado de los graneros. La madera del avellano es buen combustible que da brasas duraderas.

Yacimientos/Taxon	Boila	Dispilió	Makri	Sarakiní
Corylus sp.	*	*		*

Género: *Fagus* sp. Familia: Fagaceae. Nombre común: Haya.
Descripción anatómica:
P.T. (Lamina 4: 19): Porosidad difusa a semi-porosa. Vasos numerosos formando grupos en la madera inicial y aislados en la madera final. Diámetro de los vasos entre 80 y 50 μm, disminuyendo de la madera inicial a la final. El límite del anillo de crecimiento es claramente distinguido. Parénquima apotraqueal difuso y en bandas diagonales y tangenciales.

P.L.T. (Lamina 4: 20): Radios homogéneos, uniseries y multiseries hasta 20 células, muy altos hasta 5mm.

P.L.R. (Lamina 5: 21): Perforación simple y escalariforme. Se observan formas transicionales entre punteaduras y perforación escalariforme.

En Grecia existen tres especies de *Fagus*, *F. sylvatica*, *F. orientalis* y *F. moesiaca* un híbrido de las dos anteriores. La diferenciación anatómica ente ellas no es posible. *Fagus* se ha identificado tan solo en las muestras actuales de Sarakiní y probablemente corresponda a las especies *F. moesiaca* y *F. orientalis* que forman bosques extensos en la zona.

Ecología: Las hayas son árboles grandes que forman bosques extensos en las montañas de los Balcanes entre los 700 y 1700 m aproximadamente. Son cabeza de serie del *Fagion hellenicum* en Grecia y se extienden en las vertientes más húmedas de las montañas septentrionales griegas sobre suelos bien drenados. Estos árboles regeneran rápidamente y muchas veces se expanden en claros de los bosques de coníferas.
Los hayedos suelen ser casi siempre bosques puros y rara vez se encuentran otros árboles o arbustos. El suelo se cubre de una gruesa capa de hojarasca que se pudre lentamente.

Usos: La madera es de grano fino, lisa y libre de nudos. Se parte con facilidad tangencialmente y se emplea para la fabricación de muebles, pavimentos, mangos y objetos varios. La madera es buen combustible muy valorado. Los frutos se utilizan para la extracción de un aceite comestible y usado para el alumbrado (Polunin 1976). Los frutos, las ramas y las hojas se utilizan para la alimentación del ganado.

En los yacimientos neolíticos lacustres del norte de Europa se ha documentado el uso de la madera de haya en la construcción y como cuñas para hendir grandes troncos en su plano longitudinal (Billamboz 1987, Pétrequin 1996).

Yacimientos/Taxon	Boila	Dispilió	Makri	Sarakiní
Fagus sp.				*

Especie: *Ficus carica*. Familia: Moraceae. Nombre común: Higuera
Descripción anatómica:
P.T. (Lamina 4: 22): Porosidad difusa. Vasos grandes, solitarios o distribuidos en cortas bandas radiales de 2 a 3. El diámetro medio de los vasos es de 100μm. Los anillos de crecimiento no se distinguen fácilmente o están ausentes. Parénquima en anchas bandas tangenciales.

P.L.T.: Radios heterogéneos, triseries a cuatriseries, ocasionalmente más anchos. La altura media de los radios es de 20 células, frecuentemente son más cortos o más altos, máximo 40 células.

P.L.R.: Perforación simple. Radios heterogéneos con una o dos filas de células marginales alargadas. Punteaduras intervasculares numerosas. Punteaduras de intersección entre vasos y radios simples o alargadas, ocasionalmente de formas irregulares (Schweingruber 1990).

Ecología: *Ficus carica* es un árbol o arbusto muy extendido por la región mediterránea. Posiblemente sea originario de Grecia y de la región mediterránea, donde se ha cultivado desde la antigüedad y frecuentemente se ha asilvestrado. Crece sobre suelos rocosos, en malezas y barrancos soportando bien la radiación solar y la sequía, igual que los inviernos fríos. Se encuentra en las zonas costeras de Grecia y también es abundante en el interior hasta los 1000 m de altitud.

Usos: La higuera es ampliamente cultivada por sus frutos que constituyen un producto alimenticio común en la región mediterránea y se consumen frescos o secos. También tienen usos medicinales igual que el látex extraído de las hojas.

Semillas de *Ficus carica* se han recuperado en las muestras carpológicas de yacimientos neolíticos de Grecia y precisamente en Makri (Efstratiou *et al.* 1998).

La madera es tenaz, pero porosa y fácil de doblar. Su valor económico es escaso y se considera mal combustible por producir mucho humo al quemarse y por consumirse rápidamente.

Yacimientos/Taxon	Boila	Dispilió	Makri	Sarakiní
Ficus carica			*	*

Género: *Fraxinus sp.* Familia: Oleaceae. Nombre común: Fresno, Orno.
Descripción Anatómica:
P.T. (Lamina 4: 23): Porosidad en anillo. Las tráqueas del anillo a veces están distribuidas en dos filas. El diámetro medio de estos vasos es de 100 a 130 μm. Hacia la madera final los vasos gradualmente se hacen más pequeños - el diámetro medio es de 30 μm - menos densos y se organizan en grupos o filas de 2 a 4 con orientación radial. El parénquima es paratraqueal vasicéntrico.

P.L.T. (Lamina 4: 24): Radios homogéneos, uniseries a triseries, más frecuententemente biseries. El alto de los radios es de 10 a 20 células.

P.L.R.: Perforación simple. Parénquima vasicéntrico con células cuadradas. Punteaduras intervasculares numerosas y alternas. Punteaduras de vaso-radio numerosas y pequeñas.

Las especies de *Fraxinus* tienen una anatomía muy parecida entre sí y es difícil su determinación. El ancho de los radios es un criterio de diferenciación; asimismo, *F. ornus* tiene radios uniseries a triseries, mientras que *F. excelsior* y *F. angustifolia* pueden tener radios más anchos de hasta 5 células (Jacquiot *et al.* 1973, Greguss 1959). En *F. excelsior* los vasos del leño temprano tienen diámetro muy grande que puede llegar a las 350 μm (Jacquiot *et al.* 1973). En *F. ornus* y *F. angustifolia* los vasos que forman el anillo son más pequeños y las franjas del parénquima son mucho más marcadas en la madera final. *F. angustifolia* presenta a veces porosidad difusa (Greguss 1959, Schweingruber 1990).

Estos criterios son de aplicación muy difícil por lo que hemos mantenido un taxon único. Teniendo en cuenta la actual presencia del género en Grecia, *Fraxinus ornus* con una distribución muy amplia, sería el más probable en las muestras antracológicas. *Fraxinus angustifolia* podría estar representado en las muestras de Dispilió por factores ecológicos como la cercanía de cursos de agua y también por tener algunos carbones con radios cuatriseries. *Fraxinus excelsior* es muy infrecuente en las formaciones actuales.

Ecología: Las especies de *Fraxinus* tienen distribución diversa según sus exigencias ecológicas pero generalmente son árboles de crecimiento rápido y prefieren los suelos calcáreos. *F. ornus* y *F. angustifolia* se encuentran tanto en el piso mesomediterráneo como en el supramediterráneo y participan en las formaciones caducifolias de estos pisos bioclimáticos. El orno crece en bosques mixtos, bosques claros, espesuras, malezas y suelos rocosos de toda la región mediterránea. En Grecia es componente importante de formaciones vegetales caducifolias pero también prospera entre perennifolios de las comunidades del *Orno-Quercetum ilicis* y bajo condiciones climáticas mediterráneas. El fresno de hoja pequeña es más exigente en humedad y se encuentra en márgenes de ríos, humedales de los bosques y planicies inundadas (Polunin 1976). *F. excelsior* es la especie más resistente al frío, presente en los pisos colino y montano (Heinz 1990). En Grecia se encuentra en comunidades vegetales de características centroeuropeas, localizadas en las montañas del norte.

Usos: La madera de fresnos y ornos es muy valiosa por ser fuerte, tenaz y flexible. Se parte bien sin astillar y se puede doblar si se trata con vapor. Se utiliza para la fabricación de herramientas, mangos, muebles, etc. Se considera excelente combustible y da buen carbón. La corteza y las hojas tienen usos medicinales igual que el maná, la goma que se obtiene en forma de líquido de incisiones efectuadas en las ramas del orno. En algunos lugares el orno es cultivado para la explotación del maná.

Uno de los usos más amplios de los fresnos es para forraje. Ha sido una práctica muy frecuente hasta recientemente y muchos paisajes europeos se dominan por estos arboles, con las características señales de podas regulares (Haas y Schweingruber 1993).

En los yacimientos lacustres del norte de Europa, el fresno constituye la madera más ampliamente utilizada en la construcción después de los robles. También, por su resistencia a la flexión es la madera que se utilizó ampliamente para la fabricación de mangos de hachas y azadas (Bocquet y Noël 1984, Passard 1986, Pétrequin 1996). En Sarakiní la madera de *Fraxinus* se utiliza para la fabricación de mangos para las herramientas agrícolas.

Yacimientos/Taxon	Boila	Dispilió	Makri	Sarakiní
Fraxinus sp.	*	*	*	*

Especie: *Hedera helix*. Familia: Araliaceae. Nombre común: Hiedra.

Descripción anatómica:

P.T. (Lamina 5: 25): Porosidad difusa a semi-porosa. Los vasos tienen un diámetro entre 80 y 100 μm. Se organizan en grupos de 3 a 4 con orientación tangencial. Parénquima paratraqueal y apotraqueal difuso.

P.L.T (Lamina 5: 26): Radios homogéneos, multiseries de 4 a 8 células de ancho, muy altos en ocasiones de más de 100 células. Espacios intercelulares en los radios más anchos.

P.L.R.: Perforación simple. Radios homogéneos ocasionalmente heterogéneos con células marginales alargadas o cuadradas. Punteaduras intervasculares grandes, alternas y ovaladas (Schweingruber 1990).

Ecología: La hiedra, planta leñosa de gran plasticidad y hojas perennes tiene una amplia distribución geográfica. Suele trepar en soportes verticales mediante las raicillas de sus tallos. Se encuentra en toda Europa extendiéndose por el suelo en bosques y lugares umbríos o trepando por los árboles. También es frecuente en peñascos y barrancos donde suele trepar por las paredes rocosas.

Usos: Antiguamente se estimaba como planta medicinal. Sus hojas y frutos son irritantes y purgantes. Los frutos son tóxicos debido al alto contenido en saponósidos.

Yacimientos/Taxon	Boila	Dispilió	Makri	Sarakiní
Hedera helix		*	*	

Especie: cf. *Hippophae rhamnoides*. Familia: Eleagnaceae. Nombre común: Espino amarillo.

Descripción anatómica:

P.T.: Porosidad difusa a semi-porosa. Los vasos más grandes no se distribuyen directamente a lo largo del anillo de crecimiento. Los vasos de la madera inicial son solitarios u organizados en pequeños grupos de 2 a 3. Los vasos de la madera final generalmente son solitarios. Parénquima apotraqueal difuso.

P.L.T.: Radios homogéneos, uniseries a triseries, la mayoría biseries. Altura media de radios 5-15 células. Ocasionalmente, algunos vasos tienen engrosamientos en espiral.

P.L.R.: Perforación simple (Schweingruber 1990).

Ecología: El espino amarillo es un arbusto o pequeño árbol que crece en toda Europa junto al mar, en dunas de arena y acantilados o en las montañas, en lechos secos de ríos y valles interiores. No tolera la sombra; en sitios expuestos tiene la forma de arbusto extenso y en lugares resguardados obtiene forma de árbol de espeso ramaje. En la actualidad no existe en las formaciones vegetales de Grecia (Polunin 1976, 1980, Press 1992).

Usos: Los frutos del espino amarillo son ácidos y venenosos. Antiguamente la planta tenía uso medicinal particularmente como vermífugo (Polunin 1991).

Yacimientos/Taxon	Boila	Dispilió	Makri	Sarakiní
cf. *Hippophae rhamnoides*	*			

Especie: *Juglans regia*. Familia: Juglandaceae. Nombre común: Nogal.

Descripción anatómica:

P.T. (Lamina 5: 27): Porosidad difusa. Vasos grandes, aislados o en grupos de 2 a 4. El diámetro de los vasos es de 100 a 200 μm. Parénquima apotraqueal difuso y en cortas bandas tangenciales.

P.L.T. (Lamina 5: 28): Radios homogéneos biseries a cuatriseries, ocasionalmente uniseries o de 5 células de ancho. Altura media de los radios 15 a 30 células.

P.L.R.: Perforación simple. Punteaduras intervasculares numerosas (Schweingruber 1990).

Ecología: El nogal es originario de los Balcanes, cultivado en otras regiones por sus frutos comestibles y frecuentemente naturalizado. Es un árbol propio de bosques de montaña de la península Balcánica donde se encuentra sobre suelos sueltos, frescos, preferentemente calizos o yesosos y cerca de cursos de agua. Su crecimiento es lento y precisa alrededor de los 100 años para alcanzar la madurez (Polunin 1976, 1980).

Usos: El nogal es muy apreciado tanto por su madera como por los frutos. La madera es dura, homogénea, veteada y de gran valor para la ebanistería, la fabricación de muebles y chapas. La nueces tienen alto valor nutritivo y son un importante componente de la dieta humana en la región balcánica. Las hojas tienen usos medicinales e igual que el fruto y las cáscaras producen un colorante pardo (Polunin 1976, 1991).

Yacimientos/Taxon	Boila	Dispilió	Makri	Sarakiní
Juglans regia			*	*

Familia: Leguminosae.
Descripción anatómica:
P.T.: Madera semiporosa. Los vasos están agrupados en bandas tangenciales o formando llamas. Parénquima paratraqueal que junto a vasos y traqueidas forma bandas.

P.L.T.: Radios heterogéneos, unisèries y multiseries. Parénquima fusiforme.

P.L.R.: Perforación simple. Engrosamientos en espiral. Punteaduras vestidas.

La identificación de géneros y especies dentro de la familia de las Leguminosas es muy difícil. Salvo excepciones como *Ceratonia siliqua* y *Cercis siliquastrum*, la mayoría de las Leguminosas presentan rasgos anatómicos muy semejantes (Schweingruber 1990). Además dentro de la propia especie puede haber gran variabilidad.

En el material antracológico de nuestro estudio la presencia de las leguminosas es muy escasa por lo que no hemos podido profundizar en observaciones que nos permitirían atribuirlas a algún género en concreto. Tan solo en el yacimiento de Makri creemos haber identificado la especie *Anagyris foetida*. Las características anatómicas del carbón prehistórico correspondían a las del carbón actual de esta especie recogida en el entorno inmediato del yacimiento.

Especie: cf. *Anagyris foetida*. Familia: Leguminosae. Nombre común: Altramuz hediondo.
Descripción anatómica:
P.T.: Zona semi-porosa. Los vasos forman bandas o grupos de ordenación tangencial.

P.L.T.: Radios heterogéneos, uniseries o biseries, de 11 a 25 células de alto.

P.L.R.: Perforación simple. Engrosamientos en espiral en algunos vasos pequeños. Punteaduras vestidas.

Ecología: La familia de las leguminosas tiene una distribución muy amplia. Están representadas en ambientes muy diversos desde las zonas costeras hasta las altas montañas. Generalmente, se trata de plantas heliófilas, que prosperan en espacios abiertos y suelos pobres o pedregosos. El altramuz hediondo en particular, crece en laderas rocosas, colinas secas y pedregosas y matorrales de la región mediterránea. La planta es tóxica y especialmente las semillas.

Yacimientos/Taxon	Boila	Dispilió	Makri	Sarakiní
Leguminosae	*		*	
cf. *Anagyris foetida*			*	

Familia: Rosaceae. Subfamilia: Maloideae.
Descripción anatómica:
P.T. (Lamina 5: 29, 31): Porosidad difusa. Vasos aislados de pequeño diámetro que varia de un anillo de crecimiento a otro. El diámetro medio es de 20 a 50 μm. En la madera inicial a veces los vasos forman un anillo discontinuo. Parénquima apotraqueal difuso.

P.L.T. (Lamina 5: 30, 32): Radios homogéneos, ocasionalmente heterogéneos. Uniseries a triseries y a veces cuatriseries. La altura de los radios es de 10 a 15 células, en algunos casos más altos.

P.L.R.: Perforación simple. Engrosamientos en espiral muy finos en algunos vasos.

Los géneros que se incluyen en la subfamilia Maloideae tienen rasgos anatómicos muy similares y difícilmente se pueden distinguir entre sí. Según Schweingruber (1990) *Sorbus*, *Pyrus*, *Crataegus*, *Mespilus*, *Cydonia* y *Pyracantha* son anatómicamente muy similares. Jaquiot *et al.* (1973) observan diferencias en los radios y en el diámetro de los vasos. *Crataegus* y *Malus* tienen radios uniseries a cuatriseries, heterogéneos pero el diámetro medio del primero es inferior al del segundo, 50 μm y entre 50 y 100 μm respectivamente. *Sorbus* y *Pyrus* tienen radios uniseries a triseries y se diferencian en que el primero los tiene tanto homogéneos como ocasionalmente heterogéneos, y el segundo sólo homogéneos.

En la colección de referencia de nuestro laboratorio se incluyen varios géneros de los anteriormente mencionados procedentes de distintos puntos del Mediterráneo. Hemos analizado carbón actual de *Pyrus amygdaliformis*, de varias especies de *Crataegus* y *Sorbus*, de *Cydonia* y *Mespilus* y hemos observado algunos de los rasgos anatómicos anteriormente mencionados pero también mucha variabilidad dentro de un mismo género. Generalmente, *Pyrus* y *Sorbus* tienen radios uniseries a triseries, siendo la mayoría biseries, pero no hemos encontrado un criterio sólido para distinguir entre los dos, puesto que ambos tenían los radios homogéneos o ocasionalmente heterogéneos. Además *Crataegus* aunque tenía algunos radios cuatriseries no presentaba éste carácter diagnóstico con regularidad. El diámetro de los vasos por otro lado presenta gran variabilidad que estaría probablemente en función del lugar y las condiciones de crecimiento. Teniendo estas observaciones en cuenta hemos optado por mantener el nombre genérico de subfamilia. No obstante, nos parece más probable tener representados en la mayoría de los casos a *Pyrus*, *Sorbus* o *Crataegus*.

Ecología: Los géneros incluidos en la subfamilia Maloideae crecen en ambientes muy diversos y tienen gran amplitud geográfica. Generalmente son arbustos o árboles pequeños que crecen en solanas, lugares rocosos, matorrales altos, setos, espesuras y también en bosques. No son especialmente exigentes en cuanto a las propiedades de suelo y prosperan sobre cualquier substrato. Suelen ser heliófilos o muy tolerantes a la radiación solar, la sequía y el frío. En Grecia existen muchas especies dentro de cada género de Maloideae y su distribución es igualmente variada. *Crataegus monogyna* y *C. pentagyna* suelen crecer en el sotobosque o en claros de bosque. *Pyrus pyraster* en matorrales y bosques y *P. amygdaliformis* en zonas secas y formaciones abiertas. *Sorbus torminalis* y *S. aucuparia* crecen entre árboles forestales en los bosques del norte y también en declives rocosos. Concretamente la primera se encuentra junto a *Pinus nigra pallasiana* entre los 1000 y 1500 m. de altitud igual que *S. umbellata*. Las especies de *Malus*, *M. florentina*, *M. sylvestris* y *M. dasyphylla* crecen principalmente en los bosques (Polunin 1980, Quézel y Barbéro 1985).

Usos: Todas las especies de la subfamilia Maloideae tienen madera dura y densa que se ha utilizado para la fabricación de pequeños objetos, mangos de herramientas o bastones. El poder calorífico de la madera de estos árboles es alto. No obstante, el valor económico de todas las especies está en sus frutos, en la mayoría de los casos comestibles y con propiedades medicinales. La recolección y consumo de frutos de Maloideae se ha comprobado en yacimientos prehistóricos de Europa. Se han recuperado semillas y frutos carbonizados o sin carbonizar preservados en condiciones anaerobias de *Crataegus laevigata*, *Malus sylvestris*, *Pyrus pyraster*, *Sorbus aria* y *S. domestica* (Jacquat 1988, 1989, Zapata-Peña 1999).

Yacimientos/Taxon	Boila	Dispilió	Makri	Sarakiní
Rosaceae/Maloideae	*	*	*	*

Género: *Morus* sp. Familia: Moraceae. Nombre común: Morera, Moral.
Descripción anatómica:
P.T.: Porosidad en anillo. El anillo en la madera inicial se forma por 2 a 5 bandas de vasos. El diámetro de los vasos se reduce gradualmente de la madera inicial a la final; de 150 - 250 μm a 20 μm. Los vasos de la madera final forman grupos generalmente tangenciales. Parénquima paratraqueal.

P.L.T.: Radios heterogéneos, multiseries, de 4 a 7 células de ancho y hasta 60 células de alto.

P.L.R.: Perforación simple. Engrosamientos en espiral en los vasos pequeños. Punteaduras intervasculares y de vaso - radio grandes.

No se puede distinguir entre las especies *M. nigra* y *M. alba* basandose en sus rasgos anatómicos (Schweingruber 1990).

Ecología: Las especies de *Morus* son originarias de Asia central y China pero se cultivan con frecuencia en el sur y sureste de Europa, por sus frutos y hojas o como ornamentales.

Usos: Ambas especies se cultivan por sus frutos comestibles y la morera también por sus hojas que sirven de alimento a los gusanos de seda. Las moreras también se plantan como árboles ornamentales.

Yacimientos/Taxon	Boila	Dispilió	Makri	Sarakiní
Morus sp.				*

Especie: *Paliurus spina-christi*. Familia: Rhamnaceae. Nombre común: Espinas de Cristo.
Descripción anatómica:
P.T. (Lamina 6: 33): Porosidad difusa. Vasos aislados o en filas radiales. El diámetro medio de los vasos es de 100 μm. Parénquima vasicéntrico y en bandas tangenciales al inicio del anillo de crecimiento. Fibras de paredes gruesas en filas radiales regulares. Radios de células grandes y cuadradas.

P.L.T.: Radios homogéneos, uniseries. Altura media de los radios de 25 células.

P.L.R.: Perforación simple. Punteaduras intervasculares numerosas. Punteaduras de vaso - radio con contornos marcados (Schweingruber 1990).

Ecología: Las espinas de Cristo son arbustos o pequeños árboles que forman espesuras o crecen esparcidos en las zonas más calurosas y/o secas del Mediterráneo o sobre suelos degradados y tierras secas sin labrar del interior de la península de los Balcanes. Es una planta muy frecuente en el interior de Grecia incluso en el norte y a mayor altitud, principalmente en zonas que han sufrido mucho el pastoreo.

Usos: Se ha utilizado tradicionalmente para vallar formando setos vivos por ser muy resistente al pastoreo.

Yacimientos/Taxon	Boila	Dispilió	Makri	Sarakiní
Paliurus spina-christi			*	

Género: *Phillyrea-Rhamnus*. Familias: Oleaceae-Rhamnaceae. Nombre común: Labiernago-Aladierno.
Descripción anatómica:
P.T. (Lamina 6: 34): Porosidad difusa. Vasos pequeños de diámetro entre 20 y 40 μm. Los vasos con las traqueidas vasculares y el parénquima vasicéntrico forman grupos con orientación tangencial o en forma de llamas. El parénquima también forma bandas radiales. El límite del anillo de crecimiento es claramente distinguido.

P.L.T: Radios heterogéneos principalmente biseries, también los hay uniseries y muy rara vez triseries. Altura media de los radios de 15 células.

P.L.R: Perforación simple. Engrosamientos en espiral (Schweingruber 1990).

Phillyrea y *Rhamnus* pertenecen a familias diferentes pero tienen la anatomía muy próxima. Un criterio diagnóstico podría ser la presencia en *Phillyrea* de parénquima en bandas marginales de orientación radial típico de la familia de Oleaceae. De las especies de *Rhamnus* se excluye *R. alpinus* por su carácter anatómico de radios anchos.

Ecología: *Phillyrea* es una planta termófila propia de los matorrales perennifolios de la región mediterránea que se extiende desde las costas Dálmatas hasta Portugal. En Grecia es un componente importante de las formaciones mesomediterráneas.

Rhamnus incluye varias especies. En el norte de Grecia se encuentra *R. alaternus* en formaciones mediterráneas sobre suelos calcáreos. *R. alpinus* y *R. sibthorpianus* crecen en las montañas en roquedas y suelos pedregosos. El carbón de nuestras muestra antracológicas si de *Rhamnus* se tratase, en el yacimiento de Makri podría ser *R. alaternus* y en Boila dada la existencia de otras especies termófilas, templadas o incluso frías podría ser *R. alaternus* o *R. sibthorpianus.*

Usos: La madera del labiérnago y del aladierno es dura y se considera buen combustible.

Yacimientos/Taxon	Boila	Dispilió	Makri	Sarakiní
Phillyrea-Rhamnus	*		*	

Especie: *Pistacia terebinthus*. Familia: Anacardiaceae. Nombre común: Terebinto.
Descripción Anatómica:
P.T. (Lamina 6: 35): Porosidad en anillo. Los vasos de la madera inicial son grandes de un diámetro medio de 100 μm. El diámetro de los vasos disminuye hacia la madera final. Los vasos forman grupos o bandas de orientación radial. Parénquima apotraqueal difuso y paratraqueal vasicéntrico. Tílides frecuentes en los vasos.

P.L.T. (Lamina 6: 36): Radios heterogéneos, de 2 a 5 células de ancho y 10 a 30 células de alto. Ocasionalmente hay radios uniseries más cortos. En algunos radios se han observado canales secretores.

P.L.R.: Perforación simple. Engrosamientos en espiral. Punteaduras intervasculares grandes y poligonales.

En los casos que no hemos tenido todos los planos anatómicos claros o grandes hemos mantenido la identificación *Pistacia* sp. Según Schweingruber (1990) el ancho de los radios y la presencia de canales resiníferos en la sección tangencial son importantes criterios para la identificación de la especie.

Ecología: Es una especie mesomediterránea, caducifolia, que tiene la forma de un arbusto aunque puede llegar a obtener la talla de un árbol. Está asociada al sotobosque del encinar y a las fases de degradación del robledal. Se encuentra en zonas costeras y en las bajas altitudes de las montañas mediterráneas en bosques abiertos, matorrales y laderas rocosas y secas (Polunin 1976, 1980).

Usos: La madera dura del terebinto se pule bien y se emplea en ebanistería y marquetería. La planta produce una goma dulce con aplicaciones medicinales. Los frutos son aromáticos comestibles y tradicionalmente se usaban para dar perfume a tortas de higos secos. De los frutos se extrae también un aceite y la corteza es rica en taninos. Las agallas en forma de cuerno producidas por un áfido sobre la hojas de la planta se usan para obtener un tinte rojizo y para curtir pieles (Polunin 1976, 1991).

Los frutos de *Pistacia* se recolectaban desde la prehistoria. En Grecia se documenta su presencia en el yacimiento de Franchthi desde el 13,000 BP; durante el Holoceno restos de *Pistacia* son frecuentes en las muestras carpológicas de muchos yacimientos neolíticos, entre ellos Makri (Efstratiou *et al.* 1998, Hansen 1991).

Yacimientos/Taxon	Boila	Dispilió	Makri	Sarakiní
Pistacia terebinthus	*	*	*	

Especie: *Platanus orientalis*. Familia: Platanaceae. Nombre común: Plátano oriental.
Descripción anatómica:
P.T. (Lamina 7: 37): Porosidad difusa. Vasos numerosos. En la madera inicial los vasos forman grupos y en la madera final suelen ser aislados o en grupos irregulares. El diámetro medio de los vasos es de 60 μm. El límite del anillo de crecimiento es claramente distinguido. Los radios son ondulados a lo largo del límite del anillo de crecimiento.

P.L.T. (Lamina 7: 38): Radios homogéneos, rara vez heterogéneos. Multiseries de hasta 10 células de ancho. La altura de los radios frecuentemente es superior a los 2 mm.

P.L.R. (Lamina 7: 39): Perforación simple y escalariforme hasta 15 barras. Radios homogéneos y heterogéneos de una fila de células marginales cuadradas (Schweingruber 1990).

Ecología: El plátano oriental es un árbol originario del sur de la península Balcánica alrededor al 42° N. Es una especie de crecimiento lento sobre suelos húmedos de abundante agua superficial o subterránea. Es muy común en los cursos de agua, en barrancos y cañónes o en los valles rocosos hasta los 1000 m de altitud aproximadamente (Polunin 1980).

Usos: La madera es de cierto valor económico, utilizada para chapas, decoración y fabricación de muebles (Polunin 1976). Los frutos tienen uso medicinal.

Yacimientos/Taxon	Boila	Dispilió	Makri	Sarakiní
Platanus orientalis	*			

Género: *Prunus sp.* Famila: Rosaceae/Prunoideae.
Nombre común: Pruno.
Descripción anatómica:
P.T. (Lamina 7: 40, 41): Zona semi-porosa o porosidad difusa. Los vasos forman grupos irregulares de 2 a 6 radialmente orientados. El diámetro de los vasos es de 40 y 50 μm. Parénquima apotraqueal difuso.

P.L.T. (Lamina 7: 42): Radios heterogéneos, multiseries de 3 a 6 células de ancho o frecuentemente hasta 8 células. La altura de los radios llega a 40 células. También existen radios uniseries cortos de hasta 10 células. En los radios se observan células marginales verticales en el contorno externo de los radios.

P.L.R: Perforación simple. Engrosamientos en espiral en los vasos. Los radios son heterogéneos con células marginales alargadas.

El género *Prunus* presenta una anatomía bastante homogénea en todas las especies. Según Schweigruber (1990), las distintas especies se pueden agrupar con relación al tipo de porosidad y el ancho de los radios. De las especies que actualmente crecen en Grecia hemos distinguido tres grupos. El primer grupo incluiría *P. armeniaca*, *P. dulcis*, *P. persica* y *P. webbii* que se caracterizan por porosidad en anillo y radios de 5, 6, 7 y hasta 8 células de ancho (Lamina 7: 41, 42). Entre los carbones de los yacimientos prehistóricos pensamos haber individualizado la especie *Prunus* cf. *amygdalus (dulcis)*, puesto que las demás del mismo grupo no son originarias de Grecia o de Europa. Hemos tenido en cuenta el ancho de los radios y la marcada zona porosa de forma que cuando los radios alcanzaban las 7-8 células de ancho y los vasos grandes (hasta 80 μm) formaban anillo en la madera inicial los carbones se adscribían a *P.* cf. *amygdalus* (Bazile-Robert 1980, Schweingruber 1990). En el segundo grupo se incluyen las especies *P. padus*, *P. mahaleb*, *P. spinosa*, *P. domestica* y *P. cerasifera*, de porosidad difusa a semi-porosa en la madera inicial y radios anchos de 2 a 7 células más frecuentemente 5 y 6. En el tercer grupo se incluirían las especies *Prunus avium*, *P. prostrata* y *P. cerasus* de zona semi-porosa a difusa, grupos de vasos esparcidos y radios de 2 a 4 células de ancho (Lamina 7: 40).

En el estudio de Sarakiní se han mantenido estos tres grupos porque tratándose de un yacimiento actual nos ha permitido registrar la presencia de varias especies en la vegetación natural, injertadas en los campos o cultivadas en algún jardín.

En los yacimientos prehistóricos hemos mantenido un taxon único que incluye los grupos anteriormente mencionados, exceptuando *Prunus* cf. *amygdalus*. Podríamos mencionar aquí que en el yacimiento de Makri los carbones identificados como *Prunus* sp. se atribuirían conjuntamente al primer y segundo grupo. En los yacimientos de Dispilió y Boila, en el taxon *Prunus* sp. se incluyen carbones con las características anatómicas del segundo y tercer grupo.

Ecología: Existe gran variedad de especies del género *Prunus* distribuidas por toda Grecia y en altitudes diversas. La mayoría de las especies suelen ser arbustos o pequeños árboles heliófilos que se encuentran en las altitudes medias de las montañas en formaciones abiertas, setos, laderas secas y suelos pedregosos. *P. avium* y *P. domestica* se encuentran en bosques caducifolios, *P. spinosa* y *P. webbii* en lugares rocosos secos y *P. mahaleb, P. cocomilia* y *P. cerasifera* en bosques abiertos y laderas con formaciones arbustivas. Toleran los suelos pobres y resisten bien las temperaturas bajas.

En cuanto a *Prunus amygdalus*, se puede encontrar en estado silvestre en formaciones caducifolias entre los 400-700 m de altitud en la región del Epiro (Bottema 1974). Tradicionalmente, se ha considerado como una especie introducida del Oriente; sin embargo, es bastante resistente al frío y frecuentemente se ha encontrado en los niveles del Tardiglaciar en yacimientos arqueológicos del Mediterráneo Occidental (Bazile-Robert 1980, Heinz 1991).

Usos: La madera de la mayoría de las especies es dura, tenaz, densa y compacta utilizada en ebanistería y para la fabricación de bastones y mangos. Da leña de buena calidad que quema lentamente. Los frutos de casi todas las especies son comestibles y tradicionalmente varias partes de estos árboles han tenido usos medicinales (Polunin 1976, 1991).

Restos carpológicos de las especies *Prunus spinosa*, *P. domestica* y *P. amygdalus* se han recuperado en yacimientos prehistóricos de Europa y de Grecia (Efstratiou *et al.* 1998, Hansen 1991, Jacquat 1988, 1989).

Yacimientos/Taxon	Boila	Dispilió	Makri	Sarakiní
Prunus sp.-*Prunus* tipo II y tipo III	*	*	*	*
Prunus cf. *amygdalus-Prunus* tipo I	*	*	*	*

Género: *Quercus*. Familia: Fagaceae.
El género *Quercus* no permite la identificación de la especie. Schweingruber (1990) distingue tres subgéneros que incluyen las especies europeas:
a) *Quercus* subgenus *Quercus* que incluye especies caducifolias y marcescentes, *Q. congesta*, *Q. faginea*, *Q. frainetto*, *Q. fruticosa*, *Q. infectoria*, *Q. petraea*, *Q. pubescens*, *Q. pyrenaica* y *Q. robur*.
b) *Quercus* subgenus *Cerris* que incluye especies caducifolias, marcescentes y perennifolias, *Q. cerris*, *Q. suber* y *Q. trojana*.
c) *Quercus* subgenus *Sclerophyllodrys* que incluye las especie perenifolias *Q. ilex* y *Q. coccifera*.

En nuestro estudio nos hemos limitado a la distinción entre un grupo de *Quercus* caducifolios de porosidad en anillo y otro grupo de *Quercus* perennifolios de porosidad difusa. En los casos que no ha sido posible observar la zona de crecimiento anual hemos mantenido el taxon *Quercus* sp.

Género: *Quercus* caducifolio. Familia: Fagaceae. Nombre común: Roble.
Descripción anatómica:
P.T. (Lamina 8: 43): Porosidad en anillo. Los vasos que forman el anillo en la madera inicial están distribuidos en una o varias filas y su diámetro medio es de 200 μm. El diámetro de los vasos decrece hasta las 50 μm hacia la madera final. Estos vasos se distribuyen aislados o en grupos de orientación radial con densidad variable. Parénquima paratraqueal y apotraqueal en bandas diagonales y tangenciales.

P.LT: Radios homogéneos de dos tipos; uniseries de unas 10 células de alto y multiseries muy altos.

P.L.R: Perforación simple. Punteaduras intervasculares bastante grandes. Punteaduras de vaso - radio pequeñas.

Algunos autores utilizan como criterio de diferenciación entre las distintas especies de *Quercus* caducifolios la relación entre los vasos de la madera inicial y de la madera final (P/p) (Greguss 1959, Badal 1990) así como la disposición de los vasos del anillo de crecimiento en una o varias filas (Heinz 1990), pero en este trabajo nos hemos limitado a la identificación de un grupo que incluye todas las especies caducifolias.

Ecología: Los robles constituyen el elemento arbóreo más importante y de mayor distribución en Grecia continental. Existe gran variedad de robles con una repartición muy amplia desde formaciones típicamente mediterráneas hasta robledales mixtos con otros caducifolios. Son los árboles por excelencia en las formaciones de bosque extendidas por todas las montañas. *Quercus pubescens* es la especie más común en altitudes bajas, sobre suelos calizos, en bosques y laderas secas. *Q. trojana* y *Q. macrolepis* son especies marcescentes, frecuentes en formaciones abiertas. *Q. petraea* ocupa suelos pobres, ligeros y ácidos en los bosques de media y alta montaña. Otras especies como *Q. frainetto*, *Q. robur*, *Q. cerris*, *Q. pedunculiflora* son muy extendidas en las formaciones caducifolias y son muy tolerantes a gran variedad de suelos (Polunin 1976, 1980, Quézel y Barbéro 1985, Sfikas 1994).

Usos: Las diferentes especies de robles tienen usos diversos. Como característica general su madera es pesada, dura, fuerte y resistente a la descomposición. Se utiliza ampliamente en la construcción o la fabricación de muebles. La madera de los robles es muy apreciada como combustible. La corteza se utiliza para curtir y para fabricar tintes (Polunin 1976, 1991). Las bellotas son comestibles; ramas y hojas de robles se utilizan como forraje para el ganado (Badal 1999, Halstead 1998).

La madera de roble ha sido apreciada en la construcción desde la prehistoria. Constituye la mayor parte de material utilizado en muchos palafitos donde se han recuperado restos de madera procedentes de postes, armazón y vigas (Billamboz 1987, Passard 1986).

Yacimientos/Taxon	Boila	Dispilió	Makri	Sarakiní
Quercus caducifolio	*	*	*	*

Género: *Quercus* perennifolio. Familia: Fagaceae. Nombre común: Encina, Coscoja.
Descripción anatómica:
P.T. (Lamina 8: 44): Porosidad difusa. Los vasos tienen una distribución radial. El diámetro de los vasos se sitúa entre 100 y 30 μm, disminuyendo progresivamente de la madera inicial a la madera final. Parénquima paratraqueal y apotraqueal en bandas diagonales y tangenciales.

P.LT: Radios homogéneos de dos tipos; uniseries de unas 10 células de alto y multiseries de hasta 25-30 células de ancho y muy altos.

P.L.R: Perforación simple. Punteaduras intervasculares bastante grandes. Punteaduras de vaso - radio pequeñas.

Ecología: Los *Quercus* perennifolios tienen una distribución amplia y son los típicos indicadores de clima mediterráneo, con veranos secos, calurosos y lluvias de otoño y primavera (Polunin 1976). En cuanto a los suelos son muy tolerantes. *Quercus ilex* actualmente se encuentra en Grecia continental en el piso mesomediterráneo, en zonas donde las precipitaciones son más frecuentes y preferentemente sobre suelos calizos; generalmente, su presencia no es abundante. Su aspecto es de árbol pequeño o arbusto aunque si se le deja crecer puede tener un porte grande y formar espesuras densas y umbrías. Se encuentra desde el nivel del mar hasta los 800 m de altitud. *Quercus coccifera*, por otra parte es el arbusto más común en Grecia desde el termomediterráneo hasta incluso el supramediterráneo inferior (800-1200 m de altitud). Puede llegar a tener porte arbóreo. En Grecia, actualmente es muy difícil encontrar formaciones de bosque de *Quercus* perennifolios en relativamente buena edad debido a la explotación del medio; tanto la tala del bosque para hacer combustible como el pastoreo impiden la regeneración (Barbéro y Quézel 1976, Polunin 1980, Quézel y Barbéro 1985).

Usos: La madera es pesada y dura. Se considera muy buen combustible y se ha usado para la fabricación de carbón. La madera de la encina ocasionalmente se usa en construcción. La corteza de las dos especies perennifolias es muy rica en taninos y se utiliza para curtir pieles y para extraer colorantes. La corteza de la coscoja se ha utilizado para teñir la lana de negro. Un insecto que vive en sus hojas proporciona un colorante rojo conocido desde la antigüedad (Polunin 1976, 1991). Las bellotas de encinas y coscojas son comestibles. Se puede fabricar harina y se utilizan ampliamente para la alimentación del ganado.

Yacimientos/Taxon	Boila	Dispilió	Makri	Sarakiní
Quercus perennifolio	*			

Especie: *Rhus coriaria*. Familia: Anacardiaceae. Nombre común: Zumaque.

Descripción anatómica:

P.T. (Lamina 8: 45): Porosidad en anillo. Los vasos de la madera inicial se organizan en dos bandas. Su diámetro es de 100 a 120 μm. Hacia la madera final los vasos son gradualmente más pequeños y aislados o en grupos de forma irregular. Parénquima paratraqueal. Los vasos y las células del parénquima forman bandas o grupos tangenciales. Tílides frecuentes en los vasos.

P.L.T. (Lamina 8: 46): Radios homogéneos. Uniseries a triseries, rara vez cuatriseries. Los radios uniseries son heterogéneos. Altura de radios de 10 a 20 (25) células.

P.L.R.: Perforación simple. Engrosamientos en espiral. Punteaduras intervasculares y de vaso - radio grandes.

Ecología: El zumaque es un arbusto semiperennifolio que crece en lugares secos y pedregosos, en malezas y formaciones abiertas en toda la región mediterránea y hasta Bulgaria y Rusia (Polunin 1980, 1991).

Usos: La corteza de la planta da un colorante amarillo o rojo y las ramas jóvenes se usaban para curtir tafilete. Los frutos, las hojas y el jugo lechoso son tóxicos (Polunin 1991).

Yacimientos/Taxon	Boila	Dispilió	Makri	Sarakiní
Rhus coriaria		*		

Género: *Rosa* sp. Familia: Rosaceae/Rosoideae. Nombre común: Rosal silvestre.

Descripción anatómica:

P.T.: Zona porosa a semi-porosa. El límite del anillo de crecimiento es claramente visible. Los vasos de la madera inicial son grandes y forman un anillo discontinuo. Su diámetro es de 80 a 100 μm. El diámetro de los vasos disminuye hacia la madera final. Generalmente, los vasos están aislados. Parénquima apotraqueal difuso.

P.L.T.: Radios heterogéneos uniseries y multiseries. Los radios uniseries están compuestos de células alargadas y tienen de 3 a 12 células de alto. Los multiseries tienen más de 6 células de ancho y de alto miden hasta 10 mm. Se observan células marginales alargadas en el contorno externo de los radios.

P.L.R.: Perforación simple. Engrosamientos en espiral. Los radios presentan varias filas de células marginales alargadas (Schweingruber 1990).

Ecología: Existen muchas especies de rosales y su repartición geográfica es muy amplia. Generalmente crecen en setos, pedregales y espesuras o en el sotobosque.

Usos: Los rosales silvestres se aprovechan para formar setos vivos que delimitan y protegen los campos de cultivo. Algunas especies se cultivan para obtener de las flores una esencia destilada o aceite de rosas que tienen usos medicinales. Los frutos son ricos en vitamina C.

Yacimientos/Taxon	Boila	Dispilió	Makri	Sarakiní
Rosa sp.	*	*		*

Género: *Salix sp.* Familia: Salicaceae. Nombre común: Sauce.

Descripción anatómica:

P.T. (Lamina 8: 47): Porosidad difusa. Vasos aislados o en pequeños grupos de dos o tres con orientación radial. El diámetro de los vasos es 50 y 100 μm. Parénquima apotraqueal.

P.L.T. (Lamina 8: 48): Radios heterogéneos uniseries, de 10 a 15 células de alto. Se han observado algunos radios parcialmente biseries.

P.L.R. (Lamina 9: 49): Perforación simple. Punteaduras intervasculares grandes y alternas. Punteaduras de vaso - radio grandes.

La identificación de las especies de *Salix* basandose en su anatomía es imposible. En un caso se ha identificado *Salix-Populus* que corresponde a los dos géneros de la familia de Salicaceae. Ambos tienen características anatómicas muy similares siendo el único criterio diagnóstico los radios homogéneos de *Populus* y heterogéneos de *Salix* (Jaquiot *et al.* 1973, Schweingruber 1990). Al no poder observar las células marginales de los radios en el fragmento de carbón en cuestión lo hemos atribuido a *Salix-Populus*.

Ecología: Los miembros de la familia de Salicaceae, tanto *Salix* como *Populus* tienen una repartición muy amplia; las distintas especies, se encuentran desde el círculo ártico hasta la región mediterránea. Sauces y álamos son árboles de crecimiento rápido que se encuentran en lugares húmedos donde el agua yace cerca de la superficie. Se encuentran en riberas, pantanos, turberas y bosques húmedos (Polunin 1976, 1980). En Grecia, existen muchas especies de *Populus* y *Salix*, creciendo, según sus preferencias térmicas, en altitudes bajas (*P. alba, S. alba*) o medias (*P. nigra, S. purpurea, S. fragilis*) o en alta montaña (*P. tremula, S. caprea, S. incana*) (Sfikas 1994).

Usos: La madera de sauces y álamos es blanda y ligera, se astilla fácilmente pero aguanta golpes y presiones. Se usa para chapas y las ramas jóvenes en cestería por su elasticidad. De los sauces se extrae la salicina, sustancia de valor medicinal. La corteza tanto de los sauces como de los álamos se ha usado para curtir.

En yacimientos prehistóricos lacustres del norte de Europa se utilizó ocasionalmente la madera blanda de estos árboles en la construcción para postes o para la fabricación de los suelos y en cestería (Jacquat 1989, Passard 1986, Pétrequin 1996).

Yacimientos/Taxon	Boila	Dispilió	Makri	Sarakiní
Salix sp.	*	*		*
Populus sp.				*
Salix-Populus			*	

Género: *Sambucus* sp. Familia: Caprifoliaceae. Nombre común: Saúco.
Descripción anatómica:
P.T.: Porosidad difusa a semi-porosa. Vasos organizados en grupos tangenciales o diagonales. El límite de los anillos de crecimiento es muy claro, marcado por la diferencia en el tamaño de los vasos entre la madera inicial y final. El diámetro disminuye gradualmente de 70 a 30 μm. Parénquima apotraqueal.

P.L.T.: Radios heterogéneos, biseries a cuatriseries, de 15 a 30 células de alto, máximo 40.

P.L.R.: Perforación simple. Punteaduras intervasculares grandes y redondas. Punteaduras de vaso - radio grandes y ovaladas.

Las especies *S. nigra*, *S. racemosa* no se pueden diferenciar basandose en su anatomía (Schweingruber 1990). El carbón atribuido al género *Sambucus* procede de Sarakiní y siendo actual nos permite atribuirlo a la especie *S. nigra* puesto que *S. ebulus* tiene tallos anuales que no lignifican y *S. racemosa* no lo hemos encontrado en la zona. Esta especie es infrecuente en Grecia (Polunin 1980) aunque en algunas publicaciones se menciona su presencia en las montañas de Tracia y del Peloponeso (Sfikas 1994).

Ecología: El saúco es un arbusto de bosques húmedos, setos y lugares incultos muy frecuente en toda Europa.

Usos: La madera es dura, fuerte y se usa para fabricar pequeños objetos frecuentemente como sustitutivo de la madera de boj. Las flores, las hojas y los frutos tienen usos medicinales. Las flores se usan en infusiones. Todas las partes de la planta dan tintes de distintos colores (Polunin 1976, 1991).

Yacimientos/Taxon	Boila	Dispilió	Makri	Sarakiní
Sambucus cf. *nigra*				*

Género: *Tamarix* sp. Familia: Tamaricaceae. Nombre común: Taray.
Descripción anatómica:
P.T.: Zona semi-porosa a porosa. Vasos grandes de 100 a 200μm, aislados o en pequeños grupos. Parénquima paratraqueal vasicéntrico o en grandes grupos y anchas bandas tangenciales.

P.L.T.: Radios heterogéneos, multiseries, de 6 a 20 células de ancho y muy altos hasta 2mm.

P.L.R.: Perforación simple. Punteaduras intervasculares y de vaso - radio pequeñas y numerosas (Scweingruber 1990).

El número de carbones identificados como *Tamarix* es muy reducido y junto a las dificultades de diferenciación anatómica de las distintas especies de este género nos han obligado a mantener un taxon único.

Ecología: Existe gran variedad de tarayes y tamariscos mayoritariamente repartidos por el Mediterráneo. Todas las especies son arbustos o pequeños árboles que crecen en marismas litorales, en dunas arenosas, lagunas salobres y también en lechos fluviales y pantanos o terrenos salinos del interior. En Grecia se encuentran las especies *Tamarix hampeana*, *T. dalmatica*, *T. palasii*, *T. parviflora*, *T. smyrnensis*, *T. cretica* y *T. tetrandra* originaria de las montañas húmedas de la península Balcánica (Polunin 1980, Sfikas 1994).

Usos: Los tarayes frecuentemente se cultivan como arbustos ornamentales.

Yacimientos/Taxon	Boila	Dispilió	Makri	Sarakiní
Tamarix sp.			*	

Género: ***Tilia* sp. Familia: Tiliaceae. Nombre común: Tilo.**
Descripción anatómica:
P.T. (Lamina 9: 50): Porosidad difusa. Vasos en grupos o filas de orientación radial. El diámetro de los vasos es de 40 a 75 μm. Parénquima apotraqueal en bandas.

P.L.T. (Lamina 9: 51): Radios homogéneos, uniseries a cuatriseries de células alargadas. La altura de los radios es variable de 10 a 25 células.

P.T.R.: Perforación simple. Engrosamientos en espiral. Punteaduras vaso - radio pequeñas y numerosas.

La identificación de las distintas especies de *Tilia* basandose en su anatomía no es posible (Schweingruber 1990).

Ecología: Los tilos son componentes frecuentes de los bosques caducifolios y los bosques de coníferas. Prefieren substratos calizos, suelos profundos y condiciones húmedas. En Grecia se encuentran las especies *T. cordata*, *T. platyphyllos* y *T. tomentosa* en los bosques de montaña, sobre todo en el norte (Polunin 1980, Sfikas 1994)

Usos: La madera de los tilos es blanda pero de consistencia uniforme usada para tallar y tornear. Las fibras de la corteza interna se emplean para la fabricación de redes, cuerdas y esteras. De las flores se hace infusión con propiedades sudoríferas y antiespasmódicas (Polunin 1976).

Yacimientos/Taxon	Boila	Dispilió	Makri	Sarakiní
Tilia sp.		*	*	

Género: ***Ulmus sp.*** **Familia: Ulmaceae. Nombre común: Olmo.**
Descripción anatómica:
P.T. (Lamina 9: 52): Porosidad en anillo. Los vasos de la madera inicial son grandes, de 150 a 300 μm y forman un anillo discontinuo. Los demás vasos se ordenan en bandas tangenciales u oblicuas y el diámetro disminuye gradualmente hacia la madera final. La media es de 60 μm aproximadamente. Los radios al lado de los vasos son ondulados.

P.L.T: Radios homogéneos multiseries de 3 a 6 células de ancho. La altura media de los radios es de 35 células.

P.L.R: Perforación simple. Engrosamientos en espiral.

Las especies de *Ulmus* no se pueden diferenciar basandose en su anatomía (Schweingruber 1990), así que nos limitamos a la identificación del género.

Ecología: Los olmos crecen entre otros árboles preferentemente sobre suelos profundos y húmedos o cerca de cursos de agua y en valles fluviales. Rara vez forman arboledas densas y a veces se encuentran en setos y zonas de escorrentía. En Grecia se encuentran las especies *U. minor* en zonas de baja y media altitud y *U. glabra* o *U. laevis* en los bosques caducifolios o de coníferas en las montañas (Polunin 1980, Sfikas 1994).

Usos: El olmo tiene madera tenaz, pesada y muy resistente a grandes tensiones, a la intemperie o cuando esta sumergida permanentemente por lo que se usa en construcción, en carpintería y para la fabricación de botes, puentes y pilotes. La corteza se puede utilizar para la fabricación de cuerdas y la corteza interna contiene mucílagos y taninos (Polunin 1976, 1991).

Yacimientos/Taxon	Boila	Dispilió	Makri	Sarakiní
Ulmus sp.	*	*	*	*

Especie: ***Vitex agnus-castus*****. Familia: Verbenaceae. Nombre común: Sauzgatillo.**
Descripción anatómica:
P.T.: Zona semi-porosa. Vasos aislados o en pequeños grupos radiales. El diámetro medio de los vasos es de 70 μm. El diámetro se reduce gradualmente de la madera inicial a la madera final. Parénquima paratraqueal, vasicéntrico y ocasionalmente en bandas tangenciales discontinuas.

P.L.T.: Radios heterogéneos, biseries a cuatriseries. Altura media de 30 células.

P.L.R.: Perforación simple. Punteaduras vaso - radio pequeñas y numerosas (Schweingruber 1990).

Ecología: El sauzgatillo es un pequeño arbusto aromático que crece en la región mediterránea en lugares húmedos junto a cursos de agua. Es muy común en Grecia en zonas bajas, húmedas y cálidas, en las orillas de ríos cercanas al mar.

Usos: Las ramas flexibles de este arbusto se utilizan en cestería y los frutos para condimentar. La planta tiene usos medicinales y también de ella se extrae un colorante amarillo.

Yacimientos/Taxon	Boila	Dispilió	Makri	Sarakiní
Viet agnus-castus			*	

Especie: ***Vitis vinifera*** **var.** ***sylvestris*****. Familia: Vitaceae.**
Nombre común: Vid.
Descripción anatómica:
P.T. (Lamina 9: 53): Porosidad en anillo, rara vez zona semi-porosa. En anillo de vasos en la madera inicial es discontinuo. Los vasos de la madera inicial son grandes y aislados. El diámetro de los vasos es entre 200 y 300 μm y ocasionalmente superior. Los vasos de la madera final son más pequeños y forman grupos o cortas filas radiales. Tílides frecuentes en los vasos. Parénquima paratraqueal.

P.L.T.: Radios homogéneos a heterogéneos, multiséries de 5 a 20 células de ancho y muy altos hasta 2mm. Punteaduras intervasculares escalariformes.

P.L.R. (Lamina 9: 54): Perforación simple, ocasionalmente escalariforme en los vasos pequeños de la madera final. Los radios heterogéneos tienen una o dos filas de células marginales alargadas.

Las características anatómicas de la madera de la vid no permiten distinguir la especie silvestre de la cultivada. En nuestro estudio hemos mantenido la identificación *Vitis vinifera* var. *sylvestris* por el contexto cronológico - cultural de las muestras ya que proceden del yacimiento neolítico de Makri. No se puede descartar la posibilidad de tratarse de la especie cultivada pero respecto a esto tampoco han sido conclusivas las características morfológicas de las semillas procedentes de muestras carpológicas del yacimiento (Efstratiou *et al.* 1998).

Ecología: La vid en su forma silvestre es una liana que crece a lo largo de los cursos fluviales. Actualmente se encuentra espontánea en riberas de los bosques del norte de Grecia hasta los 400 y ocasionalmente los 800 m. de altitud.

Usos: La vid se cultiva principalmente por sus frutos que, según las distintas variedades, se pueden consumir frescos o secos y se usan para la elaboración de vino. Las hojas se usan para cocinar y la madera, por ser muy resistente se usa para postes y estacas (Polunin 1976).

Yacimientos/Taxon	Boila	Dispilió	Makri	Sarakiní
Vitis vinifera var. *sylvestris*			*	*

ANATOMICAL IDENTIFICATION OF CHARCOAL

The observation unit for charcoal analysis is any single charcoal fragment and consequently the first step before results and interpretation are gained is the identification of the charcoal material recovered during excavation. The bases for identification are the anatomical and biometric criteria of basic wood elements that vary between plant species and are preserved despite burning.

Anatomical determination of charcoal is carried out in a reflected light microscope of 100-1000 augmentations. Each piece of charcoal is fragmented by hand in the three anatomical sections: transverse, longitudinal tangential and longitudinal radial. On those sections observation of the anatomical structure characteristics is possible. Scanning Electron Microscope is used in case more augmentation is needed as well as photographing.

The anatomical characteristics of gymnosperms and angiosperms are distinguished through microscope observation (Fig. 26, A and B). For the gymnosperms, the structure is homoxyle and the axial system is composed by tracheids communicating through perforation pits. Rays are composed by parenchyma cells, and in some cases, by radial tracheids. Presence or absence of radial tracheids and resin ducts in some gymnosperms, as well as the form and number of the perforations pits per cross field in rays, are some of the criteria used in the identification of gymnosperms (Fig. 26, A).

The angiosperms present a more complex anatomical structure of specialised tissues (Fig. 26, B). Some of the elements that characterise the anatomy of the angiosperms are: pores composed of various cells communicating through perforation plates of different forms, tracheids, parenchyma cells and rays composed by parenchyma cells. Some of the identification criteria for the angiosperms are: the distribution of the pores in each growth ring being uniform or forming bands of bigger pores along the early wood; the form of the perforation plates between pores' elements (simple, scalariform, etc.); the interior walls of pores with or without spiral thickenings; the distribution of parenchyma cells in association to the pores (paratracheal) or independent (apotracheal); the dimensions and morphology of rays, width, height and position of cells, being homogeneous when the cells are uniformly procumbent or heterogeneous when procumbent and vertical cells are combined.

Theoretically, each charcoal fragment larger than 1 mm can be analysed in the microscope and identified. In practice, small charcoal pieces have very limited observation surfaces and consequently observation and identification are very difficult. Studies concerning the size of charcoal pieces to be analysed have concluded that either large or small the qualitative and quantitative results are the same; thus it is better to analyse pieces of 4 mm or bigger for optimum results. Nevertheless, the size and state of conservation of charcoal pieces are related to the type of the sediment and other taphonomy factors; thus the specialist must adapt to the particularities of each site.

In the Late Glacial rockshelter of Boila the great majority of charcoal pieces were small, 2 mm approximately, so we have analysed them all since the number of bigger pieces was insufficient. The percentage of indeterminable pieces is elevated due to small size and bad conservation. In the other sites included here, charcoal pieces presented various sizes and in the cases where there was enough material we have analysed pieces of 4 mm or larger from part of each sample that has been selected randomly.

Identification was carried out through observation and comparison with wood anatomy keys (Greguss 1955, 1959, Jaquiot 1955, Jaquiot *et al.* 1973, Schweingruber 1978,1990) and a reference collection of the laboratory of the Department of Prehistory, University of Valencia.

Thirty seven Gymnosperm and Angiosperm taxa have been identified, the majority to genera level and some to species level. In some cases identification was limited to family level as for the Leguminosae and Maloideae, due to very uniform characteristics among genera. When only the genera are identified then the name is indicated accompanied by the abbreviation sp., e.g. *Acer* sp. The abbreviation cf. is used in the cases there is a high probability of the identification to correspond to the genera or species mentioned, e.g. the species *Prunus* cf. *amygdalus* or the genera cf. *Pistacia*. Some taxa include two species or genera of the same or different families that cannot be distinguished by their anatomy especially if there are not enough fragments to apply statistical techniques on the criteria of identification. In those cases, genera or species are included in one taxon, the names mentioned and hyphenated, e.g. *Pinus nigra-P. sylvestris* o *Phillyrea-Rhamnus*. In the case of charcoal pieces characterised as indeterminate, although they presented a sufficiently clear anatomical structure in order to make observations, we could not proceed to their identification. In the case of the indeterminable, observation was impossible due to bad conservation, obtrusion of cells, alteration of the anatomical structure, sole presence of parenchymatous tissues or finally small size.

In pages 52 to 87, the anatomical description, ecological characteristics and present, historical or prehistoric use of each taxon is presented as well as their presence-absence in the sites studied. SEM photographs of some taxa are presented in Plates 1 to 9.

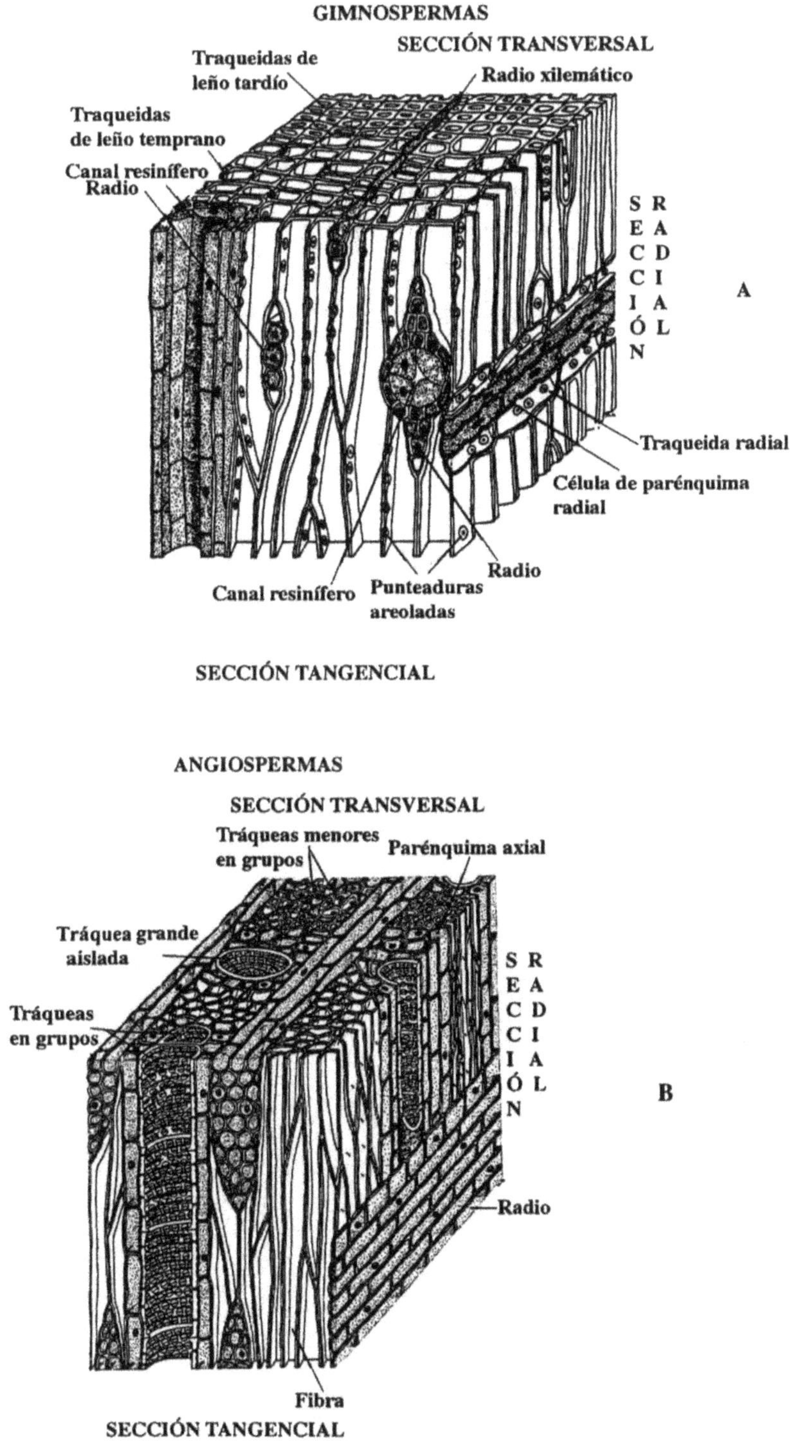

Fig. 26: A) Diagrama tridimensional de un cubo de xilema de *Pinus halepensis*,
B) Diagrama tridimensional de un cubo de xilema de *Cercis siliquastrum* (modificado a partir de Fahn 1982).
Fig. 25 : A) Three-dimensional diagram of *Pinus halepensis* xylem,
B) Three-diamensional diagram of *Cercis siliquastrum* xylem (modified after Fahn 1982).

LAMINA 1

PLATE 1

1. cf. *Abies* sp., sección longitudinal tangencial, X217

1. cf. *Abies* sp., longitudinal tangential section, X217

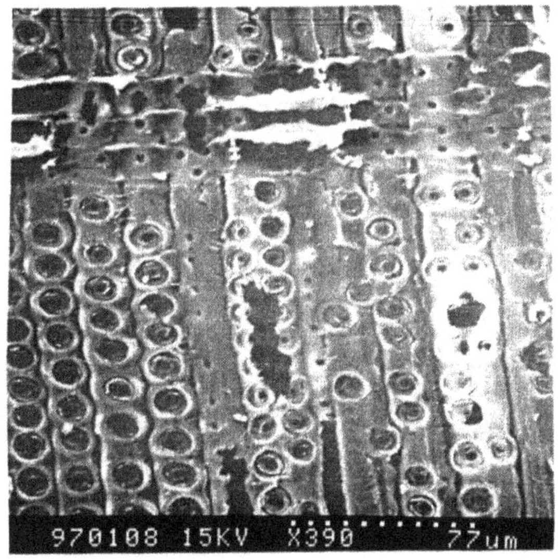

2. cf. *Abies* sp., sección longitudinal radial, X390

2. cf. *Abies* sp., longitudinal radial section, X390

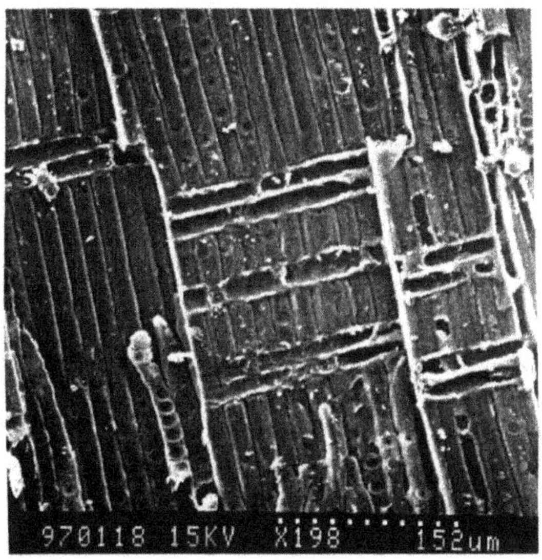

3. *Juniperus* sp., sección l. radial, X198

3. *Juniperus* sp., l. radial section, X198

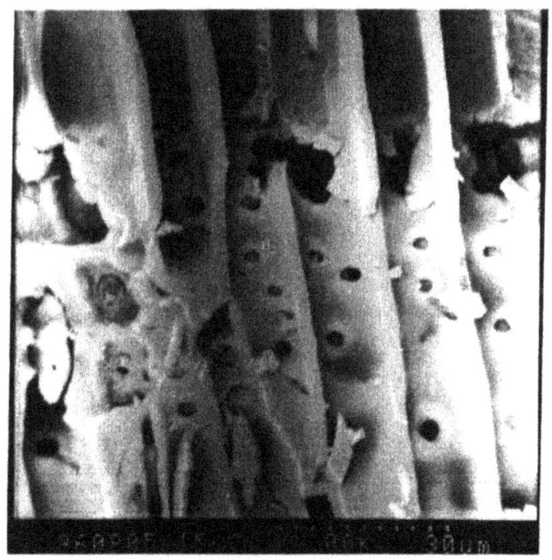

4. *Juniperus* sp., sección l. radial, X1000

4. *Juniperus* sp., l. radial section, X1000

5. *Pinus* cf. *nigra*, sección transversal, X50

5. *Pinus* cf. *nigra*, transverse section, X50

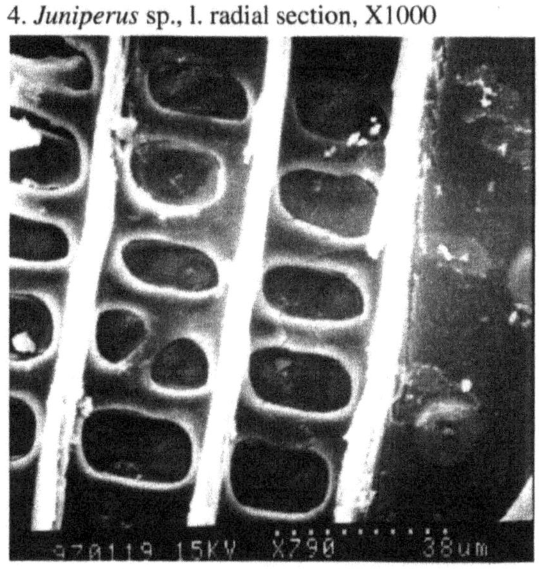

6. *Pinus* cf. *nigra*, sección l. radial, X790

6. *Pinus* cf. *nigra*, l. radial section, X790

LAMINA 2
PLATE 2

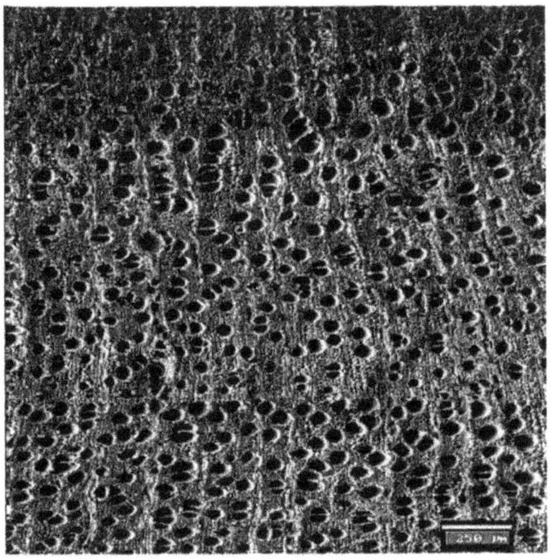

7. *Acer* sp., sección transversal, X70
7. *Acer* sp., transverse section, x70

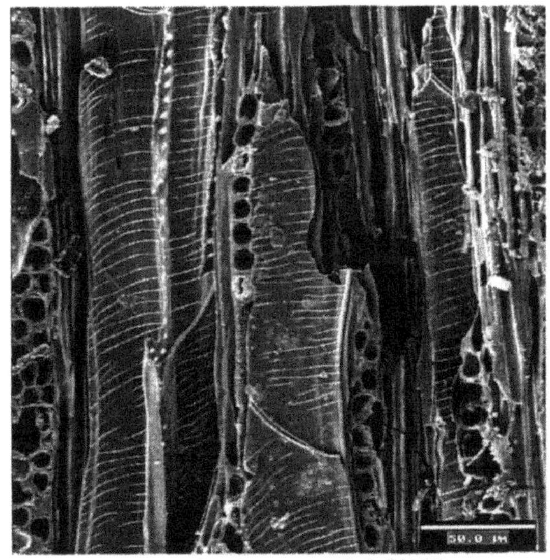

8. *Acer* sp., sección l. tangencial, X500
8. *Acer* sp., l. tangential section, X500

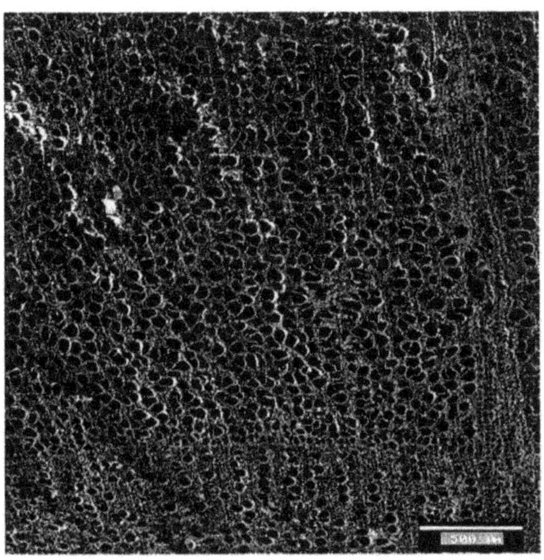

9. *Alnus* sp., sección transversal, X50
9. *Alnus* sp., transverse section, X50

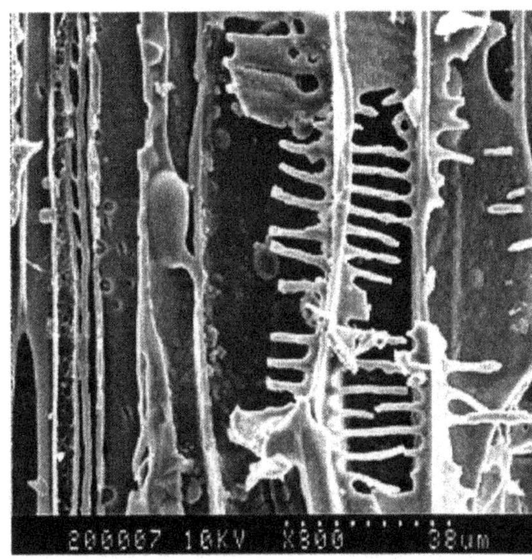

10. *Alnus* sp., sección l. radial, X800
10. *Alnus* sp., l. radial section, X800

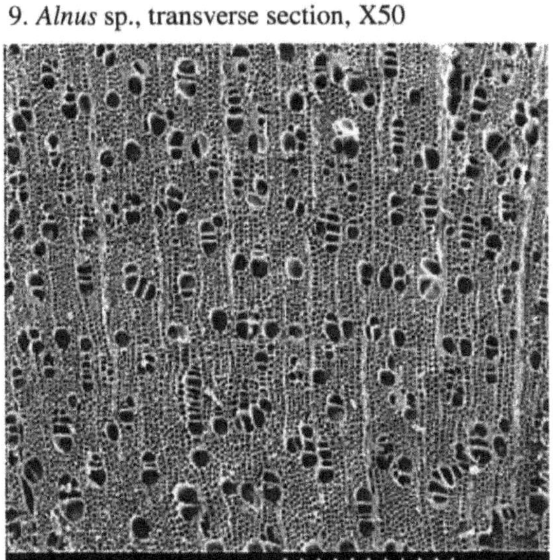

11. *Betula* sp., sección transversal, X80
11. *Betula* sp., transverse section, X80

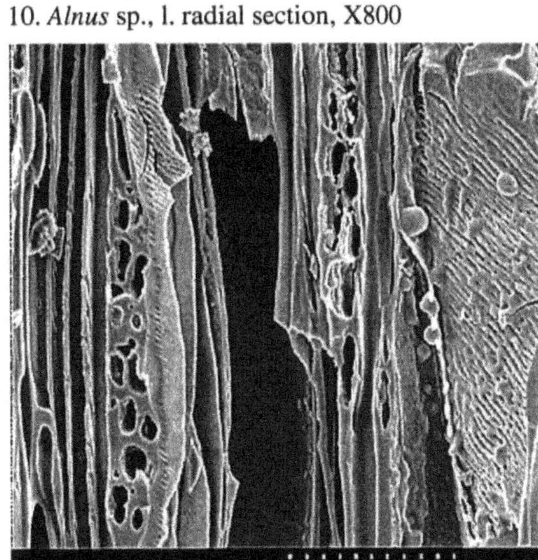

12. *Betula* sp., sección l. tangencial, X600
12. *Betula* sp., l. tangential section, X600

LAMINA 3

PLATE 3

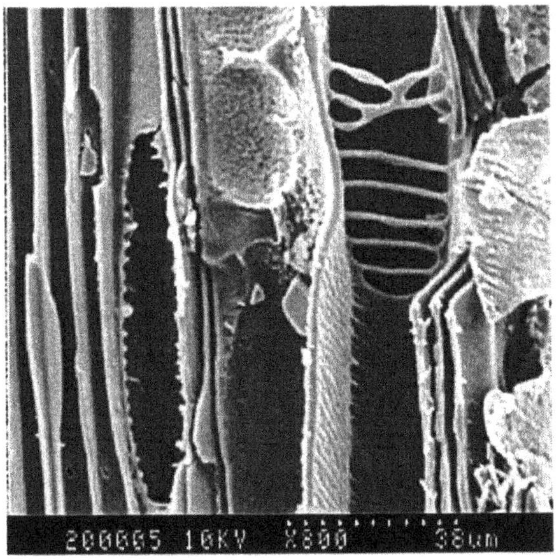

13. *Betula* sp., sección l. radial, X800

13. *Betula* sp., l. radial section, X800

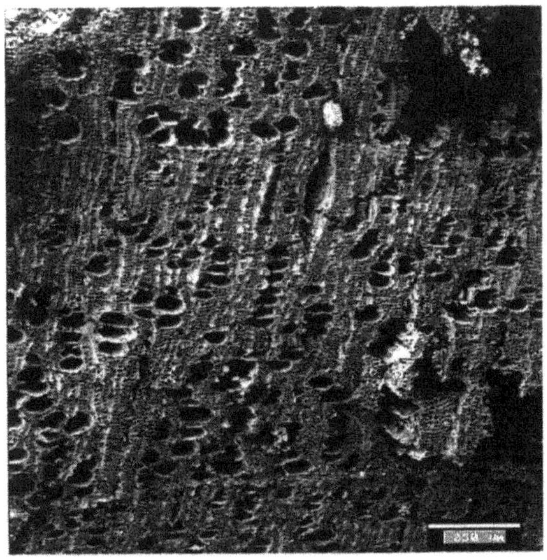

14. *Carpinus-Ostrya,* sección transversal, X80

14. *Carpinus-Ostrya,* transverse section, X80

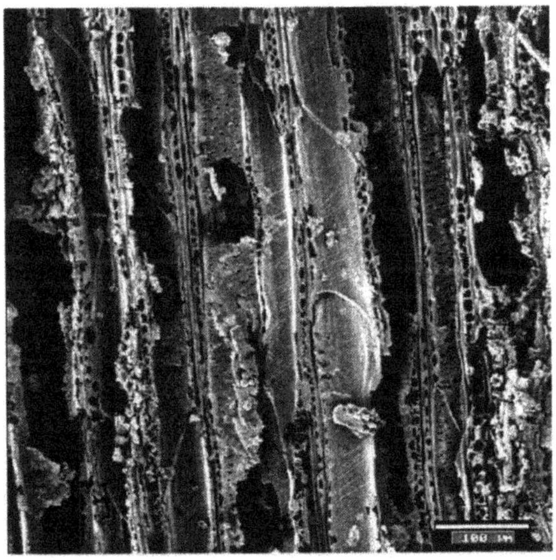

15. *Carpinus-Ostrya,* sección l. tangencial, X200

15. *Carpinus-Ostrya,* l. tangential section, X200

16. *Carpinus orientalis,* sección l. radial, X1100

16. *Carpinus orientalis,* l. radial section, X1100

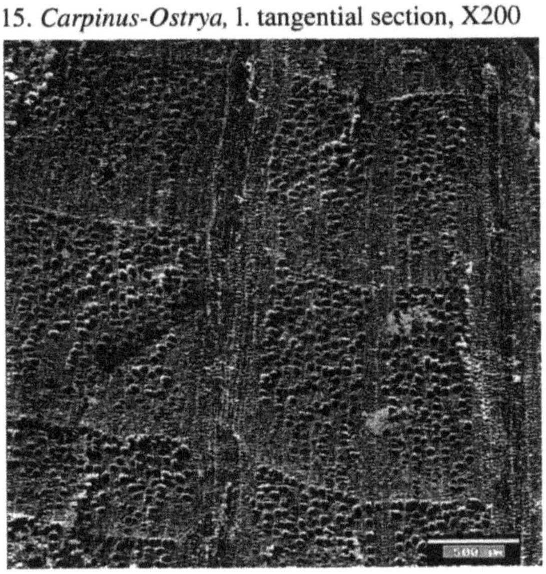

17. *Corylus* sp., sección transversal, X40

17. *Corylus* sp., transverse section, X40

18. *Corylus* sp., sección l. radial, X200

18. *Corylus* sp., l. radial section, X200

LAMINA 4

PLATE 4

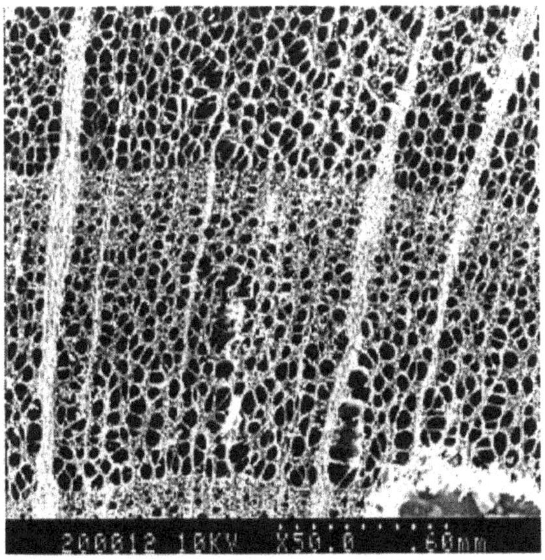

19. *Fagus* sp., sección transversal, X50

19. *Fagus* sp., transverse section, X50

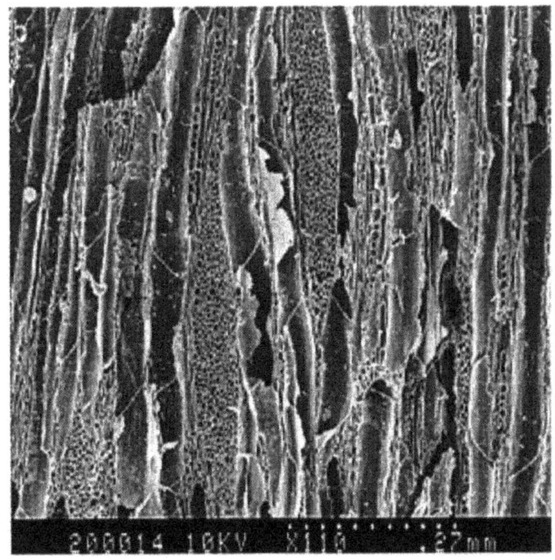

20. *Fagus* sp., sección l. tangencial, X110

20. *Fagus* sp., l. tangential section, X110

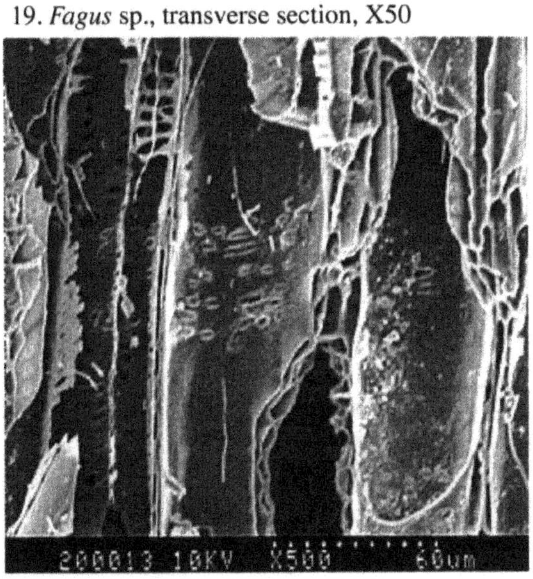

21. *Fagus* sp., sección l. radial, X500

21. *Fagus* sp., l. radial section, X500

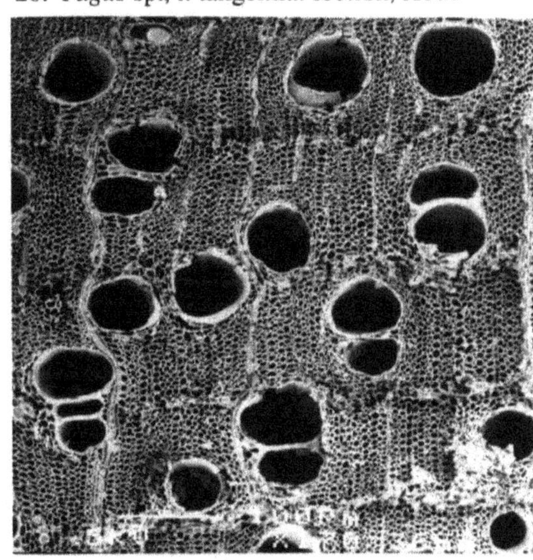

22. *Ficus carica,* sección transversal, X170

22. *Ficus carica,* transverse section, X170

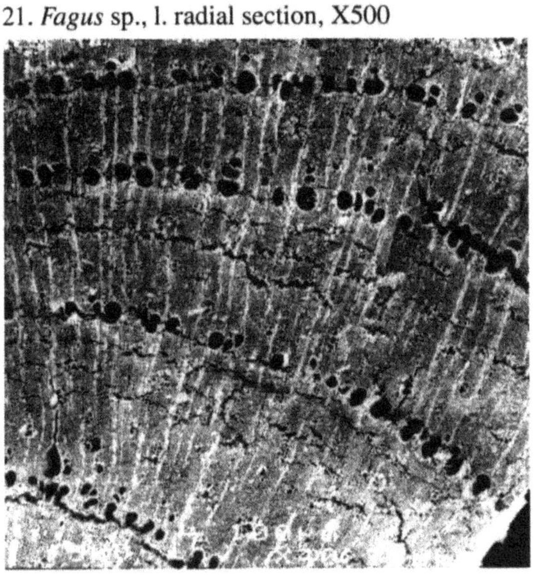

23. *Fraxinus* sp., sección transversal, X40

23. *Fraxinus* sp., transverse section, X40

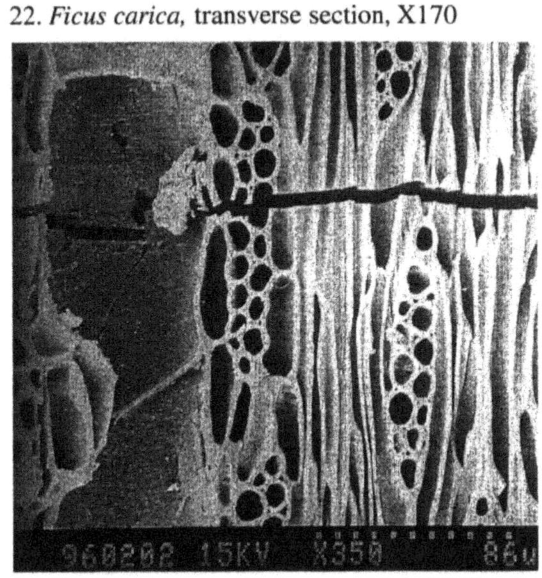

24. *Fraxinus* sp., sección l. tangencial, X350

24. *Fraxinus* sp., l. tangential section, X350

LAMINA 5

PLATE 5

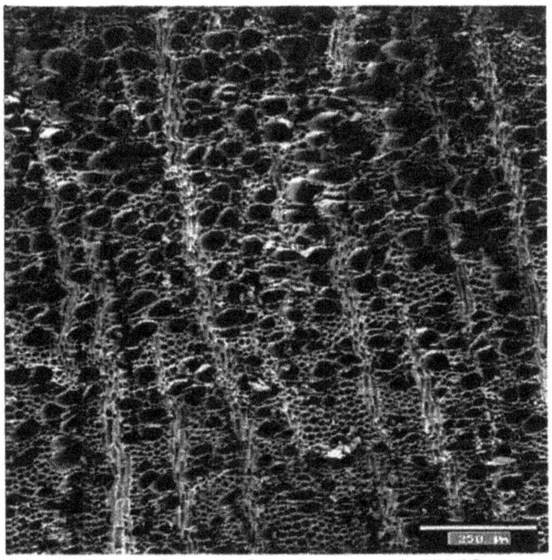

25. *Hedera helix,* sección transversal, X100

25. *Hedera helix*, transverse section, X100

26. *Hedera helix*, sección l. tangencial, X150

26. *Hedera helix*, l. tangential section, X150

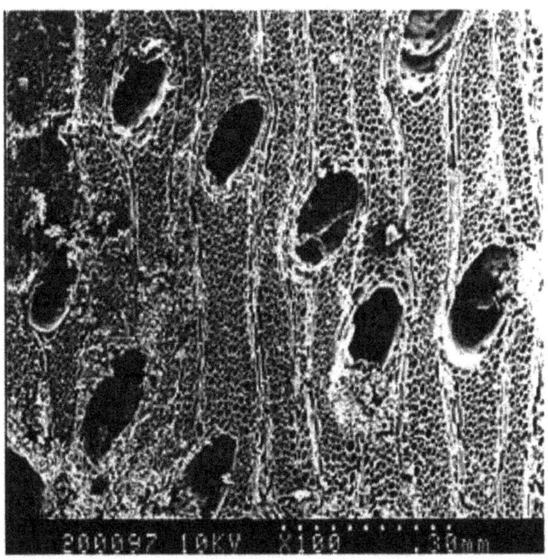

27. cf. *Juglans regia,* sección transversal, X100

27. cf. *Juglans regia,* transverse section, X100

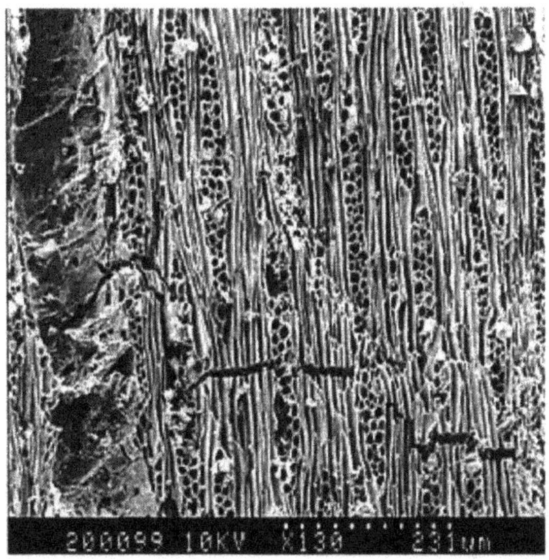

28. *Juglans regia,* sección l. tangencial, X130

28. *Juglans regia,* l. tangential section, X130

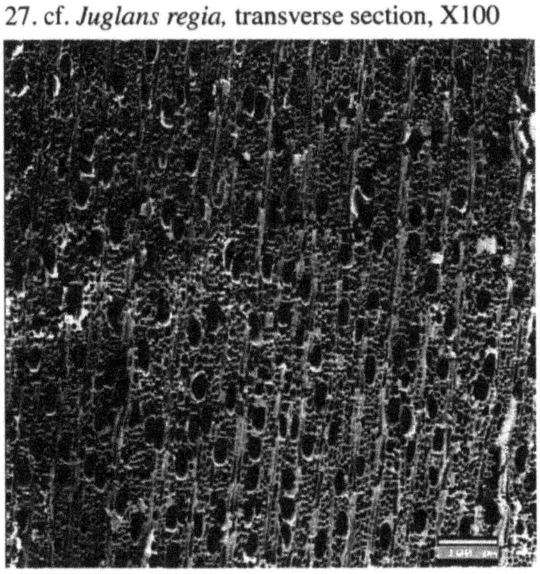

29. Maloideae, sección transversal, X130

29. Maloideae, transverse section, X130

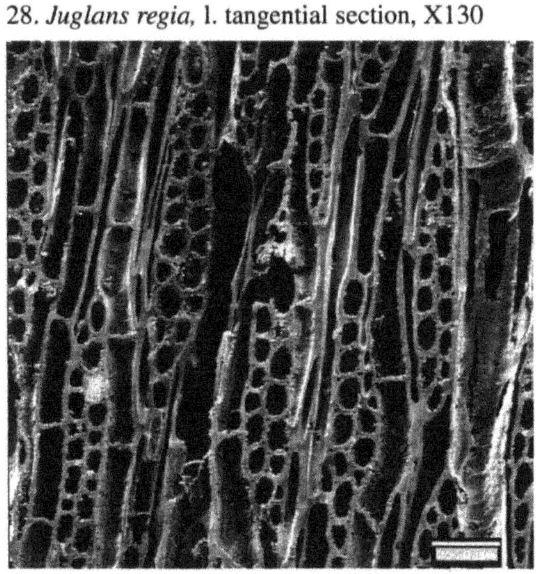

30. Maloideae, sección l. tangencial, X600

30. Maloideae, l. tangential section, X600

LAMINA 6

PLATE 6

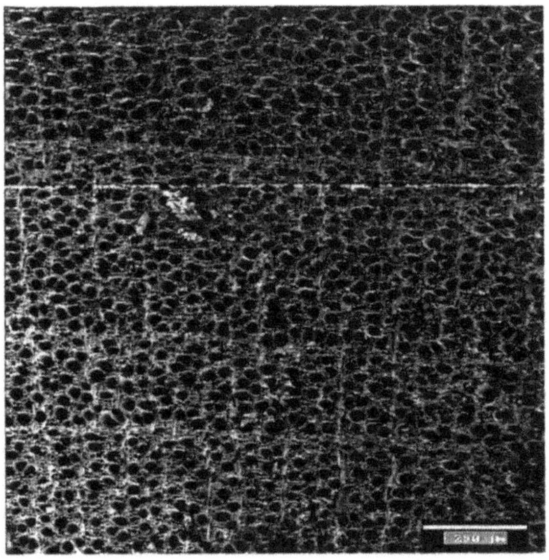

31. Maloideae, sección transversal, X90

31. Maloideae, transverse section, X90

32. Maloideae, sección l. tangencial, X400

32. Maloideae, l. tangential section, X400

33. *Paliurus spina-christi*, sección transversal, X250

33. *Paliurus spina-christi*, transverse section, X250

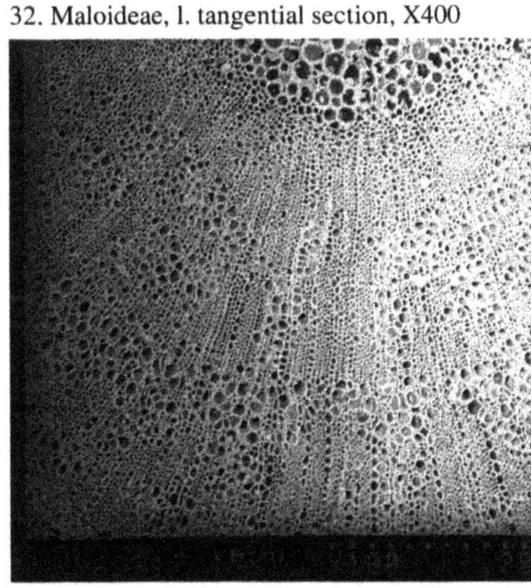

34. *Phillyrea-Rhamnus*, sección transversal, X100

34. *Phillyrea-Rhamnus*, transverse section, X100

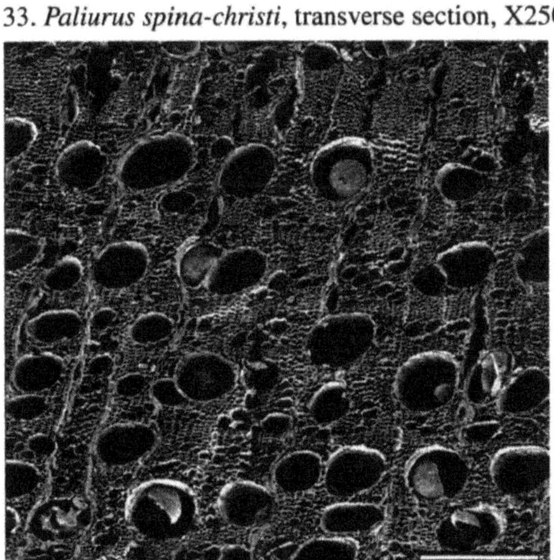

35. *Pistacia terebinthus*, sección transversal, X100

35. *Pistacia terebinthus*, transverse section, X100

36. *Pistacia terebinthus*, sección l. tangencial, X200

36. *Pistacia terebinthus*, l. tangencial section, X200

LAMINA 7
PLATE 7

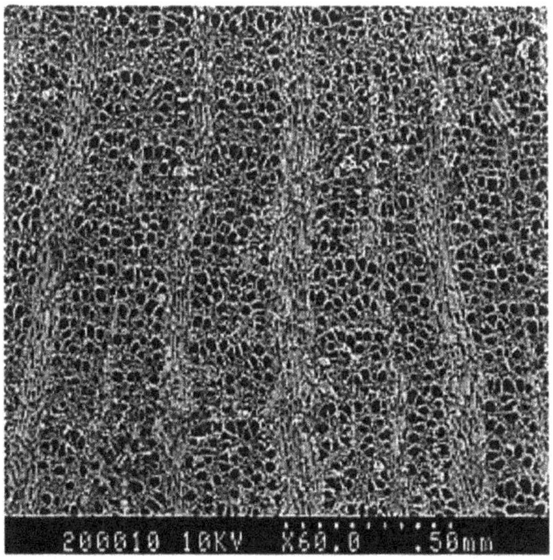

37. *Platanus orientalis*, sección transversal, X60
37. *Platanus orientalis*, transverse section, X60

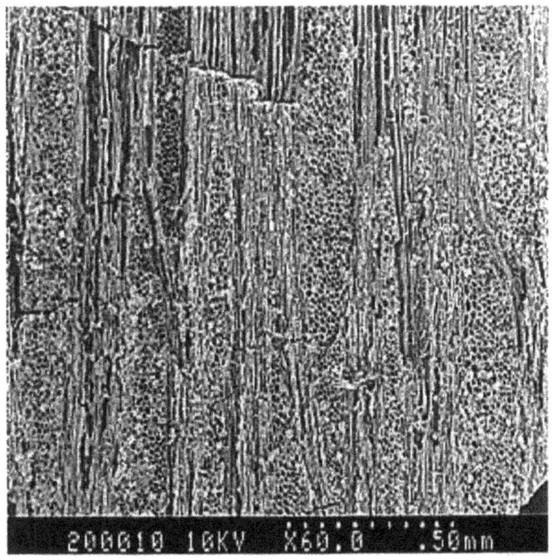

38. *Platanus orientalis*, sección l. tangencial, X60
38. *Platanus orientalis*, l. tangential section, X60

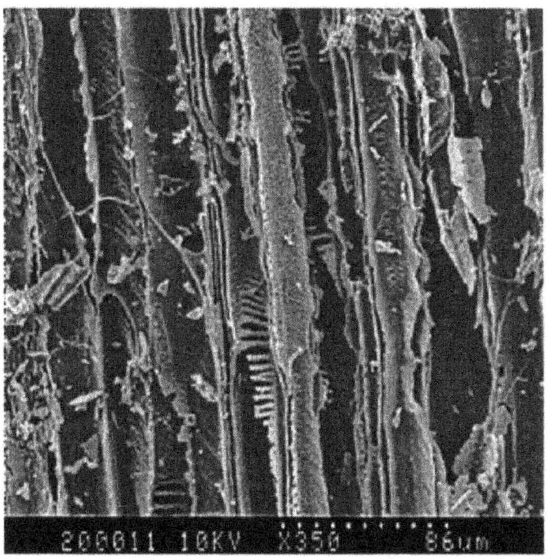

39. *Platanus orientalis*, sección l. tangencial, X350
39. *Platanus orientalis*, l. tangential section, X350

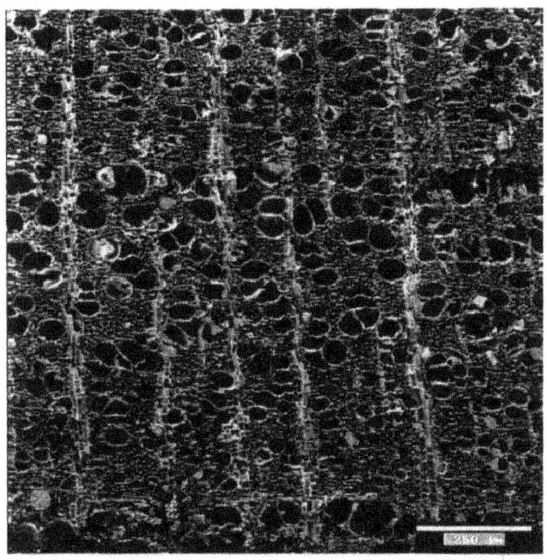

40. *Prunus* sp., sección transversal, X100
40. *Prunus* sp., transverse section, X100

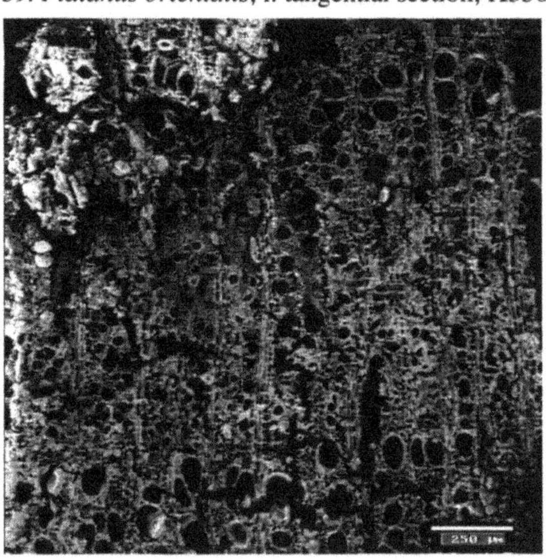

41. *Prunus* sp., sección transversal, X70
41. *Prunus* sp., transverse section, X70

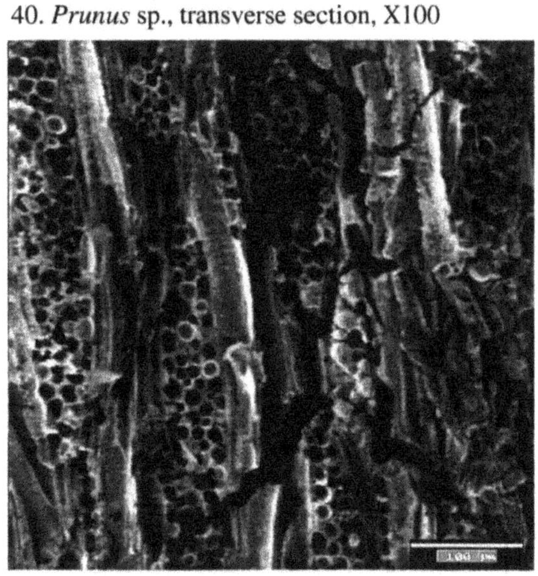

42. *Prunus* sp., sección l. tangencial, X250
42. *Prunus* sp., l. tangential section, X250

LAMINA 8

PLATE 8

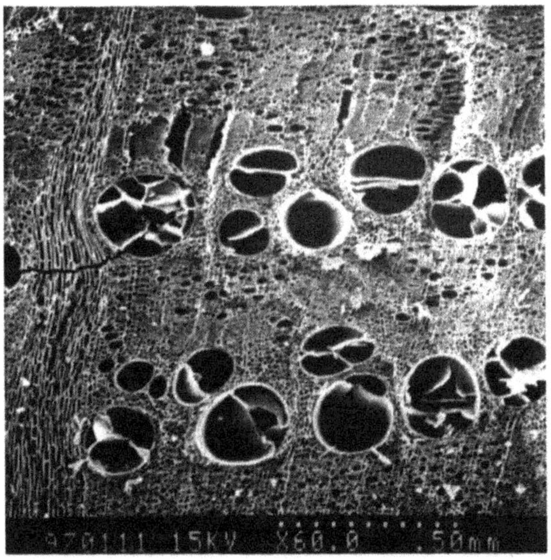

43. *Quercus* caducifolio, sección transversal, X60

43. *Quercus* caducifolio, transverse section, X60

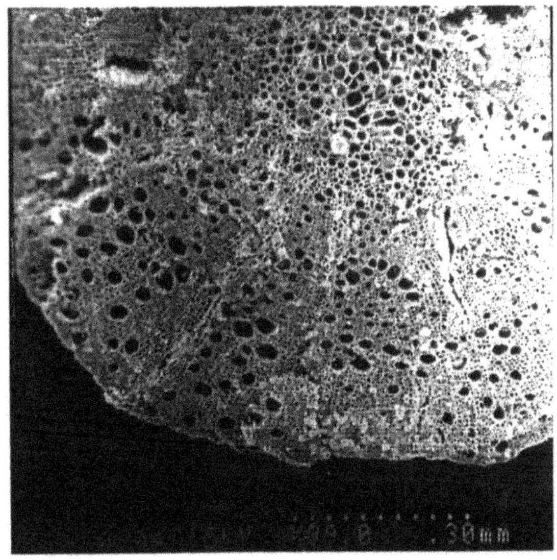

44. *Quercus* perennifolio, sección transversal, X99

44. *Quercus* perennifolio, transverse section, X99

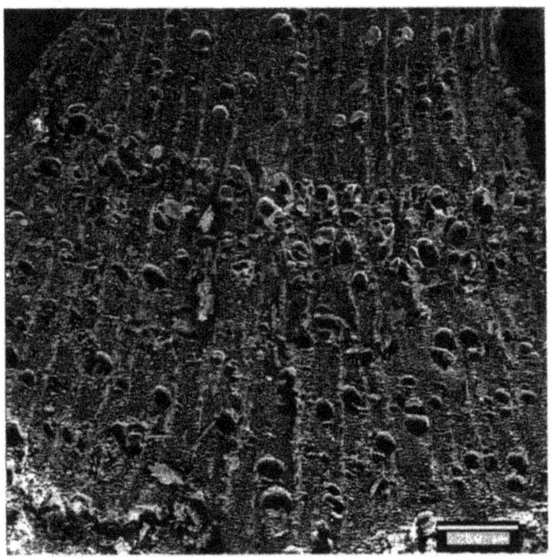

45. *Rhus coriaria*, sección transversal, X70

45. *Rhus coriaria*, transverse section, X70

46. *Rhus coriaria*, sección l. tangencial, X300

46. *Rhus coriaria*, l. tangential section, X300

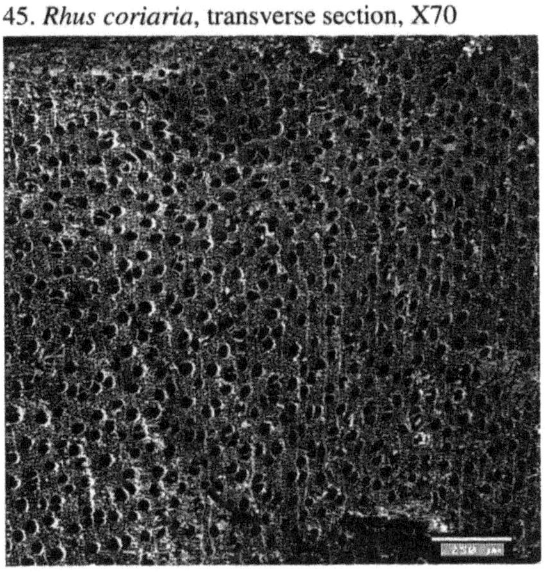

47. *Salix* sp., sección transversal, X70

47. *Salix* sp., transverse section, X70

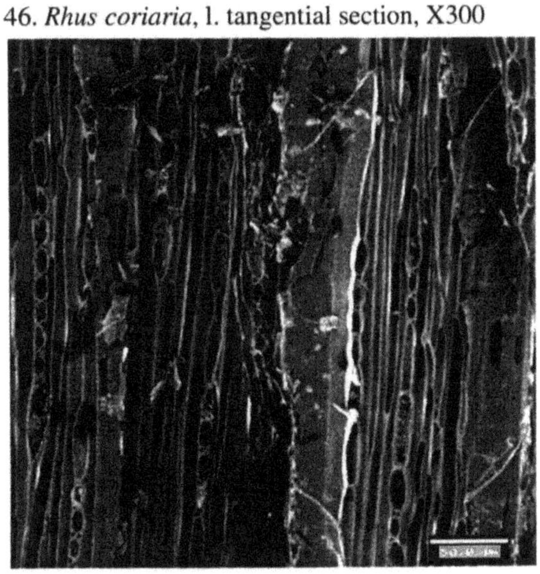

48. *Salix* sp., sección l. tangencial, X350

48. *Salix* sp., l. tangencial section, X350

LAMINA 9

PLATE 9

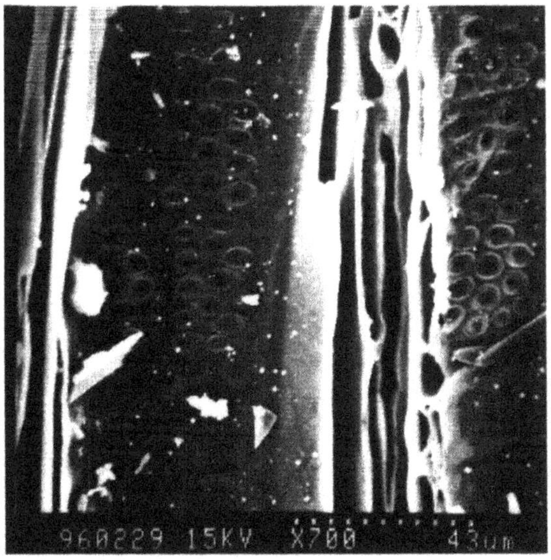

49. *Salix* sp., sección l. tangencial, X700

49. *Salix* sp., l. tangential section, X700

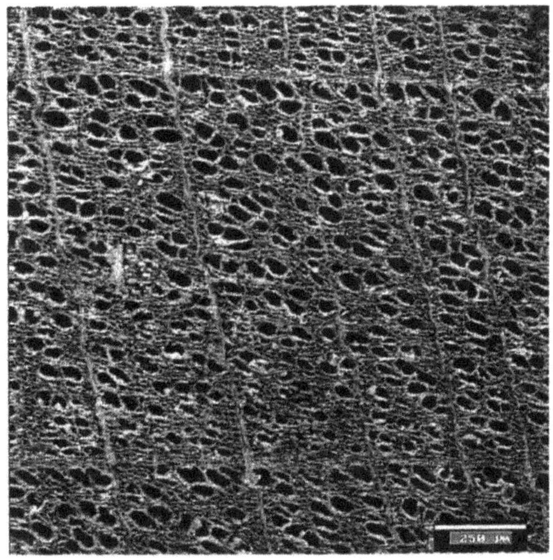

50. *Tilia* sp., sección transversal, X80

50. Tilia sp., transverse section, X80

51. *Tilia* sp., sección l. tangencial, X500

51. *Tilia* sp., l. tangential section, X500

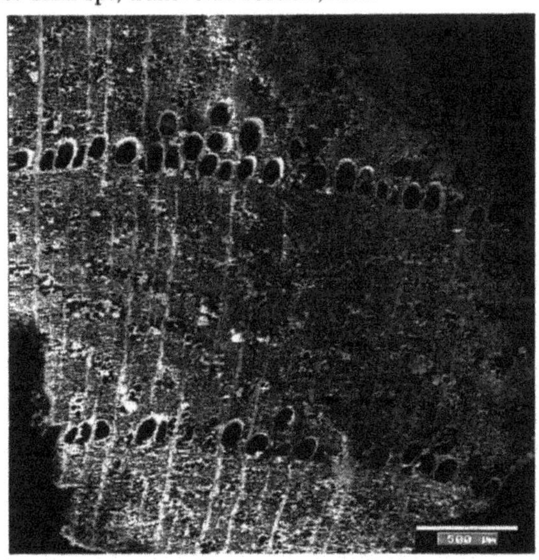

52. *Ulmus* sp., sección transversal, X45

52. *Ulmus* sp., transverse section, X45

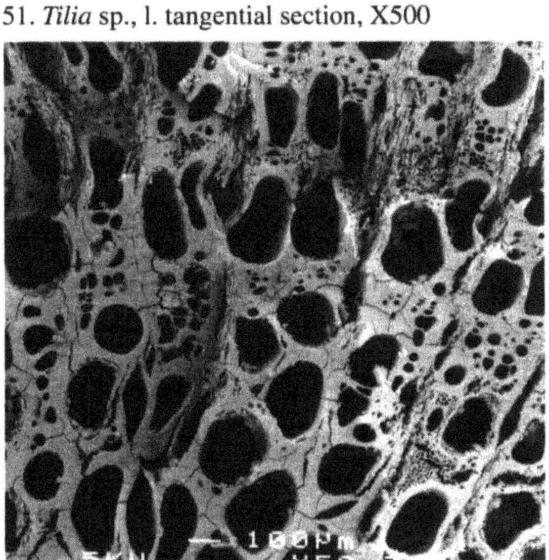

53. *Vitis vinifera* var. *sylvestris*, sección transversal, X50

53. *Vitis vinifera* var. *sylvestris*, transverse section, X50

54. *Vitis vinifera* var. *sylvestris*, sección l. radial, X400

54. *Vitis vinifera* var. *sylvestris*, l. radial section, X400º

Capítulo 3

PRESENTACION REGIONAL: EL MARCO GEOGRAFICO Y LA SECUENCIA CULTURAL

Introducción

El análisis antracológico que presentaremos en este trabajo se ha realizado en cuatro yacimientos localizados en tres regiones de Grecia. Todas forman parte de la zona norte del país. No obstante, siendo el norte de Grecia una zona diseccionada por montañas, se presentan características geográficas, geomorfológicas, climáticas y ecológicas diferentes en cada una de las regiones. Adicionalmente, los procesos culturales en la prehistoria han seguido diferentes caminos y la investigación arqueológica se ha efectuado de diferente manera en cada región, por lo que la información disponible corresponde a distintos periodos cronológico - culturales de la prehistoria.

Las tres regiones donde se localizan los yacimientos presentados aquí son (Fig. 27):

- El Epiro que ocupa la parte occidental - norte de Grecia continental, donde se encuentra el abrigo tardiglaciar de Boila,

- Macedonia occidental, en el extremo noroeste del país, donde se ubica el yacimiento neolítico lacustre de Dispilió,

- Tracia, en el extremo noreste, donde se localiza el yacimiento neolítico de Makri y el pueblo de Sarakiní donde se ha realizado el estudio etnoarqueológico.

A continuación presentamos por un lado las características geográficas de cada región junto a información sobre el clima y la seriación de la vegetación; por otro lado, resumimos la información prehistórica para cada una de las regiones. Esta información, se limita a los periodos que aquí nos interesan.

En cuanto a la información cronológica - cultural hay que mencionar que es bastante desigual entre las tres regiones debido a que no han contado todas con condiciones favorables para el análisis de la secuencia prehistórica. Junto a esto, las regiones mejor estudiadas también han ofrecido información más completa en cuanto al marco geográfico debido a la especial atención que las diferentes escuelas arqueológicas han prestado al análisis y reconstrucción de las condiciones medioambientales actuales y del pasado.

La presentación geográfica y cultural se realiza siguiendo el orden cronológico de las secuencias en cada región y la proximidad geográfica, de manera que presentamos primero la región del Epiro con una secuencia pleistocena, a continuación Macedonia occidental por proximidad con la primera y con una secuencia neolítica, y finalmente Tracia, la región más lejana, también con una secuencia neolítica. Adicionalmente, las tierras montañosas del norte de Tracia constituyen el entorno del estudio antracológico incluido en el proyecto etnoarqueológico del pueblo de Sarakiní.

3.1. La región del Epiro

3.1.1. Marco geográfico: ubicación, clima y vegetación

La región del Epiro se encuentra en la parte noroeste de Grecia entre 39°00´ - 40°15´ N y 20°10´ - 21°11´ E (Fig. 27, Fig. 28). Al norte hace frontera con la región de Macedonia y con Albania mientras que, hacia el sur, el golfo de Amvrakia sirve de límite natural con la región geográfica de Grecia Central. Hacia el este la sierra de Pindo hace de frontera entre el Epiro y Tesalia y en el oeste se extiende la costa del mar Jonio.

El Epiro es una región montañosa con una topografía muy accidentada (Fig. 28). Salvo la llanura amplia de Arta, el delta del río Acheron y algunos valles pequeños en el interior, el resto de la región se caracteriza por un relieve variable y abrupto. El elemento geográfico dominante en la región es la sierra de Pindo con orientación NO - SE. Las zonas de mayor altitud se encuentran en la parte noroeste y noreste, siendo Smolikas (2.637 m), Tymfi (2.480 m), Tómaros (1.974 m) y Mitsikeli (1.800 m) las montañas más altas de la región.

Las zonas elevadas están diseccionadas por sistemas fluviales que crean una topografía muy abrupta de barrancos y cañones con paredes verticales. Los ríos principales, Arachtos, Acheron, Louros, Kalamas y Aoos, y sus afluentes tienen sus cauces en el fondo de cañones separando mesetas elevadas. Entre las montañas y las mesas elevadas se encuentran algunas depresiones de bajo relieve donde se han acumulado depósitos lacustres y aluviales (Bailey *et al.* 1997a).

La litología de la región se caracteriza por calizas, formaciones de flysch y sedimentos plio - pleistocenos derivados de los dos anteriores. Con anterioridad al plegamiento alpino, la región formaba parte de un extenso mar donde se depositaron los sedimentos calcáreos a lo largo del Mesozoico, el Paleoceno y el Eoceno. Durante el Oligoceno y Mioceno se depositaron separadamente sedimentos de tipo flysch. La actividad tectónica tuvo como resultado la yuxtaposición de calizas y flysch. Durante el plegamiento alpino por deformación del substrato calcáreo, surgieron las montañas y mesas de la sierra de Pindo alternándose estas con depresiones de flysch. Los anticlinales calizos tienen orientación noroeste - sudeste y se separan entre sí por sinclinales de flysch (Bailey *et al.*

1993, Bailey *et al.* 1997a, *King et al.* 1997, Polunin 1980).

La configuración geomorfológica y topográfica de la región es el resultado de la litología, la estructura y la actividad tectónica. Las formaciones calizas se consideran relativamente estables. Los flysch se componen de materiales blandos que tienden a desmantelarse fácilmente y se muestran tectónicamente activos, sujetos a la compresión. Elementos topográficos locales como el lago de Ioánnina o el golfo de Amvrakia están asociados a depresiones, en tanto que la elevación debida a progresivos movimientos tectónicos ha jugado un papel importante en la formación de barrancos espectaculares. El aspecto erosionado en zonas de gran inclinación, es debido, en gran medida, a la actividad tectónica que causa desmantelamiento y deformación de los flysch. Asimismo, contrasta entre macizos calizos poco alterados y zonas erosionadas del flysch, margas que resultan frecuentemente en formaciones de "badland", y deslizamiento de sedimentos que por la actividad fluvial se acumulan en las depresiones más bajas en forma de aluviones (Bailey *et al.* 1993, Bailey *et al.* 1997a; King *et al.* 1997, Mouseio Goulandri-Ministerio de Medio Ambiente, Ordenación Territorial y Obras Públicas M.M.A.O.T.O.P. 1992).

El clima del Epiro es mediterráneo, en transición hacia continental en el interior. En general, las distintas partes de la región se caracterizan por variabilidad climática debida a contrastes topográficos y de relieve. Las montañas más altas de la sierra de Pindo tienen orientación N-S siendo paralelas a las costas del mar Jonio y cercanas a ellas. Consecuentemente, funcionan como barrera natural frente a los vientos del norte en invierno, y de este modo protegen la zona costera y las altitudes medias. Las temperaturas medias del mes de enero en las zonas costeras oscilan entre 5 °C y 10 °C, en altitudes medias se sitúan entre 0 °C y 5 °C mientras que en las montañas entre -5 °C y 0 °C. Las temperaturas medias del mes de julio en las mismas zonas se sitúan por encima de los 25 °C, entre 20 °C y 25 °C y entre 15 °C y 20 °C respectivamente (Polunin 1980). Enero y febrero son los meses más fríos. En las zonas más montañosas, la nieve puede durar varios meses, incluso hasta finales de junio en los picos más altos. Las heladas son frecuentes de octubre a mayo.

Una de las características más importantes del clima del Epiro es el índice de pluviosidad. Las montañas, que localmente superan los 2400 m de altitud detienen los vientos del oeste y a consecuencia toda la región recibe abundantes precipitaciones; el total de precipitaciones anuales llega a los 1000 mm en la costa y a 2000 mm en el interior, donde la mayoría de las lluvias es de origen orográfico (Bailey *et al.* 1997a). La media anual de toda la región se sitúa entre los 1000 mm y 1500 mm (Polunin 1980). La sequía estival, dura de 2 a 3 meses. Cerca de la costa predominan condiciones mesomediterráneas, y hacia el sur los días secos suelen ser entre 75 y 100, mientras que hacia el oeste se reducen entre 40 y 75. En el interior a media altitud y en las primeras estribaciones de la sierra las condiciones son submediterráneas con días secos entre 1 y 40. A mayor altitud predominan condiciones templadas y prácticamente no hay días secos. Durante el verano son frecuentes las precipitaciones en forma de tormentas vespertinas (Bailey *et al.* 1997a).

El Epiro, en cuanto a la flora y a la vegetación, es una de las regiones más ricas tanto de Grecia como del ámbito más amplio de los Balcanes. A esto contribuye la topografía de las montañas y su proximidad a la costa; las condiciones climáticas particulares y los microclimas junto a precipitaciones altas aportan la variedad del manto vegetal.

Los ecosistemas en la región han sufrido, en gran medida, la intervención humana. Desde las zonas costeras, donde se practica de manera intensa el cultivo de olivos y naranjos, hasta las cumbres más altas de las montañas que han servido de pastizales de verano, se detecta la degradación de la vegetación y la erosión de los suelos sobre todo al alrededor de los pueblos. Las zonas boscosas de robles, pinos y hayas han sufrido incendios, tala y han proporcionado leña para carboneras. Afortunadamente, durante los últimos años han empezado a tomarse medidas de protección, sobre todo en las zonas que presentan una riqueza vegetal especial o que se caracterizan por endemismos. También, en las zonas donde, por alguna que otra razón ha cedido la intensa explotación del manto vegetal, se observa la regeneración rápida de la vegetación, debido posiblemente a las particulares condiciones climáticas, y sobre todo al ombroclima que favorecen la recuperación del medio. Actualmente, el Epiro se considera la región más forestada de Grecia y en Europa se halla entre las pocas donde los bosques se están incrementando (Bailey *et al.* 1997a).

La seriación bioclimática (Fig. 29) comienza con el piso mesomediterráneo que se extiende por las zonas litorales del Epiro y llega hasta los 500 m de altitud aproximadamente. La pluviometría de este piso es de tipo subhúmedo. La alianza que representa este piso es el *Quercion ilicis* e incluye las series de *Andrachno-Quercetum* y *Orno-Quercetum ilicis* (Athanasiadis 1982, Ozenda 1975, Barbéro y Quézel 1976, Quézel y Barbéro 1985). Los perennifolios predominan; *Quercus coccifera, Quercus ilex* y *Phillyrea media* son muy frecuentes desde la costa hasta el interior en las primeras estribaciones de la parte sudoeste de la sierra de Pindo. *Pistacia lentiscus* y *Olea europaea* crecen próximas a la costa. También son frecuentes *Cotinus coggyria, Erica arborea, Spartium junceum, Phlomis fruticosa* y *Cistus* sp. (Bailey *et al.* 1997a). *Quercus ilex* no es tan frecuente en Grecia como en los países del Mediterráneo occidental, pero en el Epiro se encuentra sobre todo en las zonas más húmedas, en series junto a *Arbutus andrachne* o *Fraxinus ornus* o forma dehesas (Ntafis *et al.* 1997, Barbéro y Quézel, 1976). De los caducifolios, ocasionalmente aparecen *Quercus pubescens* y *Carpinus orientalis*. En general, la vegetación perennifolia ha sufrido mucho la actividad humana y obtiene la forma de una máquia arbustiva.

El piso supramediterráneo (Fig. 29) se extiende de los 500-600 m hasta los 1100-1200 m aproximadamente. La pluviometría es de tipo hiperhúmedo. La alianza que lo representa es el *Quercion frainetto-cerris* y localmente el *Ostryo-Carpinion* (Athanasiadis 1982, Quézel y Barbéro 1985). El supramediterráneo como conjunto se caracteriza por gran heterogeneidad, comprendida en diversas especies de robles y otros caducifolios. En el supramediterráneo inferior progresan los *Quercus pubescens, Quercus cerris* y *Carpinus orientalis*. Otras especies caducifolias como *Ulmus* sp., *Acer* sp. y *Pistacia terebinthus* son frecuentes mientras que las especies mediterráneas perennifolias, *Quercus coccifera, Phillyrea media* y *Juniperus* sp., son todavía abundantes hasta los 700 m aproximadamente (Bailey *et al.* 1997a). La parte superior del supramediterráneo en las laderas de la sierra de Pindo se caracteriza por gran diversidad y densidad. Los bosques se forman de *Quercus frainetto, Quercus petraea, Quercus dalechampii, Quercus trojana, Ostrya carpinifolia, Tilia tomentosa y Acer obtusatum.* Las especies mediterráneas se refugian en las laderas con orientación sur. También aparecen elementos del norte de Europa como *Carpinus betulus* y endemismos de los Balcanes como *Aesculus hippocastanum* formando parte de bosques densos de caducifolios. *Castanea sativa* forma pequeños bosques. Relativamente frecuente en el supramediterráneo superior a partir de los 1000 m es *Pinus nigra* subs. *pallasiana* (Athanasiadis 1982, Bailey *et al.* 1997a, Barbéro y Quézel 1976, Mouseio Goulandri-M.M.A.O.T.O.P 1992).

El piso oromediterráneo (Fig. 29) se extiende desde los 1200-1300 m hasta los 2000 m aproximadamente. Las series representativas son las de *Pinus nigra* subs. *pallasiana* y de *Fagus sylvatica.* La orientación de las laderas y el substrato influye en la distribución de las dos series pero ambas aparecen ya dentro del supramediterráneo superior a partir de los 1000 m. Las montañas calizas y de serpentinas en la parte norte de la sierra de Pindo se cubren de bosques de pinos salgareños, y a partir de los 1700 m aparece *Pinus heldrechii.* Los suelos silíceos y las exposiciones norte, noreste y noroeste están cubiertas de bosques de *Fagus sylvatica. Abies borisii-regis* interviene en los hayedos y en los bosques de coníferas pero no presenta formaciones extensas. *Buxus sempervirens* en estas formaciones ocupa las laderas calizas y los suelos pobres (Athanasiadis 1982, Barbéro y Quézel 1976, Bailey *et al.* 1997a, Mouseio Goulandri-M.M.A.O.T.O.P 1992, Ntafis *et al.* 1997, Quézel y Barbéro 1985).

En el piso oromediterráneo de la sierra de Pindo se han localizado los únicos árboles de *Pinus sylvestris,* unos 30-40, que penetran a esta latitud tan al sur de la península balcánica (Mouseio Goulandri-M.M.A.O.T.O.P 1992, Tsounis y Sfikas 1993). En las montañas de Pindo también se encuentran especies endémicas de coníferas mediterráneas como *Pinus leucodermis* y *Pinus mugo.* Finalmente, en la sierra de Pindo se encuentran comunidades boscosas de *Juniperus foetidissima* (Ntafis *et al.* 1997).

Finalmente, el piso altimediterráneo inferior o subalpino inferior, se caracteriza por la asociación de *Pinus heldreichii* y *Daphne blangayana* (Barbéro y Quézel 1976). En este piso tiene su representación aproximadamente hasta los 2.300 m la alianza de *Junipero-daphnion* con *Juniperus communis* var. *nana* o *J. communis* var. *hemispherica, Juniperus foetidissima, Dapne oleoides, Festuca varia* y en algunos casos *Prunus prostata.* Las cumbres de las montañas, el altimediterráneo superior o alpino, están desprovistas de vegetación arbórea y es donde se extienden zonas de pastizales de vegetación tipo pelusa como *Silene romeri* o plantas altas, sobre todo gramíneas como *Poa violacea.* La vegetación alpina incluye algunos endemismos, *Asplenium fisseum, Gnaphalium roeseri* var. *pichleri, Trifolium praetutianum* y *Valeriana epirotica* (Mouseio Goulandri-M.M.A.O.T.O.P 1992, Episthmoniki Omada Ereunon 1982).

3.1.2. La secuencia cronológica - cultural regional

La región del Epiro ha ofrecido la información más amplia sobre el Paleolítico que cualquier otra región de Grecia, como resultado de una investigación más prolongada e intensa, llevada a cabo durante los últimos años. Es probable también que la abundancia de hallazgos paleolíticos se deba a una mayor concentración de la actividad humana en esta región, consecuencia de las condiciones medioambientales más favorables como la alta precipitación anual, o de la diversidad fisiográfica y de los recursos entre la costa y la alta montaña en un espacio bastante limitado (Bailey 1999). Se han identificado 400 yacimientos aproximadamente, la mayoría hábitats al aire libre, y menos en cuevas o abrigos (Kotjabopoulou *et al.* 1999).

La secuencia cronológica (Fig. 30) comienza en el 100,000 BP y llega a la transición Pleistoceno/Holoceno o un poco más tarde al principio del Holoceno (Bailey 1999, Gowlett *et al.* 1997). Sin embargo, existen hallazgos que podrían indicar actividad humana anterior al 100,000 BP (Runnels y van Andel 1993) pero carecen de contextos fechados por métodos radiométricos que ampliarían con seguridad la secuencia cronológica. Se han llevado a cabo excavaciones sistemáticas en 8 yacimientos en abrigos, cuevas y al aire libre incluyendo también yacimientos en la isla de Kerkyra.

La investigación del Paleolítico en el Epiro se debe en gran medida al trabajo realizado por E. Higgs en los años 60 y a la corriente investigadora que crearon estas primeras prospecciones y excavaciones. Los estudios del territorio y la relación entre los datos que se pueden obtener tanto del propio yacimiento (on-site data), como del medio circundante en un sentido amplio (off-site data), formaron la base teórica para la investigación realizada por E. Higgs que se centró en los grupos paleolíticos del Epiro, su economía de subsistencia y uso de los recursos (Higgs 1972).

En los años 80, el equipo de arqueólogos ingleses inició un ciclo nuevo de prospecciones y excavaciones. Las hipótesis de Higgs se pusieron a prueba; muchas dudas se resolvieron y las ideas principales de Higgs en cuanto a la población paleolítica del Epiro fueron rechazados o modificados. No obstante, la base teórica original de Higgs hizo evidente por una parte la importancia del medio local como escenario donde se realiza gran parte de las actividades humanas, y por otra parte el papel determinante del factor regionalidad para la comprensión e interpretación de los datos (Bailey 1992, Bailey *et al* 1983a).

Las primeras excavaciones de Higgs en Kokkinopilos, Asprochaliko y Kastritsa se volvieron a estudiar aplicando nuevos métodos y se iniciaron nuevas excavaciones en la cuenca del río Voidomatis, en los abrigos de Klithi y Megalakkos dirigidas por el equipo inglés (Fig. 28). Desde principios de los años 90 se ha puesto en marcha el Proyecto de Investigación del Paleolítico, promovido por la Eforeia de Espeleología y Paleoantropología del Servicio Arqueológico de Grecia, y en este se incluye la excavación en el abrigo de Boila.

Los yacimientos excavados en el Epiro, desde los años 60 hasta los años 80, han sido la base para establecer la secuencia cultural y cronológica del Paleolítico en esta región de Grecia. Aparte de las excavaciones, se han realizado prospecciones que han registrado varios yacimientos tanto en abrigos como al aire libre con industrias líticas que confirman la ocupación durante el Paleolítico Medio y Superior (Bailey *et al.* 1997b).

La secuencia cronológica - cultural confirmada comienza hacia el 100,000 BP aunque no se puede descartar ocupación anterior (Fig. 30). Las industrias líticas correspondientes al Paleolítico Medio se encuentran tanto en abrigos como en yacimientos al aire libre. La primeras dataciones para el Paleolítico Superior se sitúan alrededor al 26,000 BP aunque no proceden del momento inicial de esta fase.

Uno de los yacimientos más importantes en el Epiro es el abrigo de Asprochaliko (Fig. 28) que se localiza en la cuenca del río Louros, en uno de los corredores naturales que conectan el interior del Epiro con la costa (Bailey *et al.* 1983b). Asprochaliko tiene la secuencia más larga de todos los yacimientos del Epiro y documenta el uso del abrigo desde el Palaeolítico Medio hasta el Palaeolítico Superior. Las dataciones por T/L fechan los niveles musterienses de la base de la secuencia entre 102,000 ± 14,000 BP y 96,000 ± 11,000 BP (Huxtable *et al.* 1992). La fecha de > 39,000 BP (I 1957) se asocia a los niveles musterienses superiores. La industria lítica que corresponde al Paleolítico Medio se asocia a tipologías musterienses. Se distingue una industria Musteriense Basal de tipo "Levallois" y una posterior Micro-Musteriense que se caracteriza por la producción de pequeños útiles sobre lascas. Existen raederas directamente talladas sobre lascas y están completamente ausentes las láminas (Gowlett y Carter 1997, Huxtable *et al.* 1992, Papaconstantinou y Vassilopolou 1997). La fauna musteriense está dominada por los ciervos; en los niveles del Musteriense Basal están presentes los rinocerontes (*Dicerorhinus kirchbergensis*) y en los niveles Micro-Musterienses los gamos siguen a la especie dominante (Bailey *et al.* 1983a).

En Kokkinopilos (Fig. 28), el yacimiento al aire libre en las proximidades del abrigo de Asprochaliko, la mayoría del material también es musteriense. En este mismo yacimiento recientemente se encontró un bifaz de tipo "Micoquiense" (Kourtessi-Philippaki 1996, Runnels y van Andel 1993). El material encontrado en la zona es muy interesante por el periodo cronológico que puede abarcar y también por ser uno de los pocos yacimientos al aire libre. Sin embargo, la gran erosión de los sedimentos y las profundas grietas causadas por la actividad de la aguas han removido los materiales. Consecuentemente, no se pueden establecer secuencias tipológicas y cronológicas claras. Los depósitos rojos (terra rossa) del yacimiento han sido objeto de análisis geomorfológicos y tectónicos para llegar a conclusiones sobre su origen. Se trata de terrazas fluviales asociadas a un cauce bastante más elevado que el actual. El valle fluvial estaba compuesto por sedimentos procedentes de las laderas calizas y de materiales arrastrados por las aguas. Los depósitos de Kokkinopilos formaban parte de este valle pero la actividad tectónica fue el factor principal que causó su levantamiento local (Bailey *et al.* 1983a, Bailey *et al.* 1993, King y Bailey 1985).

Kokkinopilos y Asprochaliko estarían a una altura muy próxima a la del valle fluvial explotando posiblemente el mismo territorio y funcionando como zonas de ocupación alternativa en relación con la protección que ofrecen, uno al aire libre y el otro un abrigo. La continua actividad tectónica cambió el curso del río que abrió un nuevo lecho atravesando y cortando los depósitos sedimentados.

Las dataciones más antiguas para el Paleolítico Superior vienen del abrigo de Asprochaliko (Fig. 30). La datación de 26,100±900 BP (I 1956) procede de niveles ya avanzados en la secuencia del Paleolítico Superior y, probablemente, la fase más antigua de esa última etapa del Paleolítico sea anterior a esta fecha (Bailey *et al.* 1983b). Kastritsa (Fig. 28), un yacimiento en cueva en el extremo sur del lago de Ioánnina, tiene una secuencia que se adscribe al Paleolítico Superior y las dataciones más antiguas, 21,800±800 BP (I 2467) y 20,200 ± 480 BP (I 2468), proceden de los niveles terrestres más profundos (Fig. 30). De los niveles superiores hay una fecha del 13,400 ± 210 BP (I 1960). Mayor actividad en la cueva se documenta a partir del 16,000 BP y, paralelamente, comienza la ocupación de las zonas montañosas del interior del Epiro (Bailey 1992, Bailey *et al.* 1983a, 1983b, Bailey *et al.* 1993).

Klithi es el abrigo más grande excavado en el interior del Epiro, en el cañón del río Voidomatis (Fig. 28). El abrigo se ubica a los 30 m sobre el cauce actual del río y tiene orientación sur. La superficie total es de 700 m^2 y los depósitos arqueológicos tienen 2 m de profundidad. De las unidades estratigráficas excavadas se han obtenido 25 dataciones de radiocarbono que fechan la principal ocupación entre el 16,500 BP y el 13,000 BP extendiéndose posiblemente hasta el 12,400 BP y con breve reocupación hacia el 10,400 BP y el 3650 BP (Fig. 30). Contemporánea a la ocupación del abrigo de Klithi, pero más esporádica, es la de Megalakkos una pequeña cueva a poca distancia del primero (Fig. 28). La secuencia (Fig. 30) se fecha entre el 16,100±160 BP (OxA - 1249) y el 8800±100 BP (OxA - 2199 respectivamente) (Bailey 1992, 1997a y b, 1999, Gowlett *et al.* 1997).

La distribución espacial de sílex y huesos en el abrigo de Klithi indica que aunque la superficie es muy amplia, la zona principal de actividad era el hogar en la parte interior del abrigo. El número de personas que visitaba el abrigo se ha estimado entre 5 y 10, basandose en el aspecto y dimensiones del abrigo, en los restos de fauna encontrados y en la evaluación de los potenciales recursos animales del área explotado. El abrigo se utilizó como un hábitat de actividades específicas pero no residencial. Era frecuentado varias veces en primavera, verano y temprano en otoño por un pequeño grupo humano mixto y de varias edades (Bailey 1997b, Galanidou 1997, Gamble 1997, Sturdy *et al.* 1997).

La industria lítica del Paleolítico Superior se caracteriza en todos los yacimientos por laminas y laminitas de dorso abatido. En Asprochaliko los raspadores son un elemento muy frecuente y en Kastritsa las microgravettes (Adam 1997). En Klithi se ha documentado la técnica de microburil y están representadas en el yacimiento todas las fases de talla indicando intensiva fabricación *in situ* (Bailey 1999, Roubet 1997). Las materias primas utilizadas son locales, nódulos encontrados en el río pero también sílex de distinta calidad y color de recursos no locales (Adam 1997, Roubet 1997). El análisis de las huellas ha documentado el uso de los raspadores para trabajar piel y madera. Las laminitas de dorso se utilizaron como puntas de proyectiles. Lascas y laminas sin retoque también se usaron para el trabajo de la madera (Moss 1997).

La fauna presenta variedad de especies entre las distintas zonas. En Asprochaliko los íbices son la especie predominante acompañados por los ciervos. La presencia de ambos en el yacimiento indica el doble papel del abrigo en cuanto a la explotación del territorio circundante, controlando, por una parte, las rutas de migración de los ciervos en sus movimientos estacionales hacia las zonas de pastos, y por otra, siguiendo los íbices como recurso alternativo en las zonas cercanas al abrigo (Bailey 1992, Bailey *et al.* 1993).

En Kastritsa el conjunto de la fauna está dominada por restos de ciervos. Como especies secundarias se cazaban bóvidos (*Bos primigenius*) y équidos que se atribuyen a la especie *Equus hydruntinus* (Bailey *et al.* 1983b). La fauna documentada concuerda con el medio lacustre que rodeaba el yacimiento, las zonas amplias de pastizales y de agua abundante que atraerían a los animales grandes durante sus movimientos estacionales. También se han encontrado restos de aves acuáticas quizás cazadas como recurso complementario pero no existe ningún otro testimonio relacionado a la explotación del medio lacustre (Bailey *et al.* 1983a).

La lista de la fauna en Klithi está dominada por los íbices (*Capra ibex*) y los rebecos (*Rupicapra rupicapra*). La presencia del ciervo es muy escasa, tan solo cuatro huesos, un asta trabajada y dientes perforados posiblemente utilizados como ornamentos. El castor (*Castor fiber*) es una especie relativamente frecuente. Pocos huesos pertenecen a especies carnívoras, que aparentemente no son los agentes de acumulación de huesos en el yacimiento, ya que las marcas producidas por estos animales están ausentes en el registro. Representadas hay algunas especies de aves y peces. Las marcas de carnicería son las típicas para el aprovechamiento de la carne y la extracción de la médula (Gamble 1997).

Finalmente, en relación con la investigación en el Epiro cabe mencionar una excavación que se realizó en la isla de Kerkyra, en el abrigo de Grava (Fig. 28). La industria lítica se adscribe al Paleolítico Superior y los restos de ciervos, équidos y bóvidos son abundantes (Bailey *et al.* 1983a, Bailey 1992).

La documentación existente, indica que no hay grandes diferencias en la distribución de los hábitats entre el Paleolítico Medio y el Paleolítico Superior. Obviamente, la ocupación fue más intensa en las zonas de poca altitud y cercanas a la costa, mientras que en el interior o en áreas de mayor altitud fue más esporádica. Asimismo, la mayoría de yacimientos de Paleolítico Medio se encuentran en la costa y en el valle cercano del río Louros; pero también las depresiones de poca altitud del interior han ofrecido hallazgos. El Paleolítico Superior está representado en las zonas de baja altitud; los valles del interior y de mayor altitud fueron esporádicamente frecuentados hasta el final del Pleniglaciar. Entonces comienza una nueva etapa de expansión de los hábitats hacia zonas que anteriormente no eran accesibles, o que su explotación no era beneficiosa debido al rigor climático. Finalmente, el Mesolítico está poco representado en toda la región, pero la poca información disponible parece indicar mayor concentración en la zona costera, aunque todavía hacen falta prospecciones más intensivas que confirmarían estos datos (Bailey 1999, Bailey *et al.* 1997b).

El patrón de asentamiento en la región del Epiro está relacionado con la topografía, la geografía y las condiciones climáticas imperantes durante los periodos cronológicos estudiados. Hay que tener en cuenta un aspecto muy importante que es la mayor extensión de las tierras bajas durante las etapas estudiadas; los valles costeros serían mucho más amplios y la isla de Kerkyra estaría unida a la costa del Epiro mediante una extensa llanura (Bailey 1997b, van Andel y Shackleton 1982). La disponibilidad en recursos de estas zonas bajas seguramente sería más elevada que el interior de la región o de las zonas altas, especialmente en épocas de condiciones climáticas extremas del Pleniglaciar. Los análisis paleogeográficos indican que efectivamente fue la parte occidental de la región la que sustentó la mayoría de recursos animales y consecuentemente la mayor parte de la población humana local. El potencial económico del interior correspondería a un 10% del total de la región y sería disponible durante determinados periodos del año lo que implicaría los movimientos de los grupos humanos (Bailey 1997b, Sturdy *et al.* 1997). En este sentido, los yacimientos excavados se integran en un patrón regional de uso del territorio del cual gran parte, posiblemente yacimientos más grandes o yacimientos base, se han perdido definitivamente para el registro con la transgresión marina holocena.

Las condiciones climáticas del último glaciar evidentemente, afectaron en las decisiones de los grupos humanos en cuanto a los movimientos y la explotación del territorio. Los análisis polínicos en toda la región documentan condiciones rigurosas detectadas en formaciones vegetales estépicas y pocos árboles en zonas favorables. La biomasa vegetal no arbórea sería muy baja durante los episodios más fríos y, al menos en el interior del Epiro, la biomasa animal sería igualmente baja, lo que explica las visitas muy esporádicas a estas zonas de los grupos humanos. Paralelamente, se han detectado glaciares y restos de morrenas en el interior, indicando posiblemente que algunas zonas serían inaccesibles. No obstante, las zonas bajas con unas condiciones climáticas relativamente suavizadas por el efecto del mar y un manto vegetal más denso, atraerían a los hombres y a los animales durante el invierno (Bailey 1992, Bailey 1997b, Turner y Sanchez-Goñi 1997).

A partir del 16,000 BP la información sedimentológica y palinológica en varios yacimientos y depósitos naturales evidencia una paulatina mejoría climática. El deshielo de los glaciares en las zonas interiores del Epiro, en la cuenca del río Voidomatis particularmente, produjo la formación de un amplio valle (Lewin *et al.* 1991, Macklin *et al.* 1997). Las condiciones estépicas empezaron a retroceder a partir del 15,000 BP (Turner y Sanchez-Goñi 1997). La primera ocupación en estas zonas remotas del interior se documenta por primera vez a partir del 16,500 BP. Las visitas fueron periódicas, de corto tiempo y orientadas exclusivamente a la caza de cápridos, tal como evidencia el abrigo de Klithi. No se trata de yacimientos base sino de yacimientos especializados que se integran en el patrón general de ocupación de todo el territorio del Epiro. La ocupación de esas zonas interiores fue el resultado de decisiones de los grupos humanos orientadas a beneficiarse de las nuevas posibilidades ofrecidas por los cambios del Tardiglaciar.

El estudio de los yacimientos en el interior del cañón de Vikos posiblemente es un ejemplo de esta red de decisiones y cambios de actitud. La continua mejoría climática, tuvo como resultado la reestructuración de la biomasa y su densidad. Las laderas de Klithi anteriormente cubiertas por formaciones abiertas se cubrieron densamente y, como consecuencia, dejaron de ser hábitats favorables para los cápridos que se desplazaron a mayor altitud. Yacimientos satélites de Klithi en etapas anteriores, como Boila, pasaron a ser importantes precisamente porque se localizaban en lugares de mayor diversidad ecológica. En el mismo entorno, pero más hacia el interior del cañón y todavía en mayor altitud que Klithi, se ha localizado otro grupo de abrigos con industrias líticas semejantes. No se han excavado, pero su localización podría indicar una explotación de los nuevos hábitats de los cápridos, integrándolos en la red de movimientos.

En general, los yacimientos excavados y estudiados en el Epiro no forman un serie de ocupación paralela; más bien representan una secuencia de ocupación donde hay algún caso de superposición como entre Kastritsa y Klithi o Klithi y Boila. Representan la penetración sucesiva y más intensiva hacia el interior en cuanto se abren nuevas posibilidades con los cambios climáticos. Los yacimientos se encuentran en depresiones bien delimitadas cercanas a los pastizales estacionales de las especies migratorias o/y cerca de las rutas migratorias. El propio territorio forma barreras naturales, de origen tectónico que fueron aprovechadas por los grupos humanos para mantener contacto con los animales, prever y controlar sus movimientos y distribución sin tener que aplicar métodos o técnicas especiales (Bailey 1997b, King *et al.* 1997).

3.2. La región de Macedonia occidental

3.2.1. Marco geográfico: ubicación, clima y vegetación

Macedonia occidental (Fig. 27, Fig. 31) se encuentra entre 39° 53´ y 40° 58´ N y 20° 50´ y 22° 13´ E. La región está ubicada en el extremo noroeste de Grecia. Al norte limita con Fyrom (Macedonia), al sur con la región del Epiro y Tesalia, al este con Tesalia y Macedonia central y al oeste con Albania.

La región es muy montañosa, especialmente hacia el oeste donde se encuentran las cumbres más altas de la sierra de Pindo, Smólikas 2637 m y Gramos 2520 m (Fig. 31). Las montañas del norte también alcanzan altitudes superiores a los 2000 m (Voras 2524 m, Varnous 2177 m, Vitsi 2128 m) y con orientación este - oeste algunos, funcionan como barrera protectora contra los vientos fríos del norte. El interior de la región presenta un relieve bastante abrupto diseccionado por valles fluviales. Gran parte del territorio está en altitudes entre los 500 y 1000 m aunque frecuentemente las elevaciones alcanzan los 1500 m. Los ríos forman valles estrechos entre las montañas siendo el más importante y amplio el del río Aliakmon que drena gran parte de Macedonia occidental desde Kastoriá hasta el golfo de Salónica. Varios lagos de dimensiones variables, se concentran en la parte norte de la región.

Las áreas geológicas que se pueden distinguir en Macedonia occidental son:

- principalmente las montañas surgidas durante el plegamiento alpino formadas de calizas o flysch,

- algunos núcleos prealpinos cristalinos de gneiss, amfibolitas, esquistos, etc., a lo largo de la frontera norte,

- formaciones neógenas de arenas, arcillas, margas, etc., extendidas sobre grandes superficies en las zonas más bajas y

- finalmente, los granitos localizados puntualmente en el norte de la región (Ntafis *et al.* 1997, Polunin 1980).

El clima de la región está condicionado por la ubicación geográfica y la geomorfología montañosa. Es transicional entre mediterráneo y continental con características centroeuropeas (Ntafis *et al.* 1997, Polunin 1980). Los inviernos son muy fríos y las temperaturas frecuentemente se sitúan por debajo de los 0 °C. Los veranos son cálidos y secos aunque la sequía estival dura entre 1 y 2 meses; las lluvias están repartidas a lo largo del año, y en forma de tormentas durante el verano. Las temperaturas medias del mes de enero se sitúan entre los -5 y 0 °C en gran parte de la región, y hacia el norte frecuentemente son inferiores a éstas (-10 a -5 °C). Las temperaturas medias del mes de julio suelen ser entre 20 y 25 °C. Las precipitaciones medias anuales oscilan entre 700 y 1000 mm, y por encima de los 1000 m de altitud caen en forma de nieve que puede durar desde diciembre hasta bien entrada la primavera (Polunin 1980). La región en general presenta variación climática debido al relieve que crea zonas con microclimas.

La vegetación de la región presenta gran variedad como resultado de la latitud, la altitud, el relieve y los substratos. La seriación de la vegetación (Fig. 29) comienza con las formaciones supramediterráneas de *Quercion frainetto-cerris* que se extienden, en gran parte de la región, en las altitudes medias y hasta los 1000 m aproximadamente. Las formaciones en las zonas menos degradadas se componen de varias especies de robles, *Quercus frainetto*, *Quercus cerris* y *Quercus trojana*, junto a *Ulmus* y *Fraxinus* en las zonas más húmedas. *Carpinus orientalis* juega un papel importante en las zonas más degradadas. Localmente se encuentran bosques de *Castanea sativa* (Ntafis *et al.* 1997, Ozenda 1975, Quézel y Barbéro 1985).

A partir de los 1000 m y hasta los 1700 - 1800 m (Fig. 29), en la sierra de Pindo al sur y en algunas montañas del norte se encuentran las formaciones oromediterráneas de *Pinus nigra* subs. *pallasiana.* En ellas se incluyen especies endémicas de pinos mediterráneos como *Pinus leucodermis* y *Pinus mugo* (Ntafis *et al.* 1997, Quézel y Barbéro 1985). Las exposiciones norte de estas mismas montañas están cubiertas por formaciones oromediterráneas del *Fagion hellenicum* con *Fagus moesiaca* y localmente *Abies borisii-regis*. Las cadenas montañosas fronterizas del norte también forman parte del área de distribución de los hayedos. En el piso oromediterráneo, en zonas más secas y de substrato calizo adquieren gran importancia formaciones de *Buxus sempervirens* (Ntafis *et al.* 1997, Ozenda 1975, Quézel y Barbéro 1985).

A mayor altitud, en el piso altimediterráneo de la sierra de Pindo al sur de la región, es importante la presencia de individuos aislados de *Pinus heldreichii* a partir de los 1800 m y hasta las cumbres (Ntafis *et al.* 1997, Ozenda 1975). En general las cimas de las montañas se caracterizan por valles alpinos rocosos.

Puntualmente, en Macedonia occidental entre los 800 y 1000 m se encuentran formaciones de *Juniperus foetidissima*, *Juniperus excelsa* y *Juniperus communis*. Estas formaciones caracterizan zonas de clima continental muy frío y crecen sobre depósitos lacustres arcillosos - arenosos (Ntafis *et al.* 1997).

La vegetación azonal a lo largo de los cursos fluviales pertenece al *Alno-ulmion* y al *Platanion orientalis*. Los lagos forman biotopos importante con extensos cañaverales principalmente de *Phragmites australis* y bosques galería de *Salix* y *Populus* (Ntafis *et al.* 1997).

3.2.2. La secuencia cronológica - cultural regional

La secuencia prehistórica en Macedonia occidental se remonta al Paleolítico aunque los hallazgos son muy esporádicos y la investigación fragmentaria (Fig. 30). No obstante, la industria lítica encontrada en superficie evidencia actividad humana en la zona desde el Paleolítico Inferior como muestra un bifaz hallado en Palaiókastro (Kozani), clasificado como Achelense; también se ha encontrado una punta Levallois y una hoja bifacial (Higgs 1964, Kourtessi-Philippakis 1996, Runnels 1995).

El Neolítico cuenta con una secuencia material sólida basada en estratigrafias fiables y depósitos datados que pueden correlacionarse entre las distintas zonas investigadas (Fig. 30). Las excavaciones en muchos casos se han combinado con prospecciones dando una imagen bastante completa de la ocupación en la región. La Edad de Bronce es menos conocida y la secuencia permanece fragmentaria.

El conjunto de las secuencias neolíticas de Macedonia occidental representa todas las fases del Neolítico, Neolítico Antiguo, Neolítico Medio, Neolítico Tardío y Neolítico Final aunque no todos los yacimientos documentan la totalidad de las fases (Fig. 30). A partir de las dataciones de radiocarbono obtenidas en varios yacimientos, se deduce que la ocupación comienza al final del VII milenio y sigue durante el VI y V milenio BC. El Neolítico Final es problemático en cuanto a la cronología, debido a que ninguno de los depósitos excavados se puede atribuir con seguridad al IV milenio. En cuanto al Neolítico Antiguo, todavía faltan dataciones de las etapas iniciales. La secuencia material del VI y V milenio BC tienen mucha afinidad con el Neolítico de Tesalia, aunque no se puede aplicar terminología tesálica para describir fases o materiales de Macedonia occidental (Andreou *et al*. 1996).

La investigación se centró principalmente en zonas a lo largo del valle del río Aliakmon que cruza la región de oeste a este (Fig. 31). Paralelamente, se llevó a cabo un proyecto de investigación en la parte central de la región en el sistema de depresiones de Ptolemaida (Andreou *et al* 1996).

El valle medio del río Aliakmon ofreció abundante información en dos zonas distintas: la parte cercana al curso fluvial y la terraza terciaria hacia el norte. El yacimiento de Servia, 17 m por encima del curso del río, reveló una secuencia que abarca todo el Neolítico. Actualmente este yacimiento, igual que otros de la misma zona, está cubierto por el lago artificial del curso medio de Aliakmon. Recientes prospecciones en la zona indican la presencia de varios yacimientos fundados durante el Neolítico Antiguo, algunos de ellos ocupados continuamente hasta el Bronce.

La ocupación de las terrazas de Aiani, al norte del curso medio de Aliakmon comienza durante el Neolítico Tardío (Fig. 30, Fig. 31). Estas fechas tardías hacen pensar en un patrón de asentamiento distinto al de la zona privilegiada del curso fluvial. La terraza terciaria es relativamente árida en relación al mejor drenado y más cálido valle fluvial. No obstante, ante la falta de prospecciones sistemáticas en la terraza, no se puede llegar a conclusiones definitivas.

El curso alto del río Aliakmon cruza una zona de mayor altitud y relieve abrupto, cercana a las estribaciones orientales de la sierra de Pindo. En la zona de Grevena (Fig. 30, Fig. 31) se han localizado 15 yacimientos del Neolítico Antiguo. La mayoría de ellos tienen una superficie inferior a 1 hectárea ocupando terrazas o zonas llanas cercanas a pequeños cursos. Los yacimientos se ocupan alrededor al 6000 BC y se abandonan poco después.

El sistema de depresiones de Ptolemaida (Fig. 31), en el centro de Macedonia occidental, ha sido objeto de prospecciones y excavaciones sistemáticas. La ocupación en las zonas más bajas (650 m) comenzó en el Neolítico Antiguo y seguramente antes del 5600 BC. Probablemente, por las mismas fechas se ocuparon zonas más altas como evidencian los hallazgos en una cueva a 950 m de altitud. Algunos yacimientos se ocupan a lo largo de todo el Neolítico; nuevos asentamientos surgen durante el Neolítico Medio, pero la ocupación más densa se manifiesta durante el Neolítico Tardío (Andreou *et al* 1996).

La investigación en Macedonia occidental cuenta con varios yacimientos excavados pero también con la conciencia de que hay muchos problemas todavía por resolver en cuanto a la secuencia neolítica de la región. Las prospecciones en varias zonas han demostrado que la imagen sobre el patrón de asentamiento puede ser muy fragmentaria ya que muchos yacimientos están cubiertos por depósitos lacustres y ya que los aluviones en otras partes son posteriores a la ocupación neolítica.

No obstante, se puede llegar a algunas conclusiones sobre la ocupación neolítica de la zona que hasta recientemente se consideraba "vacía" para el periodo entre el 6500 y el 5400 BC. Así, parece ser que los primeros asentamientos se establecen ya durante el Neolítico Antiguo aunque no se sigue el mismo proceso en todas la zonas. Sin embargo, el Neolítico Tardío cuenta con una proliferación de yacimientos en casi todo el territorio, aunque algunas partes se abandonan. La expansión del Neolítico Tardío se debe sin duda a un aumento de la población pero también surgen nuevas preguntas sobre el movimiento de la población y su distribución a partir del Neolítico Antiguo. La mayoría de los yacimientos se localizan en tierras bajas y cerca de los cursos de agua, pero a partir del Neolítico Tardío se ocupan zonas menos favorables y a mayor altitud. La ocupación de nuevas zonas, marginales si consideramos su potencial agrícola, apunta hacia otros motivos como podría ser su situación y función en una red regional de comunicaciones (Andreou *et al* 1996).

La problemática sobre la distribución de la población neolítica y la ocupación de territorios nuevos se refleja en el establecimiento de asentamientos a la orilla de los lagos a partir del Neolítico Tardío. Es el caso del yacimiento de Dispilió en el lago de Kastoriá (Fig. 31); la explotación de nuevos medios posiblemente forma parte de un patrón de asentamiento condicionado por aumento de población, movilidad de los grupos humanos y actividades alternativas.

3.3. La región de Tracia

3.3.1. Marco geográfico: ubicación, clima y vegetación

Tracia (Fig. 27, Fig. 32) se ubica en el extremo noreste de Grecia y consiste en una estrecha franja de tierra entre la sierra de Rodopi al norte y el mar Egeo al sur. Hacia el este, el río Evros (Maritsa) hace la frontera natural con Turquía y al oeste el río Nestos separa Tracia de la región de Macedonia. Las montañas de Rodopi al norte, con orientación este - oeste, son el límite natural entre Grecia y Bulgaria.

La geomorfología de la región se caracteriza por extensos valles y tierras bajas (0 - 100 m) sobre todo en la parte central y a lo largo de los valles fluviales (Fig. 32). El relieve de la región es bastante suave; predominan las altitudes bajas (0 -100 m) y medias (200 - 500 m). Las montañas de Rodopi oriental al norte, rara vez llegan a sobrepasar los 1000 m salvo en la parte más occidental de Tracia y en las zonas fronterizas con Macedonia donde adquieren mayor altitud (1500 - 1800 m). En la zona costera destacan las formaciones deltáicas de los dos grandes ríos, Nestos al oeste y Evros (Maritsa) al este y también varios lagos y lagunas de aguas semisaladas y de distintas dimensiones, siendo el más grande el lago Vistonida.

La geología y litología de la región se caracteriza por las formaciones proalpinas de las masas cristalinas de Rodopi que están compuestas por rocas metamórficas (gneiss, mármoles, amfibolitas) probalemente formadas durante el Carbonífero por elevación, presión y acción química sobre calizas, arcillas y rocas ígneas. Posteriormente, el movimiento alpino formó las montañas actuales de la sierra de Rodopi. Formaciones volcánicas de origen terciario se encuentran puntualmente en el interior de Tracia. Se encuentran aluviones del Cuaternario en los valles fluviales y en las zonas costeras donde, localmente, se presentan también plataformas de rocas sedimentarias de formación reciente (Ntafis *et al.* 1997, Polunin 1980).

El clima de la región es mediterráneo con creciente influencia continental a medida que se va alejando de la costa. Los inviernos suelen ser fríos o muy fríos debido a masas de vientos continentales del norte que penetran a través de los valles fluviales. Las temperaturas medias de enero oscilan entre 0 y 5 °C aunque en zonas del interior suelen ser más bajas (-5 - 0 °C). Las heladas son frecuentes y la nieve perdura durante varios meses en las zonas más montañosas. Los veranos son cálidos y las temperaturas medias del mes de julio oscilan entre 20 y 25 °C. El ombroclima es de seco a subhúmedo siendo la media anual de precipitaciones de 500 a 700 mm. La sequía estival es marcada y las lluvias se concentran en otoño, invierno y primavera (Polunin 1980). En las zonas del interior y de montaña el clima es transicional, entre mediterráneo y continental caracterizado por amplitud térmica anual superior a los 20 °C, régimen pluviométrico húmedo y sequía estival reducida a 1 ó 2 meses (Ntafis *et al.* 1997).

La seriación bioclimática (Fig. 29) comienza con el piso mesomediterráneo al nivel del mar, ya que las características termomediterráneas en el Mediterráneo oriental dejan de manifestarse a partir del paralelo 39° (Ozenda 1975). El piso mesomediterráneo se extiende a lo largo de una franja costera y se caracteriza por inviernos fríos y ombroclima semiseco a subhúmedo (Forest Service 1989, Quézel y Barbéro 1985). Las comunidades vegetales pertenecen a la alianza del *Quercion ilicis* y se extienden de forma discontinua desde el nivel del mar hasta los 200 ó 300 m de altitud (Ntafis *et al.* 1997, Athanasiadis 1982). Las especies dominantes son principalmente perennifolios *Quercus coccifera*, *Quercus ilex*, *Phillyrea media*, *Arbutus* unedo y *A. andrachne*. Los caducifolios están representados por *Carpinus orientalis*, y en zonas más húmedas se encuentran *Fraxinus ornus* y *Quercus pubescens*. En Tracia, en el piso mesomediterráneo y dentro del *Quercion ilicis* se encuentra la zona del desarrollo óptimo de *Pinus brutia* (Athanasiadis 1982, Quézel y Barbéro 1985). Las formaciones vegetales mesomediterráneas y su distribución, se ven bastante afectadas por las actividades agrícolas.

El piso supramediterráneo (Fig. 29) se caracteriza por condiciones climáticas progresivamente más continentales. Los inviernos son más fríos con temperaturas frecuentemente inferiores a 0 °C. El ombroclima es de subhúmedo a húmedo aunque la sequía estival sigue siendo muy marcada. En este piso, se pueden distinguir distintas formaciones que se suceden en altitud o hacia el interior. Formaciones del *Ostryo-Carpinion* con *Quercus pubescens*, *Carpinus orientalis*, *Ostrya carpinifolia*, *Fraxinus ornus*, se extienden en las zonas más bajas o donde las influencias mesomediterráneas todavía se hacen sentir. Estas formaciones se sustituyen en el supramediterráneo superior por bosques xerófilos mixtos del *Quercion confertae (frainetto)-cerris*. Entre otros caducifolios predominan distintas especies de robles, *Quercus frainetto*, *Quercus cerris*. *Quercus dalechampii* tiene su área de mejor repartición en estas formaciones y a partir de los 300 m (Athanasiadis, 1982, Ntafis *et al.* 1997, Quézel y Barbéro 1985). La seriación altitudinal de estas formaciones no es siempre muy nítida y depende de la orientación, la influencia de los vientos del Mediterráneo, el substrato y también la actividad humana en cada zona. No obstante, los robledales predominan a partir de los 400 m., aunque por zonas pueden encontrarse incluso a altitud inferior.

El piso oromediterráneo (Fig. 29) se extiende en las zonas más altas de la región a partir de los 750-800 m. El clima se puede caracterizar entre continental y mediterráneo adquiriendo rasgos centroeuropeos. Los inviernos son muy fríos y los veranos menos cálidos. La nieve permanece durante varios meses y las precipitaciones aumentan. El periodo seco, sin desaparecer, dura menos. Las formaciones vegetales pertenecen al *Fagion hellenicum (moesiacae)* y pueden aparecer desde los 300 hasta los 800 m. Estas formaciones están compuestas principalmente por *Fagus moesiaca* y *Fagus orientalis* (Athanasiadis 1982, Ntafis *et al.* 1997, Ozenda 1975, Quézel y Barbéro 1985). Los hayedos no forman bosques continuos como sus paralelos centroeuropeos. Se presentan como islotes en exposiciones N, NE y NO y sobre suelos silíceos o penetran en los bosques mixtos de robles. Finalmente, en el extremo noroeste de Tracia, donde la sierra de Rodopi alcanza mayor altitud (> 1500 m), hay que mencionar la presencia de *Pinus peuce* en pequeños enclaves. Esta especie pertenece a las formaciones oromediterráneas de coníferas de alta montaña del *Vaccinio-Piceion* que se expanden en la parte occidental de la sierra de Rodopi, en Macedonia. Son formaciones de suelos silíceos compuestas de *Fagus sp.*, *Picea abies*, *Abies borisii-regis* y *Pinus sylvestris* (Athanasiadis 1982, Ntafis *et al.* 1997).

En Tracia, la presentación de la vegetación sería incompleta sin una mención a las formaciones azonales. Tanto los dos ríos grandes, Nestos y Evros, como los lagos y lagunas semisalinas del litoral son los enclaves para el desarrollo de una vegetación particular y restringida a sus alrededores. A lo largo de los ríos se forman bosques - galería de *Salix alba* y *Populus alba*, bosques reliquias del *Alno-ulmion* sobre aluviones y bosques de *Platanus orientalis*. En algunos de los ríos, lagos y lagunas litorales donde las influencias mediterráneas predominan se encuentran bosques - galería mediterráneos cálidos (Nerio-Tamaricetea). En los deltas de los ríos y alrededor de lagos y lagunas se observan extensos cañaverales de *Phragmites* sp., *Scirpus maritimus*, *Typha angustifolia*, *T. latifolia*, *Schoenoplecus lacustris* etc., vegetación arbustiva de

Tamarix sp., formaciones de *Juncetalia maritimi* y *Arthrocnemetalia fruticosae* y dunas con *Ammophila arenaria*. En el fondo marino, de poca profundidad, se forman valles de la planta fanerógama *Posidonia oceanica* (Ntafis *et al.* 1997).

3.3.2. La secuencia cronológica - cultural regional

La prehistoria de la región de Tracia es muy poco conocida, principalmente porque la investigación arqueológica siempre ha prestado mayor importancia al estudio e investigación de la colonias griegas, Abdera, Strimi, Mesimvria y Zoni localizadas en la costa. Hasta muy recientemente, la secuencia cultural prehistórica de Tracia se limitaba al Neolítico Tardío. Datos anteriores a éste periodo del Neolítico no se conocían, y el Bronce se evidenciaba mediante hallazgos superficiales o fuera de contexto.

La Tracia griega junto a la Tracia turca forman una estrecha franja de tierra que une los Balcanes con Anatolia. La importancia que podría tener ésta región de extensos valles costeros para comprender los procesos de neolitización e interacción entre Anatolia, el Egeo y los Balcanes ha dirigido la investigación principalmente en torno al Neolítico. Paralelamente, una de la primeras excavaciones en la región, la excavación de Paradimi en los años 20 y 60, había revelado una secuencia del Neolítico Tardío. De este modo la "Paradimi Culture" llegó a formar la guía para toda investigación posterior (Fig. 30). La investigación sobre el Neolítico prosiguió con algunas excavaciones, muy limitadas, en cuevas o tells y en prospecciones no sistemáticas de varios tells fácilmente visibles en las llanuras de Tracia. No obstante, a falta de secuencias estratigráficas seguras y bien datadas, la base para datar los contextos prehistóricos de la región, incluso el mejor estudiado de Paradimi, lo fueron principalmente comparaciones con la cultura material de yacimientos en Macedonia oriental, Bulgaria y el norte del Egeo.

La excavación del tell de Paradimi (Fig. 32) fue el primer intento serio de tratar los temas de secuencia cultural y la tipología cerámica en la región. La excavación proporcionó un potente estrato neolítico y el estudio de la cerámica mostró afinidad con la tipología cerámica de yacimientos en áreas geográficas vecinas como Sitagroi, Dikili Tash y Paredeisos en Macedonia oriental. En términos cronológicos, la cultura de Paradimi pertenece al Neolítico Tardío de la secuencia griega o Neolítico Medio - Final de la secuencia balcánica (Andreou *et al.* 1996, Efstratiou 1993, 1996, Demoule y Perlès 1993).

Un proyecto más reciente, en los años 80, fue la excavación del tell de Proskinités (Fig. 32), uno de los más grandes en Tracia. Se documentó una única fase de ocupación del Neolítico Tardío, que se remonta al V milenio BC. La tipología cerámica estableció afinidades con la cultura de Paradimi I-II-III, Sitagroi I-II y Karanovo III-Veselinovo (Bulgaria) (Andreou *et al* 1996, Efstratiou 1993, 1996). Paralelo a la excavación del tell se registraron varios pequeños yacimientos coetáneos cercanos. Los estudios geomorfológicos preliminares indicaron la ubicación destacada y más favorable del tell más grande de Proskinités en relación con los demás situados en zonas limítrofes y marginales. La hipótesis propuesta fue la de un modelo de ocupación con hábitats satélites distribuidos alrededor de uno central; una red de organización jerárquica de los yacimientos con control político y económico (Efstratiou 1993, 1996).

El Neolítico Tardío de Tracia abarca el V milenio BC y la información existente hasta el momento lo sitúa en el ámbito de los Balcanes. La tipología cerámica ha sido la base de comparación y ciertos elementos como las asas con forma de cuerno, los pies cilíndricos, las formas carenadas y las "trapezae" con tres o cuatro pies presentan una distribución geográfica entre Grecia nororiental y el sur de Bulgaria. Más en concreto, se han establecido paralelos con las secuencias de Sitagroi, Dikili Tash y Paradeisos en Macedonia, Karanovo y Veselinovo en Bulgaria. Los yacimientos de Tracia turca no han dado materiales semejantes exceptuando los niveles superiores de los yacimientos turcos de Yarimburgaz y Hoça Çesme, aunque los problemas estratigráficos dejan algunas dudas (Efstratiou 1993). Una característica particular de la cerámica del Neolítico Tardío de Tracia es la uniformidad y, a pesar de los elementos comunes con otras regiones, se cree distinguir los rasgos de un desarrollo local, de distribución persistente a lo largo de Tracia costera (Efstratiou 1996, Efstratiou *et al.* 1998). La tradición neolítica de los Balcanes se manifiesta también en las técnicas de construcción, basadas en el uso de postes, entramado de madera y adobe careciendo del uso de piedras.

Un problema de gran importancia para la investigación neolítica en Tracia es la ausencia de datos sobre ocupación neolítica anterior al Neolítico Tardío; un fenómeno que comparte Tracia con Macedonia oriental. Teóricamente, es difícil asumir que esta zona, situada a caballo entre los Balcanes y Anatolia no atrajera pobladores antes del V milenio. Un proyecto de prospecciones, llevado a cabo a principio de la década de los 90, tuvo como principal objetivo registrar la distribución de yacimientos neolíticos en la parte central de Tracia (Ammerman *et al.* 1997, Efstratiou 1996, Efstratiou y Ammerman, 1996). Uno de los resultados más interesantes ha sido la documentación de complicados procesos geomorfológicos que afectan seriamente a la visibilidad y a la recuperación de material arqueológico. Se ha postulado que la fuerte aluviación de los valles podría afectar a la detección de yacimientos en llano dejando visibles únicamente los tells por su propia forma (Andreou *et al.* 1996, Efstratiou 1996). Paralelamente, se localizaron restos de industria lítica atribuida al Paleolítico Medio, demostrando que el vacío paleolítico de Tracia era, entre otras cosas, la consecuencia de la falta de investigación sistemática (Ammerman *et al.* 1997, Efstratiou y Ammerman 1996). De este modo y ante estos nuevos datos, posiblemente es todavía prematuro sugerir que no existen etapas anteriores al Neolítico Tardío (Efstratiou 1996).

La información sobre la Edad de Bronce en Tracia es bastante escasa, especialmente en relación al Bronce Antiguo. Hay evidencia de ocupación continua en asentamientos anteriores y la cultura material indica afinidades con el entorno de los Balcanes y el norte del Egeo. Es durante el Bronce Final, cuando se detectan cambios sobre todo en el patrón de asentamiento; los habitats en su mayoría se localizan en cerros de difícil acceso, fuera de las zonas llanas. Aparecen construcciones monumentales, segregación espacial en los asentamientos y diferencias en la organización y construcción entre los distintos hábitats, que hacen pensar en cambios sociopolíticos de las comunidades de Tracia durante en Bronce Final (Andreou *et al.* 1996).

En resumen, la secuencia cronológica - cultural (Fig. 30) en Tracia se remonta al Paleolítico Medio. Sin embargo, existe un vacío de varios milenios hasta la siguiente fase de ocupación del Neolítico Tardío, en el V milenio a.C. Es muy probable, que este vacío se deba a las características geomorfológicas de la zona y a la falta de prospecciones e investigación sistemáticas. En cuanto al Neolítico Tardío de Tracia, presenta elementos claramente de los Balcanes aunque con variabilidad local. Toda Tracia costera es una zona importante en el debate sobre la relación entre los Balcanes y Anatolia. La investigación se dirige cada vez más hacia la mejor compresión de la secuencias culturales, y se comienzan a vislumbrar contactos regionales e interregionales (Efstratiou 1996, Steadman 1995).

REGIONAL PRESENTATION: GEOGRAPHIC FRAMEWORK AND CULTURAL SEQUENCES

Charcoal analysis presented in this study was carried out in four sites located in threes different regions of Greece. All of them are located in the northern part of the country but they present different geographic, geomorphological, climatic and ecological characteristics due to the rough mountain morphology of North Greece. The prehistoric sequence for each region corresponds to different chronological and cultural periods and the archaeological information available is not uniform.

The three regions where the sites here presented are located are (Fig. 27):

- Epirus in Northwestern Greece, where the Late Glacial Boila rockshelter is located,

- West Macedonia where the Late Neolithic lake settlement of Dispilio is located,

- Thrace in Northeast Greece, where the Late Neolithic site of Makri and the Sarakiní village of the ethnoarchaeological study are located.

We present in brief the geographical, climate and vegetation characteristics of each region. Additionally, we include some information of the prehistoric sequence of each region in relation to the sites studied.

The region of Epirus
Geographic location, climate and vegetation

Epirus is located in Northwest Greece (39°00′ - 40°15′ N and 20°10′ - 21°11′ E) (Fig. 27, Fig. 28). It is a mountainous region. One of the dominant geographic features in the area is the Pindus mountain range with NW-SE orientation. The relief in general is abrupt and various river systems dissect the territory forming deep gorges.

Lithology is characterised by limestone and flysch formations. Tectonic activity has greatly influenced the geomorphology of the area and the juxtaposition of limestone and flysch formations. Limestone anticlines are NW-SE oriented and separated by flysch synclines. There is much contrast between relatively stable limestone masses and areas where the dominant flysch erodes, resulting frequently in "badland" formations or accumulation of sediments in depressions due to fluvial activity.

The climate is Mediterranean with continental influences in the mountainous hinterland. The climatic variability between different parts of Epirus is related to contrasting topography and relief. The Pindus range forms a natural barrier protecting coastal and middle altitude zones from northern continental winds. Mean January temperatures fluctuate from 5 °C to 10 °C in coastal Epirus, 0 °C to 5 °C at middle altitude and -5 °C to 0 °C near the mountains. Mean July temperatures are over 25 °C, between 20 °C and 25 °C and between 15 °C and 20 °C respectively. One special feature of the climate in Epirus is the high precipitation levels, where the mean annual ranges between 1000 mm and 1500 mm. Summer drought lasts 2 to 3 months though summer rains are frequent.

As far as the flora and vegetation are concerned, Epirus is one of the richest regions in Greece and the Balkans due to the mountainous topography, proximity to the coast, climate particularities and high precipitation regime. The ecosystems suffered greatly from human intervention, principally in the form of grazing. Fortunately during the last decades some form of prevention and protection has been applied resulting in regeneration of the vegetation in many parts.

Bioclimatic zonation starts with mesomediterranean characteristics near the coastal areas and up to 500 m, approximately. *Quercion ilicis* including the series of *Andrachno-Quercetum* and *Orno-Quercetum ilicis* are characteristic (Fig. 29). Evergreens are predominant *Quercus coccifera*, *Quercus ilex* and *Phillyrea media*; *Pistacia lentiscus* and *Olea europaea* grow near the coast. *Quercus ilex* is not very frequent, mainly growing in humid places and *dehesas* with *Arbutus andrachne* and *Fraxinus ornus*. Some deciduous grow occasionally, mainly *Quercus pubescens* and *Carpinus orientalis*.

Supramediterranean conditions of humid type extend from 500-600 m to 1100-1200 m approximately. *Quercion frainetto-cerris* and locally *Ostryo-Carpinion* are characteristic. At the lower margins of this bioclimatic level there is great variety of oak species and other deciduous, *Quercus pubescens, Quercus cerris, Carpinus orientalis, Ulmus* sp., *Acer* sp. and some *Pistacia terebinthus.* Evergreen species such as *Quercus coccifera, Phillyrea media* are frequent up to 700 m altitude, approximately. The upper supramediterranean level is characterised by great plant diversity. Forests include *Quercus frainetto, Quercus petraea, Quercus dalechampii, Quercus trojana, Ostrya carpinifolia, Tilia tomentosa, Acer obtusatum,* occasionally *Carpinus betulus, Aesculus hippocastanum* and *Castanea sativa.* Over 1000 m *Pinus nigra* subs. *pallasiana* becomes more frequent.

Oromediterranean conditions (Fig. 29) characterize the altitudes from 1200-1300 m to 2000 m approximately. The representative species are of *Pinus nigra* subs. *pallasiana* and *Fagus sylvatica*. From the altitude of 1700 m appears *Pinus heldrechii*. *Abies borisii-regis* grows among other conifers and beeches. *Buxus sempervirens* grows on limestone and poor soils. Other endemic conifers of the Mediterranean, *Pinus leucodermis* and *Pinus mugo* grow in the Pindus range. A few *Pinus sylvestris*, 30-40 individuals, have their southernmost distribution there. Finally, some *Juniperus foetidissima* communities can be found.

Altimediterranean or subalpine conditions are characterised by *Pinus heldreichii* and *Daphne blangayana*. Up to 2300 m, *Junipero-daphnion* with *Juniperus communis* var. *nana* or *J. communis* var. *hemispherica, Juniperus foetidissima, Dapne oleoides, Festuca varia* and in places *Prunus prostata* grow. Above the tree line mainly grow *Silene romeri, Poa violacea* and some endemisms as *Asplenium fisseum, Gnaphalium roeseri* var. *pichleri, Trifolium praetutianum* and *Valeriana epirotica*.

Chronological and cultural sequence of the region

Epirus is the Greek region that has offered prolific information on the Palaeolithic due to the pioneer work of E. Higgs, during the 60's. Later on, some of the sites excavated then, were restudied; parallel excavation and survey projects were carried out by British and Greek teams. Some 400 sites have been identified, most of them being open-air habitats and fewer caves or rockshelters.

The chronological sequence starts at 100,000 BP and reaches the Late Glacial/Holocene transition or the beginning of the Postglacial (Fig. 30). Some surface finds might indicate earlier human presence in the region as well. Systematic excavations were carried out at eight sites, rockshelters, caves or open-air sites including the ones located in the island of Kerkyra. Parallel surveys and the lithic industries recovered confirm human presence during the Middle and Upper Palaeolithic.

The earliest dates come from the Asprochaliko rockshelter, which has given the longer sequence in Epirus. Mousterian and Upper Palaeolithic industries have been recovered. At Kokkinopilos, an open-air site at the vicinity of Asprochaliko, there is abundant Mousterian material as well; a Micoquian handaxe was also found there.

The earlier dates for the Upper Palaeolithic come from Asprochaliko, at 26,000 BP approximately; the cave of Kastritsa is occupied soon after, while the most intense activity is documented there from 16,000 BP onward. At the same time the interior of Epirus documents human activity as evidenced at the Klithi rockshelter in the Vikos Gorge. Five dates where obtained that attribute the most intense occupation to the period between 16,500 BP and 13,000 BP. Synchronous but more sporadic is the occupation of the small cave of Megalakkos, and some time later, the occupation of the Boila rockshelter.

Upper Palaeolithic industries are characterised in all sites by bladelets and backed bladelets. Fauna is variable between sites indicating the exploitation of different ecosystems; at Asprochaliko ibex and deer indicate exploitation of the surroundings and control of deer migration routes. At Kastritsa hunting of deer, bovines and some equids is in agreement with the plain and lakeside environment close to the site. At Klithi hunting in the gorge environment is documented in predominant ibex and chamois faunal remains.

The available information on the Palaeolithic in Epirus indicates no big differences in the distribution of the habitats between Middle and Upper Palaeolithic. Obviously occupation was more intense at lower altitudes and near the coast, while in the interior and at higher levels, was more sporadic. Thus, the majority of the Middle Palaeolithic sites are located near the coast, though low altitude depressions in the interior have offered evidence of occupation as well. Upper Palaeolithic occupation is more intense at low altitude zones; the hinterland was less frequented until the end of the Pleniglacial. Then a period of expansion began to areas that previously were not easily accessible or profitable to humans due to harsh climate conditions. Finally, the Mesolithic is poorly represented in the region but the information available at the moment seems to indicate greater concentration in the coastal areas.

The patterns of occupation in Epirus are related to topography and climatic conditions during the periods investigated. An important feature is the greater extension of low altitude areas since the island of Kerkyra was connected to the continent through an extensive valley. The availability of resources would be much greater there than in the interior. The economic potential of the interior would correspond only to 10% of the total in the region and, additionally, would be available only during certain periods of the year. In this sense, the sites excavated were integrated in a regional pattern of occupation from which, a great part and possibly the largest sites are definitely lost as a result of the Holocene marine transgression.

During the Last Glacial, pollen analysis results and the remains of local glaciers in the region document harsh conditions and low plant biomass. Nevertheless, low altitude areas would present more favourable conditions due to the marine influence and denser vegetation cover that would attract humans and animals. From 16,000 onward, sedimentological and palynological information show evidence of a slow amelioration in the climate conditions. First occupation of the hinterland, the Voidomatis Gorge in particular, coincides with these dates. Evidence from the Klithi rockshelter seems to indicate periodic, short visits oriented exclusively to caprine hunting. Those specialised sites are integrated in the general occupation pattern in Epirus that became wider when new possibilities were offered by the changes produced during the Late Glacial.

In general, the sites excavated and studied in Epirus do not present a parallel occupation. It is a sequence of successive occupations occasionally superimposed as in the case of Kastritsa and Klithi. What is represented is a progressive expansion of exploitation towards the interior and further adaptations of the patterns to changing conditions.

The region of west Macedonia
Geographic location, climate and vegetation

West Macedonia is located in the hinterland of Northwest Greece. The main geographical features of the region are various mountains over 1500 m high, various lakes and the river Aliakmon basin that drains a great part of the region (Fig. 27, Fig. 31).

The geological areas distinguished are limestone and flysch formation, some prealpine crystalline zones to the north, neogene formation in low altitude territories and occasionally some granite.

The climate is transitional between continental and Mediterranean with central European characteristics. Winters are cold, with temperatures frequently dropping below zero. Summers are warm and dry though summer drought is limited to one or two months. Mean annual precipitation ranges between 700 and 1000 mm.

The vegetation zonation begins with plant formations of *Quercion frainetto-cerris* under supramediterranean conditions and up to 1000 m approximately (Fig. 29). Various oaks are dominant and *Carpinus orientalis* is an important element especially in degraded areas. Plant formations under oromediterranean conditions grow between 1000 m and 1700 - 1800 m in the Pindus range principally to the south. *Pinus nigra* subs. *pallasiana* dominates while other Mediterranean pines grow as well, *Pinus leucodermis* and *Pinus mugo*. Oromediterranean formations of *Fagion hellenicum* with *Abies borisii-regis* in places are frequent as well. Under altimediterranean conditions some *Pinus heldreichii* is present while above tree line alpine valleys are the dominant features. Under continental conditions, on lacustrine deposits and between 800 and 1000 m altitude, formations of *Juniperus foetidissima*, *Juniperus excelsa* and *Juniperus communis* grow.

Chronological and cultural sequence of the region

There are some sporadic Palaeolithic finds from west Macedonia but the most abundant information comes from the investigation in Neolithic sites through excavation or surveys (Fig.30).

The Neolithic sequence in West Macedonia covers all periods from Earlier Neolithic to the Final Neolithic. Occupation starts by the end of the VII millennium BC and continues during the VI and V. Investigation was mostly concentrated along the Aliakmon River valley, and terraces, and in the central part of the region at the Ptolemaida depression. The main site studied is Servia with a guide sequence that covers the whole Neolithic Period.

The occupation of different parts of the Aliakmon valley is not synchronous. The terrace of Aiani is occupied during the Late Neolithic, while at the Grevena zone there is a short occupation during the Early Neolithic. In the central part of the region, occupation starts with the Early Neolithic but becomes denser during the Late Neolithic.

Concerning the Neolithic in West Macedonia, it seems that the first sites are occupied as early as the Early Neolithic but the process is not uniform in all parts of the region. During the Late Neolithic the proliferation of sites is documented in almost all the region. Most sites are located at low altitudes, close to water sources, but the Late Neolithic documents occupation of high altitudes and marginal areas as well, probably due to increasing population. Other factors than farming potential could be responsible for these patterns and the role of the new sites in a regional net of communications should be considered.

The region of Thrace
Geographic location, climate and vegetation

The region of Thrace is located in the northeastern part of Greece, limited by the rivers Nestos and Evros to the west and east respectively, the Rodopi mountain chain to the north and the Aegean Sea to the south (Fig. 27, Fig. 32).

The region's general features are low altitudes, extensive valleys in the centre and along the major rivers. Only a limited zone to the north and Northwest shows a more abrupt relief along the Rodopi Mountains that do not gain much altitude within the Greek territory. Various lakes, lagoons as well as deltaic formations characterise the Thracian littoral.

Geology is characterised by proalpine formations of crystalline masses of Rodopi, by volcanic formations of the Tertiary and by Quaternary alluvial formations.

The climate is Mediterranean with increasing continental influence as one leaves the coast. Winters are cold due to continental winds that penetrate through river valleys in a north-south direction; summers are hot and the precipitation regime is dry to sub-humid, the mean annual rainfall ranges between 500 and 700 mm. In the mountain areas the continental influences are attenuated while precipitation regime is of a humid type.

Bioclimatic zonation starts with mesomediterranean conditions dominating a narrow zone along the coast (Fig. 29). Plant communities under mesomediterranean conditions belong to the *Quercion ilicis* and extending intermittently from sea level to the altitude of 200 - 300 m. The dominant species are evergreens, *Quercus coccifera*, *Quercus ilex*, *Phillyrea media*, *Arbutus unedo*, *A.*

andrachne and occasionally some deciduous, *Carpinus orientalis*, *Fraxinus ornus* and *Quercus pubescens*. *Pinus brutia* expands in the same area as well.

Suprámediteranean conditions become progressively more continental and distinct plant formations succeed in altitude or towards the interior. At low altitudes formations of the *Ostryo-Carpinion* with *Quercus pubescens*, *Carpinus orientalis*, *Ostrya carpinifolia*, *Fraxinus ornus*, extend progressively substituted by xerophile forests of the *Quercion confertae (frainetto)-cerris*. The succession of these formations is not always clear depending on exposure and mediterranean influences; in general oak forests are dominant above 400 m and frequently at lower altitudes as well.

The oromediterranaen conditions characterise altitudes above 750-800 m. and plant formations belong to the *Fagion hellenicum (moesiacae)* with *Fagus moesiaca* and *Fagus orientalis*. Finally in the western part of the Rodopi chain formations of the *Vaccinio-Piceion* composed by *Fagus sp.*, *Picea abies*, *Abies borisii-regis*, *Pinus sylvestris* and some *Pinus peuce* exist.

Riverbanks are covered by gallery-forest of the *Alno-ulmion* or *Platanus orientalis* forests. At littoral deltas, lakes and lagoons extend warm Mediterranean gallery forests of the *Nerio-Tamaricetea* with *Phragmites* sp., *Scirpus maritimus*, *Typha angustifolia*, *T. latifolia*, *Schoenoplecus lacustris*, *Tamarix* sp., etc.

Chronological and cultural sequence of the region

The prehistoric sequence of Thrace is little investigated mainly due to the concentration of archaeological interest in the Greek colonies of the Thracian coast. Recent investigations through surveys and excavations have established a sequence that goes back to the middle Palaeolithic although there are still gaps concerning Upper Palaeolithic, Mesolithic and the Neolithic (Fig. 30). The Neolithic sequence starts during the Late Neolithic and the most characteristic features are ascribed to the "Paradimi Culture", named by the first Neolithic site excavated in the area. This excavation revealed deep Neolithic layers and a pottery typology parallel to the neighbouring sites of Sitagroi, Dikili Tash and Paradeisos in east Macedonia. In chronological terms, the assemblages of Paradimi are attributed to the Greek Late Neolithic or Middle-Late Neolithic of the Balkans.

In a recent project at the Tell site of Proskinites the excavation and pottery typology revealed similar characteristics. A single occupation phase of the Late Neolithic is attributed to the V millennium BC.

The Late Neolithic in Thrace is integrated in the Balkan tradition. A particular characteristic of this period in Thrace is the uniformity of the pottery. Despite the affinities with other Balkan sites it seems to be of local developement with a persistent distribution along the Thracian coast.

A particularity of the region together with east Macedonia is the absence of earlier Neolithic occupation; recent investigations and surveys in the area in an attempt to locate Neolithic sites have recorded the influence of complex geomorphological processes that could seriously affect visibility and recovery of archaeological material. It is postulated that alluviation processes in the valleys could hinder the detection of extended sites leaving only tells visible. Additionally the recovery of Palaeolithic finds has demonstrated the insufficient investigation in the region. In this respect it is still premature to rule out the possibility of occupation earlier than the Late Neolithic.

The sequence in Thrace starts with the Middle Palaeolithic. Nevertheless, there is a large gap until the next occupation phase that corresponds to the Late Neolithic. It is probable that this is due to insufficient investigation in the area as well as geomorphological particularities. As for the Late Neolithic, it presents Balkan elements though with local characteristics. The Bronze Age is little investigated, especially the early Bronze Age. There is evidence of continuous occupations in the earlier sites and the material culture has similarities to the Balkans and the North Aegean. During the Late Bronze Age change in the occupation patterns is detected and manifested in the location of most sites at high inaccessible altitudes outside the valleys.

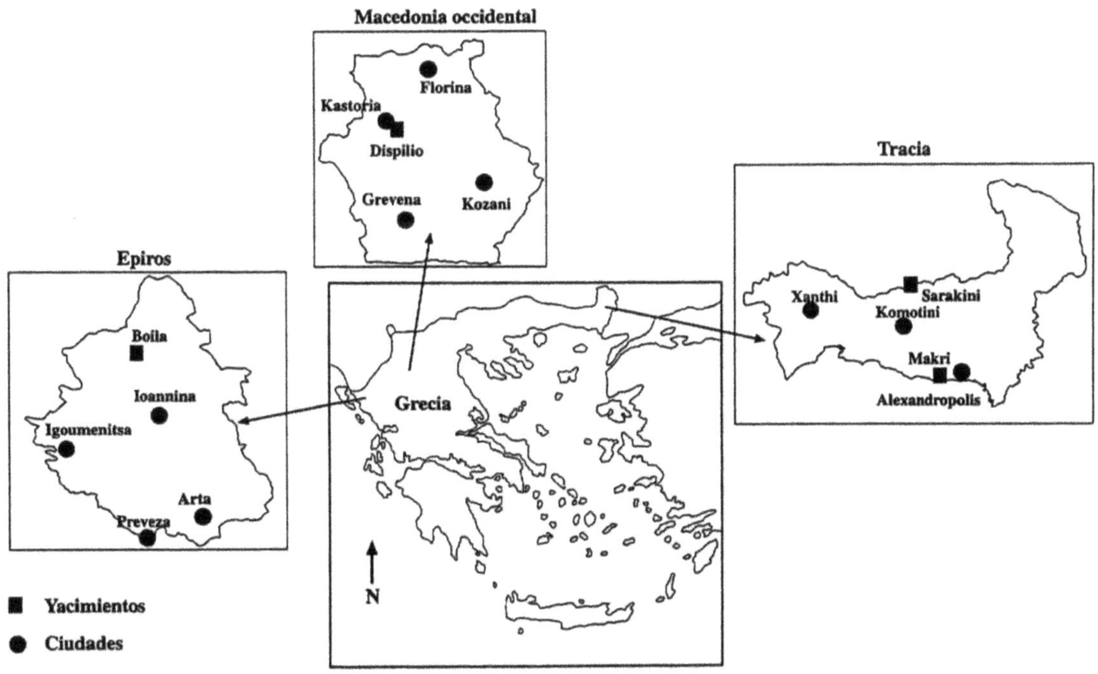

Fig. 27: Mapa de Grecia con las regiones donde se sitúan los yacimientos en los que se ha realizado el análisis antracológico.
Fig. 27: Map of Greece showing the regions were the sites of charcoal analysis are located.

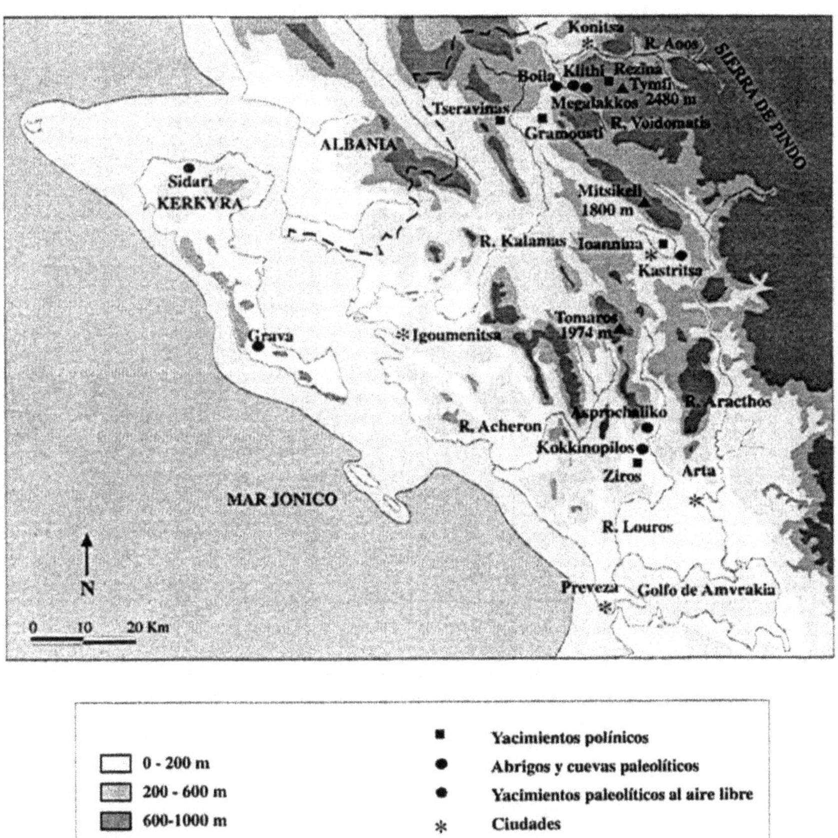

Fig. 28: Mapa de la región del Epiro (modificado a partir de Bailey 1997, diseño G. Pascual).
Fig. 28: Map of Epirus (modified after Bailey 1997, drawing G. Pascual).

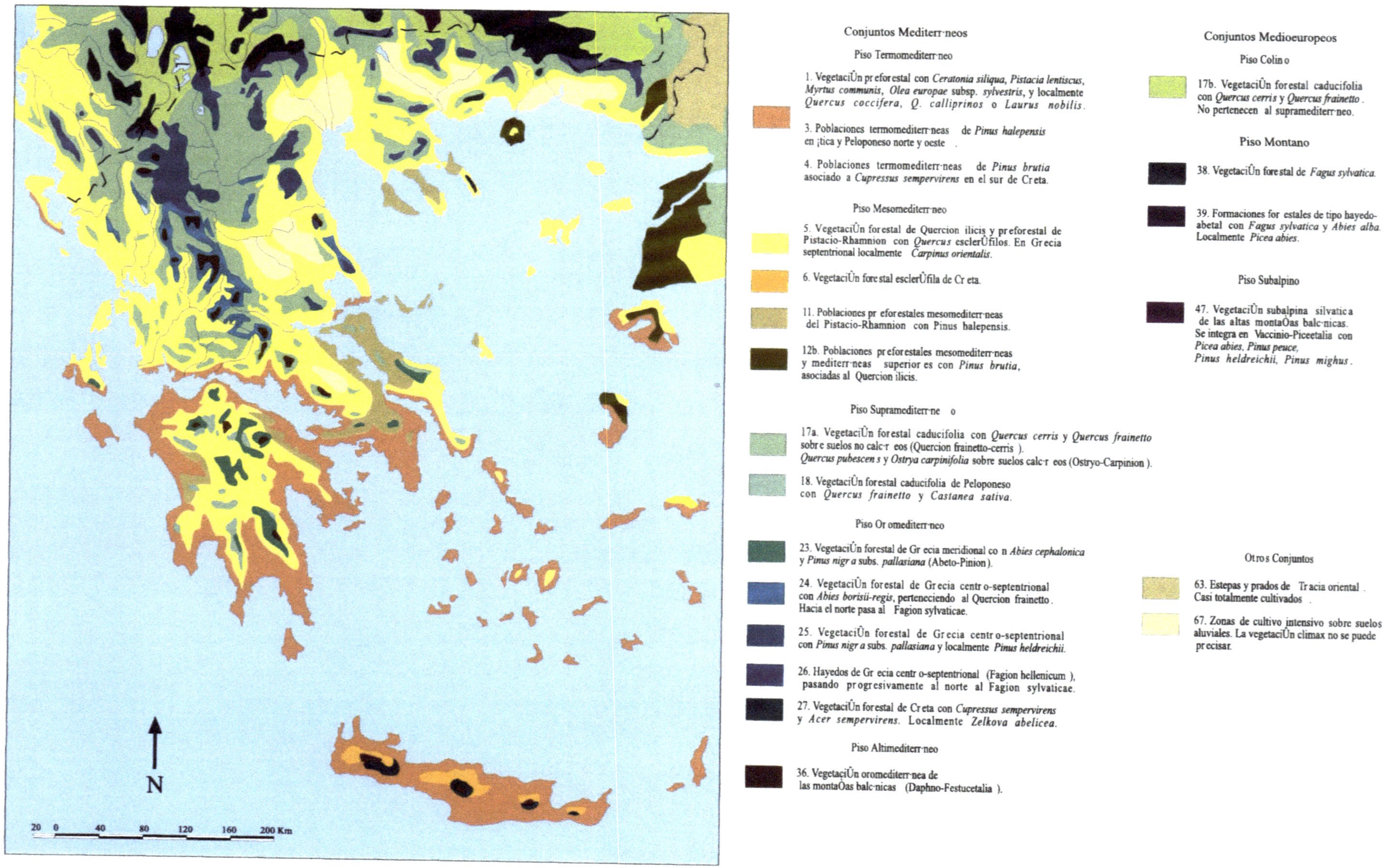
20 0 40 80 120 160 200 Km
N
Conjuntos Mediterr·neos
Piso Termomediterr·neo
1. VegetaciÛn preforestal con Ceratonia siliqua, Pistacia lentiscus, Myrtus communis, Olea europae subsp. sylvestris, y localmente Quercus coccifera, Q. calliprinos o Laurus nobilis.
3. Poblaciones termomediterr·neas de Pinus halepensis en ¡tica y Peloponeso norte y oeste .
4. Poblaciones termomediterr·neas de Pinus brutia asociado a Cupressus sempervirens en el sur de Creta.
Piso Mesomediterr·neo
5. VegetaciÛn forestal de Quercion ilicis y preforestal de Pistacio-Rhamnion con Quercus esclerÛfilos. En Grecia septentrional localmente Carpinus orientalis.
6. VegetaciÛn forestal esclerÛfila de Creta.
11. Poblaciones preforestales mesomediterr·neas del Pistacio-Rhamnion con Pinus halepensis.
12b. Poblaciones preforestales mesomediterr·neas y mediterr·neas superiores con Pinus brutia, asociadas al Quercion ilicis.
Piso Supramediterr·neo
17a. VegetaciÛn forestal caducifolia con Quercus cerris y Quercus frainetto sobre suelos no calc·reos (Quercion frainetto-cerris). Quercus pubescens y Ostrya carpinifolia sobre suelos calc·reos (Ostryo-Carpinion).
18. VegetaciÛn forestal caducifolia de Peloponeso con Quercus frainetto y Castanea sativa.
Piso Oromediterr·neo
23. VegetaciÛn forestal de Grecia meridional con Abies cephalonica y Pinus nigra subs. pallasiana (Abeto-Pinion).
24. VegetaciÛn forestal de Grecia centro-septentrional con Abies borisii-regis, perteneciendo al Quercion frainetto. Hacia el norte pasa al Fagion sylvaticae.
25. VegetaciÛn forestal de Grecia centro-septentrional con Pinus nigra subs. pallasiana y localmente Pinus heldreichii.
26. Hayedos de Grecia centro-septentrional (Fagion hellenicum), pasando progresivamente al norte al Fagion sylvaticae.
27. VegetaciÛn forestal de Creta con Cupressus sempervirens y Acer sempervirens. Localmente Zelkova abelicea.
Piso Altimediterr·neo
36. VegetaciÛn oromediterr·nea de las montaÒas balc·nicas (Daphno-Festucetalia).
Conjuntos Medioeuropeos
Piso Colino
17b. VegetaciÛn forestal caducifolia con Quercus cerris y Quercus frainetto. No pertenecen al supramediterr·neo.
Piso Montano
38. VegetaciÛn forestal de Fagus sylvatica.
39. Formaciones forestales de tipo hayedo-abetal con Fagus sylvatica y Abies alba. Localmente Picea abies.
Piso Subalpino
47. VegetaciÛn subalpina silvatica de las altas montaÒas balc·nicas. Se integra en Vaccinio-Piceetalia con Picea abies, Pinus peuce, Pinus heldreichii, Pinus mighus.
Otros Conjuntos
63. Estepas y prados de Tracia oriental. Casi totalmente cultivados.
67. Zonas de cultivo intensivo sobre suelos aluviales. La vegetaciÛn climax no se puede precisar.

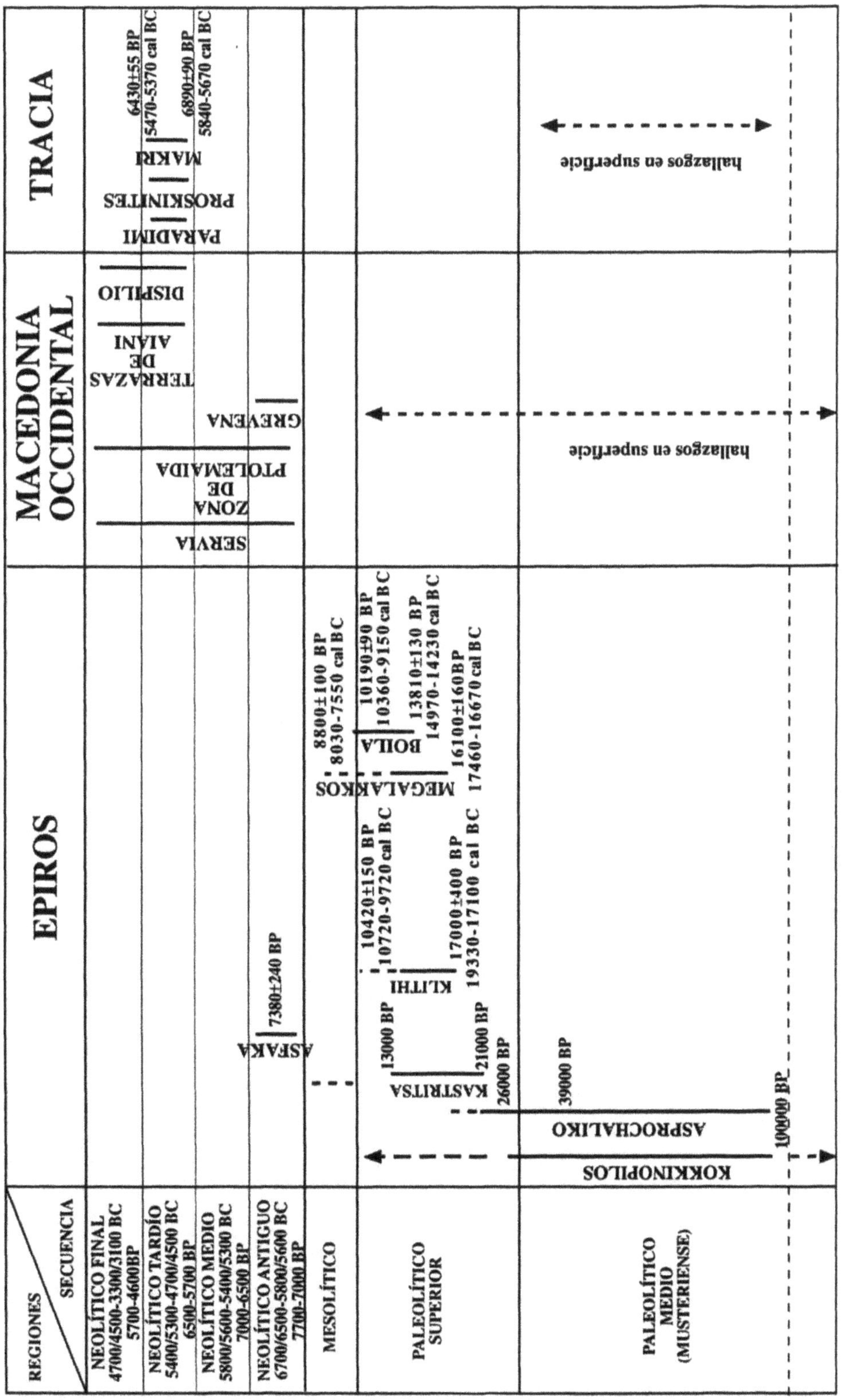

Fig. 30: La sequencia cronológica-cultural del Epiro, Macedonia occidental y Tracia.
Fig. 30: Cronological and cultural sequences of Epirus, West Macedonia and Thrace.

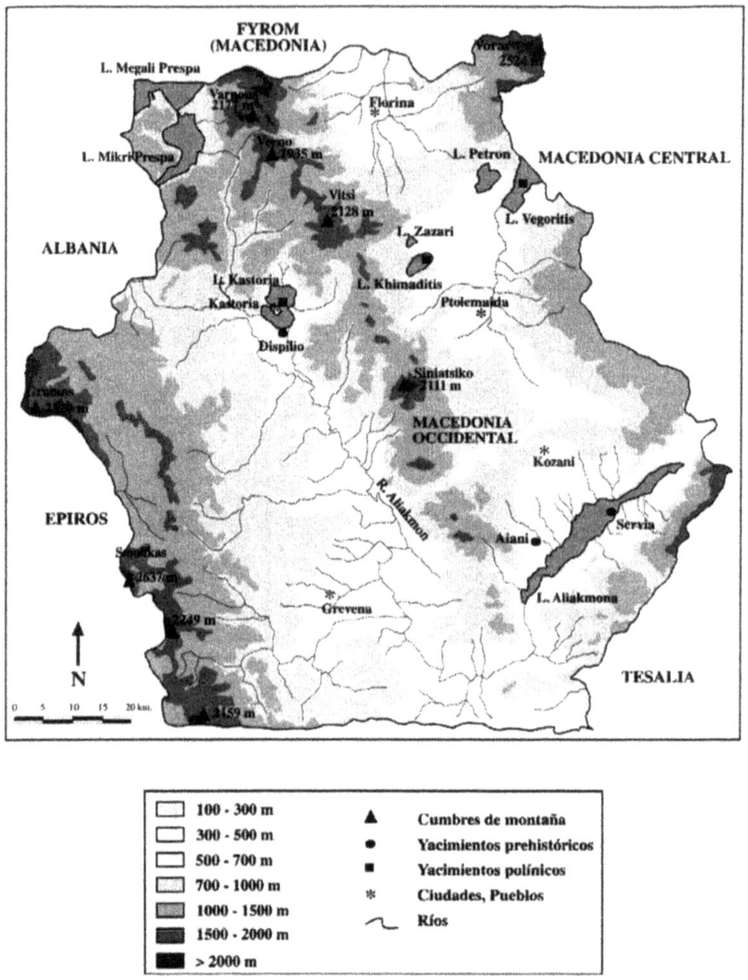

Fig. 31: Mapa de la región de Macedonia occidental (modificado a partir de Road Editions Map 1:250.000).
Fig. 31: Map of West Macedonia (modified after Road Editions Map 1:250.000).

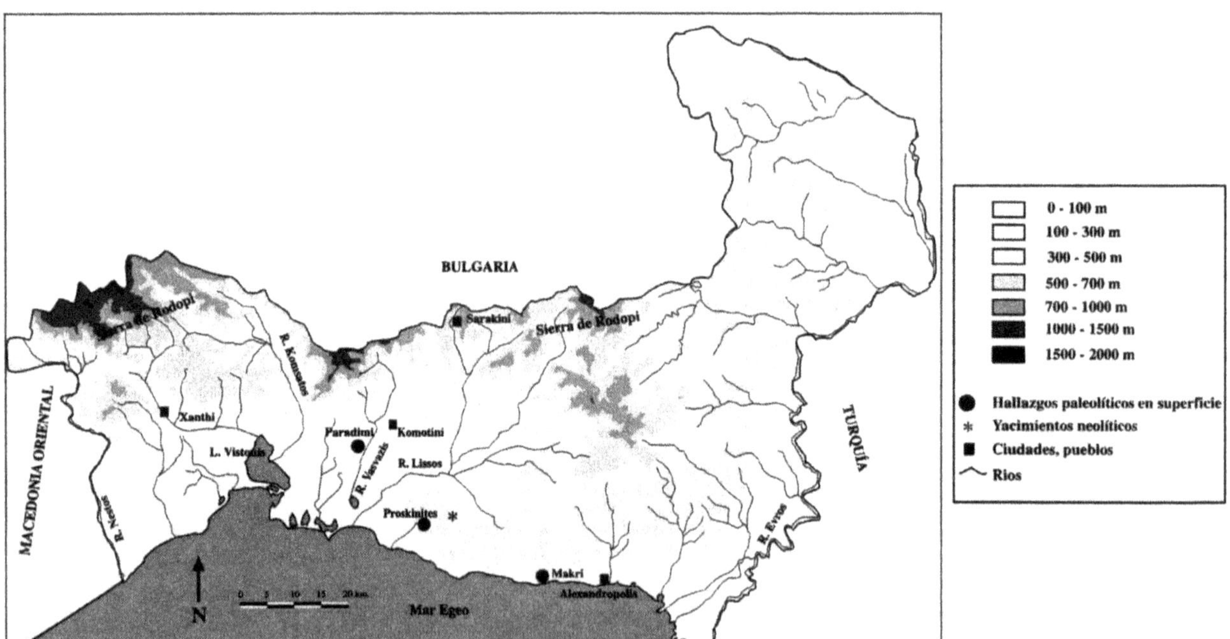

Fig. 32: Mapa de la región de Tracia (modificado a partir de Road Editions Map 1:250.000).
Fig. 32: Map of Thrace (modified after Road Editions Map 1: 250.000).

Capítulo 4

EL ANALISIS ANTRACOLOGICO EN LA ALDEA DE SARAKINI: EL ESTUDIO ETHNOARQUEOLOGICO

Introducción

La investigación arqueológica tiene como finalidad conocer y analizar las sociedades humanas del pasado y su comportamiento a partir de los restos materiales hallados en las excavaciones. La información descriptiva es solamente el primer paso en el análisis arqueológico que adicionalmente ha formulado métodos de investigación específicos para profundizar en la reconstrucción del pasado. Sin embargo, las manifestaciones de las actividades humanas y otros aspectos de la organización de las sociedades son difíciles de discernir a través de los restos materiales. El comportamiento social, las estrategias de subsistencia, la ideología y la religión son temas complicados y para su análisis se han propuesto hipótesis y modelos interpretativos.

No obstante, la arqueología es consciente de las limitaciones de estos modelos teóricos y ha buscado métodos para probar sus mecanismos interpretativos en otras disciplinas y principalmente en las ciencias de la humanidad. Así surgió la etnoarqueología que integra toda la documentación disponible de la etnografía, etnohistoria e historia (Efstratiou 2002).

La etnoarqueología recibe muchas definiciones. Así, la etnoarqueología se define como el estudio de las relaciones materiales de sociedades modernas o históricas con la finalidad de formular propuestas experimentales para la interpretación de los materiales arqueológicos (Gibbon 1984). También, el estudio etnoarqueológico está enfocado al uso de la documentación etnográfica para poner a prueba los modelos arqueológicos (Redman *et al.* 1978). Para otros la etnoarqueología es la comparación entre datos etnográficos y arqueológicos y el uso de la analogía etnográfica (Gould 1974).

Actualmente, la etnoarqueología no dispone de una base teórica sólida. Así en la práctica utiliza, directa o indirectamente, la comparación y la analogía; la primera, la comparación, se basa en el estudio del comportamiento humano actual en relación con los procesos de formulación de los restos arqueológicos y en la comparación con el material prehistórico (Raymond-Mignon 1993: 137). La segunda, la analogía, funciona como punto de partida para detectar posibles correlaciones entre los datos etnográficos y arqueológicos sin proseguir a la interpretación (Kent 1987: 40). La tendencia actual de la etnoarqueología es la búsqueda de "relaciones arqueológicas" sobre todo respecto al comportamiento humano; la aportación más importante de la etnoarqueología es la constante investigación sobre el uso de la analogía y de su valor interpretativo (Efstratiou 2002). El traslado directo de las observaciones etnográficas al pasado es arriesgado; no obstante, la relación analógica entre estas y los datos arqueológicos, cuando se realiza con precaución, constituye una instrumento fiable para enfrentarse a los problemas de la interpretación arqueológica.

En el marco de la problemática sobre la aportación etnoarqueológica al conocimiento de las comunidades prehistóricas se inició el proyecto de Sarakiní. El objetivo ha sido conseguir documentar e interpretar la realidad cultural y el cambio en una comunidad en las montañas del interior de Tracia (Fig. 32). Sarakiní y su entorno fueron elegidos para el estudio etnoarqueológico en virtud de unos criterios que se valoraron en su conjunto: el aislamiento geográfico consecuencia del cual es el contacto escaso con las ciudades y la llanura, la particularidad cultural de la comunidad y finalmente con relación a los criterios anteriores, la perduración de elementos "tradicionales", es decir, de objetos y procesos que mantienen elementos arcaicos.

La Antracología en el campo arqueológico intenta reconstruir el entorno vegetal de las comunidades del pasado a través de la recogida de leña practicada por los humanos y reflejada en el carbón sedimentado en los depósitos arqueológicos. Dentro del marco del proyecto etnoarqueológico en la aldea de Sarakiní se nos ha presentado la oportunidad de hacer observaciones relacionadas con la gestión del entorno vegetal, con las zonas de aprovisionamiento de leña, con el concepto de los habitantes sobre el combustible, con la quema de la leña para funciones diversas y con el desecho de los restos de fuegos. En este sentido hemos planteado la posibilidad de realizar un estudio antracológico actual parecido a aquellos realizados en yacimientos prehistóricos. Contando con la ventaja de poder comparar nuestros resultados antracológicos con el medio vegetal real, hemos pensado tratar algunos aspectos metodológicos de la Antracología recogiendo muestras de diversos hogares y basureros. Nuestro trabajo ha mantenido tres vías:

- la información oral que nos suministraban los habitantes,

- la observación y anotación por nuestra parte de todos los aspectos relacionados y,

- finalmente, la recogida y análisis de restos de combustible, es decir, el carbón como si se tratara de un yacimiento arqueológico.

4.1. La aldea de Sarakiní

La aldea de Sarakiní donde se está llevando a cabo el proyecto etnoarqueológico, se encuentra en la región de Tracia y concretamente en la sierra de Rodopi, en la zona fronteriza entre Grecia y Bulgaria (Fig. 32). El territorio a lo largo de la sierra está habitado por el pueblo Pomako, distribuido en aldeas en ambos países.

Los Pomakos constituyen una minoría étnica que se caracteriza por diferencias en el idioma, en la religión, en la mentalidad e identidad. Actualmente son musulmanes pero hasta finales del siglo XVII eran cristianos. El 90% de su idioma está constituido por elementos eslavos y ha incorporado también elementos del turco y griego.

Las comunidades pomakas han sido básicamente sedentarias. La base económica original no está claramente definida; es decir, si han tenido una economía basada en la cría de animales practicando la agricultura de forma adicional o viceversa. En todo caso, parece ser que no han practicado la transhumancia a larga distancia, al menos desde que se establecieron en asentamientos permanentes. Las bases económicas han sufrido varios cambios a lo largo del tiempo y un ejemplo de esto es la mayor intensidad de la agricultura desde el establecimiento de las fronteras entre Grecia y Bulgaria que supuso un obstáculo en la movilidad de los grupos humanos y la reducción de las zonas de pastos. No obstante, a pesar de los cambios en las bases económicas, la estructuración social todavía se caracteriza por formas primitivas en la organización y la propiedad (Efstratiou 1999, Tsibiridou 1999 citado en Efstratiou 1999).

Actualmente muchas de las aldeas pomakas están despobladas. Los habitantes abandonan sus pueblos y se trasladan a las ciudades o pueblos cercanos en busca de trabajo y siguiendo la tendencia general de acumulación de población en los grandes centros que caracteriza a Grecia durante los últimos 50 años. Sarakiní, la aldea pomaka donde se está llevando a cabo el estudio etnoarqueológico ha resistido hasta cierto punto estas tendencias de traslado hacia los grandes centros, aunque allí también se observa cada vez con mayor intensidad el abandono.

La aldea se localiza en un valle interior de la sierra de Rodopi (41° 17'N, 25° 50'E) entre los 450 y 550 m de altitud (Fig. 33). La zona tiene una topografía vertebrada por cursos de agua y fuertes pendientes. El clima es mediterráneo continental con inviernos muy fríos (m<0°). El ombroclima es de tipo húmedo. Las lluvias son frecuentes a partir del mes de octubre y hay nevadas con frecuencia al lo largo de todo el invierno, perdurando a veces hasta muy avanzada la primavera.

Las formaciones vegetales predominantes en la zona son los robledales y a partir de los 700 m los hayedos (Fig. 29, Fig. 33). Hay zonas de transición donde el bosque está compuesto tanto de robles como de hayas. En el entorno inmediato del pueblo, el fondo del valle está cubierto por una aliseda, que incluye también sauces, chopos, varios arbustos y herbáceas; en las zonas más cerradas y abruptas del valle la vegetación de ribera es casi impenetrable. Parte de las colinas en contacto directo con el pueblo está cubierta de formaciones degradadas de enebros, endrinos y matorrales abiertos debido al pastoreo y al cultivo en épocas anteriores cuando la zona estaba más poblada. El robledal ocupa grandes extensiones y presenta muchas formas; así, hay bosques densos, zonas cercanas al pueblo muy antropizadas de árboles viejos y bosque regenerado de tocones debido a fuegos. Finalmente, el hayedo es denso y el suelo está constantemente cubierto de hojarasca.

La aldea de Sarakiní se encuentra en un valle interior que, hasta épocas muy recientes, se caracterizaba por el aislamiento geográfico y la difícil comunicación tanto con ciudades y pueblos del llano como con otras aldeas del mismo entorno (Lamina 10: 55). La comunicación con la ciudad de Komotini hasta el año 1976, que se abrió una pista de tierra forestal, se realizaba por senderos a través de las montañas con mulas o camellos. Igualmente, había senderos a través de los bosques que comunicaban Sarakiní con las aldeas vecinas (Efstratiou 2002).

La aldea se compone de cinco *mahalades* (barrios) separados entre ellos, que ocupan las colinas que rodean el valle fluvial (Lamina 10: 56). La organización originaria de los barrios se basó en familias extensas. La división entre barrios es estricta. Cada barrio tiene adjudicada un área de producción, tanto campos de cultivo, huerta, zonas de pasto como zonas del bosque. La división de las zonas no viene marcada por ningún elemento artificial; a veces algunas características geográficas como ríos o barrancos sirven como límites pero generalmente la delimitación de los territorios se basa en una ley comunal oral. Sin embargo, los limites del área de producción de los diferentes barrios están respetados y nunca se realizan actividades en las zonas que no les corresponden (Efstratiou 1986, 1999).

Las casas que constituyen los distintos barrios suelen ser la base de una familia extensa. Cada casa dispone del edificio de la vivienda, de un patio y un huerto. La parte superior de la vivienda es la zona de habitación y en el sótano están las cuadras.

Aparte de las viviendas, otras estructuras en los márgenes de la aldea o esparcidas en su entorno son los corrales que se distinguen en invernales (*mantria*) y estivales (*stanes*). Los primeros suelen ser de planta ovalada y presentan dos tipos de construcción:

a) paredes o zócalo de piedra, techumbre de madera cubierta de centeno o,

b) armazón de postes y entramado de madera cubiertos también de centeno (Lamina 11: 57). Los segundos son construcciones simples de madera que consisten en vallar con postes y ramas una zona determinada y cerrar los animales en verano. Estructuras de madera que sirven de almacén son frecuentes en la aldea (Lamina 11: 58).

En las casas están los huertos pero también los habitantes disponen de parcelas más alejadas y cercanas al río que antiguamente les suministraban cereales y hortalizas para el consumo local. Actualmente cultivan tabaco en verano lo que les proporciona un ingreso constante aunque también mantienen cultivos de maíz, alubias u otras hortalizas para el autoconsumo. La distribución de las tierras de cultivo sigue la organización territorial de los cinco barrios. La distancia de las tierras del centro del pueblo está basada en los territorios otorgados a cada barrio por decisión comunitaria y en tiempo de llegada de cada familia a lo que fue el núcleo principal del pueblo; los barrios más antiguos disponen de las tierras más cercanas (Efstratiou 1999, 2002).

Los campos están distribuidos a lo largo del valle y en la colinas circundantes (Lamina 12: 59). Las parcelas se rodean de cercados cuidadosamente preparados con postes de madera y ramaje que se renuevan todos los años en primavera antes de comenzar las actividades agrícolas. Cercados y setos vivos protegen los campos de los animales, sobre todo de las vacas que viven sueltas en el monte durante los meses del verano. Hay acequias que canalizan el agua del río a las parcelas.

La preparación de los campos y el arado de la tierra, se realiza con animales, vacas o mulas (Lamina 12: 60). Los útiles de madera como arados, estacas, escaleras y mangos de herramientas los fabrican los habitantes. Entre las herramientas, el hacha es el más frecuente y suele acompañar cualquier actividad.

Una pequeña parte de la población se dedica a la cría de animales. Además, de las vacas que casi todas las casas tienen, actualmente hay pocos rebaños numerosos, principalmente de cabras, aunque también tienen algunas ovejas.

Una o dos vacas se guardan en las cuadras de las casas y se utilizan para labrar y para la leche. Ocasionalmente, las crías se venden para carne. Las cabras y ovejas se cobijan en corrales que se encuentran en su mayoría fuera de la aldea aunque también hay algunos en los márgenes de ella. La venta de animales para los que los tienen es un ingreso adicional al del tabaco.

Las mulas y burros se utilizan como animales de carga para el transporte de la leña, del forraje y de la paja almacenada en pajares en los campos, etc., pero no todas las casas mantienen estos animales. Cuando los necesitan para cualquier actividad piden la ayuda de los familiares o vecinos que los tienen.

La producción de miel era, hasta hace poco, una actividad muy importante en la aldea y es frecuente encontrar en las casa colmenas de fabricación local fuera de uso (Lamina 13: 61).

El territorio del pueblo, al ser un valle cerrado rodeado de colinas, tiene bastante pendiente. La comunicación entre los barrios, hacia los campos y el bosque se hace por pequeños senderos. No existían carros u otros medios de transporte menos las mulas y los burros hasta que se introdujeron recientemente, junto con la construcción de pistas de tierra, algunos coches.

Igual que la distribución de los campos de cultivo, el territorio circundante, el robledal y el hayedo, están distribuidos entre los distintos barrios para el pasto y otros usos como la recogida de leña.

El bosque que rodea el pueblo, proporciona el combustible para los fuegos domésticos, la madera para la construcción, para cualquier tipo de reparaciones o para la fabricación de útiles como los arados, las colmenas etc. y también frutos silvestres como los cornejos para consumir, o las flores y hojas de tilos de los que se hace infusión. Se injertan pies de perales, manzanos y prunos silvestres y es frecuente encontrar árboles frutales en los límites de los campos, en los recorridos de los pastores o en los patios de las casas.

Uno de los usos más importantes del bosque junto a la recogida de leña es el aprovisionamiento de forraje para los animales. En las zonas circundantes de los corrales y a lo largo del trayecto que recorre el ganado a diario hay robles podados donde se almacenan ramas y hojas que le sirven de alimento durante el invierno. A los animales se les da el forraje de roble mientras están estabulados en el corral o se les tiran las ramas con hojas en el camino en los días de nieve que suelen ser bastantes. Los robles podados, con muñones y formas de horquilla para almacenar el forraje (*çatal*) son el elemento más común en el robledal circundante que tiene un aspecto muy peculiar en invierno cuando los árboles están sin hojas (Lamina 13: 62).

El modo de vida en Sarakiní es diferente al de los pueblos rurales del llano. El aislamiento geográfico y cultural ha tenido como consecuencia que perduren las características arcaicas en todos los aspectos. Evidentemente, el contacto con la ciudad y la integración de los habitantes en los intercambios comerciales que se realizo a partir de los años 70 con la introducción del cultivo de tabaco, ha cambiado su forma de vivir en muchos aspectos. Así, por ejemplo se ha sustituido casi por completo la práctica de cultivos tradicionales por el tabaco comercializable. Sin embargo, todavía se mantienen elementos de la estructura social y económica anterior. El último avance importante para la aldea fue la instalación de la luz (1998) y la reparación de algunas de las pistas de tierra que facilitan las comunicaciones; no obstante, los habitantes de la aldea, en cuando tienen la oportunidad, se instalan en las ciudades o pueblos más cercanos.

4.2. La Antracología y su aplicación en Sarakiní

La Antracología ha proporcionado un método a partir del cual se puede obtener información relacionada con las condiciones ecológicas del pasado, así como datos etnobotánicos que hacen referencia al uso del entorno vegetal por parte de los grupos humanos.

La hipótesis antracológica es: el combustible doméstico procede de recogidas de elección racional asociada a la necesidad de fuentes de energía, a la disponibilidad y a la abundancia de materia prima, que a su vez se basa en los factores de distancia y esfuerzo que influyen a la hora de maximizar la productividad del trabajo en las sociedades de subsistencia. Con eso se hace comprensible que los recursos disponibles a distancias más cortas sean los primeros en utilizarse, minimizando la selección de especies puesto que todas pueden cumplir las mismas funciones domésticas que requieren fuentes de energía. Con esta práctica la relación esfuerzo - rendimiento está equilibrada; mientras la productividad de los recursos naturales no se ve superada por la demanda en combustible estas prácticas se mantienen en función. En cuanto se producen cambios se pueden dar dos posibilidades: ampliar el radio de acción lo que supone alteraciones de la relación esfuerzo – rendimiento, o aprovechar los nuevos recursos producto de alteraciones en el entorno vegetal. También es probable una combinación de ambas posibilidades.

En todo caso, lo que se puede deducir a través de esas hipótesis de utilización de los recursos naturales como combustible doméstico o cotidiano es la ausencia de una selección específica. La recogida es primeramente una respuesta a la disponibilidad y la abundancia en el entorno inmediato. Asumiendo estas características de la recogida de combustible doméstico la Antracología se ha planteado la posibilidad de realizar interpretaciones ecológicas a partir de los restos de combustible doméstico encontrados en las excavaciones.

La aplicación del método antracológico en yacimientos arqueológicos ha ofrecido información coherente sobre los paisajes vegetales utilizados por los grupos humanos. No obstante, "l'anthracologue n'a que l'etat final de la comparaison qu'il cherche à etablir, et ne peu donc pas la vérifier par la végétation actuelle...il ne peut pas bénéficier de fonctions de transfert satisfaisantes pour relier une végétation connue à une spectre de fréquences des espèces qui en proviennent. En effet, le seul moyen de procéder serait d'analyser de residues de foyers actuels dans un environement exploité de façon traditionnelle" (Chabal 1994: 324). Con esa observación pensamos que se hace referencia a algunos conceptos de la base metodológica de la Antracología:

- el combustible refleja factores combinados como la vegetación natural y la actitud humana en busca de leña,

- la explotación tradicional del medio vegetal y sus características,

- los restos de combustible concentrados en los hogares. Respecto a ellos la misma autora señalaba "pour faire la démonstration anthracologique du caractère alátoire de dépôts concentrés de charbons de bois par rapport à des fragmentes dispersés, il faudrait comparer les charbons dispersés d'un niveau stratigrafique aux contenus d'un grand nombre de foyers (ou dépôts assimilés), du même site et de durées échelonnées aléatoirement sur toute la durée de formation de ce même niveau, puisque chacun représente très mal la durée réelle d´occupation du niveau. On chercherait à démontrer que les foyers représentent la variabilité aléatoire du niveau, ou le niveau leur synthèse, les charbons de bois dispersés permettant alors une appréciation du ramassage moyen du bois, pour cette durée, plus sûre que le contenu de quelques foyers" (Chabal 1988: 192).

Los requisitos para la realización de un estudio como se describe en el anterior párrafo, difícilmente se encuentran en un yacimiento arqueológico puesto que los hogares no suelen ser abundantes. Teniendo en cuenta esa realidad se ha buscado la comprobación de la base teórica antracológica en las características de las muestras de carbón disperso.

La Antracología ha basado la interpretación paleoecológica en el carbón que se encuentra disperso por el sedimento. Se deposita paralelamente a la formación del estrato y corresponde así a su duración en el tiempo. Procede de varios vaciados, limpiezas de hogares o dispersión mecánica del combustible a partir de ellos y es representativo de varias recogidas de leña que, volviendo a las características de esta actividad, refleja las formaciones vegetales que caracterizan el entorno de los hábitats.

Los hogares, elementos fácilmente reconocibles en las excavaciones por la concentración de restos de madera carbonizada, han sido el objeto de estudios metodológicos en Antracología; se ha comprobado la débil representatividad ecológica de estos elementos porque generalmente conservan los restos de pocos fuegos y del último combustible quemado antes del abandono de la estructura. Consecuentemente, se ha propuesto el estudio del material procedente de hogares con un perfil etnobotánico. La información ecológica de los hogares sería complementaria a la del carbón disperso por el sedimento.

Igual que los hogares, los fosos o silos utilizados como basureros son un elemento frecuente en las excavaciones arqueológicas. Contienen restos de combustible doméstico que, en ciertos casos y en relación con la duración del uso de la estructura pueden dar resultados ecológicos coherentes.

En la aldea de Sarakiní, hemos tenido la oportunidad de encontrar varios hogares tanto en relación directa con las casas como dispersos por la zona de hábitat. Los restos de combustible, también depositados en varias formas, en hogares y basureros, nos han planteado la posibilidad de realizar un estudio antracológico actual siguiendo las pautas del método. Adicionalmente, hemos tenido la posibilidad de inventariar la vegetación del entorno e incluso calcular la superficie cubierta por distintas formaciones en las inmediaciones de la aldea. La base de este estudio, pues, se ha estructurado sobre:

- unas observaciones sobre la práctica de la recogida de leña, es decir cómo se realiza la actividad, cuál es la opinión de los habitantes sobre el combustible y la zona de aprovisionamiento y cómo estos conceptos quedan plasmados en los restos de los hogares y basureros. Con esto, hemos intentado ver qué es lo que implica una recogida "tradicional" y si los conceptos antracológicos sobre el tema, es decir, la recogida de madera muerta, es la práctica que con más fiabilidad refleja el entorno vegetal. Sería una posibilidad ver como afecta, si es que afecta la manera de proveer combustible, a la imagen del entorno a través del carbón,

- el análisis de cada uno de los hogares y basureros encontrados en el pueblo para ver su contenido en combustible y la relación con la recogida de leña y con el entorno vegetal. Así, hemos tenido la ocasión de comparar nuestros resultados actuales con la información de la Antracología arqueológica de contextos similares. Adicionalmente, hemos intentado ver hasta que punto el conjunto de los restos de los hogares actuales dan una síntesis del medio vegetal que en el caso de la aldea es perfectamente observable y descriptible. Si el carbón disperso es el resultado del vaciado de varios hogares, entonces la síntesis de los hogares de Sarakiní de acuerdo con las hipótesis antracológicas debería dar una imagen del entorno vegetal aproximada a la real.

4.3. La recogida del combustible

El medio vegetal alrededor del pueblo es explotado con distintas finalidades. Se cubren las necesidades diarias en combustible, se proporciona materia prima para la construcción y la fabricación o reparación de útiles, se gestiona el robledal para la alimentación del ganado, etc.

Las formaciones vegetales proporcionan leña que es la principal fuente de energía. Todas las familias utilizan el fuego de madera como medio para cocinar, para calefacción y para otros usos domésticos como calentar agua para el lavado de ropa. En todas las casas hay cocinas económicas alimentadas de leña que se utilizan para cocinar y hacer el pan igual que para calentar durante el invierno la habitación donde hace vida cada familia nuclear. Adicionalmente, existen hogares exteriores que se utilizan para calentar agua y hornos en algunos patios.

Es frecuente encontrar en los campos y en los caminos restos de fuegos puntuales que tienen, en la mayoría de los casos, la función de calentar a la gente que trabaja en el exterior, sea los que preparan o cultivan las tierras cercanas al pueblo, o los pastores que acompañan al ganado.

La leña pues se asocia a todas las actividades cotidianas y el aprovisionamiento de combustible es una preocupación importante que se documenta en todas las casas en forma de rimeros (Lamina 14: 63).

Los rimeros se localizan en los patios de las casas o fuera de las casas cerca de un muro exterior. Suelen tener una estructura fabricada con postes de madera y cubierta de ramaje o centeno que protege la leña de la humedad y la lluvia. En los rimeros se almacenan los troncos de los árboles en hileras partidos tangencialmente o astillados en fragmentos más pequeños.

La recogida de leña para los fuegos domésticos se realiza mayoritariamente en las zonas de robledal que rodean el pueblo. Se cortan árboles enteros preferentemente secos, muertos o enfermos. Según el testimonio de los habitantes, un árbol da combustible para 20 días o incluso hasta un mes de invierno. Cinco o seis árboles grandes dan suficiente leña para pasar el invierno; pero cuando los árboles son pequeños se necesitan más.

El aprovechamiento de la formación más cercana a la vez que abundante, el robledal, se manifiesta en la composición de los rimeros donde hemos comprobado en muchas ocasiones que la mayoría de la leña allí almacenada procedía de las principales especies de robles, *Quercus frainetto* y *Quercus petraea*. Ocasionalmente, hemos distinguido leña de hayas o algún *Prunus* pero generalmente son los robles los que predominan. Los habitantes aseguran que la leña de los robles da muy buen combustible pero no desperdician ninguna madera. Nos han comentado el mal combustible que es la madera de aliso o del nogal pero sin embargo las ramas podadas y los árboles cortados para el clareo de las zonas de cultivo de tabaco se llevaron a las casas y a la escuela para quemar.

La acumulación de la leña es una tarea que se realiza en primavera, bastante tardía en Sarakiní, entre abril y mayo cuando las demás actividades agrícolas no requieren todavía la dedicación absoluta de los habitantes de la aldea. Posiblemente la elección de la primavera sea impuesta por la necesidad de dejar secar suficiente tiempo la madera que se va a utilizar.

Durante nuestras estancias en el pueblo hemos comprobado que efectivamente es en primavera cuando se comienzan a llenar los rimeros. No obstante, la recogida de leña sigue en cuanto las demás actividades los permiten, en otoño, para recuperar lo que se ha gastado en verano. La preocupación de los habitantes por la acumulación de leña se comprende por los inviernos fríos y largos que, en ocasiones, cubren la zona de nieve y hacen imposible cualquier actividad exterior.

El acarreo de la leña a la aldea se realiza con las mulas o burros que llevan la carga a través de senderos abiertos en el bosque (Lamina 14: 64). Las mujeres a veces transportan en la espalda las ramas más pequeñas y ligeras.

En cuanto a los fuegos puntuales encontrados por los caminos o los campos, allí se utiliza cualquier madera que este a mano, e incluso en ocasiones puede proceder de útiles o estructuras abandonadas. En la mayoría de los casos es por necesidad de calefacción. En una de nuestras estancias, durante la fría primavera del año 1997, la familia que tenía que preparar semilleros de tabaco en sus campos utilizaron ramas y un tronco para calentarse al fuego. En el invierno de 1998, pudimos observar como los pastores que acompañaban el ganado en un día de nieve, hicieron un fuego para calentarse con ramas encontradas en la zona. No obstante, no podemos descartar otros usos de estos fuegos, como algún asado, o reunion de amigos como hemos deducido por restos de botellas de bebidas alcohólicas.

Pensamos que la recogida de leña en Sarakiní corresponde a una vía "tradicional" para proporcionar fuentes de energía. También nuestras observaciones etnográficas en el pueblo de Sarakiní y el testimonio de los habitantes nos informa de que la recogida de leña para los fuegos domésticos es una actividad organizada y predeterminada en el sentido de que cada unidad doméstica prepara todos los años un *stock*, suficiente leña almacenada, para enfrentarse a las necesidades domésticas. La leña generalmente procede de los robledales circundantes. Adicionalmente, se aprovecha toda la madera disponible y cortada de forma ocasional en el curso de otras actividades, como el clareo para favorecer los cultivos, la recogida de ramas en el monte durante el pastoreo, la quema de útiles fuera de uso, etc.

4.4. Los hogares

4.4.1. Los hogares estructurados de Sarakiní

En la aldea de Sarakiní es frecuente encontrar hogares que disponen de una estructura clara, normalmente con piedras, en los patios de las casas o cerca de ellas (Lamina 15: 65). La mayoría de estos hogares tienen la función de calentar agua para lavar la ropa y su uso es constante y duradero.

Hemos recogido muestras de 6 hogares estructurados, solamente en aquellos casos que hemos podido tener acceso a los patios de las casas o que los hogares se encontraban en su exterior (Fig. 33). Los hogares estructurados 8 y 16 se encontraban en patios; el 3, 11 y 13 se encontraban fuera de ellos. El hogar 3 estaba a lado de la casa pero en el exterior y cerca de una fuente posiblemente para aprovechar la provisión directa del agua que se utiliza en el lavado de la ropa. Igualmente, el hogar 11 se encontraba en la orilla del río y cerca de la casa, posiblemente por las mismas razones de aprovechamiento de agua corriente. El hogar 10 corresponde a la estructura de la chimenea del molino que tiene un uso comunitario.

Los resultados del análisis antracológico en los hogares estructurados se reflejan en el Cuadro 4. El conjunto de los hogares incluye 12 taxa leñosos que corresponden a las distintas formaciones vegetales del entorno, el robledal, el hayedo, la ripisilva y las zonas degradadas; no obstante, en ningún caso, los hogares estructurados por separado llegan a representar la diversidad florística del medio vegetal circundante.

La mayoría de los hogares estructurados representa la composición de los rimeros, es decir, el taxon que domina es el *Quercus* caducifolio. Pero también presentan otros taxa complementarios y existen diferencias cuantitativas y cualitativas entre ellos. En algunos existe una suprarrepresentación de taxa que se encuentran en la zona donde está ubicado el hogar, como en el caso del hogar 10 del molino, localizado en la ribera.

En cuanto a la riqueza en taxa no se observa ninguna diferencia que pudiera relacionarse con la ubicación del hogar en el exterior o el interior del patio. Asimismo los hogares más ricos con 7 taxa, el 8 y el 11, se encontraban: el primero en el patio de una casa y el segundo en la orilla del río. Igualmente el hogar 16 con 6 taxa se encontraba en el patio de una casa. Los demás hogares independientemente de su ubicación incluyen entre 5 y 6 taxa. La variabilidad en número de taxa parece indicar que existe alta variedad a la hora de alimentar el fuego. Teniendo en cuenta la composición de los rimeros, principalmente leña de roble, pensamos que la variabilidad de taxa en los hogares estructurados es resultado de la utilización de leña complementaria a la que está almacenada en ellos.

Los resultados cualitativos de los hogares también son muy variables (Fig. 34). Los taxa predominantes no son los mismos en todos los casos y presentan frecuencias distintas incluso muy dispares en cada uno de ellos. Así en los hogares 3, 8, 13 y 16 las frecuencias máximas las alcanzan los robles (*Quercus* caducifolio), llegando al 78,50% en algún caso. En el hogar 10 el taxon dominante es el nogal (*Juglans regia*) con un 87,5% de restos carbonizados y en el hogar 11 las frecuencias más altas se reparten entre el haya (33,50%) y el nogal (31,00%). Estos dos taxa son bastante frecuentes en los hogares estructurados, igual que los enebros (*Juniperus* sp.). Los alisos (*Alnus glutinosa*), *Prunus*, avellanos (*Corylus* sp.) y fresnos (*Fraxinus* sp.) son bastante frecuentes pero sus frecuencias varían mucho de un hogar a otro. Los cornejos (*Cornus* sp.), Maloideae, rosal silvestre (*Rosa* sp.) y la morera (*Morus* sp.) son bastante puntuales.

La fuente principal de combustible para los hogares domésticos es el robledal. Mayoritariamente se utiliza la madera de los robles pero también están representados otros componentes de estas formaciones como los fresnos y los cornejos. No obstante, el hayedo cercano se utiliza como fuente de combustible complementaria, igual que las colinas degradadas del pueblo donde predominan los enebros. La ribera también proporciona leña de alisos y avellanos. Los nogales son muy abundantes en Sarakiní, una característica de los bosques húmedos de los Balcanes, y constituyen el principal combustible en un hogar o tienen altas frecuencias en los demás. Restos de poda de árboles frutales no se desperdician y probablemente sea el caso de *Prunus*. En casos de extrema necesidad, como un invierno demasiado prolongado según el testimonio de uno de los habitantes, se utilizo para leña la morera del jardín y sus restos se reflejan en el hogar 8.

Los resultados del análisis antracológico de los hogares estructurados documentan:

- la importancia de los robledales para la recogida de leña. El método de recogida para los hogares domésticos se basa en la tala de árboles que se almacenan en rimeros de donde se retira el combustible según las necesidades. A pesar de ser una recogida organizada y predeterminada, no es selectiva; el principal combustible pertenece a las formaciones más abundantes y más cercanas,

- la variabilidad cualitativa en los hogares estructurados también indica una recogida no selectiva que es función de las necesidades y disponibilidad en el medio. Asimismo, se evidencian casos donde las formaciones más cercanas de ribera han proporcionado la mayoría del combustible o que se ha usado todo tipo de combustible complementario incluso aquel que se considera malo, como los alisos o nogales,

- la variabilidad cualitativa se acompaña de grandes diferencias cuantitativas entre los hogares. A pesar de tener representadas casi todas las formaciones circundantes en cada uno de los hogares, los porcentajes con los que están representados no tienen cohesión y frecuentemente son muy dispares.

4.4.2. Los hogares no estructurados de Sarakiní

Los hogares sin estructura alguna suelen ser de uso puntual (Lamina 15: 66). Se encuentran diseminados por las distintas zonas de vegetación, cercanos al pueblo o más alejados en los campos de cultivo, a lo largo de la ribera, en zonas de pastos y cerca de los rediles. En su mayoría se utilizaron una sola vez para calentar a los habitantes del pueblo durante sus tareas al exterior.

El combustible utilizado en los hogares sin estructura suele proceder de la zona inmediata y se utilizan ramas o fragmentos de madera más voluminosos que se encuentran dispersos por la zona. También nos han informado sobre el uso de cualquier madera que pueda servir de combustible como el armazón de estructuras abandonadas o estacas utilizadas en los campos de alubias, etc.

De estos hogares sin estructura y puntuales hemos recogido restos de combustible de 12 (Fig. 33). Los hogares sin estructura están repartidos en las distintas zonas de vegetación de la siguiente manera: el hogar 1 estaba en la zona del robledal; en la zona degradada donde predominan los enebros se encontraban los hogares 2, 4, 5, y 14; a lo largo del río hallamos los hogares 6, 7, 9, 12 y 15, de los cuales el 9 parece haberse utilizado más de una vez porque en años consecutivos de estancias en el pueblo documentamos aporte de combustible renovado en forma de troncos a medio quemar; finalmente el hogar 17 se encontraba en la zona de transición entre el hayedo y la formaciones degradadas, y el 18 en la transición del hayedo al robledal.

El conjunto de los hogares sin estructura incluye 16 taxa identificados, pero este número se reduce mucho en cuanto a los resultados cualitativos de cada hogar separadamente (Cuadro 5). Observamos que tan solo en el caso del hogar 9 están representados 9 taxa. El resto de los hogares sin estructura tienen menos taxa representados; los hogares 1, 2, 3 y 12 incluyen cuatro taxa, los hogares 5, 7, 17 y 18 tres taxa cada uno; el hogar 14 es el más pobre, con tan solo dos taxa representados y los hogares 6 y 15 tienen cinco y siete taxa respectivamente.

La representación cualitativa y cuantitativa de los taxa es muy diversa y parece estar en función del entorno inmediato en que se encuentra cada uno de ellos.

En el hogar 1 las frecuencias máximas las obtienen los robles (92%), de acuerdo con la representación de estos en el entorno inmediato, donde estos árboles predominan y han sido fuertemente explotados como forraje para los animales del redil cercano.

En los hogares que se encuentran en la zona degradada (2, 4, 5, 14) donde proliferan unas formaciones abiertas de enebro, estos arbustos están siempre representados en equilibrio con los robles que constituyen los principales componentes de las formaciones en contacto directo con la zona degradada (Fig. 35). En el hogar 14 los enebros alcanzan la máxima representación (91,50%).

Los hogares localizados a lo largo de la orilla del río documentan la utilización constante de la vegetación de ribera: aliso, nogal, sauce, sauco y avellano (Fig. 36). Los alisos, el principal componente de la ripisilva, están presentes en todos estos hogares pero las frecuencias varían bastante aunque suelen ser altas de acuerdo con su participación en la vegetación. El roble está presente en los hogares de la ribera, excepto el hogar 7; en el resto las frecuencias fluctúan mucho desde el 4% en el hogar 6 hasta el 94,5% en el hogar 12. El hogar 7 cuenta con las frecuencias más altas de *Fraxinus* (40%), un dato curioso puesto que estos árboles no se encuentran en esta parte del valle. Sus restos deben proceder del curso bajo del río o de zonas del robledal bastante alejadas donde crecen estos árboles. La abundancia de este taxon en los restos del hogar 7 está relacionada con el uso de las estacas de los cultivos hortícolas como combustible, tal como nos ha informado el dueño del campo donde se encontraba el hogar.

Los dos hogares que se encuentran en zonas transicionales de vegetación presentan resultados acordes a su ubicación. El hogar 17 se encuentra en una zona de cruce de tres formaciones distintas y esto queda plasmado en las frecuencias de los taxa; así las hayas, los enebros y los robles son los únicos taxa representados y con frecuencias de 46%, 36% y 18% respectivamente. El hogar 18 en la zona transicional entre el hayedo y el robledal cuenta con la alta representación de las hayas (72,5%) a los que siguen los robles (25,5%).

Los hogares sin estructura documentan:

- en los resultados cualitativos el uso puntual y el aprovechamiento de la vegetación inmediata. Se reflejan pocas especies quemadas en estos hogares que generalmente proceden de distancias muy cortas del lugar donde se hace el fuego. Adicionalmente, los resultados cualitativos parecen indicar que la riqueza florística de los hogares también está en función de la riqueza del medio. Así los hogares de las zonas degradadas donde, generalmente, la única especie leñosa son los enebros no suelen representar más de dos taxa. La ribera que cuenta con mayor variedad de especies típicamente riparias o favorecidas por la humedad se refleja en los hogares allí localizados en el mayor número de taxa representados,

- en los resultados cuantitativos, a través de la gran variedad en los porcentajes de los taxa, incluso dentro del mismo área de aprovisionamiento de combustible, el uso ocasional de uno u otro tipo de combustible; el uso es independiente de las características de la especie, pero sí responde a la necesidad de hacer fuego aprovechando lo que hay disponible e inmediato.

4.4.3. Comparación con los hogares prehistóricos

El carbón procedente de hogares ha sido el objetivo de estudios muy minuciosos en Antracología para ver hasta qué punto los resultados de estas estructuras se podrían utilizar para hacer inferencias sobre la vegetación del pasado y establecer un método de muestreo e interpretación de los resultados a fin de conseguir mayor fiabilidad. Con estos objetivos se realizaron análisis antracológicos de varios hogares prehistóricos de yacimientos neolíticos en la región mediterránea; el poblado al aire libre de Piana di Curinga en Calabria, (Italia), situado en el piso bioclimático mesomediterráneo húmedo; la Balma de l'Abeurador en Hérault, (Francia) en el piso mesomediterráneo con influencias supramediterráneas y oromediterráneas; y la cova de les Cendres en Alicante, (España) en el piso termomediterráneo (Badal 1992, Badal y Heinz 1991, Heinz 1991, Heinz *et al.* 1992).

Partiendo de los resultados de estos estudios, los autores por medio de análisis cuantitativos y cualitativos han llegado a las siguientes conclusiones:

1) La riqueza de los hogares en taxa puede depender de varios factores:

- del tipo de vegetación evidenciada para un periodo prehistórico y una región dada. Así en las formaciones abiertas supramediterráneas u oromditerráneas, caracterizadas por pocas especies leñosas, los hogares son pobres en taxa. Cuando las formaciones vegetales son ricas en especies, de tipo mesomediterráneo o termomediterráneo, entonces hay mayor amplitud de elección y los hogares tienen un lista de taxa más rica.,

- del tipo de estructura de combustión; los hogares en foso o cubeta presentan mayor número de taxa que los hogares planos y esto puede ser debido a una limpieza o vaciado más fácil en los segundos,

- del tiempo de utilización de una estructura de modo que los hogares domésticos de uso cotidiano presentan más taxa que los hogares de uso puntual. Cuantificar la duración del uso no es posible, para los hogares neolíticos más ricos en taxa se postula un uso más prolongado.

2) Los resultados cuantitativos de los hogares prehistóricos constatan que:

- en el conjunto de un hogar siempre hay un taxon que alcanza porcentajes muy altos del orden del 80-90%, pero no suele ser el mismo en todos los hogares coetáneos,

- hay mayor diferencia entre los resultados cuantitativos de varios hogares coetáneos que entre los porcentajes de los taxa de los sucesivos niveles de ocupación. Eso puede ser debido a que el contenido de un hogar refleja la última combustión o pocas,

- los hogares neolíticos demuestran que siempre dominan uno o dos taxa pero que no suelen ser los mismos entre los hogares coetáneos. Si hubiese una selección de la madera y los criterios fuesen constantes para un periodo dado, entonces todos los hogares presentarían predominio de los mismos taxa. Así se propone que los criterios de selección de leña no son constantes en la prehistoria y las diferencias cuantitativas responden a recogidas de leña realizadas al azar,

- en muchos casos el taxon más abundante en los hogares corresponde al taxon dominante en el carbón disperso por el sedimento que probablemente refleje la especie más frecuente en el medio explotado por los grupos humanos. No obstante, el comportamiento de las frecuencias relativas de los taxa en los hogares indica que estas no se pueden utilizar para realizar interpretaciones en términos de vegetación porque ofrecen resultados difíciles de correlacionar con formaciones vegetales actuales. Así, la interpretación paleoecológica se debe realizar a partir de los resultados antracológicos del carbón disperso por el sedimento que tienen coherencia en cuanto a la lista taxonómica representada y se encuentran sus referentes en la vegetación actual.

Los resultados del estudio antracológico de los hogares prehistóricos parecen tener puntos en común con los obtenidos a partir de los hogares de Sarakiní. Asumimos que es arriesgado comparar sociedades humanas distantes en el tiempo, con comportamientos tal vez diferentes y niveles tecnológicos distintos; pero intentaremos sintetizar los resultados planteando la hipótesis de que tal vez sea el único punto en común el uso "tradicional" del bosque como fuente de combustible.

El conjunto de los hogares de Sarakiní ofrece información que se puede sintetizar en los siguientes puntos:

1) Los hogares estructurados incluyen generalmente mayor número de taxa que podría deberse a su mayor duración en el tiempo y a sucesivas quemas de leña. Igualmente, la existencia de una estructura podría dificultar la dispersión del carbón a partir del hogar y favorecería la permanencia de restos de fuegos anteriores en el caso de vaciado o limpieza.

En los hogares sin estructura que tienen un uso puntual hay menos especies documentadas que en los hogares estructurados. Estas especies son un reflejo directo de la vegetación inmediata. Asimismo, cuanto mayor es la riqueza del medio, más posibilidades hay de tener varias especies representadas, como hemos observado en los casos contrastados de los hogares de ribera y de las zonas degradadas.

Estas diferencias entre hogares estructurados y no estructurados, se correlacionan con los resultados de los hogares prehistóricos donde la riqueza del entorno influye en la riqueza del hogar y donde las estructuras en cubeta son más ricas en especies que los hogares planos y parecen haberse utilizado durante más tiempo.

2) Existe mucha variabilidad entre los hogares, tanto en los resultados cualitativos como en los cuantitativos. Las principales formaciones del medio natural de Sarakiní, el robledal, el hayedo, las zonas degradadas y la ripisila se reflejan en prácticamente todos los hogares pero las proporciones de un hogar a otro son muy dispares, incluso en los hogares puntuales de la misma zona de aprovisionamiento de leña. Estas características concuerdan con los resultados obtenidos en hogares prehistóricos e indican que el carbón recogido de los hogares puede proceder del entorno sin ningún tipo de selección pero no es el material adecuado para ofrecer la información paleoecológica.

3) En ocasiones, en los hogares de Sarakiní hemos documentado la presencia o las altas frecuencias de algunos taxa que no se confirman en la vegetación del entorno. En la aldea de Sarakiní, por observación directa o por el testimonio de los habitantes, hemos podido interpretar la presencia de la morera en el hogar 8 o las frecuencias inesperadamente altas del fresno y nogal en los hogares 7 y 6 respectivamente. En un hogar arqueológico, la interpretación de estos datos sería difícil porque los propios hogares presentan disparidad cualitativa y cuantitativa; un taxon infrecuente con porcentajes altos podría ser consecuencia de transporte lejano o cualquier hecho puntual u ocasional reflejado allí. Entonces sería necesario disponer de un gran número de hogares coetáneos, difícilmente encontrados, para argumentar la presencia de taxa raros o alternativamente seguir su comportamiento en los resultados del carbón disperso para interpretar su presencia y frecuencias. Asimismo, se documenta una vez más que los datos procedentes de los hogares tienen una débil interpretación ecológica que siempre tiene que confirmarse mediante otros datos, en el caso de Sarakiní el propio entorno y en Antracología el carbón disperso.

4) En cuanto a la recogida de combustible hemos distinguido entre:

- una recogida puntual basandose en madera muerta o cualquier otra madera ya cortada y aprovechable y,

- una recogida organizada aprovechando la tala de árboles, principalmente robles, más o menos sanos, y su almacenamiento en rimeros.

Cada práctica de recogida esta representada en un tipo de hogares; así la primera se aplica a los hogares puntuales sin estructura y la segunda en los hogares estructurados domésticos. Esperaríamos pues observar diferencias entre hogares puntuales y hogares domésticos como reflejo de los distintos tipos de recogida. No obstante, no hemos documentado en ningún caso el reflejo absoluto de los rimeros. Es cierto que la mayoría de los hogares estructurados tienen un fuerte componente procedente de los rimeros, sin embargo cuentan con otras especies incluso más que en los hogares puntuales donde se da una recogida principalmente aleatoria.

A partir de estas observaciones podemos pensar que la recogida basada en madera muerta no es la única que garantiza una representación directa de la vegetación circundante. Una recogida organizada esta relacionada a la abundancia y disponibilidad de las formaciones en el medio. La recogida de este tipo representa la formación dominante como hemos observado en los rimeros y en la constancia de los robles en los hogares estructurados. Pero hay fuentes complementarias que son las demás formaciones vegetales y que se documentan en la riqueza taxonómica de los hogares estructurados. Se realiza, pues, una recogida organizada y predeterminada que no es selectiva, está en función de la disponibilidad. Adicionalmente se aprovechan otras formaciones de forma complementaria, reflejo de su abundancia en el medio. En general, la recogida organizada de leña responde directamente a la necesidad de energía y a la economía del esfuerzo.

Evidentemente, no podemos transferir las observaciones etnográficas al pasado remoto de la prehistoria. Pero tampoco podemos afirmar que una recogida de leña basada en madera muerta fuera la norma en la prehistoria. La variedad de taxa en las muestras del carbón arqueológico podría tal vez proceder de distintas formas de recogida según el periodo cultural. Planteamos pues la hipótesis que es posible, por el modo de vida sedentario, por la organización económica y social y por los medios tecnológicos, que durante ciertos periodos prehistóricos la recogida de leña no fuese una actividad tan oportunista.

En Sarakiní, tenemos una forma "tradicional" de recogida de leña basada en el aprovechamiento de árboles vivos y almacenados. Calculamos que el número de árboles utilizado durante el invierno por cada familia no supera los 10. La tecnología utilizada para cortarlos actualmente es la motosierra, el transporte se realiza con mulas y en casa los troncos se astillan utilizando el hacha.

En la prehistoria reciente, la tecnología neolítica o del Bronce no sería un obstáculo para cortar un árbol de un diámetro mediano. Restos de madera recuperados en yacimientos prehistóricos llevan las marcas del hacha de piedra o de metal que son fácilmente distinguidas entre sí; por experimentación con hachas de piedra se sabe que un árbol de hasta 20 cm de diámetro puede ser abatido en una media de tiempo de 15 minutos (Coles 1979). Paralelos etnográficos actuales documentan el tiempo que se necesita para cortar madera blanda o dura en relación al diámetro del tronco; las conclusiones son semejantes. Para un tronco de hasta 30 cm se requiere un tiempo medio de 20 ó 30 minutos para madera blanda y dura respectivamente; para diámetros mayores, el tiempo de trabajo se alarga desmesuradamente (Pétrequin y Pétrequin 1993).

En la prehistoria reciente, tal vez el esfuerzo dedicado a actividades de tala y corta se viera recompensado por la abundancia de combustible en épocas del año que hiciera falta, o cuando otras actividades no permitieran la recogida. El transporte es algo que tenemos que considerar por lo menos para el periodo neolítico. Cabe la posibilidad de aceptar el uso ocasional de bueyes como animales de carga. Alternativamente, en Grecia hasta muy recientemente, las mujeres y niños en los pueblos de montaña cargaban ellos mismos la leña para la casa en varios viajes. No nos parece imposible atribuir a comunidades prehistóricas unas actividades de este tipo que podrían variar o combinarse con recogidas de madera muerta según las características topográficas y climáticas del entorno, primando una u otra.

Si es posible que una gestión similar de las formaciones vegetales existiera en la prehistoria y no solamente el aprovechamiento de leña muerta, los resultados de Sarakiní nos hacen pensar que el reflejo de la vegetación circundante en las muestras antracológicas seguiría siendo fiable; una recogida organizada y predeterminada no es por definición selectiva. El combustible se recoge porque es abundante y fácil de encontrar y no porque sea bueno; en Sarakiní coinciden los dos factores pero la abundancia de taxa en los hogares estructurados, además de algunos declarados malos combustibles, señala que el factor determinante es la necesidad de hacer fuego.

4.5. Los basureros y su contenido en restos de combustible

En la aldea de Sarakiní los restos de combustible se encuentran asociados a las estructuras de combustión, pero localizar las zonas de vaciado de hogares es más difícil ya que como nos han informado los habitantes, el contenido de los hogares domésticos se vacía directamente en las huertas o se mezcla con el estiércol de las cuadras para utilizarse como abono.

No obstante, hemos tenido la ocasión de identificar algunas zonas en la aldea como áreas de constante vaciado de las estufas domésticas. No se trata de ningún tipo de estructura, pero destacan como manchas de concentración de restos de combustible más o menos amplias y con una distribución en superficie variada.

Como tales zonas de vaciado de hogares hemos identificado tres, localizadas en tres barrios de la aldea. Una de ellas estaba asociada al combustible utilizado en la escuela (Lamina 16: 67) y las otras dos a las casas de los barrios a las que pertenecían los hogares 3 y 16. En el caso de la escuela tenemos la certeza de que los carbones encontrados en el basurero son los restos del combustible quemado en la estufa. En los otros dos casos los restos podrían proceder de la estufa de la casa y tal vez del hogar estructurado exterior o de otro vaciado y quema de basura.

Finalmente hemos tenido la ocasión de recoger muestras de una zona donde se encontraban conjuntamente los hogares y la zona de vaciado de estos. Se trataba de un campamento de leñadores que durante los meses del verano del año 1996 estuvieron viviendo en las colinas cercanas a la aldea dedicándose al clareo y tala del robledal. Su campamento se encontraba en la zona de transición entre el robledal y el hayedo, cercano a un torrente (Lamina 16: 68).

El campamento lo constituían cabañas alrededor de tres hogares. Los restos que quedaban eran los surcos de distribución rectangular de las cabañas, donde se fijaban los plásticos que las cubrían sujetos con piedras, ramas de árboles y estacas. Los tres hogares estaban cercanos uno al otro y disponían de una estructura de piedras. A las orillas del torrente se encontraba una zona de unos 4 m^2 de superficie con mucho carbón como si fuera el basurero del campamento y un hogar adicional a un lado (Lamina 17: 69, 70).

Las zonas utilizadas para el vaciado de los hogares se asocian a la problemática antracológica en Arqueología en dos aspectos:

a) en lo que concierne las superficies donde se dispersan los restos de combustión a partir de hogares; factores intrínsecos e extrínsecos afectan la dispersión de los taxa. El vaciado del contenido de los hogares no se realiza de forma homogénea y posteriormente hay factores mecánicos que influyen sobre la dispersión de modo que existe variabilidad entre las muestras de carbón disperso en una superficie (Badal 1992, Heinz 1990) y,

b) en lo que trata de superficies o tal vez basureros que por recibir el contenido de hogares durante un tiempo más o menos prolongado podrían ofrecer resultados cualitativos más completos que los hogares y tal vez resultados cuantitativos más fiables bajo el punto de vista ecológico (Badal 1990, Figueiral 1992).

Los basureros identificados en la aldea de Sarakiní nos han ofrecido la oportunidad de intentar sintetizar algunas de estas características de la dispersión y la relación directa que existe entre el contenido de hogares y de carbones dispersos a partir de ellos. Por eso hemos recogido varias muestra de cada basurero y en el caso del campamento de leñadores adicionalmente hemos analizado muestras de los hogares asociados.

El basurero del primer barrio de la aldea, asociado a la casa del hogar 3, se ha recogido en su totalidad en una muestra única. Ocupaba una superficie muy reducida y correspondía a un vaciado puntual del hogar doméstico; contenía junto al carbón, restos de comida. En el Cuadro 6 se exponen los resultados cualitativos de este basurero y las proporciones de los taxa identificados. Se identificaron 5 taxa entre los cuales destaca el predominio de los robles que alcanzan el 83,33%. Los demás taxa corresponden a otras formaciones del entorno concretamente a la ribera y las zonas degradadas y sus proporciones son muy débiles. El basurero es un reflejo directo de la composición del rimero de la casa y el vaciado de una o un mínimo número de combustiones en el hogar.

El basurero de la escuela se encontraba en la ladera occidental de la colina donde se ubica el edificio de la escuela y el minarete. La zona del basurero es amplia y el carbón estaba disperso en manchas. Recogimos tres muestras en dos años consecutivos de estancias en la aldea. Las muestras 1 y 2 se recogieron el primer año. En el segundo año la zona del basurero se había reducido y a poca distancia se encontraba una mancha nueva que deducimos correspondía al combustible de aquel invierno y se recogió como muestra aparte.

Los resultados de las muestras de carbón se reflejan en el Cuadro 7. El número de taxa identificado en cada muestra varía entre 5 y 6. Todas las muestras presentan 5 taxa comunes, y las muestras 2 y 3 incluyen cada una un taxon nuevo. Las formaciones vegetales en la zona están representadas por los respectivos taxa pero destaca la disparidad en las proporciones de ellos. Robles, hayas, alisos, nogales y *Prunus* están presentes en todas las muestras. Los robles tienen frecuencias altas como se ha observado en rimeros, hogares domésticos y en el medio (Fig. 37). No obstante, cada muestra se caracteriza por la frecuencia alta de un taxon. Así *Prunus*, con toda probabilidad una especie cultivada, alcanza el 44,17% en la muestra 1 y le sigue el roble con el 25%. En las otras dos muestras domina el roble con frecuencias del 50% y 44,17% en la muestras 2 y 3 respectivamente, acompañado por el aliso (26,67%) en la muestra 2 y el *Pinus sylvestris-P.peuce* (25%) en la muestra 3 que no está representado en el entorno vegetal.

En general el contenido en taxa de las muestras es similar y las proporciones entre ellos son parecidas al menos en dos de las tres muestras. Las diferencias entre las muestras se deben con toda probabilidad a las dispersiones - vaciados directos del contenido de la estufa en zonas contiguas del área del basurero. El conjunto de las muestras (Cuadro 7) da una imagen más equilibrada respecto a la presencia de las especies encontradas en el entorno; no obstante, se documenta la influencia del vaciado directo de una o pocas quemas de combustible en la estufa que se manifiestan en los porcentajes altos de *Prunus* y la frecuencia alta de los pinos que no se encuentran en el medio, por lo menos dentro del radio de acción de la aldea.

El basurero del segundo barrio es cercano a la casa del hogar estructurado 16. Mide 4 m de largo y 1 m de ancho. Se han recogido cuatro muestras en toda la superficie del basurero y sus alrededores que presentaban menor densidad en restos de combustible (Cuadro 8). Las muestras 1, 2 y 3 se recogieron en el propio basurero y la muestra 4 en sus alrededores. Las muestras presentan un número de taxa variable entre 4 y 7. Las muestras del centro, 1 y 2, son mas ricas en taxa en comparación con la zona de dispersión pero eso no es una norma puesto que la muestra tres del propio basurero es la más pobre en especies.

Un rasgo importante de las muestras del basurero es la constancia cualitativa y cuantitativa de los taxa de las formaciones principales del entorno el haya, el roble y el enebro (Fig. 38). El haya es el taxon dominante en todas las muestras y presenta fluctuaciones no muy marcadas entre (45,56%) y (52,22%). El siguiente taxon más abundante en todas las muestras es el roble y sus frecuencias oscilan entre el 30% y el 42,22%. El enebro está representado en las muestras 1, 3 y 4 con porcentajes próximos, alrededor al 6%, y solamente en la muestra dos tiene una frecuencia elevada del orden del 17,78%. Los demás taxa tienen presencia y frecuencias ocasionales relativamente afines a su representación en el entorno inmediato.

Las cuatro muestras documentan coherencia cualitativa y cuantitativa entre ellas. Los taxa dominantes y co-dominantes en todas son siempre los mismos y adicionalmente las proporciones entre las especies muestran las mismas tendencias.

El conjunto de las muestras (Cuadro 8) se diferencia de otros hogares o basureros porque se caracteriza por el predominio del haya al que siguen los robles. No obstante, la ubicación del basurero en las partes más altas del pueblo cercanas a las zonas de transición entre robledal y hayedo podría ser la explicación de estos resultados.

El campamento de leñadores se encontraba en una zona alejada del pueblo por encima de las colinas degradadas y entre el hayedo y el robledal. Se recogieron por un lado los hogares 1, 2, 3 y B, y por otro lado se recogieron tres muestras de la superficie de 4 m^2 del basurero.

El conjunto de los hogares cuenta con 8 taxa representados pero como hemos observado en otros hogares el número de taxa por hogar es más reducido y se sitúa entre 4 y 6 (Cuadro 9). Los porcentajes de los taxa también son muy dispares (Fig. 39). El taxon dominante en general es el haya pero sus frecuencias son variables con diferencias de hasta más de 20% entre dos hogares. Lo mismo ocurre con los robles que son los siguientes árboles más frecuentemente representados en los hogares. El avellano es muy abundante en los hogares 1 y 2 y *Prunus* II, posiblemente cerezo, en el hogar B. Los demás taxa tienen presencia y frecuencias ocasionales.

Las tres muestras del basurero, A, C y D, conjuntamente presentan un taxon menos que los hogares, *Fraxinus* sp. que tiene una frecuencia del orden del 0,5% solamente en el hogar 2 (Cuadro 10). Pero cada muestra por separado documenta más número de taxa que los hogares. Con la excepción de *Prunus* III, que falta de la muestra D, todos los demás taxa están presentes. Adicionalmente, los taxa no presentan la disparidad porcentual que caracteriza los hogares (Fig. 40). Así, junto a la constancia de los taxa en todas las muestras se aprecia bastante afinidad en las frecuencias de los taxa entre las tres muestras. El taxon dominante es el haya con porcentajes entre el 45,56% y el 54,44%. Le sigue el roble pero no en todas la muestras con frecuencias entre el 12,22% y el 20%. *Prunus* se presenta bastante variable en cuanto a los porcentajes manteniendo frecuencias altas en las muestras C y D, 15,56% y 14,44% respectivamente. El aliso, el nogal y el avellano tienen frecuencias semejantes en las tres muestras.

El conjunto de las muestras del basurero refleja la vegetación del entorno dominado por las hayas (Cuadro 10). Los robles están menos representados de acuerdo con su presencia en el medio igual que los alisos, nogales y avellanos. El cerezo está fuertemente representado. Aunque hemos identificado un cerezo en las inmediaciones, el porcentaje es un reflejo no de la proporción absoluta de este árbol en el medio sino de una casualidad de la actividad de recogida y de la combustión.

El análisis de las muestras de basureros y la posibilidad de comparar entre ellas y con los hogares correspondientes nos permiten hacer las siguientes observaciones:

- a partir de los resultados obtenidos en el campamento de leñadores hemos documentado la relación directa que existe entre el combustible quemado en los hogares y los restos del vaciado de ellos. De este modo las mismas características que rigen la recogida del combustible afectan tanto a los resultados del hogar como a los de la zona del vaciado. La composición taxonómica de la segunda es consecuencia del material quemado en los primeros. La composición de la zona de vaciado es la síntesis del contenido de los hogares.

Tal vez, sea el factor tiempo el que tenga un efecto diferencial entre hogares y carbón disperso. En el campamento de leñadores donde el uso de los hogares y del basurero cesó sincrónicamente la composición taxonómica es igual. Incluso hay un taxon que no se representa en los hogares; pero su frecuencia corresponde a su inexistencia en el medio por lo que lo hace insignificante.

- Los resultados cuantitativos de las distintas muestras que componen un basurero o una superficie de vaciado son más coherentes entre sí que los resultados entre los distintos hogares de donde proceden los restos de combustible (Fig. 39, Fig. 40).

- La composición taxonómica y las relaciones porcentuales entre los taxa tienen más posibilidad de ser coherentes respecto al medio vegetal cuando más duradero es el uso de una zona de vaciado. El basurero del primer barrio de uso puntual o muy corto presenta las características de un hogar con suprarrepresentación del último combustible o el más abundante. El basurero de la escuela se utilizó por lo menos durante dos años y los resultados tienen más coherencia ecológica respecto a las formaciones del entorno. El basurero del campamento se utilizó tan solo durante 3 ó 4 meses pero su contenido refleja bien el entorno. Finalmente el basurero del segundo barrio, sin conocer el tiempo de su uso, representa todas las formaciones vegetales respecto a su ubicación.

- El conjunto de las muestras de los basureros da resultados relativamente completos en cuanto a la composición vegetal del entorno. Las proporciones entre especies deben estar en relación con la duración del uso de una zona como basurero y con las particularidades de la recogida. No obstante, las manifestaciones de las segundas tenderán a atenuarse cuantas más muestras compongan el conjunto de una zona de vaciado.

Pensamos que las conclusiones a las que hemos llegado a partir del estudio de los basureros de Sarakiní, se pueden relacionar con los resultados obtenidos en yacimientos prehistóricos donde se ha estudiado la repartición espacial de las frecuencias de los taxa en el área alrededor de los hogares y la distribución espacial de los taxa en la superficie excavada (Badal 1992, Heinz 1990).

- Las muestras de carbón disperso generalmente son más ricas en taxa que el contenido de los hogares, como también hemos tenido la posibilidad de observar en Sarakiní a partir de la comparación entre el contenido de los hogares y de cada muestra del basurero del campamento de leñadores.

- En los yacimientos prehistóricos, al igual que en Sarakiní, se ha documentado la relación entre carbón disperso y el vaciado de estructuras de combustión en lo que concierne a la representación cuantitativa y cualitativa de los taxa. A partir del vaciado de los hogares se crean zonas que reflejan el contenido de los primeros.

- El total de la superficie excavada en los yacimientos prehistóricos no presenta resultados homogéneos. Igual que en los basureros de Sarakiní, las distintas zonas de recogida de carbón disperso en los basureros, aunque contiguas, se caracterizan por diferencias cuantitativas y cualitativas. En los yacimientos prehistóricos los taxa no se reparten con la misma frecuencia, y en algunos casos hay diferencias muy claras entre las distintas zonas de recogida de carbón. No obstante, la especie que finalmente domina en un espectro antracológico de carbón disperso es la que está mejor representada en casi todas la zonas de recogida de carbón.

- Teniendo en cuenta estas observaciones, la recogida de carbón en el yacimiento arqueológico debe ser lo más amplia posible para minimizar los efectos de la dispersión diferencial a partir de los centros de combustión. En Sarakiní se ha documentado el diferente contenido de las muestras del mismo basurero. El conjunto de las muestras generalmente da resultados más completos y coherentes que cada muestra individual.

Las observaciones en los basureros de Sarakiní podrían relacionarse con los resultados obtenidos a partir del estudio antracológico de estructuras como fosos o silos en los yacimientos prehistóricos. Algunos de ellos en yacimientos prehistóricos de España y Portugal han dado resultados cualitativos muy completos y cuantitativos coherentes respecto al carbón disperso (Badal 1990, Bernabeu y Badal 1992, Figueiral 1992). Estas características se han atribuido al uso de estas estructuras como zonas de vaciado de los hogares que han sido utilizadas durante un tiempo; recogen así los restos de varias quemas en los hogares domésticos, por lo que los resultados a partir de ellos son más completos y pueden utilizarse para la interpretación paleoecológica.

En Sarakiní los restos de los basureros dan listas taxonómicas más completas que los hogares y generalmente las frecuencias porcentuales de los taxa allí representados tienen coherencia respecto a su papel en las formaciones del entorno. No obstante, estas características parece que están en función de la duración del uso de una zona o una estructura para el vaciado. En Sarakiní hemos tenido la posibilidad de ver las diferencias entre una zona que se utilizó como basurero puntualmente y otras que han tenido un uso más duradero.

4.6. Una síntesis de los hogares

En el campamento de leñadores hemos tenido la posibilidad de comparar los resultados obtenidos a partir del estudio antracológico de cuatro hogares y de tres muestras de la zona de vaciado, y de ver la dispersión de restos de combustible a partir de los primeros. En este caso, durante un mismo intervalo de tiempo han funcionado tanto los hogares como la zona de vaciado y hemos llegado a la conclusión de que el basurero constituye una síntesis del contenido de los hogares. Adicionalmente, para el tiempo que ha funcionado el campamento, los resultados sintéticos del basurero constituyen un reflejo fiable del entorno vegetal donde se percibe un recogida aleatoria que incluye también características asociadas a actividades puntuales que no tienen un traducción porcentual absoluta en el entorno.

Hemos intentado ver cual sería la imagen del entorno vegetal de la aldea de Sarakiní a partir del conjunto de hogares encontrados allí. La hipótesis de partida es que el conjunto de los hogares de un nivel, el actual de la aldea, corresponde a lo que sería el carbón disperso en este nivel, es decir el vaciado, limpieza y dispersión mecánica de los restos de carbón a partir de los hogares.

Los resultados sintéticos incluyen tanto los hogares estructurados como los no estructurados. Hemos decidido incluirlos todos, pensando que en un yacimiento prehistórico, en muchas ocasiones, se encuentran fácilmente los hogares domésticos con estructura o los lentejones de ceniza y carbón; algunos pueden tener un uso más prolongado en función de las actividades domésticas diarias y otros pueden ser puntuales de uso variado. Especialmente en los yacimientos al aire libre, las zonas exteriores de las viviendas podrían incluir hogares de ambos tipos; tampoco podemos excluir la posibilidad de tener reflejados, en el carbón disperso de un nivel, los restos de hogares puntuales exteriores que no hayan dejado rastro debido a su corta duración, a los factores que influyen en la formación de los sedimentos y a la tafonomía.

Los resultados sintéticos a partir de los hogares encontrados en Sarakiní se reflejan en la (Fig. 41 A). La formación más utilizada como leña es el robledal (40%). El hayedo se representa con el 17% y las formaciones degradadas con el 18%. La ripisilva alcanza el 14% igual que los cultivos que se representan por la leña procedente de árboles frutales.

Si Sarakiní fuera un yacimiento arqueológico, solo tendríamos estos resultados antracológicos para reconstruir el paisaje vegetal inmediato. En tal caso tendríamos en cuenta las características geográficas, la ubicación del pueblo, la altitud y la latitud, la topografía, la hidrografía y obviamente la cultura material, para llegar a conclusiones sobre la vegetación y las condiciones bioclimáticas. Se deducirían unas condiciones bioclimáticas supramediterráneas bajo las cuales crecerían formaciones vegetales de hoja caduca. Los robles ocuparían las colinas circundantes a la altitud del pueblo, y los hayedos poblarían las cumbres o las laderas con orientación norte. Las demás formaciones se verían todas bien representadas en el entorno y, posiblemente, a través de los árboles frutales se haría alguna inferencia sobre arboricultura.

La ventaja que nos permite Sarakiní es la comparación directa de los datos antracológicos con el entorno vegetal actual. La zona de actividades en Sarakiní está representada en la Figura 33 y a partir de la superficie que cubren las distintas formaciones vegetales su proporción es la siguiente (Fig. 41 B): el roble ocupa aproximadamente el 44% de la superficie, las formaciones degradadas con enebros o con fuerte alteración del robledal ocupan el 22%, el hayedo se extiende en el 17% de la superficie de la zona, la vegetación de ribera corresponde al 3% y finalmente la zona cultivada ocupa el 14%. Esta última zona está dedicada al cultivo de herbáceas de las que no queda rastro en el registro antracológico. Solamente los árboles frutales en los márgenes de los campos pueden proporcionar combustible. La zona a lo largo del curso fluvial y las colinas inmediatas a la aldea es donde se concentra la actividad agrícola; las colinas en particular, sostienen campos de cultivo que al abandonarse han abierto el camino para la proliferación de las formaciones degradadas. El robledal y el hayedo tienen un uso pastoral. Todas estas zonas están articuladas por senderos y principalmente el valle del río es la vía de comunicación entre la aldea, los campos de cultivo y los corrales.

Al comparar estos datos actuales con los resultados antracológicos a partir del conjunto de los hogares, observamos convergencias y divergencias (Fig. 41 A y B). Generalmente las conclusiones a las que habríamos llegado tan solo a partir del carbón y de la ubicación del yacimiento serían fiables respecto a la imagen que ofrece el actual paisaje vegetal. Asimismo, el robledal es la formación dominante en ambos contextos con proporciones próximas, 44% en el entorno vegetal y 40% en los resultados antracológicos. La zona degradada muestra la misma correlación, igual que la zona del hayedo. La zona degradada proporciona el 18% del combustible mientras que su extensión en el territorio total de actividades de Sarakiní corresponde al 22%. El combustible procedente del hayedo comprende el 14% y la superficie actual ocupada por esta formación el 17%. Existe un orden de predominio común entre los dos contextos el de la vegetación actual y el antracológico.

La vegetación de la ribera presenta resultados muy diferentes entre los dos conjuntos. La extensión en superficie de la ribera corresponde al 3% de la zona total de actividades, mientras que en los restos de carbón alcanza la frecuencia del 14%. Las diferencias se deben a que hay muchos hogares a lo largo del río, un acontecimiento que a su vez se relaciona con la importancia del valle para la concentración de las actividades humanas.

Las zonas cultivadas tienen una representación porcentual igual (14%) tanto en los restos de combustible como en el territorio actual de actividades de la aldea. No obstante, la proporción de la zona de cultivos a partir del carbón se obtiene por el uso de los árboles frutales como combustible; el porcentaje es muy dispar en relación a la superficie que ocupan los frutales, ya que son completamente marginales dentro del sistema agrícola de Sarakiní.

La comparación de los datos antracológicos con las formaciones actuales nos permite observar que los taxa predominantes en el combustible pertenecen a cabezas de serie de las formaciones vegetales de la zona. La riqueza en especies es bastante más amplia en el medio vegetal actual que la identificada en los carbones, pero los resultados ofrecen a grandes rasgos la imagen de la vegetación inmediata.

Todas las formaciones vegetales están representadas. Las proporciones, sobre todo de las formaciones más extensas en el territorio de actividades de Sarakiní, están acordes en ambos registros. Esto indica que no existe una selección del combustible sino que la recogida está en función de la disponibilidad y la abundancia en el medio. Es esta la razón para la representación desproporcionada de la vegetación de ribera en los restos de combustible. No es una formación extensa, ni especialmente abundante, pero sí está al alcance de toda la aldea, ya que el valle cruza el pueblo y además es una zona donde se concentran las actividades. Lo mismo ocurre en el caso de los árboles frutales, es decir que su proporción refleja el aprovechamiento ocasional de todo tipo de madera disponible.

El conjunto de los hogares, pues, si se tratara de un espectro antracológico procedente de un nivel arqueológico, reflejaría principalmente las zonas del aprovisionamiento de leña. Las proporciones relativas de las especies no corresponden a proporciones absolutas; es decir, no corresponden a la extensión de las formaciones, no reflejan la densidad de ellas o su aspecto. El robledal se presenta en el entorno actual de varias maneras: denso, abierto, degradado o regenerado; lo único que deducimos de él a partir de los carbones, es que es la principal fuente de combustible. Los resultados de Sarakiní confirman en este sentido que las formaciones más abundantes y más disponibles son las más usadas, lo que elimina el riesgo de tener representado en el carbón disperso el producto de selección y no la imagen del entorno. Por otro lado es cierto que algunas formaciones están suprarrepresentadas porque el carbón no es un producto de transporte natural, sino de la actividad humana. Respecto a esto, se puede confirmar que la representación alta es el resultado de la gestión del entorno en relación con el aprovechamiento de los recursos y lo mismo ocurre con los cultivos.

A la hora de interpretar un espectro antracológico hay que tener en cuenta que:

- el aprovisionamiento de combustible no es selectivo, se basa en la disponibilidad y la abundancia; de este modo las proporciones de las especies son indicativas de su abundancia en el medio y generalmente corresponden a la jerarquización de ellas dentro de las formaciones,

- las proporciones relativas no se traducen en proporciones absolutas en el paisaje, tan solo indican las zonas de aprovisionamiento de combustible,

- cuando se refleja más de una formación, en el mismo entorno hay más posibilidades de tenerlas representadas con cierta distorsión respecto a la imagen del medio vegetal, puesto que todas ellas son potenciales alternativas al aprovisionamiento de leña. Adicionalmente, su uso está asociado a otras actividades relativas por lo que solamente se pueden atribuir las proporciones del combustible a su intensa recogida,

- un espectro aislado tiene un significado muy relativo. En Sarakiní hemos comprobado y afirmado la fiabilidad ecológica, pero somos conscientes de que los resultados respecto, por ejemplo, a los cultivos, solamente se podrían aclarar si tuviesemos una continuidad en el tiempo que nos indicara hasta que punto estas distorsiones son reflejos de una actitud puntual o realmente un rasgo verdadero del paisaje vegetal.

Conclusiones

El análisis de los hogares y de los basureros de Sarakiní nos ha permitido llegar a ciertas conclusiones respecto a la representatividad ecológica o etnobotánica de nuestras muestras. A través de los resultados de nuestro estudio hemos realizado una comparación con resultados antracológicos procedentes de yacimientos prehistóricos. Es peligroso hacer extrapolación directa de resultados actuales al pasado, pero pensamos que algunas características o conclusiones comunes no se deben a la casualidad; deben existir condiciones iguales y, en cuanto se controlan mediante un método riguroso que reconoce sus posibilidades y limitaciones, se pueden representar las características del entorno vegetal que es la fuente de aprovisionamiento de combustible para los grupos humanos.

En Sarakiní se ha tenido la oportunidad de hacer observaciones sobre el combustible y la recogida de leña. El estudio antracológico del carbón recuperado en hogares y basureros se ha centrado en la representatividad ecológica o etnográfica y a la comprensión de la relación espacio - tiempo. Son temas que se han tratado ampliamente en la bibliografía y su definición ha constituido la base de la metodología antracológica. Aquí, sintetizamos nuestros resultados que en algunos casos son simplemente una confirmación de estudios ya realizados o aportan alguna información similar. En todo caso, pensamos que la aportación de este estudio es la aplicación de métodos bien constituidos que se hayan podido confirmar dentro de las posibilidades que nos ha permitido el material estudiado.

Respecto a nuestros resultados:

- El combustible utilizado en la aldea de Sarakiní, según documentan los datos de los hogares estructurados, los hogares sin estructura y los basureros es muy variado. Prácticamente refleja todas las formaciones del entorno del pueblo. Evidentemente, hay más riqueza en el medio que en los resultados antracológicos, pero están siempre reflejadas la especies dominantes, las cabezas de serie de las formaciones, y de forma más ocasional, que corresponde a su participación en el medio, otros componentes de estas.

- El combustible es producto de:

a) recogidas puntuales cuando la función es el uso ocasional en los hogares sin estructura y,

b) recogidas organizadas con finalidades concretas que se consolidan en el almacenamiento de la madera en los rimeros y se destinan a los hogares domésticos.

Los resultados parecen indicar que a pesar de la dualidad en las prácticas el punto común es ante todo cumplir una necesidad primordial, la obtención de energía para varias funciones asociadas. Si la necesidad es inmediata se aprovechan las fuentes vegetales disponibles o cualquier material. Cuando la necesidad forma parte de lo cotidiano y de la estructuración de las actividades a largo plazo entonces la recogida se integra en un plan de previsión, pero no por eso es más selectiva. Coincide en estos casos la recompensa entre un esfuerzo concentrado, minimizándolo mediante el aprovechamiento de lo más abundante, y un rendimiento que se refleja en la seguridad de poder cumplir con las necesidades cuando haga falta sin tener que parar el ritmo de otras actividades o correr el riesgo de no poder cumplirlas.

- El "buen combustible" tal como lo definen los habitantes de la aldea suele coincidir con las especies más abundantes en el medio; pero por eso no se desprecian las demás, incluso aquellas que se consideran "malas" según el testimonio de los habitantes. La recogida de combustible en Sarakiní es una actividad organizada, no selectiva, que se complementa tal vez diariamente con cualquier tipo de madera aprovechable.

- La Antracología en el campo arqueológico dispone tan solo del carbón y de los resultados a partir de su análisis para formular hipótesis sobre el entorno vegetal y su gestión por parte de los grupos humanos. La representatividad paleoecológica del combustible doméstico disperso en el sedimento se confirma mediante:

a) la riqueza en taxa de las muestras,

b) los resultados que se reproducen y,

c) la analogía entre los resultados antracológicos y la vegetación actual (Chabal 1988).

Así, se piensa que el combustible procede de una recogida no selectiva que funciona como una constante recogida de muestras del entorno vegetal inmediato puesto que la necesidad primordial de fuentes de energía para las tareas domésticas se cumple con cualquier leña. En el estudio de Sarakiní pensamos que hemos comprobado la relación causa - efecto de estos conceptos; es decir hemos partido de observaciones sobre la necesidad real en combustible, inmediata o a largo plazo, que hemos visto cumplida mediante una recogida racional, no en lo que concierne a la selección de la especie, sino a la abundancia y a la disponibilidad de los recursos. Los restos de combustible, el producto final de las actividades anteriores han reflejado aquella parte del medio que constituye la zona de aprovisionamiento de leña.

- Los resultados de los hogares de Sarakiní muestran mucha diversidad cualitativa y cuantitativa. Los datos cualitativos de un hogar aislado tienen una interpretación ecológica en el sentido de que la presencia de taxa se confirma. No obstante, la ausencia no se puede interpretar respecto a la vegetación del entorno. Los datos cuantitativos son aberrantes y suelen caracterizarse por suprarrepresentación de algunas especies, así que el significado ecológico es nulo. Sin embargo, tampoco se les puede atribuir un significado etnobotánico en términos de selección de especies; en los hogares no se puede detectar la selección de especies como combustible ni rechazar una recogida aleatoria. La presencia de unos taxa en un hogar doméstico no significa preferencia sobre otros, habría que estudiar muchos hogares correspondientes a un mismo nivel arqueológico para hacer hipótesis en cuando a las características de la recogida.

En Sarakiní el medio relacionado con cada hogar es conocido y por eso podemos identificar la zona de aprovisionamiento. Los resultados son un reflejo de la ecología tan sólo en lo que concierne la representación de las especies del entorno, pero que tienen que ser anteriormente confirmadas a través de otras fuentes; en nuestro caso la observación directa del medio vegetal. La selección de unas especies frente a otras no la hemos detectado en ningún caso. El significado de los hogares tiene que ver con la actitud de los grupos humanos respecto al uso del fuego y las funciones que cumple; en ese sentido los resultados tienen una interpretación etnobotánica.

- Un hogar es una muestra puntual que refleja una parcela mínima del entorno. Para hacer una interpretación ecológica a partir de los restos carbonizados asociados a hogares es necesario un conjunto amplio para matizar la distorsión entre la vegetación inmediata o local y los restos carbonizados.

El conjunto de hogares, que podría corresponder al carbón disperso a partir del vaciado de ellos en un nivel, ha ofrecido resultados muy próximos a la vegetación real. De este modo nos parece que se confirma la fiabilidad ecológica del combustible disperso por los depósitos arqueológicos y que reúne varias recogidas de leña en el espacio y tiempo. En este sentido, los resultados de los basureros, zonas de varios vaciados de hogares, pueden ser ecológicamente representativos cuando han funcionado durante un tiempo.

En Sarakiní, no hemos podido incluir en los resultados el factor tiempo excepto en su manifestación más corta que es la duración de nuestras visitas. Dentro de ese marco y tal como se refleja en basureros o en algunos hogares estructurados de uso más prolongado, la duración de la actividad de recogida y quema aporta la fiabilidad ecológica de los resultados. Esta observación, nos permite mencionar que en Antracología arqueológica esa duración en el tiempo es la que da solidez a los resultados expresados a través de los diagramas antracológicos.

CHARCOAL ANALYSIS AT SARAKINI. AN ETHNOARCHAEOLOGICAL CASE STUDY

The Sarakini project was initiated within the problematic in relation to the ethnoarchaeological input to the reconnaissance of prehistoric communities. The main objective has been to record, register and interpret cultural reality and change of a hinterland, mountain community of Thrace (Fig. 32). Sarakini and its surroundings were picked out for the etnoarchaeological study on the basis of certain criteria: geographic isolation, the cultural particularities of the community and finally in close relation to the above the persistence of "traditional" elements, objects and processes that maintain archaic features.

Charcoal analysis in archaeology reveals the vegetal surroundings of past sites using charcoal deposited in excavation layers as a reflection of firewood gathering activities of past human groups. Within the framework of the ethnoarchaeological project of Sarakini we were given the opportunity of making some observations concerning the managing of the natural environment, the firewood provision areas, the human concept on "good fuel", wood burning in diverse functions and contexts, the disposal of firewood remains. Our thought has been to carry out a charcoal analysis study on a present day context but with the characteristics of the ones applied in prehistoric sites. The advantage in our case has been the possibility of comparing our charcoal results with the existing plant environment and for this the treatment of some methodological aspects concerning domestic firewood, hearths and waste dumps seemed feasible. Our work maintained three basic lines, oral information obtained by interviewing the inhabitants, observation and recording of aspects concerning environmental conditions and human activities in respect and finally sampling and analysis of firewood remains (charcoal) as in an archaeological site.

The village of Sarakini is located in the region of Thrace, at the mountain range of Rodopi close to the border between Greece and Bulgaria (Fig. 32) in a hinterland valley (41° 17'N, 25° 50'E) at an elevation of 450-550 m a.s.l (Fig. 33). The area is characterised by a topography dissected by watercourses and inclined slopes. The climate is continental Mediterranean, where winters are especially cold (m<0°). The precipitation regime is of humid type. Rains are frequent from October on and snowfall occurs all winter persisting sometimes until middle spring.

Oak woodland is the predominant plant formations in the area while from 700 m and above beech woods become an important feature (Fig. 29, Fig. 33). In transition zones forests are composed of oak and beech. In the immediate surroundings of the village, the river valley is dominated by gallery-forests, mainly of alder, including willows, aspens, other hygrophilous shrubs and various herbaceous plants. In places the riverine vegetation is dense and impenetrable. The hills upon which the village is located, are covered by a much degraded vegetation of junipers, *Prunus spinosa* and other shrubs due to herding and cultivation in past times.

The inhabitants of the village are Pomaks who live from the cultivation of tobacco fields and some animal breeding carried out by a few families.

The village located in this interior valley has been geographically isolated until very recently. The access was particularly difficult and communication with neighbouring villages and towns was carried out with mules and camels through rough mountain tracks and pathways (Plate 10: 55).

The village is composed of five *mahalades* (quarters, *mala* in the pomak language) that expand over the hills surrounding the valley (Plate 10: 56). There is a strict division between *mahalades* that concerns the production territory of each one of them, cultivated and pasture area or forest. However, there are no markers for this division, which is mainly based on an oral communal law.

The main structures in the village are the houses that include a garden, the main living quarters upstairs and an animal pen downstairs. Other structures are winter and summer corrals for goat and sheep and various types of storage structures (Plate 11: 57, Plate 11: 58).

There are small gardens close to the houses but the inhabitants have also got larger fields close to the river. In the past they cultivated cereals and vegetables for local consumption, while at present they mainly cultivate tobacco that provides them with a small income. Maize, beans and vegetable growing serves to full their every day needs.

The fields are located along the river and the surrounding hills and their distribution follows the territorial division of the five *mahalades* (Plate 12: 59). Preparation and ploughing of the fields is carried out with animals, mules or cows (Plate 12: 60). A large number of the utensils and tools used in the fields such as ploughs, sticks, ladders, etc. are made by the inhabitants. One of the most frequently used tools is the axe.

Almost all families have one to two cows while, at present, only a few families have goatherds. Sheep are infrequent in the village. The cows are used in ploughing, for their milk and in rare occasions, for meat. Goat/sheep corrals are located outside the village or in the margins. Mules and donkeys are used for transport of firewood, fodder, etc., but few families have such animals.

Honey production was an important activity in the village until recently. Locally handmade abandoned beehives are a common sight in many houses (Plate 13: 61).

Communication between the village and the fields, pastureland and forest is carried out through pathways. Until very recently there were no carts or other vehicles except the animals for some distance transport.

The forest that surrounds the village is distributed among the five *mahalades* following the same unwritten laws. The natural plant resources provide firewood, timber, wood for tool repairs and fruit. An important contribution of the forest in the farming activities of the inhabitants is the provision of leaf and branch fodder. Managed trees are a common feature of the landscape around the village, in the vicinity of the corrals and along the pasture paths. Those trees are used for the storage of the fodder (Plate 13: 62).

The application of charcoal analysis method in archaeological sites has offered coherent information about plant environments used by humans. However, "l'anthracologue n'a que l'etat final de la comparaison qu'il cherche à établir, et ne peu donc pas la vérifier par la végétation actuelle...il ne peut pas bénéficier de fonctions de transfert satisfaisantes pour relier une végétation connue à une spectre de fréquences des espèces qui en proviennent. En effet, le seul moyen de procéder serait d'analyser de residues de foyers actuels dans un environnement exploité de façon traditionnelle" (Chabal 1994: 324). With this observation, reference is made to some of the methodological concepts of charcoal analysis:

- Firewood is a reflection of combined factors such natural vegetation and the human attitude in relation to searching for energy resources,

- The concept of traditional exploitation of plant environments and its characteristics,

- Firewood remains concentrated in hearths. In relation, the same author notes "pour faire la démonstration anthracologique du caractère aléatoire de dépôts concentrés de charbons de bois par rapport à des fragmentes dispersés, il faudrait comparer les charbons dispersés d'un niveau stratigraphique aux contenus d'un grand nombre de foyers (ou dépôts assimilés), du même site et de durées échelonnées aléatoirement sur toute la durée de formation de ce même niveau, puisque chacun représente très mal la durée réelle dľoccupation du niveau. On chercherait à démontrer que les foyers représentent la variabilité aléatoire du niveau, ou le niveau leur synthèse, les charbons de bois dispersés permettant alors une appréciation du ramassage moyen du bois, pour cette durée, plus sûre que le contenu de quelques foyers" (Chabal 1988: 192).

The prerequisites for a study such as the one described in the above paragraph are quite improbable in an archaeological site since hearths are not so abundant. Having this in mind, charcoal analysis has been based on dispersed charcoal for a consolidation of the theoretical basis.
Charcoal analysis has based palaeoecological interpretation on the charcoal dispersed over the sediment, that means deposited parallel to the formation of the archaeological layer and corresponding to the same duration in time.

Hearths are features easily distinguished during excavation because of the concentration of burned material; methodological studies have been carried out in relation to hearths; and it has been realised that a reliable palaeoecological reconstruction cannot be based on hearth contents since they preserve the remains of the last fire or a few fires. In consequence, an ethnobotanical value was given to hearth remains and the information could only be complementary to the data from dispersed charcoal.

Similarily, pits used for waste deposition are a frequent feature in archaeological sites. Their content frequently is firewood remains that in some cases and depending on the duration of use of the structure can give ecological information.

At Sarakini, we have had the opportunity of coming across various hearths in direct relation to habitation units or scattered around the frequented areas of the village. The remains were deposited in the form of waste dumps and we have been faced with the possibility of carrying out a charcoal study following the norms of the method. Additionally, we were able to make an inventory of the surrounding vegetation and also estimate the surface covered by distinct plant formations in the vicinity of the village. The basis for this study has been structured upon the following lines:

- Observations concerning firewood gathering practices, the ways the activity is carried out, the inhabitants' opinion on firewood, the provisioning areas, how the above are reflected in the remains of hearths and waste dumps. With this, our attempt is to see what a "traditional" firewood gathering might be and if the charcoal analysis concept of dead wood gathering is the main practice to meet ecologically reliable results. There could be a possibility of seeing how the provisioning practices affect, if they do so, the charcoal analysis image of the vegetation.

- The analysis of the contents of each one of the hearths and waste dumps recorded in the village in order to see the plants included and their relation with the immediate surroundings and the firewood gathering. By this, we could compare our results with relevant information from archaeological charcoal analysis of similar contexts. Additionally, we could try to figure out up to what point the total of the present hearth contents could be a synthesis of the plant environment actually observed and described in the case of Sarakini. If dispersed charcoal is the result of various hearth, emptying, then the synthesis of the Sarakini hearths in agreement with the charcoal analysis hypothesis, should give a very approximate image of the real vegetal surroundings.

Firewood gathering

Firewood gathering is an important activity in the village of Sarakini since wood has been, until very recently, the basic energy resource for cooking, heating or other domestic purposes. In all houses there are interior stoves used for heating and cooking and hearths in the gardens, mainly used to boil water. There are also hearth remains found in the fields or along pathways, which have been used to warm up people working outdoors.

Firewood is indispensable for a great deal of activities and wood provisioning is a major preoccupation of the inhabitants. A clear example of this is the existence of stored firewood in almost all houses (Plate 14: 63).

Firewood gathering is mainly carried out in the oak woodland in the vicinity of the village. Whole trees are cut down preferably dry, dead or diseased. One medium sized tree is burned in 20 days while 5 or 6 are enough for winter months. Firewood provisioning is carried out during spring when other activities are not that demanding. However, firewood is gathered at various periods; in autumn people replace the wood used during summer. Transport of firewood is done with animals through forest paths (Plate 14: 64).

Oak woodland is the closest and most abundant plant formation and that makes it the most exploited for firewood. Occasionally there are other species included in the wood stock of the village houses, such as beech or *Prunus* branches. The inhabitants affirm that oak wood gives good quality fuel but they would not despise other species such as alder or walnut described as burning very badly.

The fires in the fields or tracks are set with any kind of wood available included timber from abandoned structures.

Firewood gathering at Sarakini is an organised activity and every domestic unit prepares enough firewood for domestic needs. Firewood comes from the neighbouring oak woodland but any wood available is used.

The hearths

At Sarakini, we collected samples from various hearths either from the gardens in the houses or from other found in the fields. The hearths in association to houses (Fig. 33) have a stone structure around them and we sampled 6 of them, hearths number 3, 8, 10, 11, 13 and 16 (Plate 15: 65). The charcoal analysis data are shown in table 4.

The results concerning structured hearths can be summarised as follows:

- Oak woodland is the main firewood resource. Organised and predetermined gathering is not selective but the inhabitants make use of the closest and most abundant resources,

- Qualitative variability between structured hearths (Table 4) seems to indicate that firewood provisioning is not selective but it depends on the accessibility of the plant formations. Some hearths show abundance of the other species including some considered bad fuel, such as alder or walnut tree.,

- There are big quantitative differences between structured hearths (Fig. 34).

Hearths without a structure are usually found in fields and forest tracks (Plate 15: 66). The majority of those hearths have been used only once and the firewood usually comes from the immediate vegetation though various types of wood remains can be burnt. We have sampled twelve such hearths dispersed in different parts of the village (Fig. 33); hearth number 1 in the oak woodland; 2, 4, 5 and 14 found in the degraded plant formations; 6, 7, 9, 12 and 15 along the river; 17 in the transition zone between beech woods and the degraded zone and 18 in the transition zone between oak and beech woods. The data from charcoal analysis applied to those hearths are shown in Table 5.

The results from hearths without structure can be summarised as follows:

- Qualitatively they document the use of the immediate vegetation (Table 5). The taxa list of each hearth is a response to the diversity of the nearest plant formation. The hearths located in the degraded formations show short taxa lists, while the ones located by the riverside present richer taxa lists,

- Quantitatively there is large diversity in the taxa frequencies, even between hearths located in the same firewood provisioning area (Fig. 35, Fig. 36). This seems to indicate that species are used irrespective of their burning characteristics but as a response to necessity and immediate availability.

Hearths have been the objective of specific methodology studies in charcoal analysis carried out in prehistoric sites. In the Mediterranean region, hearths from the prehistoric sites of Piana di Curinga in Calabria, (Italy), la Balma de l'Abeurador at Hérault, (France), and the Cendres Cave at Alicante, (Spain) have led to the following qualitative and quantitative conclusions (Badal 1992, Badal and Heinz 1991, Heinz 1991, Heinz *et al.* 1992):

1) How rich hearths are in taxa depends on various factors:

- The type of vegetation documented for a certain region and period of time in prehistory,

- The type of the structure. Hearths in shallow pits are usually richer in taxa compared to flat ones; this could be related to easier cleaning and emptying of the second type of structures,

- The duration of use of a structure. Usually domestic hearths are richer in taxa content than the ones with a temporary use. Although quantification of the duration of use is not easy, for the Neolithic hearths richer in taxa, a more prolonged use has been postulated.

2) The quantitative results document that:

- In each hearth of a same site and archaeological layer there is always a taxon to reach high percentages, in cases 80-90%, but this taxon is not the same in contemporary hearths,

- Quantitative differences of taxa are usually greater between coeval hearths than between percentages of taxa from dispersed charcoal assemblages from successive layers. This could be due to the preservation in the hearth of the last firewood burned there,

- The Neolithic hearths document predominance of one to two taxa that are not the same in contemporary hearths. If wood selection occurred and constant criteria existed for a certain period of time then the same taxa would dominate. It is postulated that there are no constant selective criteria in prehistory and the quantitative difference of the hearths reflect random firewood provisioning,

- In some cases the dominant taxon in a hearth is the same as in dispersed charcoal assemblages. However, because of the diversity among contemporary hearths explained above, the results from those features cannot be used for pure ecological interpretations. They can only be complementary to results from dispersed charcoal.

Looking at the results from prehistoric hearths and the ones studied in the Sarakini village we observe some points in common. Although it is risky to compare communities so distant in time and so different in their behaviour and technological level we could synthesise results with the hypothesis that maybe the basic common point is a "traditional" use of the forest.

1. Hearths with stone structures include more taxa and this could be related to prolonged use, successive burning and less dispersion of fire remains due to the stone structure. Hearths without structure include less taxa, which are a reflection of the immediate vegetation, thus the number of taxa being associated to the variety of the vegetation. Differences between hearths with and without structure correlate with the results from prehistoric hearths in that the variety of the natural vegetation is reflected in hearths and that the duration in time and the type of structure influence the content of hearths in taxa.

2. Quantitative and qualitative results from the hearths of Sarakini show great variability. The main plant formations of the surrounding environment are reflected in almost all hearths but proportions are very diverse including the ones located in the same area. The same observations are valid for prehistoric hearths and indicate that although there is no selection of firewood, the short duration of the use of such features is a limiting factor for an ecological interpretation of single hearth results.

3. At Sarakini we have occasionally documented the presence or high frequencies of taxa not confirmed in the vegetation. Because of the inhabitants' testimony or because of direct observation it was possible to interpret the presence of e.g. mulberry tree wood in hearth 8. This would be much more difficult in an archaeological context given that hearths give variable quantitative and qualitative results. For this it would be necessary to have results from various contemporary hearths, not easily found, in order to discuss the presence of rare taxa and interpret their frequencies. For these reasons, even in the case of Sarakini where direct observation was feasible, it is evident that the results from hearths alone are difficult to use in ecological terms. They must be confirmed by additional data such as the surrounding vegetation at Sarakini, for instance, or dispersed charcoal in archaeological charcoal analysis.

4. As far as firewood provisioning is concerned, we have distinguished between:

- Temporary provisioning based on dead wood or any other wood remains from other activities (pruning, timber, and utensils),

- Organized provisioning of firewood in the surrounding forest, mainly the oak woodland.

Each way of firewood provisioning is associated to a type of hearth, the first one to hearths without structure and the second to the ones with stone structure. We would expect to see differences due to different type of provisioning; however there was no absolute reflection of the stored oak firewood and it seems that domestic hearths include a strong component of other species, even stronger than in temporary hearths where firewood is the product of random gathering.

Organised and predetermined provisioning is related to the abundance and availability of species in the environment; dominant plant formations are exploited but others are used supplementary as well. Thus, that kind of provisioning is a reflection of the surrounding vegetation in the same way as dead wood random gathering is thought to be in charcoal analysis theoretical basis.

It is risky to extrapolate ethnographic observations to Prehistory but we could propose the possibility of having similar results in charcoal analysis through different ways of wood provisioning. A random dead wood gathering would not be the only method; sedentism, different economic and social organization, technological level, etc, at different periods in prehistory could probably explain firewood provisioning not so opportunistic as dead wood gathering

During recent prehistory the technological knowledge would make cutting down whole trees quite easy. The effort for such activity would probably be recompensed during the time of the year when firewood was necessary and other activities would not leave time for abundant wood provisioning. Meanwhile random firewood gathering would be supplementaryz.

If similar managing of plant formations occurred in Prehistory, through the Sarakini results, we still think that charcoal would reflect the surrounding vegetation. Organized firewood provisioning is not selective. Sarakini hearths rich in taxa show that firewood is a response to the abundance of species, the effort required to pick them up and not to their combustion qualities.

The waste dumps

At Sarakini we have analysed charcoal samples from four waste dumps belonging to different areas. Those dumps lack any structure but can be recognisable as dark patches of concentrated charcoal and usually are the places were the remains of firewood from domestic fires are emptied. Three such waste dumps were identified in the village, one of them was located next to the house where hearth 3 belonged, another one was related to the school (Plate 16: 67) and a third one was located outside the house where hearth 16 belonged.

We have also recovered charcoal samples from an area, close to the village, where hearths and waste dumps were directly associated. The area was used during the summer months of 1996 as a campsite for the woodcutters that worked in clearing up the oak woodland (Plate 16: 68, Plate 17: 69, 70).

The areas or structures used as waste dumps in archaeological charcoal analysis are of interest concerning two aspects:

a) The dispersion of fire remains from hearths is not homogeneous and for this there is variability in charcoal samples over the same surface, and

b) Areas or structures that contain hearth remains might offer better qualitative and quantitative results compared to hearths, due to a longer use.

Through the analysis of charcoal samples from such features at Sarakini and the comparison with related hearths we have made the following observations:

- In the samples from the campsite there is a direct relation between firewood burned in the hearths and the remains recovered in the waste dump (Table 9, Table 10), The taxonomic composition of the waste dump assemblage is the synthesis of the hearth content.

- The quantitative results of various samples from a single waste dump are more coherent between them than the results of the hearths from which the fire remains come (Fig. 39, Fig. 40),

- The taxonomic composition and the percentage relation of the taxa are more coherent in relation to the natural environment when the duration of use of a certain area as waste dump is longer. The waste dump of the first *mahalas* was temporarily used and the results are similar to those of a hearth characterised by overrepresentation of the last firewood used (Table 6). The results from the waste dump of the school, which was used for at least two years, are closer to the natural environment (Table 7, Fig. 37). The waste dump of the second *mahalas* (Table 8, Fig. 38) represents all plant formations in association to the location of the dump and probably related hearths. Finally the waste dump at the campsite was used for approximately four months but its contents are a good reflection of the surrounding vegetation,

- The total of the samples from each waste dump gives results representative of the vegetal composition of the natural environment. The proportion between species must be related to the duration of use of the waste dump and the particularities of firewood provisioning as well. However, those particularities are attenuated when more samples of a single dump are recovered and finally are included in the assemblage.

The observation from the waste dumps and hearths at Sarakini can be related to relevant archaeological contexts in what concerns the spatial distribution of the taxa frequencies around hearths and the spatial distribution of taxa in the excavated area.

- Samples of dispersed charcoal are richer in taxa than hearths. The same was observed at Sarakini between hearths and individual samples of the waste dump at the woodcutters' campsite.

- At prehistoric sites and at Sarakini we have observed the relation between hearths and areas of disposal of firewood remains. Emptying of hearths produces disposal areas that reflect the content of the first.

- The excavated areas in a prehistoric site do not offer homogeneous results. In the same way the results from Sarakini show that neighbouring areas are characterised by quantitative and qualitative differences. There are differences between samples but in most cases the best represented taxon in induvidual samples is the dominant one in an assemblage of dispersed charcoal (or the total of the waste dump at Sarakini).

- At Sarakini we have documented the differences in the individual samples of a single waste dump. The total assemblage on the other hand gives more complete and coherent results. In this respect, at an archaeological site detailed charcoal recovery should minimise the effect of differential dispersion from hearths.

A synthesis of the hearths

At Sarakini we have tried to see the image of the immediate vegetal environment through the totality of the hearth data. The hypothesis to start with is that the total of hearths of a certain occupation level, the present day of the village, should correspond to the dispersed charcoal assemblage of the same level; in other words, emptying, cleaning and mechanical dispersion of the fire remains from the hearths.

The results include hearths with or without structure. At prehistoric sites the features easily distinguished can be real hearths or lenses of shorter or longer use or even instantaneous use. Additionally, both types of hearths, with or without structure, could be represented especially in outdoor areas and the remains of both would be included in the samples of dispersed charcoal.

The total results from hearths at Sarakini are represented in figure 41 A. The plant formation most extensively used is the oak woodland (40%). Beech forests are represented by 17% and the degraded formations by 18%. Riverine vegetation reaches 14% and the same values represent the cultivated plants that in hearths are only reflected in charcoal from fruit trees.

At Sarakini we have the possibility of comparing those results with the real plant formations. The surface each plant formation occupies in the territory of Sarakini (Fig. 33) was calculated and converted to percentages (Fig. 41 B): oak woodland occupies 44% of the surface, degraded formations 22%, beech woods 17%, riverine vegetation 3% and finally the cultivated area 14%.

If we compare the real data and the charcoal analysis results we observe convergence and divergence (Fig. 41 A and B). The conclusions from charcoal results are quite reliable in relation to the image of the real vegetal environment. The oak woodland is the dominant formation in both represented with similar frequencies. The degraded areas and beech woods show a similar correlation. There is a common order of dominance between plant formation in both images, the real and the one from charcoal.

Riverside vegetation shows great variability. The differences are due to the high frequency of hearths along the riverbanks and this is related to the importance of the valley and the river as features that attract concentration of activities and facilitate accessibility.

The cultivated areas have equal values, but in the case of charcoal results the percentages are a reflection of fruit trees used as firewood. This is a biased image of the cultivated area since the area that fruit trees occupy in the Sarakini farming system is marginal.

Comparison between the two categories of data suggests that the results of charcoal represent a general image of the immediate plant formations. All plant formations are represented. Though these are richer in species, the charcoal results include with accuracy the dominant species of different formations and some of the other important components. Similar proportions in both categories of data represent the most extensive formations in the territory of Sarakini. This would indicate that there is no selection of the firewood but provisioning is related to availability and abundance. This is also the reason for a disproportionate representation of the riverine vegetation in the charcoal samples. It is not an extensive formation but within the reach of the village and where plenty of everyday activities are concentrated. In the same way the fruit trees included in firewood reflect the occasional use of all types of wood available.

In this respect, if the results from all hearths were represented as a charcoal assemblage/spectrum of an archaeological level in a charcoal diagram they would reflect mainly the areas of firewood provisioning. In relation to archaeological dispersed charcoal results the synthesis of hearth results would confirm that:

- Firewood provisioning is not selective but is related to the abundance and availability of species. In this respect, the proportions of species generally correspond to their order of dominance within plant formations,

- However relative proportions cannot be interpreted as absolute in the environment; they are only indicative of the firewood provisioning areas,

- When more than one formation is reflected in the same environment then there is more possibilities of having some distortions in the image since all of them can be alternatives to firewood provisioning. Additionally, their use is related to other activities and the proportions of firewood taxa can only be attributed to an intensive collection of these,

- An isolated charcoal spectrum offers limited information. At Sarakini we have confirmed the ecological significance and reliability of the results; but we are aware of the fact that data as the ones concerning cultivated plants-fruit trees could only become clarified if continuity of study in time was achieved. This would indicate up to what point such distortions are a reflection of temporary attitudes or a real characteristic of the plant environment.

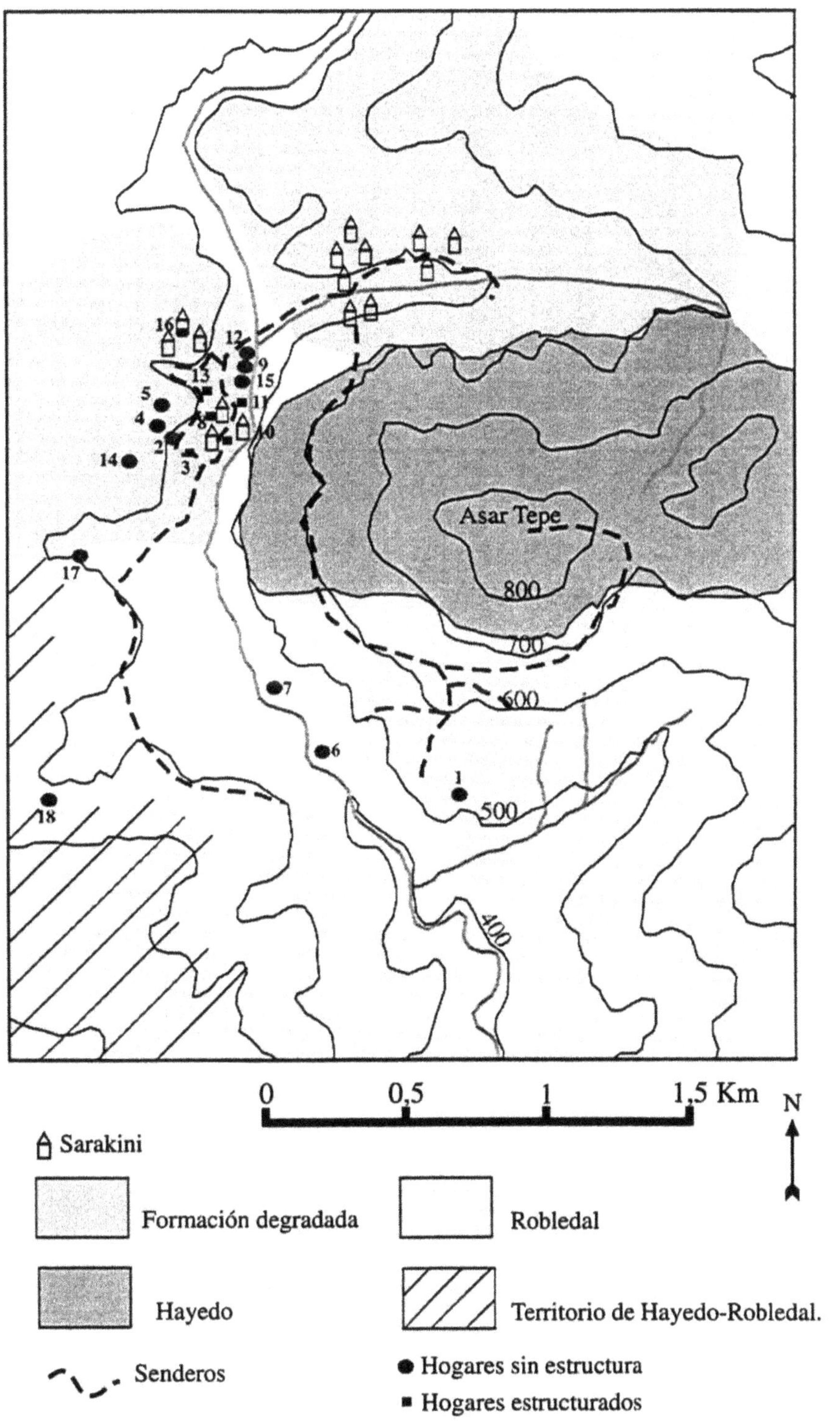

Fig. 33: Mapa del territorio de Sarakiní. Distribución de las formaciones vegetales y de los hogares estudiados.
Fig. 33: Map of the territory of Sarakini. Distribution of plant formations and the hearths studied.

HOGARES ESTRUCTURADOS												
HOGARES	**3**		**8**		**10**		**11**		**13**		**16**	
Taxa	No	%	No	%	No	%	No	%	No	%	No	%
Alnus glutinosa			5	2.50	21	10.50	22	11.00				
Cornus mas							3	1.50				
Corylus sp.			8	4.00					10	5.00		
Fagus sp.	60	30.00	32	16.00			67	33.50	10	5.00	16	8.00
Fraxinus sp.							12	6.00	20	10.00		
Juglans regia	6	3.00			175	87.50	62	31.00			44	22.00
Juniperus sp.	27	13.50	20	10.00	1	0.50					37	18.50
Maloideae							1	0.50	2	1.00		
Morus sp.			12	6.00								
Prunus II			10	5.00							8	4.00
Quercus caducifolio	105	52.50	112	56.00	3	1.50	23	11.50	157	78.50	92	46.00
Rosa sp.											1	0.50
Indeterminables	2	1.00	1	0.50			10	5.00	1	0.50	2	1.00
Total	**200**	**100**	**200**	**100**	**200**	**100**	**200**	**100**	**200**	**100**	**200**	**100**

Cuadro 4: Frecuencias absolutas y relativas de los taxa identificados en los hogares estructurados de Sarakiní.
Table 4: Absolute and relative frequency of taxa identified in hearths with stone structure at Sarakini.

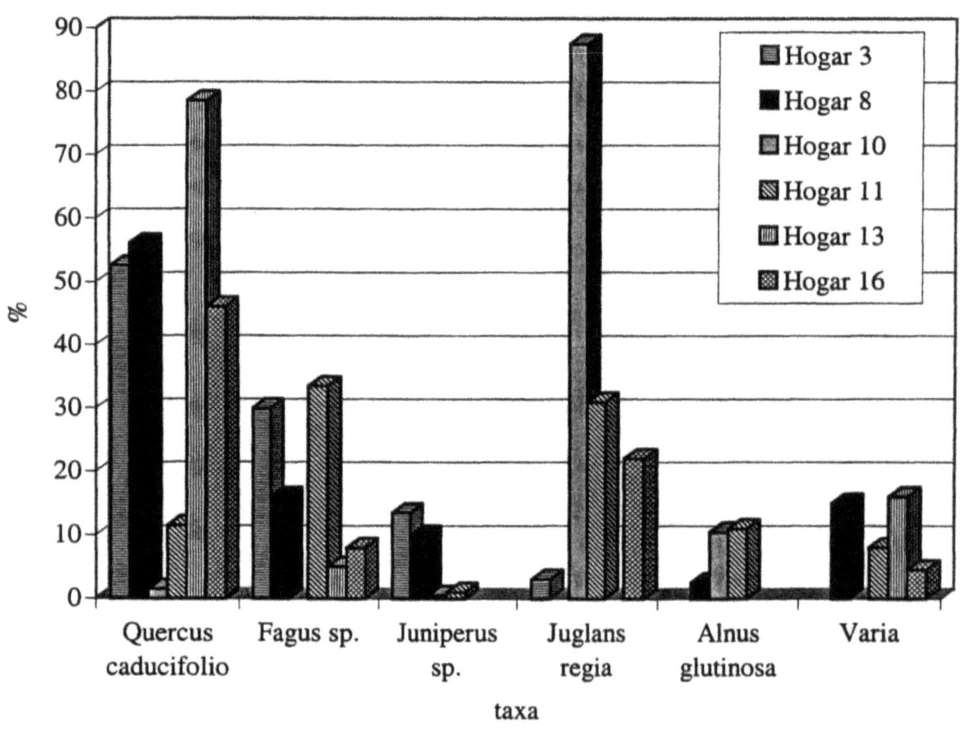

Fig. 34: Frecuencias relativas de los taxa identificados en los hogares estructurados de Sarakiní.
Fig. 34: Relative frequency of taxa identified in the hearths with stone structure at Sarakini.

HOGARES SIN ESTRUCTURA																								
HOGARES	**1**		**2**		**4**		**5**		**6**		**7**		**9**		**12**		**14**		**15**		**17**		**18**	
Taxa	**Nº**	**%**	**Nº**	**%**	**Nº**	**%**	**Nº**	**%**	**Nº**	**%**	**Nº**	**%**	**Nº**	**%**	**Nº**	**%**	**Nº**	**%**	**Nº**	**%**	**Nº**	**%**	**Nº**	**%**
Alnus glutinosa									114	57.0	61	30.5	97	48.5	4	2.0			73	36.5				
Cornus mas									1	0.5			7	3.5										
Corylus sp.					7	3.5	30	15.0					3	1.5					6	3.0				
Fagus sp.			10	5.0	24	12.0							8	4.0	6	3.0			13	6.50	92	46.0	145	72.5
Ficus carica	4	2.0																						
Fraxinus sp.											80	40.0												
Juglans regia	1	0.5							71	35.5	59	29.5	29	14.5					37	18.5				
Juniperus sp.			92	46.0	87	43.5	73	36.5					4	2.0			183	91.5	2	1.0	72	36.0		
Maloideae			1	0.5																				
Populus sp.															1	0.5								
Prunus II									5	2.5			3	1.5										
Quercus caducifolio	184	92.0	97	48.5	82	410	97	48.5	8	4.0			10	5.0	189	94.5	16	8.0	49	24.5	36	18.0	15	7.5
Quercus sp.																							36	18.0
Rosa sp.	1	0.5																						
Salix sp.													36	18.0										
Sambucus cf. *nigra*																			18	9.0				
Indeterminables	10	5.0							1	0.5			3	1.5			1	0.5	2	1			4	2.0
Total	**200**	**100**	**200**	**100**	**200**	**100**	**200**	**100**	**200**	**100**	**200**	**100**	**200**	**100**	**200**	**100**	**200**	**100**	**200**	**100**	**200**	**100**	**200**	**100**

Cuadro 5: Frecuencias absolutas y relativas de los taxa identificados en los hogares estructurados de Sarakiní.
Table 5: Absolute and relative frequency of taxa identified in hearths without structure at Sarakini.

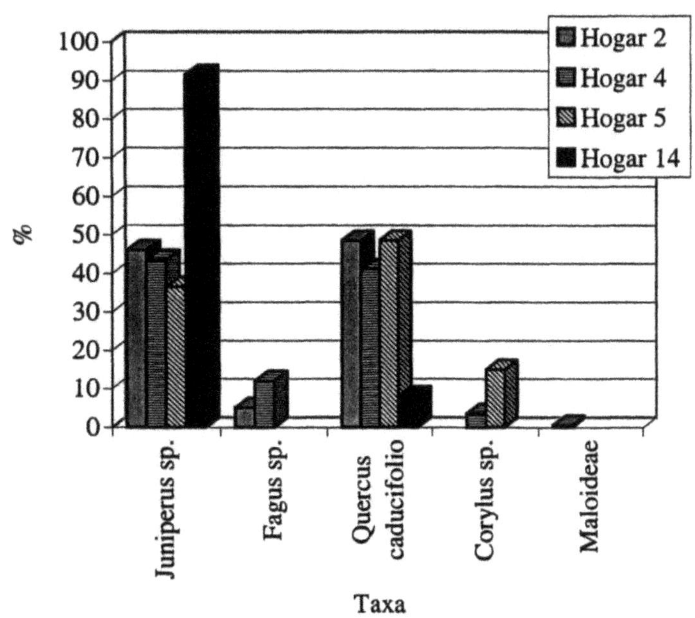

Fig. 35: Frecuencias de los taxa identificados en los hogares sin estructura de la zona degradada de Sarakiní.
Fig. 35: Frequency of taxa identified in hearths without structure at the degraded area of Sarakini.

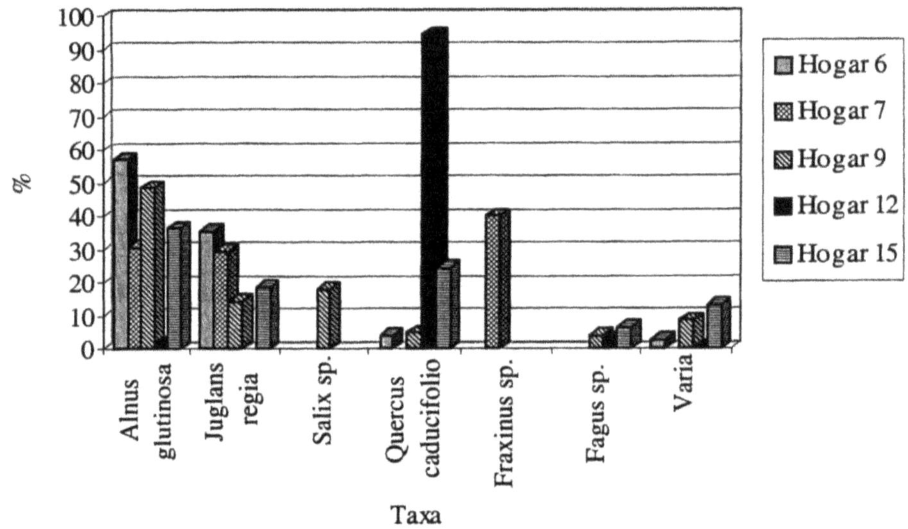

Fig. 36: Frecuencias de los taxa identificados en los hogares sin estructura de la ribera de Sarakiní.
Fig. 36: Frequency of taxa identified in hearths without structure at the riverside of Sarakini.

Basurero del Primer Barrio		
Taxa	**No**	**%**
Juglans regia	1	0.33
Juniperus sp.	14	4.67
Prunus II	2	0.67
Quercus caducifolio	250	83.33
Quercus sp.	6	2.00
Ulmus sp.	11	3.67
Indeterminables	16	5.33
Total	**300**	**100**

Cuadro 6: Frecuencias absolutas y relativas de los taxa en el basurero del primer barrio (*mahalas*) de Sarakiní.
Table 6: Absolute and relative frequency of taxa in the waste dump of the first quarter (*mahalas*) at Sarakini.

Basurero de la Escuela								
Muestras	**M1**		**M2**		**M3**		**Total Muestras**	
Taxa	**No**	**%**	**No**	**%**	**No**	**%**	**No**	**%**
Alnus glutinosa	12	10.00	32	26.67	8	6.67	52	14.44
Fagus sp.	18	15.00	8	6.67	9	7.50	35	9.72
Juglans regia	5	4.17	14	11.67	4	3.33	23	6.39
Juniperus sp.			1	0.83			1	0.28
Pinus sylvestris-P. peuce					30	25.00	30	8.33
Prunus I	53	44.17	3	2.50	16	13.33	72	20.00
Quercus caducifolio	30	25.00	60	50.00	53	44.17	143	39.72
Indeterminables	2	1.67	2	1.67			4	1.11
Total	**120**	**100**	**120**	**100**	**120**	**100**	**360**	**100**

Cuadro 7: Frecuencias absolutas y relativas de los taxa identificados en las muestras del basurero de la escuela Sarakiní.
Table 7: Absolute and relative frequency of taxa in samples from the waste dump of the school at Sarakini.

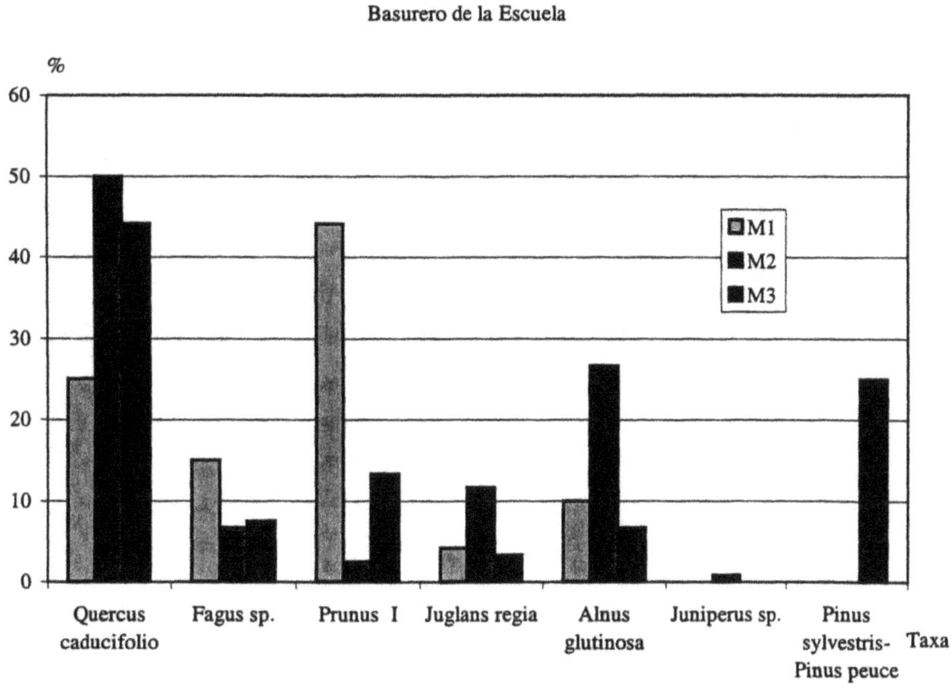

Fig. 37: Frecuencias relativas de los taxa identificados en las muestras del basurero de la escuela de Sarakiní.
Fig. 37: Relative frequency of taxa identified in samples from the waste dump of the school at Sarakini.

Basurero del Segundo Barrio										
Muestras	M1		M2		M3		M4		**Total Muestras**	
Taxa	No	%	No	%	No	%	No	%	No	%
Alnus glutinosa			1	1.11					1	0.28
Cornus mas			1	1.11			1	1.11	2	0.56
Fagus sp.	43	47.78	43	47.78	47	52.22	41	45.56	174	48.33
Juglans regia	1	1.11	1	1.11			3	3.33	5	1.39
Juniperus sp.	5	5.56	16	17.78	7	7.78	6	6.67	34	9.44
Maloideae			1	1.11					1	0.28
Prunus III	1	1.11							1	0.28
Quercus caducifolio	38	42.22	27	30.00	32	35.56	38	42.22	135	37.50
Quercus sp.					2	2.22			2	0.56
Indeterminada	1	1.11							1	0.28
Indeterminables	1	1.11			2	2.22	1	1.11	4	1.11
Total	**90**	**100**	**90**	**100**	**90**	**100**	**90**	**100**	**360**	**100**

Cuadro 8: Frecuencias absolutas y relativas de los taxa en el basurero del segundo barrio de Sarakiní.
Table 8: Absolute and relative frequencies of taxa in a waste dump of the second quarter (*mahalas*) at Sarakini.

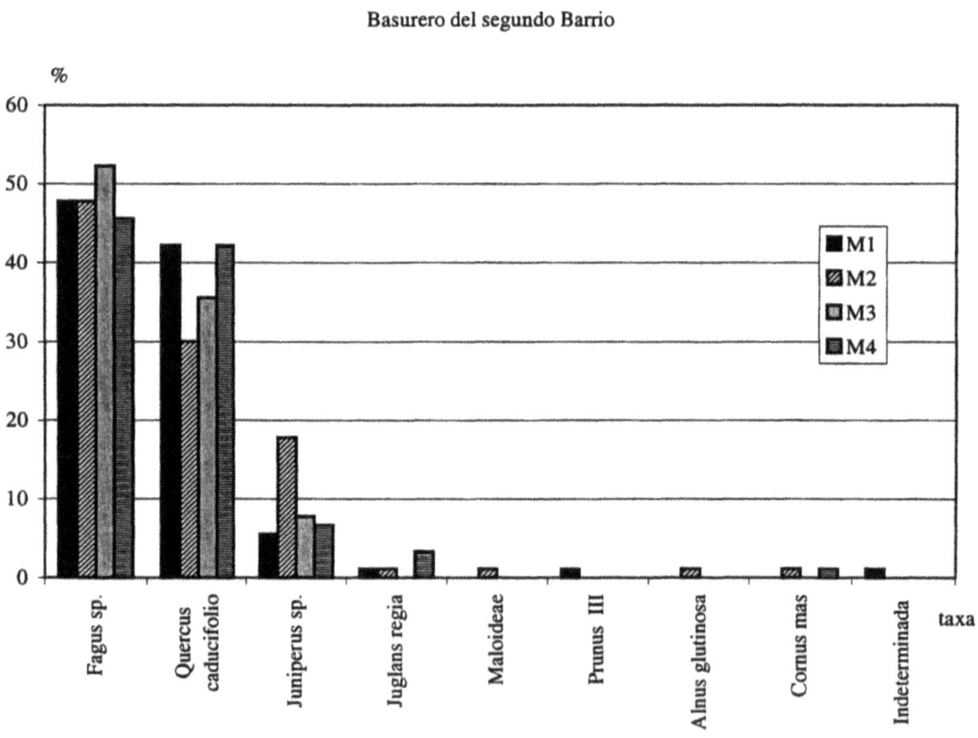

Fig. 38: Frecuencias relativas de los taxa identificados en las muestras del basurero del segundo barrio (*mahalas*) de Sarakiní.
Fig. 38: Relative frequency of taxa identified in samples from a waste dump of the second quarter at Sarakini.

CAMPAMENTO DE LEÑADORES								
HOGARES	1		2		3		B	
Taxa	**Nº**	**%**	**Nº**	**%**	**Nº**	**%**	**No**	**%**
Alnus glutinosa	4	2.00	8	4.00	8	4.00		
Corylus sp.	53	26.50	34	17.00			2	2.22
Fagus sp.	126	63.00	74	37.00	84	42.00	49	54.44
Fraxinus sp.			1	0.50				
Juglans regia			6	3.00	13	6.50	8	8.89
*Prunus*III					4	2.00		
Prunus II					2	1.00	20	22.22
Quercus caducifolio	17	8.50	76	38.00	88	44.00	11	12.22
Quercus sp.					1	0.50		
Indeterminables			1	0.50				
Total	**200**	**100**	**200**	**100**	**200**	**100**	**90**	**100**

Cuadro 9: Frecuencias absolutas y relativas de los taxa en los hogares del campamento de leñadores de Sarakiní.
Table 9: Absolute and relative frequency of taxa in the hearths at a woodcutters' campsite at Sarakini.

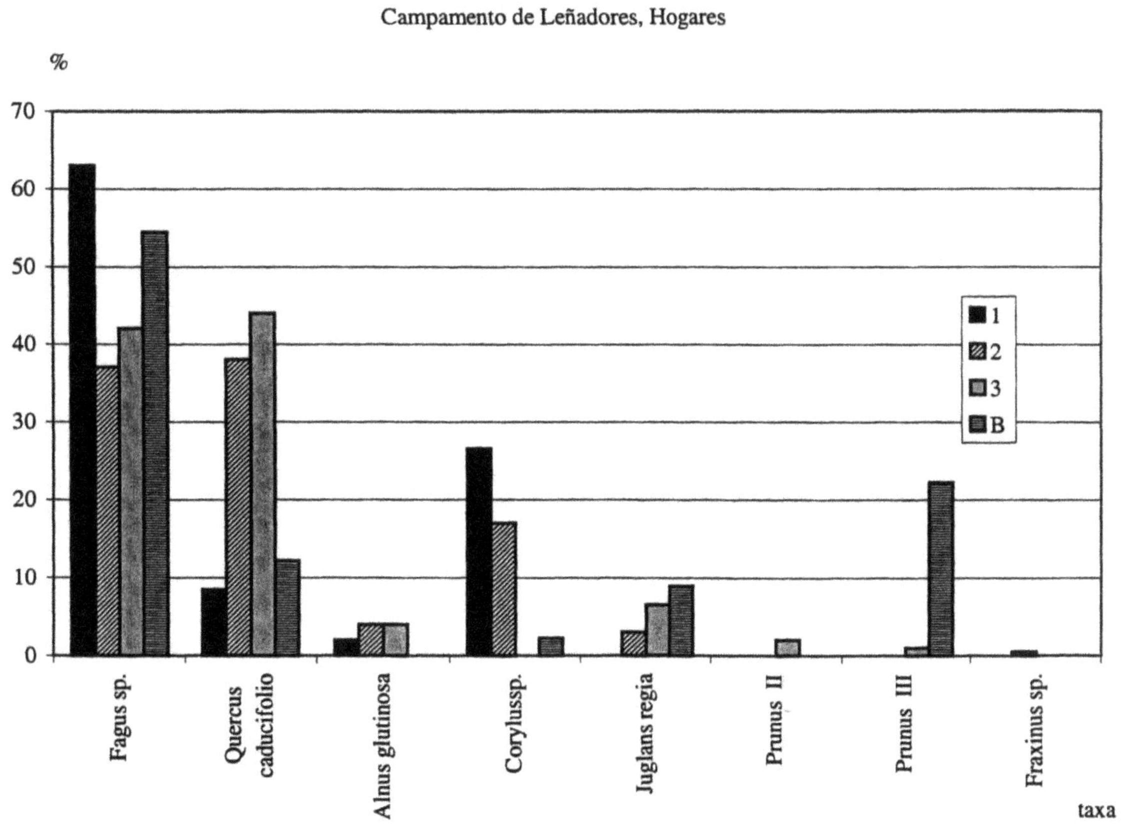

Fig. 39: Frecuencias relativas de los taxa identificados en los hogares del campamento de leñadores de Sarakiní.
Fig. 39: Relative frequency of taxa identified in the hearths at a woodcutters' campsite at Sarakini.

CAMPAMENTO DE LEÑADORES								
Basurero del Campamento								
Muestras	**A**		**C**		**D**		**Total Muestras**	
Taxa	**No**	**%**	**No**	**%**	**No**	**%**	**No**	**%**
Alnus glutinosa	5	5.56	3	3.33	5	5.56	13	4.81
Corylus sp.	1	1.11	4	4.44	1	1.11	6	2.22
Fagus sp.	41	45.56	47	52.22	44	48.89	132	48.89
Juglans regia	7	7.78	8	8.89	6	6.67	21	7.78
Prunus II	3	3.33	14	15.56	13	14.44	30	11.11
Prunus III	4	4.44	2	2.22			6	2.22
Quercus caducifolio	27	30.00	10	11.11	18	20.00	55	20.37
Quercus sp.	1	1.11			3	3.33	4	1.48
Indeterminables	1	1.11	2	2.22			3	1.11
Total	**90**	**100**	**90**	**100**	**90**	**100**	**270**	**100**

Cuadro 10: Frecuencias absolutas y relativas de los taxa en el basurero del campamento de leñadores de Sarakiní.
Table 9: Absolute and relative frequency of taxa in the waste dump at a woodcutters' campsite at Sarakini.

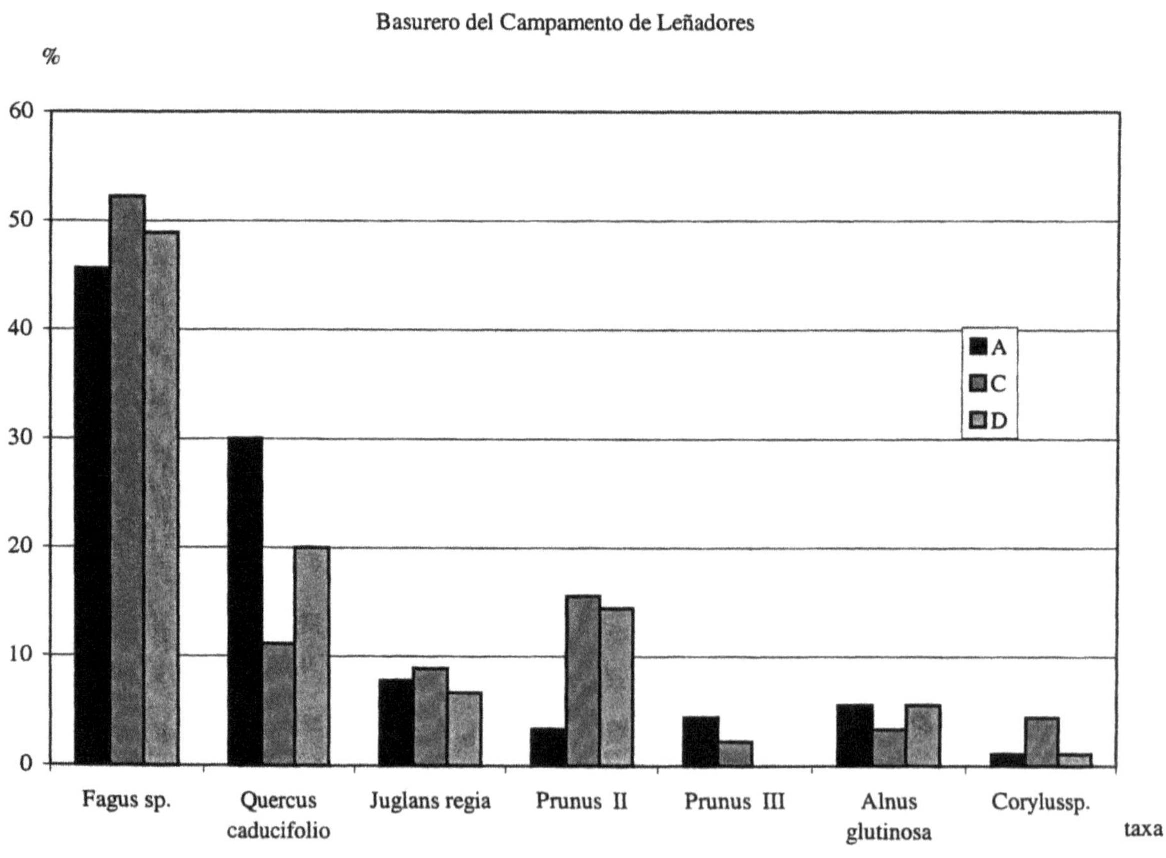

Fig. 40: Frecuencias relativas de los taxa identificados en las muestras del basurero del campamento de leñadores de Sarakiní.
Fig. 40: Relative frequency of taxa identified in the samples from the waste dump at a woodcutters' campsite at Sarakini.

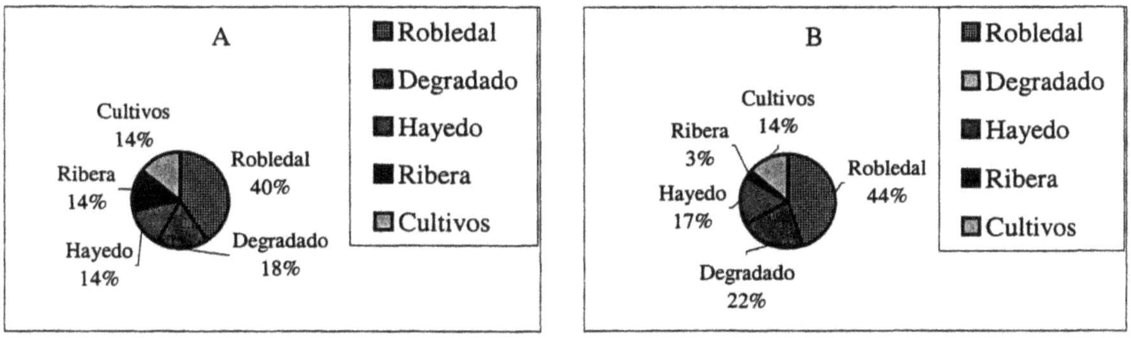

Fig. 41: A) Proporción de las formaciones vegetales y cultivos a partir de los carbones de todos los hogares, B) distribución de las formaciones vegetales y cultivos en la zona de Sarakiní.

Fig. 41: A) Proportion of plant formations and crops through charcoal data from all hearths, B) Distribution of plant formations and crops around Sarakini.

LAMINA 10

PLATE 10

55. Vista del valle de Sarakini.
55. View of the Sarakini valley.

56. Vista de la aldea de Sarakini: primero y segundo barrio.
56. View of the village of Sarakini: first and second quarter.

LAMINA 11

PLATE 11

57. La estructura de un corral de Sarakini.
57. The structure of a corral at Sarakini.

58. Estructuras de almacén en Sarakini.
58. Storage structures at Sarakini.

59. Campos de cultivo en el territorio de producción de Sarakini.
59. Fields at the production territory of Sarakini.

60. El arado de los campos con vacas.
60. Ploughing with cows.

LAMINA 13

PLATE 13

61. Colmenas en Sarakini.
61. Beehieves at Sarakini.

62. Forraje de ramas y hojas de roble almacenado en los árboles podados (çatal).
62. Oak branch and leave fodder stored on the managed trees (çatal).

LAMINA 14

PLATE 14

63. Leña almacenada en un rimero de Sarakini.
63. Firewood stored at Sarakini.

64. El transporte de la leña se realiza con animales.
64. Donkey carring firewood.

LAMINA 15

PLATE 15

65. Hogar estructurado en Sarakini.
65. Hearth with a stone structure at Sarakini.

66. Hogar sin estructura en Sarakini.
66. Hearth without structure at Sarakini.

LAMINA 16

PLATE 16

67. El basurero de la escuela de Sarakini.
67. Waste dump of the school at Sarakini.

68. El campamento de leñadores.
68. The woodcutters' camp site.

LAMINA 17

PLATE 17

69. Hogares estructurados en el campamento de leñadores.
69. Hearths with a stone structure at the woodcutters' camp site.

70. Hogar y basurero en el campamento de leñadores.
70. Hearth and waste dump at the woodcutters' camp site.

Capítulo 5

LA PALEOVEGETACION EN EL ENTORNO DEL ABRIGO TARDIGLACIAR DE BOILA

5.1. El yacimiento: ubicación, clima y vegetación

El abrigo de Boila y la zona de nuestro estudio se encuentra en el extremo noreste del Epiro (39° 50′ - 40° 15′N y 20° 45′E) (Fig. 28). El entorno es la cuenca del río Voidomatis y el cañón de Vikos en cuyas paredes de su tramo inferior se localizan varios abrigos del Paleolítico Superior (Fig. 42).

El cañón, de 20 a 25 km de largo, está cortado en las rocas calizas de Tymfi. El escarpe tiene mucha pendiente y, en determinadas zonas, las paredes del cañón son completamente perpendiculares. La máxima profundidad del cañón llega los 1000 m aunque de ancho tiene tan solo 2,5 km. Los dos picos más altos por encima de su pared noreste se elevan hasta los 2.436 m (Astraka) y 2.480 m (Gamila). Depósitos aluviales y coluviales del Cuaternario se observan en el fondo y laderas del cañón (Bailey *et al.* 1997a, Lewin *et al.* 1991, Mouseio Goulandri-M.M.A.O.T.O.P. 1992).

El río Voidomatis que abre su cauce en el fondo del cañón, tiene orientación SE - NO. Después de drenar un área de 385 km^2, confluye con el río Aoos en el valle de Konitsa y se dirigen hacia las costas del Adriático donde desembocan. El río tiene varios puntos de nacimiento localizados hacia el sur y sudeste y sobre distintos substratos, calizos, flysch, rocas serpentinas o depósitos producidos por glaciares locales (Lewin *et al.* 1991). El área de captación del río, en cuanto a su geología, comprende principalmente zonas calizas con superposición de estratos de flysch. Localmente las calizas contienen bandas de sílex y puntualmente en el área se encuentran afloramientos de rocas ígneas (Macklin *et al.* 1997). El cauce está formado por guijarros de variado tamaño, resultado de la pendiente abrupta (0.016 m m–1), que refleja el relieve alto del recorrido de las aguas (> 2000 m). Manantiales localizados casi a la mitad del recorrido del río proporcionan agua en su parte inferior durante todo el año, mientras que la parte superior, hacia las cabeceras, se alimenta principalmente de las lluvias del invierno y de la nieve (Lewin *et al.* 1991).

En la cuenca del río Voidomatis, en un estudio detallado relacionado con la investigación prehistórica de la zona, se han distinguido cinco unidades fisiográficas basándose en la topografía y la geología de la zona. Las dos primeras unidades se encuentran cerca de las zonas del nacimiento del río. La tercera y cuarta componen el cañón y la quinta se encuentra a partir de la desembocadura del río en el valle de Konitsa (Lewin *et al.* 1991, Macklin *et al.* 1997).

La primera unidad se localiza al este - noreste de la cuenca del río Voidomatis; es una zona montañosa de rocas calizas caracterizada por formaciones y sedimentos glaciares poco modificados (valles en forma de U, morrenas laterales y frontales, depósitos glaciofluviales) que indican glaciaciones recientes (Lewin *et al.* 1991, Macklin *et al.* 1997). En el Pindo septentrional son numerosos los restos de glaciares, tanto en el pico de Tymfi como más al norte en Smolikas, donde se abre la cuenca del río Aoos (Mouseio Goulandri- M.M.A.O.T.O.P. 1992).

La segunda unidad se encuentra al sur de la zona estudiada, en una cuenca formada por flysch del Mioceno; se caracteriza por gran erosión debida a la naturaleza del sedimento que tiende a desmantelarse fácilmente y dar lugar a laderas de "badlands" (Bailey *et al.* 1993, Lewin *et al.* 1991, Macklin *et al.* 1997).

La tercera y cuarta unidad forman el cañón propiamente dicho y se asocian a las masas calizas del Eoceno y Jurásico que se cortan por el cauce fluvial. La tercera unidad, la parte superior del cañón, se encuentra entre los pueblos Monodendri y Vikos, se caracteriza por crestas muy altas (800 m) y laderas muy escarpadas, taludes y conos (> 40 m de grosor) que se intercalan con depósitos aluviales de grano grueso (> 20 m de grosor) (Lewin *et al.* 1991, Macklin *et al.* 1997).

La cuarta unidad es la parte inferior del cañón. El cauce del río se aleja de las estribaciones del monte Tymfi y sus laderas se hacen más suaves. Gran parte del substrato es flysch y en las zonas más amplias del cañón, ya hacia la desembocadura, se forman sedimentos coluviales (> 15 m de grosor) y aluviales (>25 m de grosor). En esa cuarta unidad es donde se encuentra la mayor concentración de yacimientos del Paleolítico Superior en abrigos (Lewin *et al.* 1991, Macklin *et al.* 1997).

La última unidad, la quinta, es el valle de Konitsa. Es una depresión, un graben del terciario, probablemente formado por la actividad tectónica. Alrededor se extienden depósitos aluviales del Cuaternario entre 1 y 5 m por encima de los cauces actuales (Bailey *et al.* 1993, Lewin *et al.* 1991, Macklin *et al.* 1997).

La cuenca de Voidomatis y alrededores presentan algunas particularidades en cuanto al clima, principalmente debidas a la topografía y la altitud. El clima es mediterráneo continental, húmedo, con características claramente ligadas a grandes cambios altitudinales (400 m - 2.500 m).

La temperatura media anual oscila entre los 8° y 12° C. Enero es el mes más frío y las temperaturas más altas se registran en agosto. Los veranos suelen ser frescos, los inviernos muy fríos y el otoño es más cálido que la primavera. La amplitud termostática media anual supera los 31° C. Las nevadas son frecuentes con numerosos días de nieve a lo largo del año. En las zonas de mayor altitud el suelo se cubre de nieve durante 7 ó 9 meses y frecuentemente las últimas nevadas ocurren en junio. El índice pluviométrico es muy alto, entre los 800 y 2200 mm anuales, húmedo a hiperhúmedo. Las lluvias son muy fuertes y se ven afectadas por la orografía y el relieve de la zona. Los meses más lluviosos son noviembre y diciembre. La temporada de sequía estival tiende a desaparecer; aunque julio y agosto son menos lluviosos, generalmente la repartición de las lluvias tiende a ser homogénea a lo largo del año (Mouseio Goulandri-M.M.A.O.T.O.P. 1992).

La vegetación en la cuenca de Voidomatis y especialmente en el cañón es excepcionalmente rica combinando los elementos típicos de la ripisilva con especies mediterráneas, especies endémicas de los Balcanes (*Aesculus hippocastanum*) y también elementos europeos (*Carpinus betulus*) (Mouseio Goulandri-M.M.A.O.T.O.P. 1992, Polunin 1980). La zona del cañón se ha declarado Parque Natural por la particularidad del ecosistema que es refugio para muchas especies de plantas, animales, reptiles etc. Durante los últimos años, la protección, sobre todo del pastoreo, ha dado frutos ya que se observa regeneración de la vegetación incluso en las zonas más sufridas en la desembocadura del cañón. Las distintas especies en su mayoría recuperan el porte arbóreo y frecuentemente aparecen nuevos brotes de especies arbóreas no representadas actualmente por individuos maduros. En este proceso de regeneración desempeñan un papel importante dos elementos geográficos: por un lado, la parte superior del cañón difícilmente accesible y densamente cubierta por vegetación muy diversa, y por otro lado el propio río que con las crecidas transporta y deposita frutos y semillas a largas distancias (Bailey *et al.* 1997).

La existencia permanente del curso fluvial influye en la repartición y distribución de la vegetación a su alrededor. Así, en el fondo del barranco y en ambas orillas del río existe una franja estrecha de ripisilva compuesta sobre todo de *Platanus orientalis* acompañado de diversas especies de sauces *(Salix eleagnos, S. purpurea* y *S. Alba)* y *Alnus glutinosa* (Bailey *et al.* 1997, Polunin 1980). Entre otras herbáceas, en el fondo del cañón crecen: *Myosotis silvatica, Campanula persicifola, Melittis melissophyllum, Lathyrus venetus, Salvia glutinosa, Melissa officinalis, Helleborus cyclophyllus, Asphodeline liburnica, Geranium macrorrhizum, Symphytum ottomanum, Hesperis matronalis, Cardamine bulbifera, Digitalis lanata, Acanthus balcanicus, Lilium candidum, Convolvulus cantabrica, Asparagus sp., Anchusa officinalis, Euphorbia myrsinitis, Thymus sp., Poa bulbosa, Eryngium campestre, Cynosurus echinatus, Cerastium sp., Polypodium vulgare, Brachypodium silvaticum, Origanum vulgare, Urtica sp., Hypericum perforatum, Trifolium sp., Viola sp., Teucrium chamaedrys, Verbascum sp., Asplenium trichomanes, Prunela alba, Malva sp., Clinopodium vulgare,* etc. (Mouseio Goulandri-M.M.A.O.T.O.P. 1992, Polunin 1980). La distancia del curso fluvial da el carácter más o menos higrófilo a la vegetación. A continuación de la ripisilva, en las zonas que no se inundan por las crecidas del río, y donde se ha formado suelo se han registrado *Corylus avellana, Fraxinus ornus, Ulmus minor, Carpinus orientalis, Cercis siliquastrum, Rosa sp., Lonicera etrusca, Clematis vitalba, Fragaria vesca, Juncus sp., Pteridium aquilinum, Equisetum sp.* En las laderas del cañón según la exposición norte o sur y la pendiente, se encuentra una vegetación densa de caducifolios compuesta de varias especies de robles, *Quercus trojana, Q. cerris, Q. pubescens* junto a *Carpinus orientalis, Ostrya carpinifolia, Carpinus betulus, Acer trilobus, A. obtusatum, A. campestre, A. monspessulanum, Prunus mahaleb, P. avium, Fraxinus ornus, F. excelsior, Cornus mas, Aesculus hippocastanum, Juglans regia, Tilia tormentosa, Celtis australis, Ulmus montana, Cercis siliquastrum, Malus sp., Hedera helix, Rubus sp., Pyrus amygdaliformis, Sambucus nigra, Ilex aquifolium, Taxus baccata, Crataegus sp., Coronilla emeroides* etc. Esporádicamente están presentes *Quercus coccifera* y *Q. ilex* (Bailey *et al.* 1997a, Goulandri-M.M.A.O.T.O.P. 1992, Polunin 1980, observación propia).

En los escarpes del cañón en su tramo superior y a partir de los 800 m aparecen algunos abetos junto a *Ostrya carpinifolia* (Mouseio Goulandri-M.M.A.O.T.O.P. 1992). Plántulas de *Abies* e *Ilex aquifolium* se han observado en la parte inferior del cañón, donde no se ha encontrado ningún individuo maduro de estas especies; la protección de la zona contra el pastoreo tiene como resultado la reaparición de especies.

Los escarpes y las plataformas altas son ricas en especies herbáceas, entre otras: *Moltkia petraea, Athamanta macedonica, Saponaria calabrica, Inula verbascifolia, Sedum cepaea, Centaurea graeca, Hypericum rumeliacum, Achillea holosericea, Frangula rupestris, Ramonda serbica, Salvia candidissima, Saxifraga paniculata, Staehelina uniflosculosa, Campanula tymphaea, Hesperis lacinata, Digitalis lanata, Pterocephalus perennis, Onosma sp., Nepeta spruneri,* etc, (Polunin 1980).

Las zonas de la desembocadura del río Voidomatis, documentan una vegetación mediterránea bastante afectada por las actividades antrópicas, donde predominan las especies perennifolias. *Quercus coccifera* y *Phillyrea media* son las más frecuentes y se acompañan de *Pistacia terebinthus, Cercis siliquastrum, Paliurus spina-christi, Juniperus oxycedrus, Phlomis fruticosa, Salvia officinalis, Ephedra altissima* etc. (Bailey *et al.* 1997a, Mouseio Goulandri-Y.PE.HO.D.E 1992, observación propia).

5.2. El yacimiento: la excavación y la secuencia cronológica - cultural

La investigación en la cuenca del río Voidomatis dio como resultado el descubrimiento de varios yacimientos entre ellos el abrigo de Boila, donde los hallazgos superficiales de industria lítica indicaron la existencia de depósitos del Paleolítico Superior.

El abrigo se encuentra a los 400 m sobre el nivel del mar, en el tramo inferior del cañón de Vikos, muy cerca de la desembocadura del río hacia el valle de Konitsa al noroeste (39° 58'N, 20° 40'E) (Fig. 42, Lamina 18: 71). Su ubicación es clave en la zona de contacto entre dos medios ecológicamente muy distintos; por un lado el cañón y por el otro la llanura hacia el oeste (Kotjabopoulou *et al.* 1999).

El abrigo está encajado en una falla de la calizas eocénicas en la orilla sur del río Voidomatis y a 11 m sobre el cauce fluvial actual. Mide 17 m de ancho y la superficie total es de 80 m^2. Está orientado hacia el norte en un punto muy estrecho del cañón y donde las crestas son bastante altas. En la actualidad el abrigo es poco profundo y no está suficientemente protegido del viento y la lluvia. Sin embargo, debió poseer un techo sobresaliente que se hundió progresivamente durante sucesivos episodios tectónicos como indican los grandes bloques calizos que se ven en el talud, o que están incorporados en el depósito fluvial subyacente (Kotjabopoulou *et al.* 1997, 1999).

La excavación en el abrigo de Boila forma parte del Proyecto de Investigación del Paleolítico en la cuenca de Voidomatis, dirigido por el personal de la Ephoreia de Paleoantropología y Espeleología del Servicio Arqueológico de Grecia. Los objetivos de este proyecto se han configurado en relación al mejor conocimiento de los patrones de ocupación paleolítica en la zona.

La investigación llevada a cabo en el cañón demostró su ocupación solamente a partir del Tardiglaciar, cuando la mejoría de las condiciones climáticas probablemente propició más el desarrollo de actividades estacionales en tierras del interior del Epiro (Bailey 1999). El abrigo de Klithi, a una distancia de 2 km aproximadamente de Boila hacia el interior del cañón, tiene una secuencia entre el 16,000 y el 10,000 BP con el máximo de ocupación hasta el 13,000 BP. Presenta características de un asentamiento especializado ("specialized site") hacia la caza de íbices y rebecos (Gamble 1997). Así, uno de los principales objetivos de la excavación en el abrigo de Boila ha sido investigar las relaciones entre este yacimiento especializado y el entorno más amplio. Por otro lado, la ubicación de Boila, muy diferente a la de Klithi, entre dos enclaves ecológicos muy distintos, el valle y el cañón, hace pensar en una posición óptima para el aprovechamiento de medios diferentes pero complementarios en cuanto a las estrategias de subsistencia de cazadores - recolectores (Kotzabopoulou *et al.* 1999).

El segundo objetivo de la excavación en Boila ha sido investigar la relación cronológica entre este yacimiento y los otros dos excavados en el mismo entorno, Klithi y Megalakkos, igual que la relación con la secuencia fluvial de la cuenca de Voidomatis (Kotjabopoulou *et al.* 1997).

La excavación en Boila, empezó en el año 1993 y finalizó en 1997. La superficie total del abrigo se ha dividido en cuadrículas de 50 cm x 50 cm. Se excavaron los depósitos por capas de 5 cm de grosor en 47 cuadrículas. En los casos que ha sido necesario se han realizado subdivisiones internas para cada capa artificial. La tierra excavada de cada cuadrícula y cada capa se tamizó en agua usando tamices de 2 mm de abertura de malla y se rellenaron fichas con todos los datos codificados sobre cada capa excavada (Kotjabopoulou *et al.* 1997).

Los depósitos arqueológicos del abrigo tienen poca profundidad, metro y medio aproximadamente, y yacen por encima de una formación fluvial de *c.* 10 m de potencia identificada como "Aristi Unit", una unidad de la secuencia fluvial de la cuenca del río datada en el 24,000 BP (Kotjabopoulou *et al.* 1997, 1999, Lewin *et al.* 1991, Macklin *et al.* 1997, Woodward *et al.* 2001). En la secuencia del abrigo de Boila se han identificado cuatro unidades estratigráficas enumeradas desde la más profunda hasta la más superficial de I a IV (Fig. 43).

- Unidad I: Corresponde a un depósito natural, una formación aluvial de guijarros que, por su litología, se ha reconocido como parte del "Aristi Unit". El depósito debió formarse cuando el cauce fluvial se encontraba aproximadamente 10 m por encima del actual y cubría parte de la superficie del abrigo. Los restos de la terraza fluvial después de la retirada del río, formaron el primer suelo de ocupación humana (Lamina 18: 72).

- Unidad II: Este depósito se caracteriza por componentes arcillosos - arenosos de grano fino y se extiende por encima de los depósitos fluviales. El material arqueológico es abundante. De la base de la unidad II y de la zona de contacto con el depósito subyacente proviene la fecha de 13,810±130 BP (14,970-14,230 cal BC) (OxA - 5246), la más antigua del yacimiento (Lamina 18: 72).

- Unidad III: Esta unidad se subdivide en IIIa, la más antigua, y IIIb la más reciente. El depósito se distingue claramente del anterior. La composición es gruesa de plaquetas y piedras angulares, productos de desmantelamiento. La parte inferior, unidad IIIa, es relativamente pobre en materiales arqueológicos y se ha fechado en el 12,480±120 BP (13,140-12,250 cal BC) (OxA - 5241). La parte superior del depósito, unidad IIIb, presenta las mismas características que la unidad IIIa, pero los materiales arqueológicos son más abundantes. Se han encontrado restos de hogares y manchas de cenizas dispersos por el sedimento. La unidad IIIb se ha fechado entre el 11,173±453 BP (DEM 415-371) y el 10,190±90 BP (10,360-9150 cal BC) (OxA - 5243).

- Unidad IV: La excavación hacia la zona del talud ha descubierto una unidad sedimentológica claramente diferenciada de las demás. El depósito es fino y extremadamente compacto. La unidad IV hasta el momento carece de datación. La industria lítica es muy abundante y se caracteriza por micrograv ettes y la técnica de microburil. Probablemente pertenezca a un horizonte de ocupación posterior, del inicio del Holoceno (Kotjabopoulou *et al.* 1997, 1999).

En la parte interior del abrigo, hacia el cono de sedimentación y la pared, los depósitos estaban parcialmente revueltos por un enterramiento de época bizantina. La fosa ocupaba una superficie de 2 m^2 y tenía 0,5 m de profundidad. Por debajo del enterramiento femenino, los niveles paleolíticos estaban intactos y más profundos que en el resto del yacimiento. La secuencia estratigráfica presenta las mismas unidades observadas en la parte central del abrigo (Kotjabopoulou *et al.* 1997).

La industria lítica del abrigo de Boila presenta características que se atribuyen a tecnocomplejos diferentes. Así el material de las unidades II y III es típico del Late Epigravettian de los Balcanes mientras que el conjunto de la unidad IV tiene características de industrias Epipaleolíticas/Mesolíticas (Kotjabopoulou *et al.* 1999).

La materia prima más explotada es el sílex local de color gris - negro de grano fino o grueso, que se encuentra en nódulos pequeños muy rodados en el cauce fluvial. También se utilizaron materiales extra locales de buena calidad y diversos colores (rojo, blanco, amarillo). La superficie exterior no rodada de estos nódulos de sílex extra local, apunta hacia su procedencia fuera del área de captación del río. Obviamente, la localización del abrigo en la desembocadura del cañón había favorecido el acceso a recursos de materia prima más diversos. La explotación de los núcleos es intensiva y exhaustiva; los cambios de dirección en el proceso de talla es una práctica muy frecuente y el tamaño final de los núcleos rechazados es muy pequeño (Kotjabopoulou *et al.* 1997).

La talla está sobre todo orientada a la producción de laminitas. Los tipos de útiles más frecuentes son las laminitas de dorso unilateral o bilateral simples o con retoque en el extremo distal y/o el extremo proximal y las microgravettes. Muy frecuente es la presencia de microburiles que indica la fabricación *in situ* de laminitas y armaduras; asimismo puede relacionarse con la técnica de segmentación específica para producir microlítos geométricos. Otros tipos de útiles encontrados son los raspadores simples o dobles, los buriles y las muescas (Kotjabopoulou *et al.* 1997).

Los conjuntos de industria lítica para cada una de las unidades estratigráficas evidencian diferencias diacrónicas en el contenido de útiles y restos de talla, en la composición y en el tamaño. El conjunto de la unidad II se documenta pobre en todos los niveles de proceso de talla lo que sugiere una ocupación muy esporádica. El conjunto de la unidad IIIa, todavía más escaso, podría indicar un periodo de abandono. La unidad IIIb, ofrece por primera vez abundante material donde se documentan innovaciones en los tipos de útiles y en las técnicas de talla. La unidad IV es la más rica. Los útiles en las unidades estratigráficas II y III son principalmente laminas de dorso unilateral mientras que en la unidad IV son mayoritariamente puntas Sauveterre y microgravettes. Los núcleos al principio (unidades II y III) son grandes, pero los de la unidad IV son muy pequeños y exhaustivamente usados. La industria lítica en general tiene un carácter orientado a la caza, especialmente en la última fase de ocupación. Los demás útiles de transformación (raspadores, muescas, buriles) están poco representados, lo que apunta también hacia una especialización a la fabricación y mantenimiento de utillaje de caza (Kotjabopoulou *et al.* 1999).

La fauna de Boila está dominada por restos de herbívoros, principalmente rebecos (*Rupicapra rupicapra*) y en menor grado íbices (*Capra ibex*) complementados por ciervos (*Cervus elaphus*). La lista de fauna incluye algunos suidos, lagomorfos, pocos carnívoros, aves y peces. La abundancia de microfauna, sobre todo roedores, indica abandono periódico del abrigo. Esta hipótesis se ve corroborada por el alto grado de fragmentación y alteración de los huesos en general (Kotjabopoulou *et al.* 1997, 1999).

La diversidad de la fauna de Boila indica que los cazadores no se dirigían exclusivamente a los recursos animales del propio cañón, sino que hacían un uso más amplio de zonas vecinas. Esta observación es acorde con la ubicación del yacimiento en la desembocadura del cañón hacia el valle, la zona de contacto entre los escarpes, medio apropiado para los rebecos e íbices, y la llanura al noroeste, hábitat adecuado para las especies migratorias (Kotjabopoulou *et al.* 1997).

El estudio de la fauna evidencia la explotación diferencial de las especies principales. Así los cápridos se transportaban enteros al abrigo mientras que las partes de máxima utilidad de ciervos están poco representadas. En cuanto a los cápridos, parece ser que no había transporte selectivo hacia o desde el yacimiento, aunque todavía faltan por estudiarse tácticas particulares que podrían influir, como la edad de los animales en relación a la distancia del lugar de caza y la propias técnicas de caza. Contrariamente a los cápridos, los ciervos están representados mayoritariamente por piezas de poco valor nutritivo lo que puede indicar que las partes más nutritivas, solo ocasionalmente, llegaban al yacimiento; o alternativamente la imagen extraída es el resultado del *Schlepp effect*. No obstante, todos los restos indican el procesamiento *in situ* de las especies, hasta los niveles finales de tratamiento, evidenciado en la fragmentación de las falanges para la extracción de la médula (Kotjabopoulou *et al.* 1999).

La excavación en el abrigo de Boila ha ofrecido evidencias de ocupación durante el Tardiglaciar. Con anterioridad, el cañón de Vikos no era frecuentado por grupos humanos debido a las condiciones climáticas rigurosas prevalecientes en la zona, tal como evidencian los restos de las últimas glaciaciones locales en el ámbito del cañón (Lewin *et al.* 1991, Macklin *et al.* 1997). La paulatina mejoría climática del Tardiglaciar hizo posible la ocupación de la zona, con especial interés para la caza de cápridos en el interior del cañón (Bailey 1997a).

La ocupación de Boila y de los dos abrigos en el interior del cañón, Klithi y Megalakkos, son sincrónicas durante el XIV milenio (Gowlett *et al.* 1997, Kotjabopoulou *et al.* 1999). Durante esta fase, Klithi es el principal yacimiento, un asentamiento especializado, mientras que los otros dos funcionan como satélites de uso esporádico. La ocupación de Boila formó parte de un patrón de ocupación orientado al aprovechamiento de nuevos puntos del entorno facilitados por la progresiva mejoría climática. La ocupación tuvo un carácter periódico poco constante durante el XIII y XII milenio. A partir de entonces se registra un cambio en el anterior patrón de ocupación. Los yacimientos del interior, Klithi y Megalakkos, se usan con menor frecuencia, mientras que Boila se convierte en un prominente lugar de actividad; posiblemente, como consecuencia de la reestructuración en la densidad y disponibilidad de la biomasa que impusieron el movimiento hacia territorios más abiertos, como la desembocadura del río hacia el valle y la adopción de estrategias no selectivas (Bailey 1997a, Kotjabopoulou *et al.* 1999). La transición Tardiglaciar/Holoceno en Boila se caracteriza por alta especialización en la caza, ejercida por grupos humanos pequeños y/o de restringida composición (Kotjabopoulou *et al.* 1999).

5.3. El estudio antracológico en el abrigo de Boila

En el abrigo de Boila se ha aplicado el método antracológico con la finalidad de conocer la vegetación tardiglaciar en una zona que se ha relacionado en la bibliografía con la existencia de refugios de vegetación en los Balcanes durante la última glaciación (Bennett *et al.* 1991, Bottema 1974, 1978, Willis 1992c, 1994a, 1994b).

En el transcurso de la excavación se tamizó en agua la totalidad de los depósitos excavados y se recogió el carbón por cada capa de 5 cm. El análisis de los restos de combustible se realizó separadamente para cada capa. No obstante, debido al reducido número de carbón recuperado en ellas, nos hemos visto obligados a trabajar por unidades estratigráficas para realizar los recuentos. Así, los resultados antracológicos se presentan para el conjunto de capas que componen una unidad estratigráfica. La única excepción es la unidad II que debido a su potencia y contenido en carbón se ha dividido en dos capas, capa 1, la más profunda, y capa 2, la superior. Obviamente, si pudiésemos presentar los resultados por capas para todas las unidades estratigráficas tendríamos información más detallada pero esto no ha sido posible ya que, a pesar de la potencia de algunos niveles, el carbón era poco.

5.3.1. Los resultados antracológicos del carbón disperso

Los resultados antracológicos en el abrigo de Boila para la totalidad de las unidades estratigráficas de la secuencia del yacimiento se presentan en el Cuadro 11, donde se reflejan las frecuencias absolutas y relativas de los taxa identificados. Las frecuencias relativas se han calculado solamente a partir de los fragmentos que hemos podido identificar. Todos los fragmentos indeterminables se han excluido a la hora de calcular las frecuencias relativas ya que su alto porcentaje distorsionaría los resultados finales.

En el abrigo de Boila se analizaron 2692 fragmentos de carbón disperso en los niveles arqueológicos. Se han identificado 31 taxa y uno ha permanecido Indeterminado. La lista taxonómica de Boila se compone por orden alfabético de: *Acer* sp. (arce), *Alnus* sp. (aliso), *Alnus-Corylus*, *Betula* sp. (abedul), Betulaceae, *Carpinus orientalis* (carpe oriental), *Carpinus-Ostrya* (carpe-carpe negro), Conífera, *Cornus* sp. (cornejo), Corylaceae, *Corylus* sp. (avellano), *Fraxinus* sp. (fresno - orno), cf. *Hippophae rhamnoides*, *Juniperus* sp. (enebro), Leguminosae, Maloideae, *Phillyrea-Rhamnus*, *Pinus nigra-P. sylvestris* (pino salgareño-pino albar), *Pinus* sp., *Pistacia terebinthus* (cornicabra), *Pistacia* sp., *Platanus orientalis* (platano oriental), *Prunus* cf. *P. amygdalus* (almendro), *Prunus* sp., cf. *Prunus*, *Quercus* caducifolio (roble), *Quercus perennifolio* (carrasca-coscoja), *Quercus* sp., cf. *Rosa* (rosal), *Salix* sp. (sáuce) y *Ulmus* sp. (olmo).

En la lista taxonómica de Boila están representadas 13 familias de angiospermas, taxa planifolios caducifolios y perennifolios, y dos familias de coníferas.

La unidad estratigráfica I, la más antigua de la secuencia, incluye 249 fragmentos de carbón analizados de los cuales 58 han sido indeterminables. Los fragmentos identificados han sido 191 y en ellos se representan 22 taxa (Cuadro 11, Fig. 44).

El taxon más frecuente es *Betula* sp. que alcanza el 25,52%. El siguiente taxon con valores porcentuales muy próximos es *Alnus* sp. (21,88%). *Prunus* sp. está representado con un 18,23%. Estos 3 taxa más frecuentes representan el 65% aproximadamente del total. Los demás taxa tiene valores bajos que se distancian mucho de los dominantes; así *Quercus* sp. 5,21%, *Quercus* perennifolio 4,17%, *Quercus* caducifolio y *Salix* sp. 3,65%, *Corylus* sp. y *Pinus nigra-P. sylvestris* 3,13%, *Platanus orientalis* 2,60%, *Pistacia terebinthus*, *Phillyrea-Rhamnus*, *Carpinus orientalis* y *Carpinus-Ostrya* 1,04%, *Fraxinus* sp., *Cornus* sp., *Acer* sp., Maloideae, *Prunus* cf. *amygdalus*, cf. *Hippophae rhamnoides* y cf. *Rosa* sp. 0,52%.

La unidad estratigráfica II por tener más carbón se ha podido subdividir en dos capas, lo que confiere mayor precisión al análisis. La capa más profunda de la unidad estratigráfica II, capa 1, contiene 308 fragmentos de carbón analizados, de los cuales 72 han sido indeterminables. A partir del análisis de los restantes 236 se han identificado 17 taxa (Cuadro 11, Fig. 44).

En este conjunto, el taxon dominante es *Betula* sp. que alcanza el 47,03%. Todos los demás taxa, en cuanto a valores porcentuales, se sitúan muy lejos del taxon prevaleciente. *Alnus* sp. es el siguiente taxon más abundante con un 11,44%. *Corylus* sp. alcanza el 9,75%. *Quercus* caducifolio le sigue con 6,78% y *Quercus* perennifolio con 5,93%. *Prunus* sp. está representado por un 4,66%. *Platanus orientalis* tiene una frecuencia de 2,97%. *Salix* sp. y *Quercus* sp. tienen un porcentaje de 2,54%, *Pinus nigra-P.sylvestris* y *Fraxinus* sp. 1,27%, *Carpinus orientalis*, *Phillyrea-Rhamnus* y *Pistacia terebinthus* 0,85%, Maloideae, *Alnus-Corylus* y *Carpinus-Ostrya* 0,42%.

En la capa superior de la unidad estratigráfica II, capa 2, se han analizado 438 fragmentos de carbón de los cuales 96 han sido indeterminables. A partir de los restantes 342 se han identificado 20 taxa (Cuadro 11, Fig. 44).

El taxon dominante en la capa 2 de la unidad estratigráfica II es *Betula* sp. con un valor de 45,32%. El siguiente taxon mejor representado es *Corylus* sp. (el 15,79%), pero con mucha diferencia porcentual del dominante. *Alnus* sp. tiene un valor del 8,19%. Los demás taxa tienen frecuencias bajas; *Prunus* sp. 4,39%, *Salix* sp. 4,09%, *Quercus* sp. 3,51%, *Platanus orientalis* 3,22%, *Carpinus orientalis* y *Quercus* caducifolio 2,63%, *Pinus nigra-P. sylvestris* 1,46%, *Alnus-Corylus*, *Carpinus-Ostrya*, *Phillyrea-Rhamnus* y *Prunus* cf. *amygdalus* 0,88%, *Fraxinus* sp., *Juniperus* sp., Betulaceae, cf. *Prunus* 0,58% y *Ulmus* sp. 0,29%.

La unidad estratigráfica IIIa se incluyen 621 fragmentos de carbón. 122 fragmentos se han caracterizado indeterminables y a partir de los restantes 499 se han identificado 25 taxa (Cuadro 11, Fig. 44).

En este conjunto, igual que en las anteriores el taxon dominante es *Betula* sp. (34,27%). Los demás taxa tienen valores porcentuales que se sitúan muy por debajo de los de *Betula* sp. Destacan por sus frecuencias *Prunus* sp. que alcanza el 11,82%, *Corylus* sp. con un 9,22%, *Alnus* sp. (8,22%) y *Quercus* perennifolio (7,82%). Los demás taxa son menos frecuentes; *Quercus* sp. (5,21%), *Platanus orientalis* (3,41%), *Quercus* caducifolio (3,21%), *Carpinus orientalis* (2,81%), *Carpinus-Ostrya* (2%), Betulaceae (1,60%), *Pistacia terebinthus* y *Salix* sp. (1,40%), *Pinus nigra-P.sylvestris*, *Fraxinus* sp., *Juniperus* sp. y *Prunus* cf. *P. amygdalus* (1%), *Phillyrea-Rhamnus* y cf. *Prunus* sp. (0,80%), *Cornus* sp. y *Alnus-Corylus* (0,60%), Conífera, Leguminosae, *Ulmus* sp. y *Pistacia* sp. (0,20%).

En la unidad estratigráfica IIIb, hemos analizado 761 fragmentos de carbón, de los cuales 178 han sido indeterminables. A partir de los restantes 583 fragmentos se han identificado 25 taxa (Cuadro 11, Fig. 44).

El taxon dominante es *Betula* sp. con un porcentaje de 31,22%. *Alnus* sp. le sigue con mucha diferencia porcentual, (13,89%). *Prunus* sp. y *Corylus* sp. tienen valores muy próximos, 8,92% y 7,38% respectivamente. *Cornus* sp. y *Quercus* sp. tienen el mismo porcentaje, (4,29%). Betulaceae tienen un valor de 3,43%, *Carpinus orientalis* y *Quercus* perennifolio (3,26%), *Fraxinus* sp. (2,74%), *Quercus* caducifolio (2,57%), *Alnus-Corylus* (2,40%), *Salix* sp. (2,23%), *Pinus nigra-P. sylvestris* (1,89%), *Pistacia terebinthus* (1,72%), *Platanus orientalis* (1,37%), *Phillyrea-Rhamnus* (1,03%), Maloideae (0,69%), *Prunus* cf. *P. amygdalus* y *Pinus* sp. (0,34%), *Acer* sp., Conífera y cf. *Hippophae rhamnoides* (0,17%).

La unidad estratigráfica IV, la más reciente de la secuencia en el abrigo de Boila, contiene 292 fragmentos de carbón, de los cuales 65 son indeterminables. A partir de los restantes 227 se han identificado 22 taxa y un fragmento ha permanecido Indeterminado (Cuadro 11, Fig. 44).

La unidad estratigráfica IV se distingue de todas las anteriores ya que el taxon dominante es *Cornus* sp. con el porcentaje de 25,55%. Los demás taxa tienen bastante diferencia porcentual del dominante, pero entre sí sus valores son próximos. *Pinus nigra-P. sylvestris* es el segundo taxon más abundante con 9,69%. Le siguen *Fraxinus* sp. y *Corylus* sp. con los valores de 7,49% y 7,05% respectivamente. *Alnus* sp. alcanza el 6,61% y *Prunus* sp. el 6,17%. *Quercus* sp. se presenta con un 5,29%, *Betula* sp. y *Salix* sp. con un 4,85% y *Quercus* caducifolio con un 4,41%. *Quercus* perennifolio está representado por el 3,96%, *Carpinus orientalis* por el 3,08%, *Carpinus-Ostrya* por el 2,64%, *Juniperus* sp. por un 2,20%, *Phillyrea-Rhamnus* y Conífera por el 1,32%. Los demás taxa tienen valores inferiores al 1%; *Platanus orientalis* (0,88%), *Acer* sp., Corylaceae, Maloideae, *Alnus-Corylus*, Betulaceae y la Indeterminada (0,44%).

5.3.2. El diagrama antracológico del abrigo de Boila

Los resultados del análisis antracológico en el abrigo de Boila son la base para la estructuración del diagrama antracológico (Fig. 44). En él quedan reflejadas las frecuencias relativas de los taxa identificados en cada una de las unidades estratigráficas, o subdivisión de ellas, que corresponden a los espectros del diagrama antracológico. El diagrama consiste en seis espectros donde se representa, de base a techo, la progresión de los distintos taxa de los niveles más antiguos a los más recientes de la secuencia estratigráfica del abrigo.

El diagrama antracológico de Boila presenta relativa homogeneidad cualitativa en todos los espectros de la secuencia antracológica; 14 de los 31 taxa identificados están presentes en todos los espectros.

Los cambios en las frecuencias relativas de los taxa en todos los espectros permite diferenciar entre los 5 más antiguos fechados entre > 13,810±130 BP y 10,190±90 BP y el espectro 6 el más reciente. La diferencia está en la evolución cuantitativa de dos taxa, *Betula* sp. y *Cornus* sp. Así, el primer taxon caracteriza todos los espectros de la secuencia excepto el más reciente donde su valor es muy bajo mientras *Cornus* sp. destaca por el aumento de su frecuencia.

En todos los espectros juegan un papel importante *Alnus* sp, *Corylus* sp. y *Prunus* sp. En segundo lugar, se sitúan *Salix* sp., *Quercus* caducifolio, *Quercus* perennifolio, *Quercus* sp., *Pinus nigra-P. sylvestris* y *Fraxinus* sp. *Carpinus-Ostrya*, *Carpinus orientalis*, *Phillyrea-Rhamnus* y *Platanus orientalis* tienen porcentajes más bajos pero son constantes en todos los espectros. *Juniperus* sp. y *Pistacia terebinthus* aparecen en algunos de los espectros y los demás taxa aparecen con frecuencias muy bajas de forma ocasional.

Un rasgo interesante del diagrama antracológico de Boila es la diversidad ecológica de los taxa incluidos en él. Se observa una coexistencia de elementos de ambientes fríos como *Betula*, *Pinus nigra-sylvestris*, de formaciones abiertas como *Prunus* sp. e *Hippophae rhamnoides*, de taxa mesófilos templados componentes de los bosques caducifolios actuales como *Quercus* caducifolio, *Fraxinus* sp., *Carpinus*, *Corylus*, de taxa típicamente de ribera pero muy variados combinando *Alnus* y *Platanus orientalis* y finalmente un conjunto de taxa termófilos mediterráneos como *Quercus* perennifolio, *Phillyrea-Rhamnus* y *Pistacia terebinthus*.

Los taxa que componen el diagrama antracológico de Boila según sus características ecológicas se podrían asociar a varios tipos de vegetación.

- Vegetación de ribera. En primer lugar, es bastante fácil distinguir un tipo de vegetación asociado a cursos de agua y suelos húmedos. Posiblemente se tratase de bosques - galería, de alisedas, extendiéndose como estrechas franjas de vegetación a las orillas del río. El mejor representante de estas formaciones de ribera en el diagrama antracológico es *Alnus* sp. En los bosques galería participaría *Salix* sp. y *Platanus orientalis* que actualmente es el principal componente de la vegetación de ribera en este río.

Alnus sp. es un taxon típico de zonas húmedas y cursos de agua donde forma alisedas. En Boila, su presencia y frecuencias a lo largo de la secuencia están en relación con la ubicación del abrigo sobre la terraza fluvial del río Voidomatis y la existencia de formaciones de ribera cercanas. El aliso documenta su mejor representación en el espectro más antiguo. A partir de ahí disminuye y generalmente con algunas fluctuaciones se sitúa alrededor al 10% a lo largo de toda la secuencia.

Salix sp. incluye varias especies que a pesar de crecer en biotopos muy variados se consideran generalmente heliófilas pioneras (Heinz y Barbaza 1998). Varias especies se asocian a hábitats húmedos formando parte de los bosques - galería a lo largo de los cursos de agua. En Boila, lo asociaríamos a las formaciones de ripisilva dada la ubicación del abrigo sobre una terraza vecina al curso fluvial. En el diagrama antracológico, el taxon tiene frecuencias bajas pero constantes a lo largo de toda la secuencia, presentando su valor máximo en el espectro 6, el más reciente.

Platanus orientalis actualmente es una especie muy frecuente en todas las zonas húmedas de Grecia y con una repartición amplia, hasta los 1000 m aproximadamente. No suele formar bosques densos y es espontáneo sobre las orillas de ríos y lagos. En la zona de nuestro estudio es la especie arbórea más abundante en la ripisilva, principalmente en la parte baja del cañón.

En el diagrama antracológico del abrigo de Boila tenemos el plátano representado a lo largo de toda la secuencia. En los cuatro espectros más antiguos su frecuencia es alrededor al 2% y se reduce a la mitad en los dos espectros más recientes.

Platanus orientalis es un taxon problemático. En el registro polínico de Grecia su aparición es tardía, hacia el 3500 BP, junto a otros taxa, como *Castanea* y *Juglans*, que se consideran indicadores antrópicos; su proliferación se atribuye a la acción deliberada por parte de los grupos humanos. Las demás especies, *Castanea*, *Juglans*, etc., generalmente tienen un valor económico que podría justificar su expansión favorecida por los humanos. Sin embargo, *Platanus orientalis* no tiene alguna característica especial. Bottema (1974, 1982) considera que la especie podría ser autóctona en Grecia noroccidental puesto que se registró durante el Pleniglaciar en el diagrama polínico de Ioánnina I y durante la primera mitad del Holoceno en el diagrama de Xinias. Sin embargo no descarta la posibilidad de una identificación errónea del taxon o transporte a larga distancia (Bottema 1982). Este árbol podría estar presente en las formaciones durante el Pleistoceno y Holoceno pero en números tan reducidos que se escaparía del registro polínico. Es más, a pesar de ser un productor de polen en abundancia, la dispersión y transporte es pobre (Bottema 1974). Su proliferación en el Holoceno reciente se debería a cambios geomorfológicos debidos al clima y a la degradación de la vegetación. Estos cambios causarían erosión en los valles fluviales y alteraciones en la distribución de las aguas que terminarían en la perdida de suelo y la exposición de cauces y orillas de guijarros y cantos, actualmente muy comunes en Grecia. Estos factores podrían ser los responsables del retroceso de *Fraxinus excelsior* y la proliferación de *Platanus orientalis*; el primero crece sobre suelos profundos y el segundo en cauces y orillas de cantos (Bottema 1982).

El debate sobre el origen de *Platanus orientalis* sigue abierto. En el diagrama antracológico de Boila lo tenemos representado en todos los espectros en pequeños porcentajes. Esas frecuencias bajas parecen indicar su papel complementario y poco importante en las formaciones de ribera que estaría de acuerdo con la escasa representación del taxon en los diagramas polínicos. Aunque poco probable, no podemos descartar la posibilidad de tenerlo reflejado debido a infiltraciones o niveles contaminados; no obstante, siendo tan constante en las muestras antracológicas, nos obliga a incluirlo en el estudio antracológico. El siguiente paso en la investigación debería ser aclarar su origen en las muestras y en la vegetación tardiglaciar de Grecia partiendo de dataciones ^{14}C por accelerador. Este método se ha aplicado en la cova de les Cendres, Alicante, sobre carbón identificado y ha contribuido a la distinción de niveles revueltos que consecuentemente daban resultados antracológicos erróneos (Bernabeu *et al.* 1999a y b).

- Vegetación pionera. Se trata de las formaciones colonizadoras de espacios abiertos y en el diagrama antracológico de Boila el representante más importante y significativo es *Betula* sp.

Betula sp. es un taxon heliófilo, colonizador de espacios abiertos muy resistente a condiciones climáticas especialmente rigurosas. En el diagrama antracológico, *Betula* sp. es el taxon dominante en los espectros 1, 2, 3, 4 y 5, todos atribuidos al Tardiglaciar. Su porcentaje en el espectro 1, el más antiguo, es inferior al de los siguientes. A continuación alcanza su máxima representación en el espectro 2 y a partir de ahí empieza a decrecer, manteniendo, sin embargo, el predominio en todos los espectros. El valor más bajo se documenta en el espectro de la unidad estratigráfica IV, donde deja de ser el taxon dominante. El taxon se asocia a formaciones vegetales más bien de tipo bosque abierto y en cuanto a las condiciones climáticas, es claramente un indicador de continentalidad. *Betula* según la especie podría ocupar suelos húmedos si se tratara de *Betula pubescens* o suelos arenosos y delgados en el caso de *Betula pendula*. Es muy probable que estén representadas ambas especies. Podrían participar en las formaciones de ribera y como especies pioneras expandirse a partir de ahí. Actualmente, los abedules no son nativos de Grecia, solamente se encuentran algunos individuos en la sierra de Rodopi en la frontera entre Grecia y Bulgaria, y este es el límite de su distribución hacia el sur (Ntafis *et al.* 1997, Sfikas 1994). La distribución actual de *Betula pendula* es indicativa de las condiciones climáticas prevalecientes en la zona de estudio durante el Tardiglaciar.

- Vegetación abierta de tipo parque - estepa. En el diagrama de Boila están representados más taxa heliófilos, relacionados a formaciones abiertas como *Prunus*, *Prunus* cf. *amygdalus*, *Juniperus* sp. e *Hippophae rhamnoides*. La mayoría de ellos tienen forma arbustiva, son resistentes a la sequía y a las influencias climáticas continentales y crecen sobre suelos rocosos y pobres, o sobre pendientes. En el entorno del abrigo, pensamos que tal vez tuviesen un papel importante, anterior a la expansión de *Betula,* y probablemente ocuparían los espacios abiertos de las laderas pedregosas y abruptas, dando lugar a formaciones de tipo paisaje en parque - estepa.

Prunus sp. incluye varias especies. En las muestras de Boila hemos identificado *Prunus* cf. *amygdalus*. El resto de *Prunus* sp. representa el cúmulo de dos distintos tipos taxonómicos que los atribuimos a tipo *Prunus spinosa/P. mahaleb* y tipo *Prunus avium/P. prostrata*. La mayoría de las especies de *Prunus* por su carácter heliófilo se asocian a espacios de vegetación abierta; resisten bien el frío, la sequía y frecuentemente ocupan laderas pedregosas con orientación este y sur. *Prunus amygdalus* participa en las formaciones de estepa - bosque de los territorios continentales Irano-Turanos (Rossignol-Strick 1995). En el diagrama antracológico de Boila *Prunus* sp. está bien representado principalmente en la base de la secuencia, en el espectro 1. En los espectros 2 y 3 sus frecuencias disminuyen mucho. En el espectro 4 el taxon asciende de nuevo y hasta el final de la secuencia, en los espectros 5 y 6, vuelve a descender moderadamente. *Prunus* cf. *amygdalus* está presente con frecuencias muy bajas en los espectros 1, 3, 4 y 5.

Junto a *Prunus* hacemos referencia brevemente a Maloideae y *Rosa* sp. En el diagrama antracológico de Boila Maloideae y cf. *Rosa* están presentes puntualmente, algunos fragmentos aislados dispersos en varios espectros. Maloideae puede incluir varias especies y algunas, como *Crataegus*, se han identificado ocasionalmente en los diagramas antracológicos del Tardiglaciar en la península Ibérica y Francia (Heinz y Barbaza 1998, Villaverde *et al.* 1997). En Grecia, en la cueva de Franchti, a partir del 13,000 BP *Pyrus* aparece constantemente en las muestras carpológicas (Hansen 1991).

Juniperus sp. podría corresponder a varias especies como *Juniperus communis*, *Juniperus oxycedrus* o *Juniperus foetidissima*, todas heliófilas, pioneras y colonizadoras de los espacios abiertos, resultado de condiciones climáticas rigurosas o de degradación. En el diagrama antracológico de Boila el taxon está representado muy débilmente en los cuatro espectros superiores. Se observa generalmente una tendencia a aumentar ligeramente sus valores hasta alcanzar el 2% en el espectro más reciente. En los análisis antracológicos este taxon se asocia a las formaciones abiertas del último glaciar o del Tardiglaciar. En la costa mediterránea de la península Ibérica, los diagramas antracológicos de varios yacimientos entre el nivel del mar y los 700 m de altitud, documentan durante el Tardiglaciar la importancia de formaciones abiertas de tipo bosque - estepa dominadas por *Juniperus* y *Pinus nigra* (Badal 1995, Badal 1997). Concretamente en la cova de les Cendres, el diagrama antracológico se caracteriza por el dominio de *Juniperus* sp. entre el 15,800±150 BP y el 13,840±85 BP. Los niveles superiores del Tardiglaciar documentan un cambio climático que viene marcado por el declive de *Juniperus* y la progresión de formaciones arbóreas de *Pinus nigra* (Villaverde *et al.* 1997). En los Pirineos centrales (Francia), es el taxon dominante en el diagrama antracológico de Troubat hasta el 11,000 BP aproximadamente y junto a otros heliófilos y pioneros como *Prunus*, *Betula*, *Salix*, *Hippophae*, *Rhamnus alpina*, *R. saxatilis/catharica* y *R. pumila* indica espacios abiertos y asociaciones pioneras de clima seco o subalpino (Heinz y Barbaza 1998).

Hippophae rhamnoides es una especie heliófila y frecuentemente asociada a condiciones climáticas adversas para la vegetación y espacios abiertos. En el diagrama antracológico de Boila pensamos que la tenemos representada en dos espectros, en el más antiguo, el 1, y en el espectro 5, probablemente el más reciente del Tardiglaciar. En los diagramas polínicos de Grecia aparece durante el Pleniglaciar que es cuanto presenta curvas continuas (Bottema 1979). En los diagramas antracológicos de los Pirineos centrales en Francia, sus frecuencias durante el Tardiglaciar son altas y se atribuye a asociaciones vegetales abiertas de climas secos o incluso subalpinos junto a *Juniperus* sp. y especies de *Prunus* (Heinz y Barbaza 1998).

- Vegetación de alta montaña. El representante es *Pinus nigra-P. sylvestris*; ambas especies resisten bien las condiciones climáticas de alta montaña y actualmente forman bosques extensos donde difícilmente se encuentran otras especies puesto que son muy competentes. En el diagrama antracológico de Boila, *Pinus nigra-P. sylvestris* está representado a lo largo de toda la secuencia con porcentajes entre el 1 y el 3%. El cambio se registra en el espectro superior donde el taxon alcanza el 9%.

- Vegetación caducifolia templada. En todos los espectros del diagrama de Boila cabe destacar la presencia constante de taxa mesófilos y templados que son elementos importantes de las formaciones caducifolias actuales y holocenas, *Quercus* caducifolio, *Carpinus/Ostrya*, *Carpinus orientalis*, *Fraxinus* sp., *Acer* sp., *Ulmus* sp. y *Cornus* sp.

En el diagrama antracológico, *Quercus* caducifolio se presenta a lo largo de toda la secuencia con frecuencias alrededor al 5%. *Fraxinus* sp. está presente con valores bajos en los espectros más antiguos pero con tendencia a ascender llegando a su máxima representación en el espectro 6 que corresponde a la unidad estratigráfica IV. *Carpinus orientalis* y *Carpinus-Ostrya* se representan en todos los espectros del diagrama antracológico de Boila y, al igual que *Fraxinus*, manifiestan una tendencia a aumentar sus valores hacia los espectros superiores. *Acer* y *Ulmus* tienen una presencia ocasional. Juzgando por sus frecuencias en el diagrama antracológico, manifiestan una ocurrencia relativamente reducida en el entorno inmediato del abrigo pero sí constante. Probablemente se tratase de espesuras o zonas reducidas de crecimiento de estos árboles.

Entre los taxa mesófilos, un papel especial juega *Corylus* sp. Destaca por sus valores altos y es el mejor representado de los taxa templados presentes en el diagrama de Boila; tiende a aumentar desde el espectro más antiguo y culmina con sus valores máximos en el espectro 3. En el siguiente espectro, el 4, desciende y a partir de ahí y hasta el final de la secuencia permanece más o menos estable. *Corylus* sp. es un taxon heliófilo e higrófilo que se asocia a formaciones caducifolias en bosques y claros. Siendo heliófilo se expandiría rápido en espacios abiertos pero también toleraría bien las sombra de otros árboles creciendo en suelos húmedos cercanos a los cursos de agua. Lo asociaríamos pues, a varios tipos de vegetación, creciendo tanto entre la ripisilva como entre las formaciones abiertas de abedules.

Cornus sp. es el taxon mesófilo con la progresión más destacada. En el diagrama antracológico del abrigo de Boila se desarrolla de forma espectacular y tal vez difícil de explicar partiendo de su repartición actual bastante discreta en las formaciones caducifolias de Grecia. En los espectros más antiguos está ausente. Aparece por primera vez en el espectro 4. En el espectro 5 aumenta su porcentaje y en el 6, el más reciente de la secuencia, se convierte en el taxon dominante con el 25,55%. En el Pleistoceno su presencia es difícil de seguir puesto que su dispersión polínica es muy débil y no deja rastro en el registro (Bottema 1974). En el estudio antracológico del abrigo de Troubat en los Pirineos franceses, se han identificado restos carbonizados de este taxon en los niveles del Magdaleniense Superior entre el 13,000 y 11,320±410 BP, y posteriormente durante el Dryas Reciente. Se asocia a biotopos higrófilos en un medio vegetal abierto, resultado de clima seco montano o subalpino (Heinz y Barbaza 1998).

- Vegetación termófila mediterránea. Los taxa termófilos como *Quercus* perennifolio, *Phillyrea-Rhamnus* y *Pistacia terebinthus* también están presentes a lo largo de toda la secuencia. *Quercus* perennifolio está representado con valores constantes alrededor al 5%. Su máxima frecuencia la alcanza en el espectro 4. *Pistacia terebinthus* está presente en los espectros 1, 2, 4 y 5 con una frecuencia alrededor al 1%. *Phillyrea-Rhamnus* incluye dos géneros diferentes. Distinguir uno del otro es difícil, no obstante pensamos que se trata de *Phillyrea*. En el caso de *Rhamnus* podría tratarse de especies templadas, incluso alpinas o termófilas. *Phillyrea-Rhamnus* adquiere el 1% a lo largo de toda la secuencia.

Respecto a los taxa termófilos, al igual que para los templados, sus frecuencias parecen indicar la existencia muy localizada de ellos seguramente en nichos favorables desde el punto de temperaturas. Las laderas orientadas al sur que reciben suficiente radiación solar y calor durante largo tiempo serían las localidades más propicias para el crecimiento de estos taxa.

En el entorno del abrigo de Boila no es fácil ubicar tanta diversidad de tipos de vegetación y con exigencias ecológicas tan dispares. La localización de la vegetación azonal en el medio tardiglaciar se puede precisar por el elemento geográfico que caracteriza la zona, que es el propio río. Los abedules podrían crecer sobre suelos húmedos y arenosos próximos al río o en las laderas cercanas. En los espacios abiertos se encontrarían todos aquellos taxa heliófilos, pioneros y resistentes a condiciones frías, secas y suelos pobres, nombramos *Prunus*, *Juniperus* e *Hippophae rhamnoides*. En cuanto a los demás taxa tanto templados como termófilos su repartición en el medio no tiene una resolución fácil. En el medio de un cañón sinuoso y un valle abierto cercano se encontrarían zonas más apropiadas para el crecimiento de estos taxa. *Pinus nigra-sylvestris* ocuparía las zonas más altas de las paredes del cañón, tal como se presenta actualmente en el cañón del río Aoos, más al norte.

El diagrama antracológico de Boila (Fig. 44) se caracteriza por el predominio de *Betula* sp. en los espectros 1, 2, 3, 4 y 5 datados entre >13,810±130 y 10,190±90 BP. En este mismo intervalo, *Alnus* sp. presenta fluctuaciones en los valores igual que *Prunus* sp. y *Corylus* sp. Son estos cuatro taxa los que caracterizan la vegetación del Tardiglaciar en el entorno del abrigo. Los taxa templados, mesófilos y termófilos se presentan más o menos estables con cierta tendencia a aumentar sus valores.

A partir de las frecuencias de los taxa dominantes pensamos que se reflejan algunos episodios en la dinámica y la sucesión de la vegetación en el entorno del abrigo durante el Tardiglaciar.

En el espectro 1, el más antiguo de la secuencia, la vegetación de ribera dominada por *Alnus* sp. está bien representada y los valores de este taxon están muy próximos a los del pionero, *Betula* sp. *Prunus* sp. también alcanza frecuencias altas. El espectro 1 cronológicamente es anterior al 13,810±130 BP, datación que procede del límite entre las unidades estratigráficas I y II.

El espectro 2 se caracteriza por la progresión de las especies colonizadoras como los abedules que alcanzan su máximo valor. Paralelamente *Corylus* sp., un taxon heliófilo templado, dobla su porcentaje mientras que *Alnus* sp. y *Prunus* sp. descienden, especialmente el segundo. *Quercus* caducifolio y *Quercus* perennifolio aumentan también ligeramente.

En el espectro 3 *Betula* sp. por primera vez desciende algo. Igualmente *Alnus* sp. y *Prunus* sp. siguen descendiendo, un proceso que comenzó en el espectro anterior. *Corylus* sp. alcanza su valor máximo.

Los espectros 2 y 3 corresponden a la unidad estratigráfica II y cubren el periodo entre el 13,810±130 BP y el 13,000 BP aproximadamente, según indica la datación más antigua (12,901±157 BP) de la unidad estratigráfica IIIa, superpuesta a la II.

En un primer momento de ocupación del abrigo, reflejado en el espectro 1, según el diagrama antracológico, se refleja la explotación a partes relativamente iguales de la ripisilva, los abedules y la vegetación de paisaje en parque - estepa. A medida que se avanza en el tiempo, los abedules son más abundantes, la ripisilva pierde importancia, al igual que las formaciones abiertas, mientras progresan los taxa mesófilos, principalmente *Corylus* sp. Los espectros 2 y 3 que corresponden a la unidad estratigráfica II, manifiestan estas características.

Si la recogida de leña es un reflejo de la vegetación inmediata pensamos que se hacen notar las consecuencias de la mejoría climática del Tardiglaciar en el desarrollo de la vegetación. En un principio, la ripisilva es una formación ampliamente explotada por los grupos humanos, quizás por su abundancia a la vez que la proximidad. Si la ocupación del abrigo durante el tiempo que corresponde a la unidad estratigráfica I es muy esporádica y puntual, el uso amplio de los recursos fácilmente alcanzados es también consecuencia de ello. Los espacios abiertos de formaciones tipo paisaje en parque - estepa caracterizarían todavía una buena parte del entorno, y en ellos se esparcirían varias especies de *Prunus* probablemente arbustivas. Junto a ellos se presenta aisladamente en el espectro 1 *Hippophae rhamnoides*, indicador de condiciones rigurosas. No obstante, los abedules ocuparían ya gran parte del entorno y estarían en progresión colonizando espacios abiertos entrando tal vez en territorios ocupados por formaciones estépicas.

El avance y la colonización de nuevos espacios por parte de los abedules parece culminar en el espectro 2. Los abedules ocupan cada vez mayor parte del entorno en detrimento de las formaciones estépicas. *Corylus* sp. progresivamente se hace más abundante; a medida que mejoran las condiciones climáticas este taxon heliófilo progresa creciendo, tal vez, entre los abedules en las zonas más húmedas. Quizás fuera el avance de estos arbustos o pequeños árboles el que causara el ligero descenso de los abedules, puesto que ocuparían espacios entre estos árboles obstaculizando la regeneración y germinación de las plántulas heliófilas de *Betula*. Los taxa templados y termófilos están siempre presentes. Responden muy débilmente a los cambios climáticos y tal vez sea esto una característica del entorno particular del cañón donde salvo, enclaves favorecidos por microclimas, por condiciones especiales, y quizás por suelos más profundos, el resto de las laderas serían bastante propensas a la erosión y estarían más afectadas por los fenómenos climáticos.

Los datos de los 3 primeros espectros del diagrama antracológico de Boila parecen correlacionarse bien con la documentación existente sobre el Tardiglaciar en el Epiro que indica mejoría climática a partir del 15,000 BP. Con anterioridad a esta fecha las formaciones estépicas caracterizadas por *Artemisia* y Chenopodiaceae dominan los diagramas polínicos; es probable que *Prunus* sp. e *Hippophae rhamnoides* del diagrama antracológico de Boila sean la manifestación arbórea de éstas formaciones.

Las frecuencias altas de *Betula* sp. son acordes con la documentación sobre las condiciones climáticas del Tardiglaciar. La mejoría climática permitió la expansión de los taxa arbóreos; los taxa heliófilos, como los abedules, seguramente fueron los primeros que se favorecieron de los cambios. Su carácter pionero y heliófilo explica el rápido avance del taxon sobre espacios abiertos y estas mismas características causan su declive en cuanto entra en competencia con otros planifolios templados más longevos y tolerantes a la sombra, que como consecuencia de la condiciones climáticas favorables proliferan y crean espacios de vegetación cerrada.

Los siguientes espectros, 4 y 5 del diagrama antracológico de Boila, se diferencian ligeramente respecto a los anteriores. Los cambios se producen en los datos cuantitativos de los taxa dominantes. Así pues, en el espectro 4 *Betula* sp. a pesar de ser el taxon dominante, desciende más de un 10% respecto al espectro anterior. *Corylus* sp. manifiesta la misma tendencia. *Alnus* sp. aumenta ligeramente y *Prunus* sp. asciende mucho. *Quercus* caducifolio y *Quercus* sp. aumentan poco, igual que *Carpinus-Ostrya*, *Carpinus orientalis* y *Juniperus* sp. *Quercus* perennifolio está muy bien representado.

En el espectro 5 *Betula* sp. sigue el descenso. *Alnus* aumenta, *Corylus* sp. y *Prunus* sp. descienden igual que *Quercus* caducifolio, *Q. perennifolio* y *Quercus* sp. *Fraxinus* sp., *Cornus* sp. y *Carpinus orientalis* destacan por su tendencia ascendente.

Las observaciones respecto a estos dos espectros nos hacen pensar en dos posibilidades:

- se reflejan unas condiciones semejantes a las del espectro más antiguo de la secuencia; es decir se ve un incremento de *Prunus* sp. Si en esta tendencia se refleja aumento en auge de las formaciones de parque – estepa podríamos pensar que ciertos cambios climáticos favorecieron su expansión representada por *Prunus* sp. No obstante, los abedules siguen siendo el taxon más abundante en el medio.

Respecto a la hipótesis de que los cambios climáticos produjeran cambios en la cubierta vegetal habría que mencionar la escasa ocupación del abrigo durante la unidad estratigráfica III. No obstante, las dataciones para la unidad IIIa (12,901±157 – 12,233± 221 BP) corresponden al interestadial del Tardiglaciar y son muy tempranas para el Dryas Reciente. La unidad estratigráfica IIIb en cuanto a las dataciones coincidiría con el Dryas Reciente. Sin embargo, el espectro correspondiente documenta también cierto aumento de casi todos los taxa templados, mesófilos y termófilos, un dato que hace discutible la hipótesis de un cambio climático perjudicial para la vegetación arbórea.

- la segunda posibilidad sería tener reflejada en estos espectros la regresión de los heliófilos colonizadores, debido a la expansión de otros taxa fuera de sus territorios originarios; es decir, los taxa heliófilos y pioneros decrecen porque empiezan a entrar en competencia con otros taxa que toleran más la sombra. Sin embargo, no tenemos evidencia clara del aumento de ningún taxon mesófilo en particular, hecho que indicaría cambios en las formaciones vegetales.

El aumento de *Prunus* sp. podría ser el resultado de una creciente aridez. En el mediterráneo oriental los estudios paleohidrológicos de varios lagos, y entre ellos el lago de Ioánnina, parecen indicar máxima aridez para el Tardiglaciar, entre el 13,000 y el 11,000 BP, y a partir de ahí, una vuelta gradual a condiciones más húmedas durante el comienzo del Holoceno (Harrison y Digerfeldt 1993). No obstante, resultados recientes señalan que la interpretación climática basada en la reconstrucción de cambios en los niveles de lagos requiere datos adicionales para ser fiable ya que existen controversias (Digerfeldt *et al.* 2000). Otros autores, (van Zeist y Bottema 1982) basandose en los resultados polínicos, sugieren que el continuo incremento de las temperaturas durante el Tardiglaciar no fue suficientemente compensado por precipitaciones más altas, lo que causó mayor aridez en Grecia durante el Allerod. Tal vez, estas mismas condiciones favorecieron la expansión de *Quercus* perennifolios que se documenta en el espectro 4. *Juniperus* sp. aparece por primera vez en el espectro 3 y probablemente respondiera a estas mismas condiciones ombroclimáticas.

El espectro 5 se fecha entre el 11,173±453 y el 10,190±90 BP. En parte corresponde al Dryas Reciente pero no se documenta ningún cambio en la vegetación del que se puede deducir el deterioro climático causado por el avance de los glaciares. En la mayoría de los diagramas polínicos del mediterráneo oriental, el deterioro climático del Dryas Reciente no se aprecia como en los diagramas del norte de Europa (Bottema 1995). Se ha planteado la hipótesis, de que durante la última fase del Tardiglaciar, un ligero descenso de las temperaturas causara en Grecia un incremento de la humedad (van Zeist y Bottema 1982). Estos cambios en la precipitación favorecerían la expansión de la vegetación arbórea, tal como se observa en la progresión de algunos taxa mesófilos en el diagrama antracológico de Boila, pero por lo general no se aprecian diferencias importantes respecto a los espectros anteriores.

En el diagrama antracológico de Boila, a pesar de las diferencias que se detectan en las frecuencias absolutas de los taxa más importantes, parece ser que los primeros 5 espectros pertenecen al mismo conjunto tardiglaciar con características semejantes. Es posible que se reflejen algunos de los cambios en las condiciones climáticas globales que se han detectado a través de otras disciplinas, pero a partir de los datos antracológicos no se aprecian diferencias claras.

El espectro 6, el más reciente de la secuencia del abrigo, corresponde a la unidad estratigráfica IV que documenta el periodo de ocupación más intensa. Posiblemente, pertenezca al inicio del Holoceno, algo que se deduce por la industria lítica y las dataciones del la unidad estratigráfica anterior.

El espectro 6 se diferencia claramente de los anteriores y se caracteriza por porcentajes muy reducidos de *Betula* sp., el valor muy alto de *Cornus* sp. y el aumento de *Fraxinus* sp. y *Pinus nigra-P. sylvestris*. A nuestro entender estas características corresponden bien a los cambios producidos al inicio del Holoceno.

Las frecuencias débiles de *Betula* sp. parecen indicar condiciones climáticas más favorables que en etapas anteriores y tal vez cambios en la densidad de la vegetación. *Cornus* sp. crecería en abundancia en el medio y junto a *Corylus* sp. y *Fraxinus* sp. ocuparía el territorio de expansión de los abedules como respuesta a la mejoría climática. *Pinus nigra-P. sylvestris* ocuparía parte del entorno del abrigo.

El alto porcentaje de *Cornus* sp. es difícil de explicar en términos ecológicos porque nos faltan equivalentes actuales. En los yacimientos de los Pirineos centrales en Francia, se asocia a formaciones higrófilas bajo condiciones montanas y aparece junto a *Betula* sp. (Heinz y Barbaza 1998). En el entorno del abrigo del Boila, su aumento igual que el de *Fraxinus* podría ser el resultado de precipitaciones y temperaturas más favorables, a la vez que mayor competencia por parte de estos taxa debido a sus características ecológicas. Ambos toleran la sombra y *Cornus mas* crece en la actualidad en la zona de estudio sobre cualquier substrato, calcáreo o silíceo.

Alternativamente, sobre los valores altos de *Cornus* podríamos pensar que se trata de un acontecimiento relacionado con las actividades humanas en el abrigo. *Cornus mas* tiene una madera muy fuerte, densa y resistente que no se desgasta y *Cornus sanguinea* tiene ramas flexibles que tradicionalmente se han utilizado en cestería; estas características de la madera, sobre todo la de *Cornus mas*, serían muy apreciadas para la confección del utillaje de caza y el enmangue de armaduras, tan abundantes en esta fase de ocupación más reciente.

En todo caso, lo que se observa en el espectro 6 es una vegetación tipo mosaico. Las condiciones climáticas y las propias características de los taxa condicionarían el dominio de unos sobre otros y tendrían finalmente como resultado la aparición de las formaciones forestales holocenas. En el abrigo de Boila en esta fase de ocupación más reciente, parece ser que las condiciones climáticas son más favorables para la expansión de algunos taxa mesófilos o templados como *Cornus*, *Fraxinus*, *Carpinus-Ostrya*. *Prunus* sp. y *Corylus* sp. están bien representados y jugarían un papel importante en la vegetación. Todo parece indicar que la vegetación todavía tiene un carácter abierto, heliófilo. *Pinus nigra-P. sylvestris* es uno de los taxa mejor representados en el espectro 6, que por su parte indica condiciones climáticas con cierta continentalidad y todavía espacios abiertos colonizados por estas coníferas heliófilas. El diagrama polínico del lago Tseravinas, en la zona TS3, detecta el aumento de *Pinus* y el cambio se asocia a las influencias del Dryas Reciente (Turner y Sanchez Goñi, 1997). *Quercus* caducifolio y *Q*. perennifolio en Boila no manifiestan ningún cambio en concreto; están presentes como en los espectros anteriores.

El diagrama antracológico del abrigo de Boila cubre la mayor parte del Tardiglaciar; el periodo entre el 14,000 y el 10,000 BP con posible representación de etapas anteriores y posteriores. A través de los resultados cuantitativos de los taxa mejor representados pensamos que se pueden apreciar dos fases en la sucesión de la vegetación del entorno. En un momento temprano del Tardiglaciar, hacia el 14,000 BP, en el entorno todavía son importantes las formaciones abiertas de tipo paisaje en parque - estepa, herencia del estadial anterior. Sin embargo, la mejoría climática se aprecia en la expansión de los taxa pioneros y colonizadores que describen una línea de progresión muy clara. En primer lugar avanzan los abedules y a continuación los avellanos posiblemente ocupan el piso arbustivo de estos bosques abiertos. Este periodo entre >13,810±130 y >12,901±157 BP, coincide con el aumento de precipitación y temperaturas que caracteriza el interestadial del Tardiglaciar (Turner y Sanchez Goñi 1997, van Zeist y Bottema 1982).

A continuación en la paleovegetación se documenta el descenso en los valores de *Betula* sp.; no obstante, sigue siendo el taxon dominante. Los taxa representativos de las formaciones abiertas de paisaje en parque - estepa vuelven a aumentar y posteriormente aumentan ligeramente algunos taxa mesófilos y termófilos. Tal vez, las formaciones abiertas se vieron favorecidas por la sequía registrada en el mediterráneo oriental entre el 13,000 y el 11,000 BP debida al aumento de las temperaturas no compensado por un aumento de precipitaciones (van Zeist y Bottema 1982). Posteriormente, algunos taxa mesófilos empiezan a progresar, quizás, como reacción a un aumento en las precipitaciones causado por el cambio climático del Dryas Reciente.

Finalmente, una segunda fase en la progresión de la vegetación se detecta en el último espectro del diagrama. Los abedules han dejado de dominar el entorno y son los taxa mesófilos - templados que progresan. Los primeros se sustituyen por los segundos, tal vez como consecuencia no tanto de grandes cambios en las condiciones climáticas, sino en la cubierta vegetal que al hacerse más densa no permite la regeneración de los abedules. Los valores de *Pinus nigra-Pinus sylvestris* parecen indicar influencias continentales en el régimen climático. Si esta última fase corresponde al inicio del Holoceno, el aumento de los pinos, podría ser la reacción a los cambios producidos durante el Dryas Reciente. El cambio climático en el entorno particular del cañón favorecería la expansión de estos taxa resistentes a temperaturas más bajas sobre todo en las partes más altas y menos protegidas. No obstante, aunque hubiese un descenso en las temperaturas, este no fue suficiente para perjudicar a otros taxa mesófilos y templados que proliferaron y empezaron a expandirse. Pero en el entorno del abrigo las condiciones todavía no habrían sido las óptimas para la expansión de los *Quercus* y eso tendría que ver con la orientación norte y la limitada exposición al sol.

En la secuencia del abrigo de Boila las características del entorno vegetal, tal como se describen a partir del estudio antracológico, no dejan observar divisiones semejantes al

Dryas Antiguo - Interestadial - Dryas Reciente. La imagen que tenemos es bastante homogénea a lo largo del tiempo de la ocupación del abrigo. Esta característica del diagrama antracológico de Boila coincide tanto con resultados antracológicos de otros puntos del Mediterráneo como con resultados polínicos de Grecia donde la subdivisión del Tardiglaciar basada en biozonas señaladas por cambios en la vegetación no se ha observado.

En conclusión, trazar una línea de diferenciación entre distintas formaciones en el entorno inmediato del abrigo de Boila no es una tarea fácil. A lo largo de toda la secuencia lo que se observa es la convivencia de los representantes de distintas formaciones, una situación que carece de equivalentes actuales. Todos los taxa representados son constantes en el registro polínico de Grecia durante el Pleniglaciar y Tardiglaciar. Con estas observaciones, se podría describir la vegetación inmediata de tipo mosaico, producto de las condiciones climáticas, de la competencia entre las distintas especies y también de la pervivencia de taxa en enclaves favorables asociados a refugios de vegetación.

Teniendo en cuenta el concepto actual sobre la repartición de la vegetación, asociar los abedules a los robles o carpes es posible, pero la coexistencia de los primeros con *Quercus* perennifolios y cornicabras es más problemático.
La estabilidad de estos taxa y en general de todos aquellos termófilos y mesófilos pensamos que apoya la idea de existencia de refugios. La percepción del termino refugio de vegetación es algo bastante vago; en el abrigo de Boila, si relacionamos los resultados antracológicos a recogidas de leña efectuadas en el entorno inmediato podríamos imaginar la existencia de todos estos taxa y ese mosaico de vegetación en un radio de pocos kilómetros. No es objetivo de este trabajo calcular áreas de movimiento de los grupos humanos que visitaron periódicamente el abrigo; pero las necesidades diarias, casi con certeza, se cumplirían en el entorno más cercano y sería este el que albergaría esa diversidad de especies. Incluso en el caso de que el agente de transporte de madera muerta fuese el río, todavía los taxa representados en la secuencia de Boila procederían del entorno del cañón.

Lo que se observa en la secuencia del abrigo es la existencia constante en el tiempo, y tal vez en espacio de estos taxa; los cambios favorables o desfavorables no parecen afectarles directamente, tienen efecto retardado, y posiblemente sea ese el factor que define la perduración de estos taxa, independientemente de los cambios climáticos, hasta cierto punto.

THE PALAEOVEGETATION AT THE SURROUNDINGS OF THE LATE GLACIAL BOILA ROCKSHELTER

Boila is located in Northeast Epirus (39° 50'- 40° 15'N y 20° 45'E), at an altitude of 400 m on the south bank of the Voidomatis River at the mouth of the Lower Vikos gorge (Fig. 28, Fig. 42, Plate 18: 71).

The drainage system of the Voidomatis basin (c. 400 km^2) is characterised by a marked physiographic diversity, i.e. a juxtaposition of varied terrain formations. Tectonic activity underlies the "stepped" relief of the catchment. In recent years intensive research has identified five main physiographic units on the basis of geological and topographic parameters. Seen from an east-west trajectory, the first unit is comprised of glacial landforms carved into the high altitude limestone bedrock; the second displays a complex web of actively eroding, "badland", flysch slopes; the third is the main Vikos gorge, an impressive karst canyon bounded by steep lateral sides that at places attain a depth of approximately 1000 m; the fourth unit is the meandering course of the Voidomatis, and finally the fifth unit is the Konitsa plain, a fault-controlled graben fringed by well developed colluvial sediments, wherein the Voidomatis confluences with the Aoos river before entering Albanian territory and find their exodus to the Adriatic sea.

The present valley-floor of the Voidomatis, a single-channel meandering river in places running through a self-formed alluvial landform, is comprised of a cobble/boulder bedload derived from the limestone and flysh rocks of the basin.

Generally the climate is Mediterranean with continental influences, humid and with characteristics related to great altitudinal variation (400 m - 2.500 m). Winters are cold with various months of snow depending on the altitude. Summer months are generally dry, though frequently interrupted by thunderstorms often of orographic origin. Precipitation is high and the regime can be described as humid-hyperhumid, with a mean annual precipitation oscillating between 800 mm - 2000 mm.

Vegetation within the gorge and the surroundings is especially rich combining riverside elements, Mediterranean species, European ones (*Carpinus betulus*) as well as Balkan endemisms (*Aesculus hippocastanum*). Though much degraded by centuries of intensive local and/or transhumant goat herding, vegetation since the implementation of management rules under the area's declaration as National Park, is recovering fast. In this process of regeneration two geographic elements make an important contribution: the upper Vikos gorge densely covered by a rich vegetation and the river Voidomatis that transports and deposits fruit and seeds to long distances.

Within the Lower Vikos Gorge, where the Boila rockshelter is situated, vegetation can be described along the following lines.

Firstly, vegetation along the river banks is composed principally by *Platanus orientalis* accompanied by various willow species *Salix eleagnos, S. purpurea* y *S. alba* and *Alnus glutinosa*. Some distance from the river and where soils are still humid *Corylus avellana, Fraxinus ornus, Ulmus minor, Carpinus orientalis, Cercis siliquastrum, Rosa sp., Lonicera etrusca, Clematis vitalba, Fragaria vesca, Juncus sp., Pteridium aquilinum, Equisetum sp.* etc. grow.

Secondly, on the gorge sides and in response to north or south orientation and inclination vegetation is mainly deciduous or includes some evergreen species as well. Various oak species *Quercus trojana, Q. cerris, Q. pubescens* and other deciduous components are present, *Carpinus orientalis, Ostrya carpinifolia, Carpinus betulus, Acer trilobus, A. obtusatum, A. campestre, A. monspessulanum, Prunus mahaleb, P. avium, Fraxinus ornus, F. excelsior, Cornus mas, Aesculus hippocastanum, Juglans regia, Tilia tormentosa, Celtis australis, Ulmus montana, Cercis siliquastrum, Malus sp., Hedera helix, Rubus sp., Pyrus amygdaliformis, Sambucus nigra, Ilex aquifolium, Taxus baccata, Crataegus sp., Coronilla emeroides* etc. *Quercus coccifera* and *Q. ilex* are occasionaly present.

Finally, the contact zone between the gorge and the Konitsa valley is dominated by Mediterranean evergreen species. *Quercus coccifera* and *Phillyrea media* are the most frequent species accompanied by *Pistacia terebinthus, Cercis siliquastrum, Paliurus spina-christi, Juniperus oxycedrus, Phlomis fruticosa, Salvia officinalis, Ephedra altissima* etc.

The Boila rockshelter is formed on a fault in the Eocene limestone and the overhang has been subject to erosion. The shelter opening is 17 m wide and the floor area is 80 m^2 approximately. The surface of the deposits lies 11 m above the present river channel.

The stratigraphic sequence is comprised by four main units (Fig. 43, Plate 18: 72). The first unit (unit I) is a natural deposit, an alluvial gravel fill. The remnants of the river terrace formed the natural surface for the first human occupation. The second unit (unit II) is a distinctive fine-grained depositional unit with a date of 13,810±130 BP (OxA-5246) from the very bottom. The third unit (unit III) comprises a complex set of layers with an angular scree component. This unit has been divided into unit IIIa, poor in archaeological material and dated to 12,480±120 (OxA-5241) and unit IIIb, rich in archaeological remains and ranging between 11,173±453 BP (DEM 415-371) and 10,190±90 BP (OxA 5243). The fourth unit (unit IV) is characterised by fine, compacted sediment rich in archaeological material but without any radiometric dating at the moment.

The lithic industries at Boila present characteristics attributed to different technocomplexes. The material recovered in units II and III is typical of the Balkan Late Epigravettian. The lithic material recovered in unit IV presents characteristics of Epipalaeolithic/Mesolithic industries.

Fauna remains are dominated by herbivores principally chamois, followed by ibex and to a lesser extent deer. Suids, lagomorphs, bird and fish are included in the Boila fauna. Few carnivore remains and a negligible gnawing component testify to humans as the main actors of accumulation of this material. Abundant microfauna probably indicates the periodic abandonment of the site, corroborated by the degree of fragmentation and alteration of the bone assemblage in general. Faunal diversity at Boila indicates that hunters were not exclusively directed to the animal resources of the gorge but made use of more open terrain as well. This observation is in agreement with the location of the site at the very mouth of the gorge towards the plain.

In broad terms the chronological range of the cultural sequence at Boila is analogous to that of Klithi and Megalakkos the two sites in the interior of the Lower Vikos Gorge (Fig. 42). In effect the occupation of Boila postdates the most intensive use of the largest site in the area, namely Klithi. The site of Boila, despite its small size but because of its location, offered an additional window into patterns of resource exploitation outside the confines of the gorge environment. As things stand at present, the Late Glacial archaeological record at Boila provides a glimpse into foraging activities carried out by small groups or groups of restricted composition.

We have applied charcoal analysis at the Boila rockshelter in order to get some information on the surrounding vegetation used by human groups. The area presents special interest in the reconstruction of the vegetation history of Greece and the Balkans since it has been associated in literature with the existence of long-term vegetation refugia.

The deposits excavated at the Boila rockshelter were not especially rich in charcoal, with the exception of hearth features, which exhibit higher concentrations. Nearly all charcoal was recovered through water screening from the totality of the excavated deposits. The excavation method consisted of removing arbitrary spits set at 5 cm intervals, wherein finer lithostratigraphic contexts were further distinguished. Thus, the recovered charcoal samples follow the division of layers, lenses and contextual features.

The analysed dispersed charcoal assemblages correspond to the stratigraphic units aforementioned. The only exception is Stratigraphic unit II, which records the highest charcoal density, and has been divided in two layers, layer 1 the deeper and layer 2 the upper. Obviously, the division in layers for the whole sequence would have offered more detailed information but this was not feasible due to the general scarcity of charcoal remains.

A total amount of 2692 charcoal fragments was analysed. A good number of these remained unidentified (23%). From the identified component 31 taxa were specified whilst one is indeterminate (Table 11). The results of the analysis are presented in the charcoal diagram (Fig. 44). Relative frequencies of the taxa are calculated on the basis of the fragments identified.

Thirteen angiosperm and two conifer families are represented. In alphabetical order the identified taxa are: *Acer* sp. (maple), *Alnus* sp. (alder), *Alnus-Corylus*, *Betula* sp. (birch), Betulaceae, *Carpinus orientalis* (oriental hornbeam), *Carpinus-Ostrya* (hornbeam-hop hornbeam), Conifer, *Cornus* sp. (cornelian cherry), Corylaceae, *Corylus* sp. (hazel), *Fraxinus* sp. (ash), cf. *Hippophae rhamnoides*, *Juniperus* sp. (juniper), Leguminosae, Maloideae, *Phillyrea-Rhamnus*, *Pinus nigra-P. sylvestris* (black pine-scots pine), *Pinus* sp., *Pistacia terebinthus* (terebinth), *Pistacia* sp., *Platanus orientalis* (plane tree), *Prunus* cf. *P. amygdalus* (almond tree), *Prunus* sp., cf. *Prunus*, *Quercus* deciduous (oak), *Quercus* evergreen (evergreen oak), *Quercus* sp., cf. *Rosa* (rose), *Salix* sp. (willow) and *Ulmus* sp. (elm).

The relative frequencies of each taxon in consecutive stratigraphic units are represented in a charcoal diagram (Fig. 44). Each unit or subdivision of it corresponds to a spectrum, the diagram thus consisting of 6 spectra.

In general terms the charcoal analysis results of the Late Glacial rockshelter of Boila present a rich plant list. All the diagram spectra are of similar composition. The qualitative homogeneity is demonstrated by 14 taxa common in all spectra.

In quantitative terms, a clear distinction is observed between the 5 older spectra dated from >13,810±130 BP to 10,190±90 BP and the youngest spectrum. The distinction can be supported on the basis of the quantitative evolution of two taxa, namely *Betula* sp. and *Cornus* sp. The former taxon dominates the sequence from spectrum 1 to 5 while the latter is the most frequent in spectrum 6.

In all spectra of particular interest are *Alnus* sp., *Corylus* sp. and *Prunus* sp. Additionally, *Salix* sp., *Quercus* deciduous, *Quercus* evergreen, *Quercus* sp., *Pinus nigra-P. sylvestris*, *Fraxinus* sp., *Carpinus-Ostrya*, *Carpinus orientalis*, *Phillyrea-Rhamnus* and *Platanus orientalis* are represented less but constant in all spectra. *Juniperus* sp. and *Pistacia terebinthus* are present in some of the spectra.

A particular characteristic of the Boila charcoal sequence is the coexistence of ecologically very diverse taxa. Cold environments are represented by *Betula* and *Pinus nigra-P. sylvestris*; components of temperate deciduous formations are represented by *Quercus* deciduous, *Carpinus-Ostrya*, *Corylus*, etc.; open formations are represented by *Prunus* and *Hippophae*; riverside vegetation is manifested by *Alnus*, *Salix*, *Platanus*; and finally there is an important component of Mediterranean taxa such as *Quercus* evergreen, *Pistacia terebinthus* and *Phillyrea-Rhamnus*.

On the basis of the ecological characteristics of the taxa identified in Boila we could distinguish between various plant formations.

- Riverside vegetation mainly composed of *Alnus* but with an important component of *Salix* and occasionally *Platanus orientalis*. These could form gallery-forests along the riverbanks.

Platanus orientalis, an abundant species in riversides in all Greece nowadays deserves a special mention. Nevertheless, the history of this tree is quite problematic. The pollen record in Greece documents the augmenting presence of this taxon from c. 3500 BP onwards, associated to a concomitant trend of *Castanea* and *Juglans,* and considered as indicators of human activity. Pollen grains of *Platanus* could be present during the Pleniglacial in the pollen sequences of Ioannina I and Xinias. This tree could have been present during the Pleistocene and the Early Holocene in reduced numbers that would escape the pollen record. Though *Platanus* produces pollen in abundance, dispersion and transport are poor. The expansion of *Platanus* during the Holocene could be associated to geomorphological changes caused by climate and vegetation degradation, which in response favoured the proliferation of this species on boulder banks at the expense of *Fraxinus excelsior* that prefers deep soils.

The debate on *Platanus orientalis* is still open. At Boila it is present all through the sequence in low frequencies. This could indicate a complementary role of *Platanus* in the vegetation. We cannot exclude recent infiltrations, but the constant presence in the whole sequence obliges us to include it in the results. AMS dating of *Platanus orientalis* charcoal fragments could further clarify the issue in relation either to the provenance of the charcoal at the site context or to the dating of its appearance in the Boila sequence and the vegetation record of Greece at large.

- Pioneer vegetation is represented at the Boila charcoal diagram mainly by *Betula*, a heliophilous taxon that colonises open habitats and resists adverse climatic conditions well. *Betula* is the dominant taxon in the Boila sequence from spectra 1 to 5. We would associate this taxon with open forest formations, humid soils, possibly close to the riverbanks, or even poor and thin ones. Today *Betula* is very scarce in Greece and its southern expansion limits are confined along the Greek-Bulgarian borders.

- Open, parkland vegetation, is represented at Boila by heliophilous shrubs, colonisers of open space, poor soils and abrupt stony terrain like *Prunus* sp., *Prunus* cf. *amygdalus*, *Juniperus* sp. and *Hippophae rhamnoides*.

Prunus is a taxon frequently present in charcoal analysis of European Late Glacial sites. At Boila it is among the best-represented taxa in the whole sequence. In the assemblages various species could be included and by anatomical characteristics we could specify *Prunus spinosa/Prunus mahaleb* type and *Prunus avium/Prunus prostrata* type and *Prunus* cf. *amygdalus*. All these *Prunus* species are presently found in Greece. As regards *Prunus amygdalus* it is important to note that this taxon is also a component of present day steppe-forest formations in Irano-Turanian continental territories. In the Boila charcoal diagram *Prunus* sp. is well represented principally at the base of the sequence, spectrum 1. In spectra 2 and 3 it diminishes. In spectrum 4 it increases again and from then onward descends moderately.

Juniperus sp. could be represented by various species such as *Juniperus communis*, *Juniperus oxycedrus* or *Juniperus foetidissima*, all of them sunloving, colonising pioneers. At Boila *Juniperus* is present in the four upper spectra. In charcoal analysis the taxon is associated with open formations of the Pleniglacial and the Late Glacial; in the Mediterranean coasts of the Iberian Peninsula it forms part of open forest-steppe formations of *Juniperus* and *Pinus nigra*. In the central Pyrenees (France), the charcoal diagram of Troubat is dominated by this taxon until 11,000 BP approximately, accompanied by other sunloving pioneer taxa *Prunus*, *Betula*, *Salix*, *Hippophae*, *Rhamnus alpina*, *R.saxatilis/catharica* and *R. pumila* indicating open habitats and pioneer formations thriving under dry subalpine conditions. *Hippophae rhamnoides* not encountered in Greece today is present at Boila in spectra 1 and 5.

- Mountain vegetation is represented by *Pinus nigra-P. sylvestris*. Both species are resistant to cold conditions. At present they form extensive forests within which other plant species scarcely grow due to the high competitiveness of these conifers. In the charcoal diagram from Boila *Pinus nigra-P. sylvestris* is represented throughout the sequence with 1 to 3% frequencies. In the most recent spectrum the taxon reaches 9%.

- Temperate deciduous vegetation. Mesic and temperate taxa are present in all spectra, most of them being elements of Holocene and present day formations like *Quercus* deciduous, *Carpinus/Ostrya*, *Carpinus orientalis*, *Fraxinus* sp., *Acer* sp., *Ulmus* sp. and *Cornus* sp.

In the charcoal diagram from Boila, *Quercus* deciduous is present throughout with a 5% value approximately. *Fraxinus* sp. is represented with low values at the lower spectra but with an augmenting tendency from 13,000 BP onwards. Maximum values are reached in spectrum 6. *Carpinus orientalis* and *Carpinus-Ostrya* are present in all spectra and show the same tendencies as *Fraxinus*. *Acer* and *Ulmus* are quite scarce. The frequencies of those deciduous taxa could be related to their low occurrence in the vicinity of the site. Probably they grew in low numbers and were limited to favourable niches.

Corylus sp. is the mesic taxon that stands out in the charcoal diagram. It is present from the very beginning of the sequence with a tendency to increase, which culminates in maximum values in spectrum 3. In the following spectrum 4 decreases and maintains more or less stable frequencies until the last spectrum. This heliophilous and hygrophilous taxon is associated with deciduous formations. Due to its sun-loving character it would grow in open spaces in the surroundings of Boila as well as among other trees on humid soils close to the riverside and could be related to different vegetation formations, riverside ones, among birches or in deciduous thickets.

Cornus sp. stands out because of its peculiar evolution in the charcoal diagram. At Boila it appears in spectrum 4, its percentage increases in the following spectrum and the taxon becomes dominant in the most recent spectrum 6 (25,55%). It is difficult to explain this tendency since the taxon is discrete and complementary in present deciduous formations. In charcoal analysis however it is documented in the French Pyrennees in the Troubat rockshelter during the Late Glacial interstadial and the Youngest Dryas. Its presence has been related to humid, open biotopes under mountain or subalpine dry conditions.

- Mediterranean thermophilous vegetation is represented in the sequence of Boila by *Quercus* evergreen, *Phillyrea-Rhamnus* and *Pistacia terebinthus*. *Quercus* evergreen shows a low but constant presence reaching a maximum value in spectrum 4. *Pistacia terebinthus* is present in spectra 1, 2, 4 and 5 with 1% frequency. *Phillyrea-Rhamnus* includes two genera with similar anatomy. In our opinion at Boila the charcoal comes from *Phillyrea*. In case *Rhamnus* was represented then it could belong to Mediterranean temperate or even alpine species. The frequency of the taxon is 1% throughout.

In the case of the Mediterranean taxa represented in the Boila sequence and judging by their relative frequency they would grow in low numbers in favourable places. Temperature-wise we could propose south oriented slopes that would be exposed to solar radiation for longer periods during the day.

The analysis of the Boila charcoal assemblages manifests the ecological diversity of the taxa present. On account of their present distribution it is difficult to assess such coexistence. Riverside taxa can be placed easily in gallery-forests along the river. Birches could equally grow in the vicinity of riverbanks or on the neighbouring slopes. Open spaces and rocky sides at the lower gorge walls, not particularly steep in places, could support *Prunus*, *Hippophae*, *Juniperus* and other sunloving and resistant species. Mediterranean and temperate taxa would have limited growing niches some place in the sinuous gorge or in the open plain. Finally *Pinus* species could grow on the upper levels of the gorge walls, a situation similar to the present day location of those conifers in the Aoos gorge immediately to the north of the site.

To summarise, the Boila charcoal diagram is characterised by the dominance of *Betula* sp. in spectra 1 to 5 dated from >13,810±130 to 10,190±90 BP. In the same interval *Alnus*, *Prunus* and *Corylus* present fluctuating frequencies. Those four taxa, as presented in the charcoal diagram, are indicative of the vegetation evolution during the Late Glacial in the surroundings of the rockshelter. Temperate, mesic and thermophilous taxa are more or less stable some of them tending to increment. In spectrum 6 a different picture is picked up where *Cornus* dominates while at the same time *Pinus* attains its maximum frequency and *Betula* its lowest.

In the oldest spectrum 1, riverside vegetation is strongly represented, along with pioneer forest and open parkland elements. According to the radiometric readings spectrum 1 chronologically is earlier than 13,810±130 BP. Already by this time the qualitative vegetation image pertinent to the whole sequence of Boila is detected.

Spectrum 2 is characterised by the highest values of pioneer birches in the whole sequence. *Corylus*, a temperate heliophilous taxon doubles its percentage while *Alnus* and *Prunus* decrease. *Quercus* deciduous and *Quercus* evergreen slightly increase.

In spectrum 3 *Betula* sp. descends slightly for the first time while *Alnus* sp. and *Prunus* sp. keep on their decreasing trend. *Corylus* reaches its maximum values.

The time span between 14,000 and 13,000 BP corresponds to spectra 2 and 3 and testifies the first well-documented occupation of the rockshelter. The main feature in the vegetation is a notable expansion of birches. In parallel hazel is becoming more abundant. We could thus postulate an expansion of *Corylus* among sparsely growing birches as a result of progressively better climatic conditions. The expansion of *Corylus* among birches could cause a slight regression of the latter, by making the germination of heliophilous seedlings difficult. Also, in this spectra temperate and thermophilous taxa are present. Oaks, hornbeams, ashes and the evergreens hardly respond to climatic changes and their presence maybe thus viewed as a result of the particularity of the gorge environment. With the exception of a few favourable niches unstable conditions would still prevail.

If fuel gathering is a sampling of the vegetation in the vicinity of the site then the first three spectra of the charcoal diagram at Boila seem to correlate well with the postulated climate amelioration of the Late Glacial in Epirus sometime after 15,000 BP. Before then steppe formations constituted the main feature in the landscape. In the charcoal record *Prunus* and *Hippophae rhamnoides* probably attest a reminiscent of such formations. The augmenting values of *Betula* would indicate the expansion of pioneer tree taxa; most probably the first ones to be favoured by the Late Glacial upturn. It looks as though birches' pioneer and heliophilous character was responsible for this early expansion and maybe this was the cause of their descent when entered into competition with other longliving and shadow tolerant broad-leaved that are favoured by better climatic conditions.

The following spectra 4 and 5 are somewhat differentiated from their former as far as the values of the prevailing taxa are concerned.

In spectrum 4, *Betula* keeps on being the dominant taxon but its percentage is reduced by 10% and *Corylus* shows the same decreasing tendency. On the other hand, *Alnus* and *Prunus* increase especially the latter. *Juniperus* and some temperate taxa like *Quercus* deciduous, *Carpinus-Ostrya* and *Carpinus orientalis* increase slightly. *Quercus* evergreen and *Quercus* sp. are well represented.

In spectrum 5, birch keeps descending, as do also some temperate and evergreen elements. *Prunus* exhibits a similar tendency. *Alnus* increases and *Cornus* for the first time makes a clear statement of being procured. Other low frequency mesic elements (e.g. *Fraxinus* sp., *Carpinus orientalis*) show increasing trends.

Two hypotheses raised by the data of spectra 4 and 5 can be discussed.

- Firstly, conditions similar to the earliest spectrum 1 of the sequence maybe reflected. If the parkland vegetation represented by *Prunus* is increasing, there should be some kind of change in the prevailing conditions that triggered this expansion. Nevertheless, birches are still dominant.

In respect to some type of climatic change we should mention the scarce occupation of the site during the time span covered by unit IIIa. The dates from this unit (12,901±157 – 12,233± 221 BP) are closely clustered and correspond to the Late Glacial interstadial thus being too early for the Younger Dryas episode. In unit IIIb however occupation is well documented. The dating of this unit could correspond to the Younger Dryas chronozone. Nonetheless, charcoal spectrum 5 documents a slight increase in some temperate and mesic taxa, which in turn make the hypothesis of a climatic change unfavourable for tree vegetation improbable.

- Alternatively we might be faced in these spectra with the regression of birches due to a slight expansion of other taxa out of their original growing space. Such a picture could be attributed to the competition between pioneer heliophilous species and shade tolerant ones. Nevertheless, there is no clear evidence for the increase of other broad-leaved that could support a clear substitution of plant formations.

As for the increase of *Prunus* we should mention the possibility of increasing aridity caused by continuously rising temperatures not compensated for by higher precipitation. In the charcoal diagram of Boila, those conditions apart from *Prunus* could also be reflected in the increase of *Quercus* evergreen documented in spectrum 4 and the presence of *Juniperus* sp. from spectrum 3 onwards. According to palaeohydrological studies in the lake of Ioannina, maximum aridity in this region is indicated between 13,000 and 11,000. However, recent investigations suggest that previous reconstructions of the patterns of lake level changes in Greece appear erroneous and further data are required before any interpretations are put forward.

Spectrum 5 as mentioned above, corresponds partly to the Younger Dryas (11,173±453 BP, 10,190±90 BP). The charcoal diagram detects no changes that could reflect climatic deterioration due to glacial advance; the same observation is frequently expressed through most pollen diagrams of the Eastern Mediterranean as well. The hypothesis proposed is that during that period a slight decrease in temperatures caused slightly higher precipitation that favoured tree expansion. That could be the case in spectrum 5 of the Boila charcoal diagram; however, no large-scale differences are discerned in comparison to earlier spectra. Generally the first 5 spectra of the Boila charcoal diagram seem to form part of the same Late Glacial context without any significant differences in the vegetation composition in proximity to the site.

Spectrum 6 represents the topmost part of the sequence and corresponds to unit IV. This unit could probably be attributed to the Pleistocene/Holocene transition as suggested by the dates of the underlying unit and by aspects of the lithic industries recovered.

Spectrum 6 is clearly differentiated from all previous assemblages. It is characterised by the dominance of *Cornus* sp. followed by *Pinus nigra-P. sylvestris*, *Fraxinus* sp., *Corylus* sp., *Alnus* sp. and *Prunus* sp. Birches for the first time are clearly underrepresented.

A first reading of these data could point to the documentation of early Holocene conditions. The low birch percentage seems indicative of more favourable conditions and/or changes in the density of vegetation. *Cornus* sp., *Corylus* sp. and *Fraxinus* sp. could be the ones expanding as a response to climatic amelioration. *Pinus nigra-P. sylvestris* would grow some place in the surroundings and its higher representation could still indicate continental conditions and open space progressively occupied by those heliophilous trees. In the pollen diagram of lake Tseravinas, in zone TS3, *Pinus* documents an increase, which is attributed to the influence of the Younger Dryas episode. *Quercus* deciduous and *Q.* evergreen show the same characteristics as in other spectra.

High *Cornus* percentages are difficult to explain in pure ecological terms since an analogous situation is absent from present day conditions in the area. If such expansion did take place this could hint at more favourable precipitation and temperature regimes and/or to the taxon's competitive behaviour (*Cornus* tolerates shadow and grows in the region both on limestone or flysch).

Nevertheless, the marked increase of *Cornus* in spectrum 6 could be closely linked to some particular human activity/selection. *Cornus mas* wood is strong, dense, resistant, and durable while *Cornus sanguinea* branches are flexible and used in basketry. Those properties of the wood could, for instance, be appreciated for the fabrication of composite hunting equipment. Lithic armatures are the most abundant tool type in the industries of stratigraphic unit IV.

The charcoal diagram from Boila covers part of the Late Glacial, the time between 14,000 and 10,000 BP with a possible representation of former and later periods. The data from charcoal analysis mainly reflect two major phases in the succession of the vegetation in the vicinity of the site.

The first phase is comprised by spectra 1 through 5. At an early stage during the Late Glacial, some time around 14,000 BP, open parkland formations, probably a reflection of the Pleniglacial, are still an important element of the landscape. Nevertheless, the climatic amelioration is manifested in the expansion of tree taxa, principally pioneer, colonising species. Birches flourish and subsequently hazel proliferates. Interstadial conditions provide the framework of such a vegetation structure. Later on in this period birch, though still the dominant taxon, initiates a descending trend. Parkland species though, tend to increase. Arid conditions prevailing in the Eastern Mediterranean during the Allerod might cause this slight change. In this sense, the increase of some mesic taxa by the end of this first phase could signal a rise in precipitation associated with the global climatic changes of the Younger Dryas. However, by no means is the correlation clear-cut.

In the Boila charcoal diagram the second distinct phase identified corresponds to spectrum 6. Some temperate taxa increase and birches show the modest representation. *Pinus nigra-Pinus sylvestris* probably is still indicative of continental influences. Conditions in the surroundings of the site were not optimal for the expansion of *Quercus*.

The charcoal data from the Boila rockshelter do not document any division in biozones of Older Dryas-Late Glacial intersatadial-Younger Dryas. The taxa identified have variable ecological preferences, thus making a clear-cut distinction of plant formations difficult. The vegetation is of a mosaic type, the result of changing climatic conditions, of competence among species and of persistence of trees in favourable niches probably associated to vegetation refugia.

The present day concept of vegetation distribution makes the perception of coexistence of birches, oaks, hornbeams, pistachios and kermes or holly oaks difficult. But the constant presence of those taxa in the Late Glacial charcoal assemblages of Boila supports the idea of refugia. Locating those areas is difficult. In the case of Boila, if the dispersed charcoal is the result of wood procurement not exceeding distances of few kilometers, such refugia could be situated within the drainage basin of the Voidomatis. It is not the objective of this study to assess the mobility of human groups but we could propose that everyday needs for firewood would have been met around the site. Even if the river acted as an agent of transport of dead wood still those taxa would grow in the surroundings of the gorge.

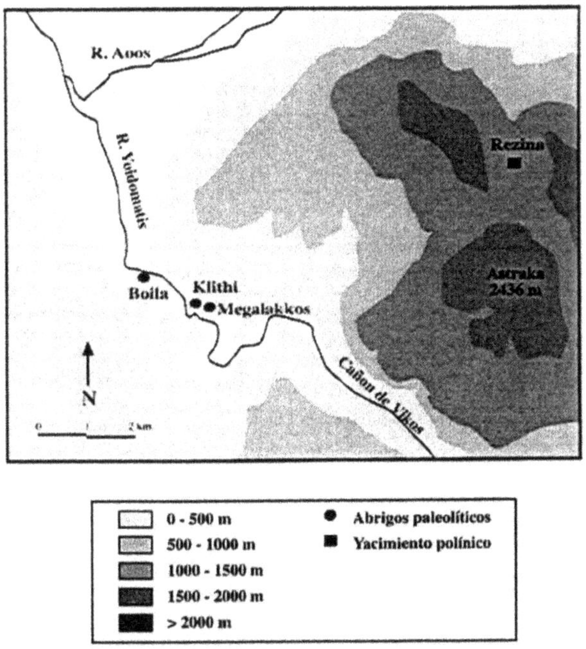

Fig. 42: El tramo inferior del cañón de Vikos y de la cuenca del río Voidomatis, localización de los yacimientos paleolíticos (modificado a partir de Bailey 1997).
Fig. 42: The lower Vikos gorge showing location of the palaeolithic sites at the lower Voidomatis basin (modified after Bailey 1997).

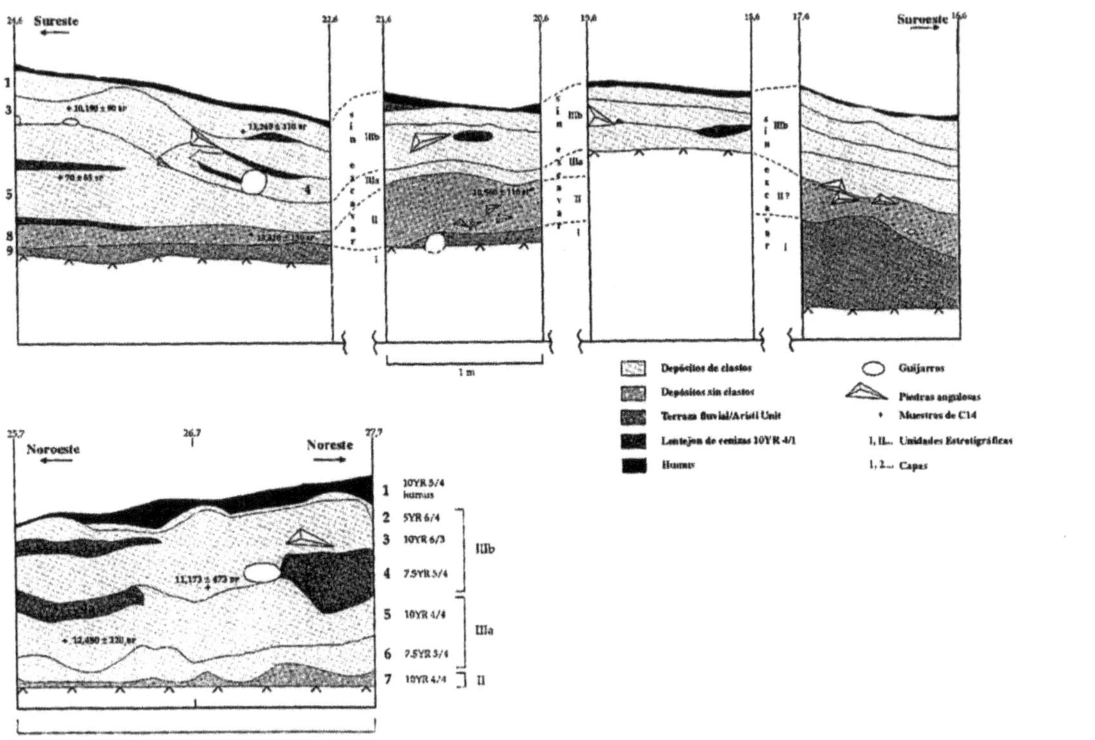

Fig. 43: La secuencia estratigráfica del abrigo de Boila (modificado a partir de Kotjabopoulou *et al.* 1997).
Fig. 43: The stratigraphic sequence of the Boila rockshelter (modified after Kotjabopoulou *et al.* 1997).

BOILA - Unidades Estratigráficas	**UNIDAD I**		**UNIDAD II-C. 1**		**UNIDAD II-C. 2**		**UNIDAD IIIa**		**UNIDAD IIIb**		**UNIDAD IV**	
TAXA	Nº	%	Nº	%	Nº	%	Nº	%	Nº	%	Nº	%
Acer sp.	1	0.52							1	0.17	1	0.44
Alnus sp.	42	21.99	27	11.44	28	8.19	41	8.22	81	13.89	15	6.61
Alnus-Corylus			1	0.42	3	0.88	3	0.60	14	2.40	1	0.44
Betula sp.	49	25.65	111	47.03	155	45.32	171	34.27	182	31.22	11	4.85
Betulaceae					2	0.58	8	1.60	20	3.43	1	0.44
Carpinus orientalis	2	1.05	2	0.85	9	2.63	14	2.81	19	3.26	7	3.08
Carpinus-Ostrya	2	1.05	1	0.42	3	0.88	10	2.00	9	1.54	6	2.64
Conífera							1	0.20	1	0.17	3	1.32
Cornus sp.	1	0.52					3	0.60	25	4.29	58	25.55
Corylaceae											1	0.44
Corylus sp.	6	3.14	23	9.75	54	15.79	46	9.22	43	7.38	16	7.05
Fraxinus sp.	1	0.52	3	1.27	2	0.58	5	1.00	16	2.74	17	7.49
cf. *Hippophae rhamnoides*	1	0.52							1	0.17		
Juniperus sp.					2	0.58	5	1.00	4	0.69	5	2.20
Leguminosae							1	0.20				
Maloideae	1	0.52	1	0.42					4	0.69	1	0.44
Phillyrea-Rhamnus	2	1.05	2	0.85	3	0.88	4	0.80	6	1.03	3	1.32
Pinus nigra-P. sylvestris	6	3.14	3	1.27	5	1.46	5	1.00	11	1.89	22	9.69
Pinus sp.									2	0.34		
Pistacia sp.							1	0.20				
Pistacia terebinthus	2	1.05	2	0.85			7	1.40	10	1.72		
Platanus orientalis	5	2.62	7	2.97	11	3.22	17	3.41	8	1.37	2	0.88
cf. *Prunus*					2	0.58	4	0.80				
Prunus cf. *amygdalus*	1	0.52			3	0.88	5	1.00	2	0.34		
Prunus sp.	35	18.32	11	4.66	15	4.39	59	11.82	52	8.92	14	6.17
Quercus caducifolio	7	3.66	16	6.78	9	2.63	16	3.21	15	2.57	10	4.41
Quercus perennifolio	8	4.19	14	5.93	9	2.63	39	7.82	19	3.26	9	3.96
Quercus sp.	10	5.24	6	2.54	12	3.51	26	5.21	25	4.29	12	5.29
cf. *Rosa*	1	0.52										
Salix sp.	7	3.66	6	2.54	14	4.09	7	1.40	13	2.23	11	4.85
Ulmus sp.	1	0.52			1	0.29	1	0.20				
Indeterminada											1	0.44
TOTAL	**191**	**100**	**236**	**100**	**342**	**100**	**499**	**100**	**583**	**100**	**227**	**100**
Indeterminables	58	23.29	72	23.38	96	21.92	122	19.65	178	23.39	65	22.26

Cuadro 11: Frecuencias absolutas y relatives de los taxa en las muestras de carbón del abrigo de Boila.
Cuadro 11: Absolute and relative frequency of taxa in the assemblages at the Boila rockshelter.

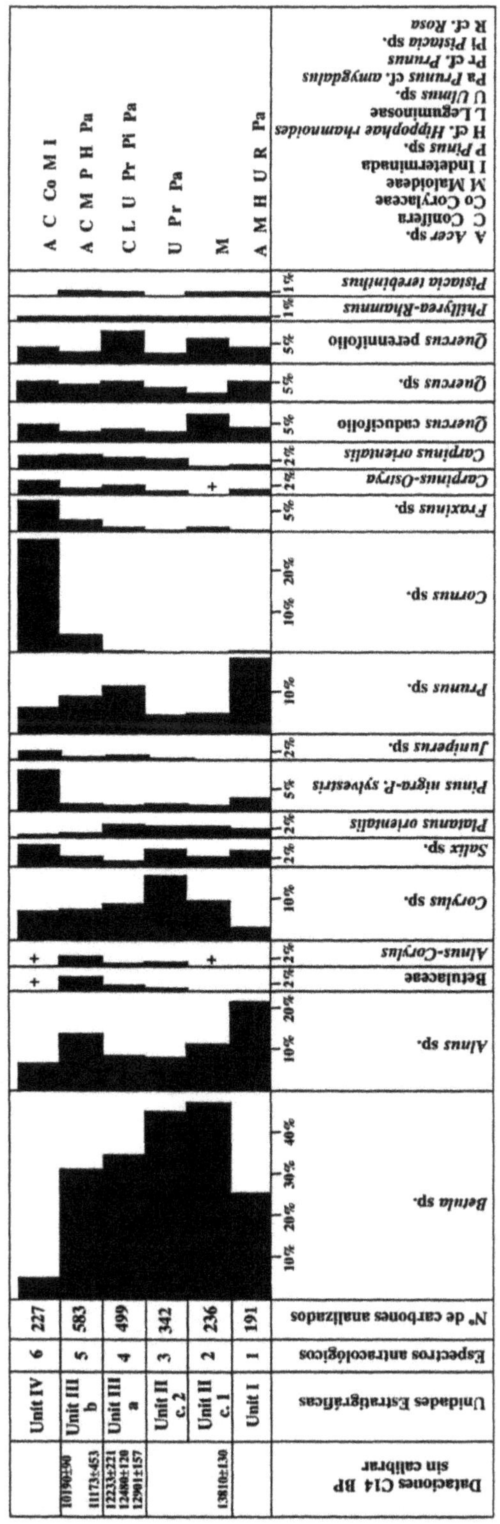

Fig. 44: El diagrama antracológico del abrigo de Boila. Frecuencias relativas de los taxa en las muestras de las sucesivas unidades estratigráficas.

Fig. 44: Charcoal diagram from the Boila rockshelter showing relative frequency of taxa in the charcoal assemblages from successive stratigraphic units.

LAMINA 18

PLATE 18

71. Vista del entorno del abrigo de Boila.
71. View of the surroundings of the Boila rockshelter.

72. La excavación de los depósitos de las Unidades I y II en el abrigo de Boila.
72. Excavation of Units I and II at the Boila rockshelter.

Capítulo 6

LA PALEOVEGETACION EN EL ENTORNO DEL YACIMIENTO NEOLITICO DE DISPILIO

6.1. El yacimiento: ubicación, clima y vegetación

El yacimiento de Dispilió se ubica en el extremo sur del lago de Kastoriá (lago Orestiada), a 2 km de la ciudad de Kastoriá (40° 30'N, 21° 18'E) y a una altitud de 627 m sobre el nivel del mar (Fig. 31, Lamina 19: 73).

El elemento geográfico predominante en la zona es el lago que ocupa un área de 4700 hectáreas y tiene profundidad máxima de 8,6 m. Hacia el norte, el lago está rodeado por una estrecha franja llana, pero a poca distancia de la orilla el terreno sube en altitud entre 700 y 1000 m. La península de la propia ciudad de Kastoriá que penetra en el lago tiene una altitud de 940 m. Hacia el sur la llanura que rodea el lago es más extensa y está regada por el río Aliakmon y sus afluentes. Algunos de los cursos fluviales desembocan en el lago, mientras otros reciben el desbordamiento del lago. Las colinas al sur son relativamente bajas y aumentan en altitud progresivamente con una media entre los 700 y 1000 m.

La geología de la zona se caracteriza por calizas del Trias al norte, calizas cretásicas y depósitos del Mioceno en la península de Kastoriá y sus alrededores, y calizas de origen desconocido al sur. El valle del río Aliakmon está rodeado por depósitos del Plioceno; localmente existen arenas y arcillas miocenas.

El clima de la zona es de transición entre mediterráneo y continental con características centroeuropeas (Ntafis *et al.* 1997, Polunin 1980). La temperatura media del mes de enero es de 4, 9 °C y la media del mes de julio 23 °C. Las precipitaciones medias anuales oscilan entre 800 y 1000 mm. La sequía estival se reduce a dos meses, julio y agosto, interrumpida frecuentemente por tormentas. Las lluvias están repartidas a lo largo del resto del año. Las heladas y la nieve son muy frecuentes durante el invierno y el lago llega a helarse durante varios días.

El lago bordean cañaverales donde predominan *Phragmites australis* y dentro del agua crecen *Potamogeton* sp., *Vallisneria spiralis*, *Najas marina*, *Myriophyllum spicatum*, *Trapa natans*, *Polygonum amphibium*, etc. El medio lacustre es de gran importancia ecológica para la avifauna que se reproduce allí (Ntafis *et al.* 1997). En las orillas se forman bosques - gallería de *Salix alba* y *Populus alba*. Cerca del lago y en las zonas húmedas se encuentran *Juglans regia* y *Prunus cocomilia* y densos setos de *Cornus sanguinea*, *Rubus* sp, *Rosa* sp., *Clematis*, etc.

La vegetación natural en las elevaciones cercanas al lago y en la llanura está muy afectada por la actividad humana. Así todo el valle drenado por el río Aliakmon se cultiva intensivamente de árboles frutales. La ganadería es menos intensa actualmente, pero según el testimonio de los habitantes toda la zona y las montañas circundantes hace unas décadas formaban parte de las cañadas hacia los pastos de verano y frecuentemente recibían hasta 200.000 animales. Como resultado de los cultivos, el pastoreo y la quema, la vegetación de las colinas calizas alrededor del lago presenta distintos niveles de degradación. Asimismo, en algunas de ellas solamente crecen *Paliurus spina-christi*, *Prunus spinosa*, *Pyrus amygdaliformis* y herbáceas. La vegetación se está regenerando rápidamente en las colinas al sureste. Las laderas con orientación O están colonizadas por jóvenes individuos de *Juniperus oxycedrus*. Las laderas con orientación N, NO están pobladas de *Carpinus orientalis*, *Fraxinus ornus*, *Ostrya carpinifolia* y esporádicamente *Quercus cerris*; estas formaciones adquieren más densidad en las colinas al norte del lago. La vegetación potencial de la zona serían los bosques caducifolios compuestos de varias especies de *Quercus* y a partir de los 1.000 m se expandirían los hayedos incluyendo localmente algunas coníferas (Bottema, 1974).

6.2. El yacimiento: la excavación y la secuencia cronológica - cultural

Las excavaciones en el yacimiento neolítico de Dispilió se iniciaron de forma sistemática en el año 1992 y se siguen llevando a cabo por parte del Departamento de Prehistoria de la Universidad de Salónica.

La zona del yacimiento se conocía desde los años 30. El nivel bajo del lago durante años sucesivos dejó descubiertos postes de madera que fueron los indicios de la existencia de asentamientos en la orilla. Se realizó una excavación limitada que solamente documentó restos de época histórica. La investigación se abandonó en el año 1940 y el interés sobre la zona se reavivó en el año 1965 cuando bajó el nivel del lago de nuevo. Sin embargo, una excavación sistemática y con objetivos claros no se planteó hasta la década de los 90.

La excavación en el yacimiento de Dispilió tiene especial interés puesto que los datos sobre yacimientos litorales de lago en Grecia son prácticamente inexistentes. Los objetivos de la excavación eran, por una parte, la recogida de toda la información que pudiera dar la imagen de un asentamiento en relación al lago, la organización del espacio del hábitat y el uso del entorno; por otra parte era importante preguntarse sobre el por qué y el cómo de un tipo de asentamiento como el de Dispilo a las orillas del lago, descifrar las razones que llevan a la ocupación de los medios lacustres. Finalmente, la excavación del yacimiento ofrecía la posibilidad de contrastar la información obtenida con la ya existente a partir de las excavaciones de hábitats similares en el norte de Europa.

El yacimiento de Dispilió se atribuye al Neolítico Tardío pero hay evidencia de periodos anteriores y posteriores, desde el Neolítico Medio hasta el Neolítico Final/Calcolítico. La cronología relativa a partir de la tipología de la cerámica sitúa la ocupación en Dispilió entre el 5500 BC y el 3500 BC (Hourmouziadis 1996).

La zona excavada es de 750 m^2 y está dividida en cuadrículas de 5x5 m. Fuera de la zona central de la excavación se han realizado varios cortes que han descubierto materiales prehistóricos coetáneos. La excavación de los depósitos arqueológicos se realizó por capas artificiales de 10 cm aproximadamente y las unidades cerradas, hogares, silos, agujeros de postes, se han excavado por separado.

La excavación reveló una secuencia estratigráfica de 2,20 m aproximadamente (Fig. 45). El yacimiento es el resultado de la acumulación de restos de ocupación; la secuencia neolítica es continua desde los niveles inferiores hasta los 0,40 m sin ningún *hiatus* cronoestratigráfico (Hourmouziadis 1996, Karkanas 1999). En la estratigrafía y también durante la excavación del yacimiento se ha podido observar la influencia del horizonte acuífero en la conservación de los materiales orgánicos. Así, en la parte inferior del depósito arqueológico (< 1,60 m) los materiales orgánicos son progresivamente más frecuentes culminando con la presencia de postes y maderas horizontales intactas (Lamina 19: 74).

El estudio de los restos arquitectónicos y su distribución vertical ha conducido a la distinción de tres fases principales de ocupación: la fase A: 0,40 - 0,60 m, la fase B: 1,00 - 1,40 y la fase C: 1,60 - 1,95 m. Cada una de estas fases probablemente incluya varias subfases de reconstrucción. La distribución horizontal de los restos arquitectónicos para cada una de la fases indica que el espacio del hábitat no se ocupa siempre de manera igual o con la misma intensidad. Se documentan desviaciones en la concentración de las estructuras (Hourmouziadi y Yangoulis en prensa).

La excavación y la documentación estratigráfica han detectado un importante cambio en el carácter del hábitat que de lacustre o palustre durante las fases antiguas pasa a ser terrestre en la fase de ocupación más reciente (Hourmouziadi y Yangoulis en prensa). Estas observaciones se ven confirmadas por el estudio micromorfológico de los sedimentos (Karkanas 1999). Se han identificado cinco unidades distintas basándose en los cambios de los procesos de deposición observados que en la mayoría de los casos fueron cambios paulatinos (Fig. 45). Así, la parte inferior de la secuencia (unidad micromorfológica A) corresponde a un medio costero muy afectado por el oleaje, constantemente cubierto por agua aunque poco profunda. La parte justamente superior de la secuencia (unidades micromorfológicas B, Γ) corresponde a un medio pantanoso que se secaba temporalmente por periodos muy cortos durante los cuales el acuífero seguía siendo muy alto. Finalmente, la parte superior de la secuencia (unidades micromorfológicas Δ, E) indica que el asentamiento estaba fuera de la influencia del lago durante largos periodos aunque las temporadas excesivamente húmedas lo afectaban.

Los cambios en el medio afectaron a la organización del asentamiento y sobre todo a la construcción. A partir de la información existente y con los datos extraídos del estudio de los restos arquitectónicos (profundidad a la que se hincan los postes, estructuras sobre el suelo) se postula que durante la segunda fase las estructuras y suelos estaban elevados sobre plataformas bajas o aislados del contacto con el medio pantanoso (moor-bauten). La tercera y más reciente fase de ocupación es terrestre y el hábitat se organiza directamente sobre el suelo (Hourmouziadi y Yangoulis en prensa). La fase más antigua de ocupación todavía presenta bastantes dudas aunque es muy probable que estuviera también elevada sobre plataformas.

Los restos arquitectónicos son muy abundantes y principalmente pertenecen a materiales de construcción. Las técnicas de construcción en todas las fases se basan en el uso de postes de madera, de paredes de madera y barro y suelos de barro (Hourmouziadi y Yangoulis en prensa). Los agujeros de los postes conservan restos de revestido de barro, información que se puede relacionar con actividades de construcción durante los periodos más secos (Karkanas 1999). Los fragmentos de barro rubefactado con improntas de madera o cañas son muy frecuentes. Respecto a la preparación de suelos se han encontrado fragmentos con improntas de ramas al envés y se ha documentado el uso de guijarros y arena, probablemente como aislantes. Varias estructuras para la preparación de alimentos, hogares o silos, sobre todo de la fase más reciente, están relacionados con la zona de habitación pero es difícil situarlos al exterior o interior (Hourmouziadi y Yangoulis en prensa).

La cerámica del yacimiento es principalmente monocroma negra o marrón bruñida. Hay formas abiertas y cerradas que fueron usadas para la preparación, el transporte, el consumo y el almacenamiento de los alimentos. Destacan vasijas de gran tamaño de tipo pithoi, ollas, formas abiertas sobre pedestal, formas planas ovaladas y recipientes con forma de barca. Las cerámicas pintadas son relativamente frecuentes en todos los niveles y parece ser que formaban parte del equipamiento doméstico (Boulgari *et al.* 1997).

La economía del asentamiento es plenamente neolítica. Los restos carpológicos incluyen todas las principales especies neolíticas de cereales y legumbres y algunas especies silvestres. Los restos de fauna indican la importancia de ovicapridos y bóvidos. La caza está también documentada. Asimismo, una actividad importante en un yacimiento de contacto directo con el lago debió de ser la pesca. Esta actividad se evidencia tanto en los abundantes restos de peces y moluscos lacustres pero también en la variedad de útiles de pesca como anzuelos y pesas.

Como ya hemos mencionado, el estudio micromorfológico de los sedimentos documenta la condiciones prevalecientes en relación al nivel del lago. De ese modo, se postula que la zona original de ocupación era una lengua de arena que penetraba en el lago, posiblemente en la extensión de la desembocadura de un torrente cercano. Partes del hábitat estarían más cercanos a las aguas y otros más alejados pero las condiciones serían parecidas a una ciénaga. Paulatinamente la situación cambió y el hábitat demuestra su establecimiento terrestre (Karkanas 1999). Posiblemente el cambió se debió al progresivo descenso en el nivel del lago, un acontecimiento que se documenta en varios lagos del norte de Grecia a partir del 4000 BC (Harrison y Digerfeldt 1993). No obstante, el aporte humano debió de influir en estos procesos. El ritmo de sedimentación aumentó con la deposición de restos de actividad antrópica y con el constante uso de las zonas limítrofes al lago creando finalmente a lo largo de milenios la pequeña elevación del yacimiento. Sin embargo, es muy probable que durante la fase de ocupación más reciente, el hábitat terrestre se extendiera hacia las orillas o el lago, y viceversa en las fases anteriores (Karkanas 1999).

Resumiendo, el yacimiento de Dispilió a la orilla del lago de Kastoriá tiene una secuencia que cubre el periodo entre el 5500 y el 3500 BC aproximadamente. El entorno lacustre probablemente fue elegido por la explotación de recursos especiales y el hábitat se adaptó a ese medio adoptando técnicas de construcción adecuadas. Los cambios del nivel del lago y la constante ocupación de la zona paulatinamente cambiaron el entorno.

6.3. El estudio antracológico en el yacimiento neolítico de Dispilió

En el yacimiento neolítico de Dispilió entre otras disciplinas paleoambientales, se ha aplicado la Antracología con el objetivo de conocer el medio vegetal. El yacimiento, debido a sus características especiales por estar cercano a lago, ha preservado abundantes restos de madera carbonizada igual que madera sin carbonizar. No obstante, el propio carácter lacustre de algunos niveles presenta problemas en cuanto a la clara diferenciación entre carbón disperso y concentrado. Se ha diferenciado un nivel de incendio del hábitat muy extenso, pero no podemos descartar la posibilidad de haberse mezclado carbón de este en las zonas de contacto con los sedimentos superiores e inferiores. Debido a procesos post-deposicionales en los que influye la actividad del agua, el oleaje y la blandura de los sedimentos que permite la infiltración, el colapso de estructuras quemadas a veces no forma un horizonte nítidamente separado de los estratos naturales donde se depositan los restos del combustible.

En el yacimiento de Dispilió se han recogido muestras de carbón disperso de todos los niveles de la secuencia cultural que comprende todo el Neolítico Tardío (5400/5300 BC - 4700/4500 BC) y tal vez parte del Chalcolítico, aunque no disponemos de dataciones de radiocarbono para una mayor precisión (Andreou *et al.* 1996, Demoule y Perlès 1993, Hourmouziadis 1996).

6.3.1. Los resultados antracológicos del carbón disperso

De este yacimiento analizamos las muestras procedentes de 12 capas arqueológicas, un total de 3743 fragmentos de carbón (Cuadro 12). Se han identificado 21 taxa que componen la lista taxonómica del yacimiento y que por orden alfabético son: cf. *Abies* sp. (abeto), *Acer* sp. (arce), *Alnus glutinosa* (aliso), *Carpinus/Ostrya* (carpe/carpe negro) *Cornus* sp. (cornejo), *Corylus* sp. (avellano), *Fraxinus* sp. (fresno), *Hedera helix* (hiedra), *Juniperus* sp. (enebro), Maloideae, *Pinus* cf. *nigra* (pino salgareño), *Pistacia terebinthus* (cornicabra), *Prunus* cf. *amygdalus* (almendro), *Prunus* sp., *Quercus* caducifolio (roble), *Rhus coriaria* (zumáque), *Rosa* sp. (rosal), Rosaceae, *Salix* sp. (sáuce), *Tilia* sp. (tilo) y *Ulmus* sp. (olmo). La lista taxonómica sería más rica si pudiésemos identificar las especies incluidas en géneros como *Quercus*, *Acer*, *Fraxinus*, *Corylus*, *Prunus*, etc. y la subfamilia Maloideae, todas ellas bien representadas en las formaciones actuales de Grecia continental.

En la lista taxonómica, se representan 12 familias de angiospermas y todos los géneros o especies incluidas son caducifolios, 18 en total. Las gimnospermas están representadas por dos familias que incluyen dos géneros y una especie.

En la capa 16, la más antigua de la secuencia, se han analizado 260 fragmentos de carbón y se han identificado 15 taxa (Cuadro 12, Fig. 46). El taxon predominante es *Quercus* caducifolio, (48,08%). Le sigue *Salix* sp. con mucha diferencia en los valores, (16,54%), no obstante bien representado. *Pinus* cf. *nigra* se presenta con un valor de 9,23% y *Fraxinus* sp. con 6,92%. El valor de Maloideae se establece al 3,84%, de *Pistacia terebinthus* al 3,07% y de *Juniperus* sp. el 1,15%. Los demás taxa tienen valores similares o inferiores, *Acer* sp., *Ulmus* sp., *Alnus glutinosa* y *Quercus* sp. 1,15%, cf. *Abies* 0,76%, *Cornus* sp. 0,76%, *Corylus* sp. 0,38% y *Rhus coriaria* 0,38%.

La capa 15 incluye 335 fragmentos de carbón analizados y 16 taxa identificados (Cuadro 12, Fig. 46). El taxon mejor representado es *Quercus* caducifolio (39,10%), seguido por *Pinus* cf. *nigra* que aumenta su porcentaje (16,72%) respecto al espectro anterior. *Cornus* sp. (5,37%), *Fraxinus* sp. (6,27%), *Juniperus* sp. (4,18%) y Maloideae (6,57%) están bien representados. Por contra, *Salix* sp. decrece (3,28%) en relación al espectro anterior. Los demás taxa tienen valores más bajos, *Acer* sp. 2,69%, *Prunus* sp. 2,09%, *Quercus* sp. 1,79, *Pistacia terebinthus* 1,49%,

Hedera helix 1,19%, *Ulmus* sp. 0,90%, cf. *Abies* sp., *Corylus* sp. y *Rhus coriaria* 0,30%.

En la capa 14 se analizaron 300 fragmentos de carbón y se identificaron 12 taxa (Cuadro 12, Fig. 46). El taxon dominante es *Quercus* caducifolio (41%) seguido con diferencia por Maloideae 12%, *Pinus* cf. *nigra* 10%, *Juniperus* sp. 9,67% y *Cornus* sp. 7, 67%. Los demás taxa tienen valores más bajos *Acer* sp. 4%, *Quercus* sp. 3%, *Fraxinus* sp. 2,67%, *Corylus* sp. 1,33%, *Pistacia terebinthus* 1%, *Salix* sp. y *Ulmus* sp. 0,67%.

La capa 11b incluye 300 fragmentos de carbón analizados y a partir de ellos se han identificado 15 taxa (Cuadro 12, Fig. 46). En cuanto a frecuencias, domina *Quercus* caducifolio (48,67%) seguido por *Pinus* cf. *nigra* y Maloideae con 16,33% y 14% respectivamente. *Fraxinus* sp. está representado con un valor de 4%, *Acer* sp. y *Salix* sp. con 3%, *Juniperus* sp. 2,67%, *Cornus* sp. 2,33% y los demás 6 taxa tienen frecuencias bajas; *Prunus* sp. y *Quercus* sp. 1,33%, cf. *Abies* sp. 1%, *Alnus glutinosa*, *Corylus* sp., Rosaceae y *Ulmus* sp. 0,3%.

En la capa 11a se analizaron 349 fragmentos de carbón y se identificaron 13 taxa (Cuadro 12, Fig. 46). El taxon dominante es *Quercus* caducifolio con porcentaje muy alto (60,17%). Le sigue con frecuencia bastante más baja *Pinus* cf. *nigra*, (14,04%). *Cornus* sp. alcanza el 6,30%, Maloideae el 4,58% y los demás taxa tienen frecuencias inferiores; *Fraxinus* sp. 2,87%, *Juniperus* sp. 2,58%, *Quercus* sp. 2,29%, *Acer* sp. 0,86%, *Ulmus* sp. 0,33%, Conífera 0,57%, *Tilia* sp., cf. *Abies* y *Pistacia terebinthus* 0,29%.

La capa 10 contiene 353 fragmentos de carbón analizados a partir los cuales se han identificado 15 taxa (Cuadro 12, Fig. 46). Domina *Quercus* caducifolio (50,71%) seguido de *Pinus* cf. *nigra* (19,55%). *Salix* sp. alcanza el 7,65% y los demás taxa tienen frecuencias inferiores; *Fraxinus* sp. 4,25%, *Juniperus* sp. 3,68%, *Prunus* sp. 2,83%, Maloideae 1,98%, *Acer* sp. 1,42%, *Cornus* sp. y *Hedera helix* 0,85%, *Quercus* sp. 0,57%, *Ulmus* sp. 0,28% *Alnus glutinosa*, *Pistacia terebinthus* y *Corylus* sp. 0,57%.

En la capa 9 se han analizado 351 fragmentos de carbón y se han identificado 11 taxa (Cuadro 12, Fig. 46). El taxon dominante en la capa 9 es *Quercus* caducifolio (41,88%). *Pinus* cf. *nigra* alcanza en este espectro un valor muy próximo al de *Quercus*, (39,32%). De los demás taxa, tan solo Maloideae llega al 5,98%. Los otros taxa presentan frecuencias bajas; *Cornus* sp. 2,56%, *Juniperus* sp. 1,14%, *Fraxinus* sp. 0,85%, *Ulmus* sp. 0,57% *Carpinus/Ostrya*, *Tilia* sp., *Quercus* sp. y Conífera 0,28%.

En la capa 8 se analizaron 342 fragmentos de carbón y se identificaron 15 (Cuadro 12, Fig. 46). El taxon que domina es *Quercus* caducifolio (45,91%). *Pinus* cf. *nigra* alcanza el valor de 21,35% y el siguiente taxon más abundante es *Juniperus* sp. (8,19%). Los demás taxa tienen frecuencias muy bajas; *Cornus* sp. y *Quercus* sp. 3,22%, *Rosa* sp. 1,46%, *Fraxinus* sp. y *Prunus* sp. 1,17%, Maloideae, *Carpinus/Ostrya* 0,88%, *Ulmus* sp., *Prunus* cf. *amygdalus*, cf. *Abies*, *Acer* sp. y Conífera 0,29%.

La capa 7 contiene 289 fragmentos de carbón analizados y se han identificado 12 taxa (Cuadro 12, Fig. 46). Domina *Quercus* caducifolio con una frecuencia de 43,25% y le sigue *Pinus* cf. *nigra* con 33,22%. Los demás taxa son menos frecuentes; *Quercus* sp. 4,15%, *Fraxinus* sp. 3,11%, *Cornus* sp. 2,77%, *Juniperus* sp. 1,73%, Maloideae 1,04%, *Ulmus* sp., *Acer* sp. y *Corylus* sp. 0,69% y finalmente *Salix* sp. 0,35%.

En la capa 6 se han analizado 413 fragmentos de carbón a partir de los cuales se han identificado 12 taxa (Cuadro 12, Fig. 46). La curva taxonómica se estabiliza en los 100 primeros fragmentos de carbón aproximadamente, 10 taxa aparecen en ese intervalo, ningún nuevo hasta los 350 fragmentos y tan solo uno al final. *Quercus* caducifolio es el taxon dominante (38,98%). *Pinus* cf. *nigra* es el siguiente más abundante (23,73%). *Cornus* sp., *Fraxinus* sp., *Juniperus* sp. y *Quercus* sp. están bien representados con frecuencias de 6,05%, 5,08%, 4,60% y 6,3% respectivamente. Los demás taxa manifiestan valores bajos: *Prunus* sp. 2,91%, Maloideae 1,94%, *Ulmus* sp. 0,73%, *Alnus glutinosa* 0,69%, *Corylus* sp. y Conífera 0,24%.

La capa 5 incluye 311 fragmentos de carbón analizados y 13 taxa identificados (Cuadro 12, Fig. 46). Entre los taxa, predomina *Quercus* caducifolio (35,05%) y le sigue *Pinus* cf. *nigra* (20,90%); *Cornus* sp. y *Juniperus* sp. están bien representados con frecuencias de 8,36% y 8,04% respectivamente. *Quercus* sp. alcanza el 7,4% y los demás taxa tienen porcentajes bajos y variados; *Fraxinus* sp. 3,22%, Maloideae, *Prunus* sp. y *Carpinus/Ostrya* 1,29%, *Acer* sp. 0,96%, *Prunus* cf. *amygdalus* 0,64%, *Ulmus* sp. y Conífera 0,32%.

La capa 4 es la más pobre en carbón y en taxa. Se analizaron 140 fragmentos y se identificaron 10 taxa (Cuadro 12, Fig. 46). El taxon dominante es *Quercus* caducifolio, (47,14%). *Pinus* cf. *nigra* alcanza una frecuencia muy alta, 30%, mientras que los demás taxa son menos abundantes; *Quercus* sp. 5%, *Juniperus* sp. 3,57%, *Salix* sp. 2,86%, *Prunus* sp. y *Cornus* sp. 1,43%, Maloideae, *Fraxinus* sp. y Conífera 0,71%.

Las muestras del yacimiento son bastante ricas en taxa. Generalmente, en una media de 300 carbones analizados aparecen entre 12 y 14 taxa. En todas las capas el taxon dominante es el *Quercus* caducifolio. *Pinus* cf. *nigra* es el siguiente taxon mejor representado pero generalmente hay una diferencia porcentual del orden del 15% al 30% del taxon prevaleciente.

6.3.2. El diagrama antracológico del yacimiento neolítico de Dispilió

El diagrama antracológico del yacimiento de Dispilió (Fig. 46) consiste de 12 espectros y cada uno de ellos corresponde a una capa arqueológica de 10 cm de grosor aproximadamente.

La lectura del diagrama se realiza de base a techo, de las capas más antiguas a las más recientes. En cada espectro se representan las frecuencias de los taxa identificados y se pueden observar a lo largo del tiempo los cambios en sus valores. Los espectros antracológicos se han correlacionado con las fases de ocupación del yacimiento documentadas a partir de los restos arqueológicos y también con las unidades micromorfológicas distinguidas en el análisis respectivo de los sedimentos.

La primera fase de ocupación comprende los espectros 16 a 11a y corresponde a las unidades sedimentológicas A y B. La unidad A se caracteriza por la inundación permanente de la zona excavada, mientras que la B manifiesta periodos cortos de exposición aunque el nivel del acuífero siguió siendo alto, de modo que el hábitat tendría el aspecto de una ciénaga. Entre los espectros 11b y 14 se han excluido las capas que presentaban concentración de carbón, procedente con toda probabilidad del incendio y derrumbe de estructuras.

Los espectros 10 a 6 corresponden a la segunda fase de ocupación y a las unidades sedimentológicas Γ y Δ. Sus características indican un medio pantanoso para la unidad Γ y para la unidad Δ un medio afectado por el agua y el oleaje pero de manera más intermitente que en periodos anteriores. Aún así el hábitat seguiría siendo pantanoso y posiblemente propenso a la inundación durante los periodos más húmedos.

La tercera fase de ocupación, la más reciente, corresponde a los espectros 4 y 5 y a la unidad sedimentológica E, que no documenta influencia directa del lago. Los restos de estructuras en contacto directo con el suelo manifiestan también los mismos cambios en las condiciones del hábitat.

Los espectros del diagrama antracológico de Dispilió documentan un número de taxa entre 10 y 16. En todos los espectros son constantes 6 taxa, *Quercus* caducifolio, *Pinus* cf. *nigra*, *Cornus* sp., *Fraxinus* sp., *Juniperus* sp. y Maloideae. *Quercus* sp. pensamos que se puede atribuir a *Quercus* caducifolio, pero lo presentamos como taxon aparte siguiendo las normas de diferenciación anatómica porque no se podían observar los anillos de crecimiento.

En todos los espectros el taxon dominante es *Quercus* caducifolio. Los valores oscilan entre el 35% y el 60%. Las frecuencias de éste taxon se ven más homogeneizadas si en cada espectro añadimos los valores de *Quercus* sp. que con toda probabilidad pertenece a *Quercus* caducifolio. De este modo, los porcentajes de *Quercus* fluctúan entre el 41% y el 50%, y tan sólo en el caso del espectro 11a alcanzan el 60%. A lo largo de la secuencia no se documentan cambios significativos en la frecuencia y representación del taxon que siempre es el dominante.

Pinus cf. *nigra*, es el siguiente taxon más importante en todos los espectros salvo en los dos más antiguos. Los valores generalmente se sitúan entre el 9% y el 23%. En tres espectros: 9, 7 y 4, los porcentajes son más altos, iguales o ligeramente superiores al 30% en los espectros 4 y 7, y alcanzando el 40% en el espectro 9. Los porcentajes tienden a aumentar de las capas más antiguas a las más recientes; no obstante pensamos, que en estos espectros, principalmente en el 9, tenemos una sobrerrepresentación de este taxon debido a alguna actividad particular, posiblemente a la construcción. El análisis de material carbonizado de construcción, donde los restos de *Pinus* cf. *nigra* son muy abundantes, apoya nuestra hipótesis. Es posible que los restos de madera no utilizada en la construcción se aprovechaban como combustible.

Los demás taxa presentan frecuencias muy variables. *Fraxinus* sp., *Cornus* sp. Maloideae y *Juniperus* sp. están presentes en todas las muestras. Los valores de *Fraxinus* sp. se sitúan alrededor al 5% igual que *Cornus* sp. que generalmente fluctúa más.

Maloideae está bien representado en los espectros más antiguos que corresponden a la primera fase de ocupación aproximadamente. En el espectro 14 Maloideae es el segundo taxon más frecuente y en los demás se sitúa entre el 5% y el 10%. A partir de la segunda fase de ocupación y en los espectros más recientes su representación es muy débil.

Juniperus sp. está presente en toda la secuencia y sus valores se establecen alrededor al 5%; no documentan ninguna tendencia particular.

Acer sp., no está presente en todos los espectros y los porcentajes se sitúan alrededor al 3%.

Salix sp. está muy bien representado en el espectro más antiguo, donde constituye el segundo taxon más abundante. A partir de ahí se reduce mucho o desaparece por completo como durante la segunda fase de ocupación; tan solo reaparece tímidamente en el espectro más reciente. *Ulmus* sp. y *Corylus* sp. son muy esporádicos y sus frecuencias no superan el 2%. *Prunus* sp. también es un taxon esporádico y débilmente representado. *Pistacia terebinthus* está presente con valores alrededor al 2% tan solo en la base de la secuencia, en los primeros espectros y a continuación desaparece.

Todos los demás taxa son muy esporádicos y poco representados. Mencionamos la presencia de cf. *Abies* sobre todo en los espectros más antiguos y de *Carpinus/Ostrya* en los más recientes. *Rhus coriaria* está presente en los dos espectros más antiguos. *Alnus glutinosa* está presente en tres espectros, *Tilia* sp., *Hedera helix* y *Prunus* cf. *amygdalus* en dos espectros, *Rosa* sp. y Rosaceae en un espectro.

La imagen obtenida a través del diagrama antracológico indica el predominio de las formaciones caducifolias a lo largo de toda la secuencia. El principal componente de estas formaciones es el roble, *Quercus* caducifolio. En la prehistoria, igual que en la actualidad, los robledales incluirían varias especies de robles; *Quercus frainetto*, *Q. cerris*, *Q. trojana* y *Q. pubescens* actualmente son abundantes en las zonas montanas y submontanas de Grecia, allí donde la acción humana ha permitido preservar el bosque caducifolio.

La vegetación inmediata al yacimiento comprendería robledales acompañados de otras especies caducifolias. En el diagrama, se documenta la presencia constante de un cortejo de taxa caducifolios, que seguramente sería más amplio si tenemos en cuenta que algunos de los taxa identificados corresponden al género representado en las formaciones por diversas especies. Así pues, *Fraxinus* sp. un componente importante de los robledales podría ser representado por el orno y el fresno en relación a la densidad de la formación y la humedad edáfica.

Acer sp. incluiría varias especies; *A. platanoides*, *A. pseudoplatanus*, *A. monspessulanum*, *A. campestre*, etc., a juzgar por su repartición actual en los bosques y montañas del norte de Grecia. *Cornus* sp. podría representarse tanto por *Cornus mas* en el piso arbustivo del robledal y *C. sanguinea* en setos y en los lindes del bosque (Polunin 1980, Sfikas 1994).

Maloideae como subfamilia incluye varios géneros; en Dispilió creemos que podrían estar representados *Sorbus* sp., *Pyrus* sp. y tal vez aisladamente *Malus* sp. *Sorbus* sería componente de las formaciones caducifolias, participando con especies como *S. aucuparia* y *S. torminalis*. Especies de *Malus* como *M. sylvestris*, *M. florentina* y *M. dasyphylla* y de *Pyrus*, *Pyrus pyraster* y *P. amygdaliformis*, se encontrarían en las formaciones caducifolias, en los bosques o en claros arbustivos, abiertos y secos.

Tilia sp. y *Hedera helix* serían componentes del bosque caducifolio en las zonas más húmedas, tal vez el primero en zonas de mayor altitud. *Carpinus/Ostrya*, incluye dos géneros que podrían ambos pertenecer al bosque caducifolio. Actualmente, ambos son componentes de los robledales, frecuentes en los bosques de montaña. Las especies de *Corylus* sp., *C. avellana*, C. *maxima* y *C. colurna*, se asocian a los bosques caducifolios como componentes del piso arbustivo, en los lindes de los bosques, en setos y barrancos.

Ulmus sp. crecería cerca de las orillas o sería un elemento importante en las zonas más húmedas de los bosques caducifolios mixtos del periodo Atlántico en la zona. *Salix* sp. es un género ampliamente representado cerca de los cursos de agua y en el entorno vegetal del yacimiento crecería junto a *Alnus glutinosa* en orillas y zonas encharcadas.

Las formaciones caducifolias en el diagrama de Dispilió documentan la ocasional presencia de taxa heliófilos. Así en los espectros más antiguos están presentes *Pistacia terebinthus* y *Rhus coriaria* que asociaríamos a espacios de vegetación abierta y arbustiva junto a *Prunus* y algunas especies de Maloideae como *Pyrus*. *Prunus* sp. podría incluir *P. spinosa* y *P. avium*; ambos actualmente se encuentran en bosques y setos. *Prunus* cf. *amygdalus* aparece de forma ocasional y crecería en formaciones arbustivas y sobre suelos calcáreos y pobres.

El diagrama antracológico de Dispilió constata el predominio de los robledales, pero la característica especial de la vegetación y las condiciones climáticas mediterráneas - continentales de la zona se detectan en la presencia y las frecuencias de *Pinus* cf. *nigra*. que manifiesta la existencia de formaciones de coníferas cercanas al yacimiento. Lo asociaríamos a bosques de coníferas con *Abies* sp. que proliferarían en las montañas del interior y hacia el norte a partir de los 1000 m de altitud. Actualmente, *Pinus nigra* es el principal componente de los bosques de coníferas en las montañas de Grecia. Junto a ésta especie crece más esporádica *Abies borisii-regis*. El diagrama antracológico representa estos bosques de coníferas dominadas por *Pinus* cf. *nigra*. donde la participación de los abetos es puntual.

Juniperus sp. es una conífera constantemente representada en el diagrama de Dispilió. La especie no se puede identificar anatómicamente. Probablemente, tengamos representadas formaciones de *Juniperus oxycedrus* que crecerían en las zonas de vegetación abierta, o tal vez algunas especies de montaña como *Juniperus foetidissima* que crecerían en los bosques abiertos oromediterráneos de coníferas.

A partir del diagrama de Dispilió, se pueden distinguir cuatro tipos de formaciones vegetales:

- Las formaciones caducifolias mixtas donde hay tal predominio de *Quercus* caducifolios que podemos hablar de robledales donde los robles se acompañarían de fresnos, arces, carpes - carpes negros y tilos. Los cornejos y avellanos formarían el piso arbustivo de estos bosques. Algunas especies de la subfamilia de Maloideae, como *Sorbus* o *Malus* igual que el cerezo silvestre crecerían entre los demás árboles o en los lindes de los bosques,

- Las formaciones de coníferas compuestas principalmente por *Pinus* cf. *nigra*. Actualmente, la especie a menudo forma bosques puros donde crecen muy esporádicamente individuos aislados de abetos. *Juniperus* sp. podría formar parte de estos bosques de coníferas, o alternativamente crecer en formaciones abiertas en los claros o lindes de los bosques tanto de los pinares como de los robledales,

- La vegetación azonal está representada principalmente por sáuces. También formarían parte de la vegetación de ribera, los alisos, los olmos y los avellanos aunque estos dos últimos participarían principalmente en las formaciones caducifolias de robles sobre todo en las zonas húmedas,

- Finalmente, hay evidencia de formaciones abiertas heliófilas representadas por cornicabras, zumáques, alguna especie de *Prunus* como en endrino, almendros y tal vez *Pyrus* de la subfamilia de Maloideae. *Juniperus* también podría pertenecer a estas formaciones. Estos taxa ocuparían los espacios abiertos entre espesuras de robles, favorecidos por la radiación solar.

Las formaciones caducifolias serían las más abundantes en los alrededores del yacimiento en las elevaciones medias y hasta los 1000 m de altitud. Estas formaciones serían las climácicas del piso supramediterráneo donde está localizado el yacimiento a los 625 m. Los bosques de coníferas ocuparían las zonas altas, posiblemente a partir de los 1000 m de altitud. Los pinares serían la formación climácica del piso oromediterráneo y penetrarían en el supramediterráneo en contacto con los bosques caducifolios o quizá creciendo los pinos entre los robles. *Pinus* cf. *nigra* actualmente aparece en ocasiones ya a los 500 m de altitud (Sfikas 1994).

La vegetación de ribera ocuparía las zonas más próximas al lago formando una estrecha franja alrededor. Las formaciones abiertas se expandirían probablemente en la llanura hacia la parte sur del lago o las colinas calcáreas cercanas.

El bosque caducifolio debió crecer bajo condiciones climáticas supramediterráneas, semejantes a las actuales; mediterráneas - continentales con veranos calurosos, precipitaciones frecuentes, bastante bien repartidas y periodo de sequía estival relativamente corto. Las presencia de formaciones de pinos salgareños ofrece más información en este aspecto puesto que son indicadores de mayor continentalidad y condiciones climáticas de altitud y montanas.

Las formaciones predominantes a lo largo de toda la secuencia son los robledales. Es difícil juzgar la densidad de estas formaciones a partir de los datos cuantitativos solamente. No obstante, los taxa heliófilos tienen una representación muy débil, lo que más bien indica la existencia de formaciones caducifolias que se mantienen diacrónicamente en equilibrio y sin alteraciones.

Las coníferas y principalmente los pinos salgareños por su representación en el yacimiento de Dispilió, serían el componente principal de la segunda formación más importante en el medio frecuentada por los grupos neolíticos. La representación de estas formaciones tiende a aumentar a lo largo de toda la secuencia. Es difícil atribuir la progresión del bosque de coníferas a cambios climáticos o a cambios de vegetación. Las hipótesis que podemos plantear respecto a estas formaciones podrían ser:

- un cambio climático que favorecería la expansión de las coníferas. La ampliación de la zona de coníferas, principalmente *Pinus nigra* y *Abies*, se documenta en los diagramas polínicos de Khimaditis entre el 8000 y el 6500 BP aproximadamente. Bottema (1974) ubica la zona de expansión de coníferas entre los 700 y 1500 m y atribuye su aumento a un descenso de las temperaturas e incremento de las precipitaciones. En el yacimiento de Dispilió no disponemos de dataciones, pero en todo caso el aumento de *Pinus nigra* se detecta sobre todo en los niveles superiores. Con la documentación existente no parece haber una correlación cronológica directa con las conclusiones de Bottema dado que la secuencia del yacimiento comienza hacia el 5300 BC (*c* 6500 BP),

- un cambio en la vegetación producido por la constante intervención humana en el bosque caducifolio. El uso del robledal causaría claros en los bosques caducifolios; estos, especialmente en las zonas de contacto con el bosque de coníferas, se ocuparían por los pinos salgareños, especie muy competente que ocupa rápidamente suelos pobres y se ve favorecido por el fuego. En los ecosistemas actuales, el pino salgareño coloniza rápidamente formaciones degradadas de planifolios, sobre todos aquellas que han sufrido incendios bajos (Mouseio Goulandri-M.M.A.O.T.O.P. 1992),

- intensificación del uso de los bosques de coníferas por los grupos neolíticos y expansión de sus actividades hacia estas formaciones.

En todo caso, lo que se observa en la secuencia del yacimiento es el predominio sin cambios del robledal. El bosque de coníferas es la formación complementaria. Lo que se observa diacrónicamente es el uso en aumento de los bosques de coníferas.

La secuencia de Dispilió no dispone de fechas de radiocarbono. Según la tipología de la cerámica, la secuencia se atribuye al Neolítico Tardío. Sin mayor precisión, a falta de dataciones, el periodo cronológico de la ocupación se extendería del 5400/5300 BC hasta 4700/4500 BC o tal vez hasta el fin del Neolítico Final 3500 BC (Andreou *et al.* 1996, Hourmouziadis 1996). La ocupación del yacimiento es continua y el análisis micromorfológico no ha detectado ningún *hiatus* en la sedimentación.

Durante este tiempo aproximado de ocupación el impacto humano sobre la vegetación debió ser mínimo. Cualquiera que fuese la causa de la mayor representación del bosque de coníferas, parece ser que la actividad humana no alteró significativamente el bosque caducifolio. La mejor representación de las coníferas podría relacionarse con los cambios en la organización y estructuración de la ocupación. Si realmente la ocupación es continua a lo largo de todo el Neolítico Tardío esto supone el mejor conocimiento y aprovechamiento de los recursos con el tiempo. Los bosques de coníferas, posiblemente más cercanos a la orilla norte del lago donde el terreno alcanza mayor altitud, fueron usados más intensamente a partir de la segunda fase de ocupación, aprovechando tal vez el transporte más rápido y fácil a través del lago y/o incluso los ríos que descargan en él.

Las formaciones heliófilas están mejor representadas en los niveles más antiguos de la secuencia. Esto nos hace pensar que las zonas cubiertas por estas formaciones fueron las que se utilizaron por los grupos neolíticos para establecer las zonas de cultivo y tal vez parte de hábitat. La vegetación más abierta sería fácil de aclarar. La menor representación de la especies heliófilas y la desaparición de *Pistacia terebinthus* y *Rhus coriaria* en la parte superior de la secuencia podría deberse a que su espacio de crecimiento se había dedicado a las actividades de subsistencia de los grupos neolíticos en la zona llana.

La ripisilva bien representada en un primer momento, pierde importancia a continuación. Cualquiera que fuese la extensión de la vegetación azonal no sobrepasaría la estrecha franja al lado de la orilla. El uso de estas formaciones fue esporádica.

En todo caso, ambas formaciones, abiertas y azonales, están bien representadas en los niveles más antiguos y a continuación pierden importancia. Tal vez, después del clareo no regenerasen debido a la ocupación que los grupos humanos hicieron de su espacio vital; alternativamente, si siguieron presentes quizás fuesen abandonadas, ya que otras formaciones más prósperas estarían al alcance. Seguramente sería más fácil y más rentable, en cuanto a la búsqueda de combustible adecuado (madera seca y abundande) organizar la recogida de leña en el bosque caducifolio extenso y denso, que en una franja estrecha de bosque - galería o en limitadas formaciones abiertas.

Las formaciones vegetales predominantes, durante el tiempo de ocupación del yacimiento, se mantienen estables sin cambios significativos. Lo que nos hace pensar en un equilibrio entre la actividad antrópica y la vegetación inmediata; una gestión regulada de los recursos, una población tal vez estable o de aumento moderado y un fuerte potencial regenerativo de la vegetación. La precipitaciones altas (>1000 mm) que recibe y que, con toda probabilidad, recibiría la zona en el pasado, favorecerían la regeneración rápida del bosque. Sumandolo al carácter de la ocupación neolítica en Grecia que según Halstead (1996) se basaría en el cultivo intensivo de superficies pequeñas y cercanas al hábitat, el yacimiento de Dispilió a la orilla del lago tendría un potencial importante de tierras cercanas al agua bien drenadas, cuyo uso a largo plazo, afectaría la vegetación tan solo de una pequeña parte de aquello que sería el bosque caducifolio circundante.

THE PALAEOVEGETATION AT THE SURROUNDINGS OF THE NEOLITHIC LAKESIDE SETTLEMENT OF DISPILIO

The site of Dispilio, West Macedonia, is a lakeside settlement, located at an altitude of 627 m, a few metres from the shore of the Lake of Kastoria. The region is mountainous, to the North of the Pindos range. Rivers, some feeding the lake and others receiving its outflow, dissect this mountainous landscape. River Aliakmon and its tributaries drain the plain to the south of the lake (Fig. 32, Plate 19: 73, 74).

The climate is transitional from Mediterranean to continental with central European characteristics. Rainfall is more or less evenly distributed through the year; the dry period is short and the mean annual precipitation ranges from 800 to 1000 mm.

Vegetation around the lake is dominated by *Phragmites australis* while in the water *Potamogeton* sp., *Vallisneria spiralis*, *Najas marina*, *Myriophyllum spicatum*, *Trapa natans*, *Polygonum amphibium*, etc, thrive. By the lakeside *Salix alba* and *Populus alba* flourish. In proximity to the lake, on humid soils *Juglans regia*, *Prunus cocomilia*, *Cornus sanguinea*, *Rubus* sp, *Rosa* sp., *Clematis*, etc. are abundant.

The natural vegetation on the hills around the lake has almost completely disappeared. Due to intensive cultivation, animal grazing and burning, the dominant vegetation is composed of *Paliurus spina-christi*, *Prunus spinosa*, *Pyrus amygdaliformis* and herbaceous plants. In places, where the vegetation is regenerating *Juniperus oxycedrus* are the commonest colonisers. On N and NW oriented slopes *Carpinus orientalis*, *Fraxinus ornus*, *Ostrya carpinifolia* and some *Quercus cerris* grow. The potential vegetation in the area would be deciduous forests composed mainly of various oak species; from 1000 m on beech forest including some conifers would expand.

The deposits excavated at the Dispilio lakeside settlement offered approximately two metres stratigraphic sequence and plentiful information on various aspects of the prehistoric occupation of the site (Fig. 45). The sequence can be assigned to the Late Neolithic but there is also evidence for earlier and later occupation dating from the Middle Neolithic to the Chalcolithic. Relative chronologies through pottery typology attribute the occupation of the site to the time between 5500 BC and 3500 BC.

Three main occupation phases have been distinguished in the site. The earlier occupation phases represent a settlement built over shallow water or swampy ground, which dried up periodically. The latter occupation phase was built on dry ground.

At the site of Dispilio, the entire stratigraphic sequence was sampled. 3743 charcoal fragments were analysed and 21 taxa were identified (Table 12). The plant list in alphabetical order consists of: cf. *Abies* sp. (fir), *Acer* sp. (maple), *Alnus glutinosa* (alder), *Carpinus/Ostrya* (hornbeam-hop hornebeam) *Cornus* sp. (cornelian cherry), *Corylus* sp. (hazel), *Fraxinus* sp. (ash), *Hedera helix* (ivy), *Juniperus* sp. (juniper), Maloideae, *Pinus* cf. *nigra* (black pine), *Pistacia terebinthus* (terebinth), *Prunus* cf. *amygdalus* (almond), *Prunus* sp., *Quercus* deciduous (oak), *Rhus coriaria* (sumach), *Rosa* sp. (rose), Rosaceae, *Salix* sp. (willow), *Tilia* sp. (lime) y *Ulmus* sp. (elm). This plant list underestimates the diversity of species exploited, given that identifications to genus may include several species, as for example in the case of *Quercus* deciduous, *Acer*, *Fraxinus*, *Corylus*, *Prunus*, etc. and the subfamily Maloideae.

In the above plant list 18 taxa are deciduous angiosperms. The remaining three taxa are conifers.

The frequencies of the taxa identified in each charcoal assemblage are represented in a diagram that consists of 12 spectra (Fig. 45). These correspond to an approximately 10 cm excavation layer and have been correlated to the occupation phases of the site and the micromorphological units distinguished in respective analysis of the sediments.

Ten to sixteen taxa are represented in the spectra. Six taxa are common in all of them, namely, *Quercus* deciduous, *Pinus* cf. *nigra*, *Cornus* sp., *Fraxinus* sp., *Juniperus* sp. and Maloideae. *Quercus* sp. charcoal fragments probably belong to deciduous oak, but are shown separately because the ring porous zone was not clearly observable.

The dominant taxon in all spectra is *Quercus* deciduous. *Pinus* cf. *nigra*, is the next more important taxon, its frequencies increasing steadily from the lower to the upper part of the diagram.

Fraxinus sp., *Cornus* sp. and *Juniperus* sp. are present in all assemblages with constant values. Maloideae though well represented in the older spectra diminishes in the recent ones. *Salix* sp. has high frequencies in the oldest spectrum but it decreases or disappears in continuation. *Acer* sp., *Ulmus* sp. and *Corylus* sp. have low frequencies. *Prunus* sp. is rather sparse. *Pistacia terebinthus* is present in decreasing frequencies in the lower part of the sequence and disappears from spectrum 9 onwards. The remaining taxa cf. *Abies*, *Alnus glutinosa*, *Carpinus/Ostrya*, *Tilia* sp., *Hedera helix*, *Prunus* cf. *amygdalus*, *Rhus coriaria*, *Rosa* sp. and Rosaceae are rather infrequent.

Four types of plant formations can be distinguished from the charcoal diagram of the lakeside settlement of Dispilio:

- Deciduous woods where oaks are the main component. Other deciduous trees, such as ash, hornbeam, maple, cornelian cherries, some Maloideae species, etc., form part of these oak woods,

- Conifer forests with black pines. Some fir could grow in these forests as occurs in such present-day formations. *Juniperus* sp. could form part of these woods or grow in open formations and clearings or margins of pine or oak woods,

- Lakeside vegetation, principally represented by willows. Other components of those formations would be alder, elm or hazel, this last also growing in humid places in deciduous woods,

- Finally, there would be some open formations evidenced by the presence of terebinths, sumacs, some *Prunus* species or *Pyrus* from the Maloideae subfamily. *Juniperus* could also participate in these formations. The above heliophilous taxa, favoured by solar radiation, would occupy open space between deciduous thickets.

Oak woodland is the prevalent formation throughout the sequence and was probably the climax formation around the site from mid altitude and up to 1000 m. Black pine forests were the other important formation in the region and would cover the surrounding mountains not far from the site.

In relation to the increasing frequencies of *Pinus nigra*, the following hypothesis could be proposed:

- Some climatic change favoured the expansion of the conifers; however, such an increase is documented earlier in the pollen sequence of Khimaditis (between 8000 and 6500 BP) and there seems to be no direct correlation with the sequence of the Neolithic site that starts some time around 5300 BC (*c* 6500 BP),

- A change in the vegetation caused by constant human impact on the deciduous woods. In retrospect, we could think of clearings in the oak woodland, especially in contact zones with conifer forests that were colonised by black pines. In present day ecosystems those conifers are fast colonisers of degraded broad-leaved formations, mainly the ones affected by fires,

- Expansion of human activities towards conifer forests and intensification of the managing of those formations.

Nevertheless, the charcoal sequence of the site of Dispilio documents the predominance, without significant changes, of oak woodlands. Black pine forests are complementary formations that are progressively more used.

There is no ^{14}C dating for the site of Dispilio but from other lines of evidence a continuous occupation throughout the Late Neolithic (5400/5300 BC - 4700/4500 BC) is documented. During this period of time, human impact upon vegetation seems negligible. Whatever the cause of higher conifer representation, human activities did not change the deciduous formations significantly. Increasing representation of black pines could be related to changes in the organisation and structure of the settlement and the activities carried out. If occupation was continuous, that in consequence would lead to a better knowledge of the existent plant resources and to the widening of the areas managed. It is possible that conifer forests became increasingly used from the second phase of occupation onwards, taking advantage of the easier transport by the lake or the rivers discharging in it.

Open and lakeside formations are well represented in the oldest spectra but gradually their use becomes sporadic or infrequent. Either they did not regenerate after their first use by human groups or they were abandoned because other more prosperous plant formations were within reach. It would certainly be easier and more beneficial in terms of adequate firewood provisioning (abundant and dry wood) to direct the activity towards the wider and denser deciduous forests than to the restricted gallery-forests and poor open formations.

The predominant plant formations remain stable without significant changes throughout the time of the occupation of the settlement. This would point to a balanced relationship between human activities and the surrounding vegetation.

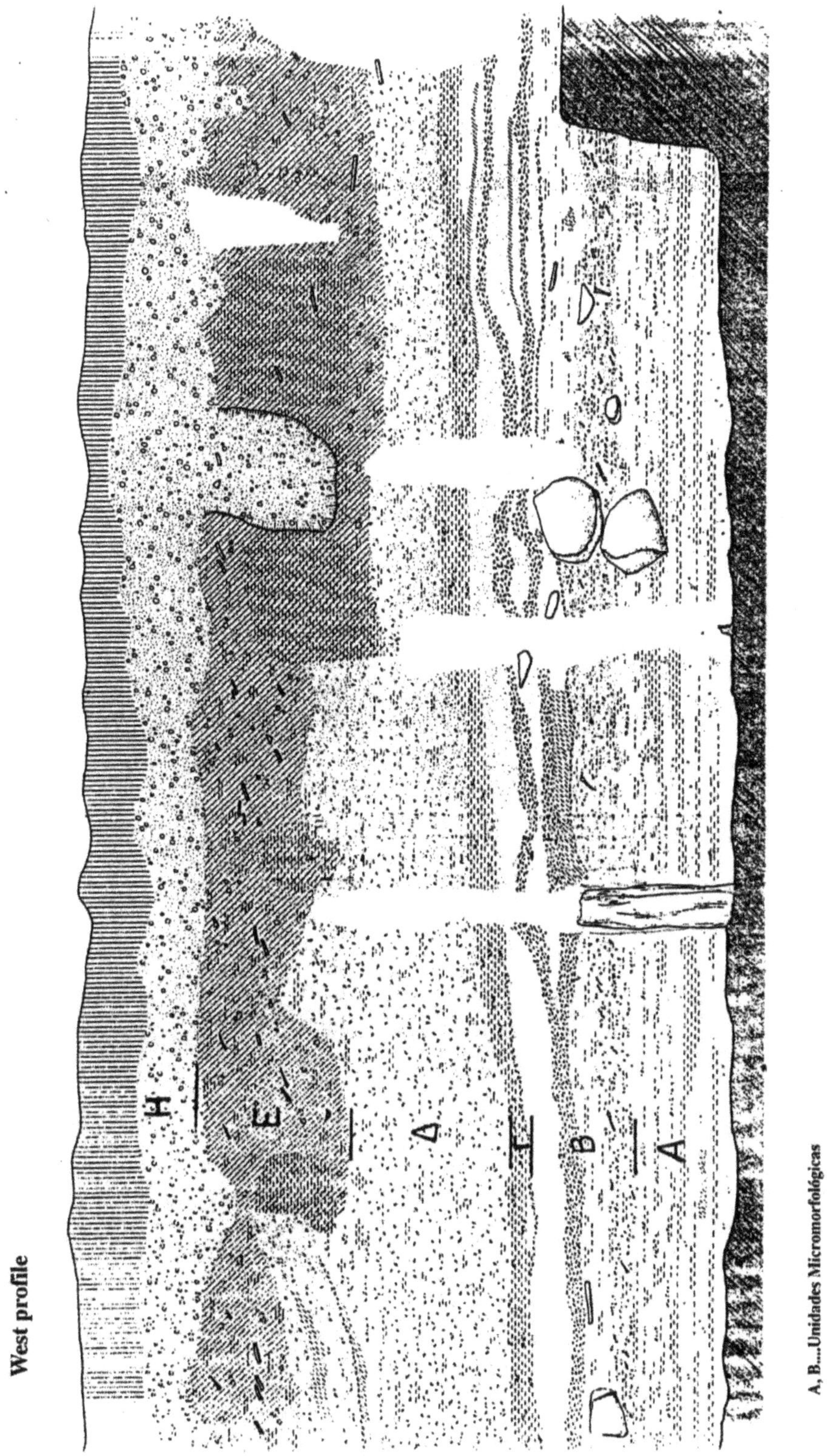

Fig. 45: La secuencia estratigráfica del yacimiento de Dispilió (a partir de Karkanas 1999, diseño B. Tselika).
Fig. 45: The stratigraphic sequence of the site of Dispilio (after Karkanas 1999, drawing B. Tselika).

DISPILIO - Capas	**16**		**15**		**14**		**11b**		**11a**		**10**		**9**		**8**		**7**		**6**		**5**		**4**	
Taxa	**Nº**	**%**	**Nº**	**%**	**Nº**	**%**	**Nº**	**%**	**Nº**	**%**	**Nº**	**%**	**Nº**	**%**	**Nº**	**%**	**Nº**	**%**	**Nº**	**%**	**Nº**	**%**	**Nº**	**%**
cf. *Abies* sp.	2	0.7	1	0.3			3	1.0	1	0.2					1	0.2								
Acer sp.	3	1.1	9	2.6	12	4.0	9	3.0	3	0.8	5	1.4			1	0.	2	0.6	7	1.6	3	0.9		
Alnus glutinosa	3	1.1					1	0.3			2	0.5												
Carpinus/Ostrya													1	0.2	3	0.8					4	1.2		
Conífera									2	0.5			1	0.2	1	0.2	1	0.3	1	0.2	1	0.3	1	0.7
Cornus sp.	2	0.7	18	5.3	23	7.6	7	2.3	22	6.3	3	0.8	9	2.5	11	3.2	8	2.7	25	6.0	26	8.3	2	1.4
Corylus sp.	1	0.3	1	0.3	4	1.3	1	0.3			2	0.5					2	0.6	1	0.2				
Fraxinus sp.	18	6.9	21	6.2	8	2.6	12	4.0	10	2.8	15	4.2	3	0.8	4	1.1	9	3.1	21	5.0	10	3.2	1	0.7
Hedera helix			4	1.1							3	0.8												
Juniperus sp.	3	1.1	14	4.1	29	9.6	8	2.6	9	2.5	13	3.6	4	1.1	28	8.1	5	1.7	19	4.6	25	8.0	5	3.5
Maloideae	10	3.8	22	6.5	36	12.0	42	14.0	16	4.5	7	1.9	21	5.9	1	0.2	3	1.0	8	1.9	4	1.2	1	0.7
Pinus cf. *nigra*	24	9.2	56	16.7	30	10.0	49	16.3	49	14.0	69	19.5	138	39.3	73	21.3	96	33.2	98	23.7	65	20.9	42	30.0
Pistacia terebinthus	8	3.0	5	1.4	3	1.0			1	0.2	2	0.5												
Prunus cf. *amygdalus*															1	0.2					2	0.6		
Prunus sp.			7	2.0			4	1.3			10	2.8			4	1.1			12	2.9	4	1.2	2	1.4
Quercus caducifolio	125	48.1	131	39.1	123	41.0	146	48.6	210	60.1	179	50.7	147	41.8	157	45.9	125	43.2	161	38.9	109	35.0	66	47.1
Quercus sp.	3	1.1	6	1.7	9	3.0	4	1.3	8	2.2	2	0.5	1	0.2	11	3.2	12	4.1	26	6.3	23	7.4	7	5.0
Rhus coriaria	1	0.3	1	0.3																				
Rosa sp.															5	1.4								
Rosaceae							1	0.3																
Salix sp.	43	16.5	11	3.2	2	0.6	9	3.0			27	7.6					1	0.3					4	2.8
Tilia sp.									1	0.2			1	0.2										
Ulmus sp.	3	1.1	3	0.9	2	0.6	1	0.3	7	2.0	1	0.2	2	0.5	1	0.2	2	0.6	3	0.7	1	0.3		
Indeterminables	11	4.2	25	7.4	20	6.6	3	1.0	10	2.8	13	3.6	23	6.5	40	11.7	23	7.9	31	7.5	34	10.9	9	6.4
Total	**260**	**100**	**335**	**100**	**300**	**100**	**300**	**100**	**349**	**100**	**353**	**100**	**351**	**100**	**342**	**100**	**289**	**100**	**413**	**100**	**311**	**100**	**140**	**100**

Cuadro 12: Frecuencias absolutas y relatives de los taxa en las muestras de carbón del yacimiento de Dispilió.
Table 12: Absolute and relative frequency of taxa in the charcoal assemblages at the site of Dispilio.

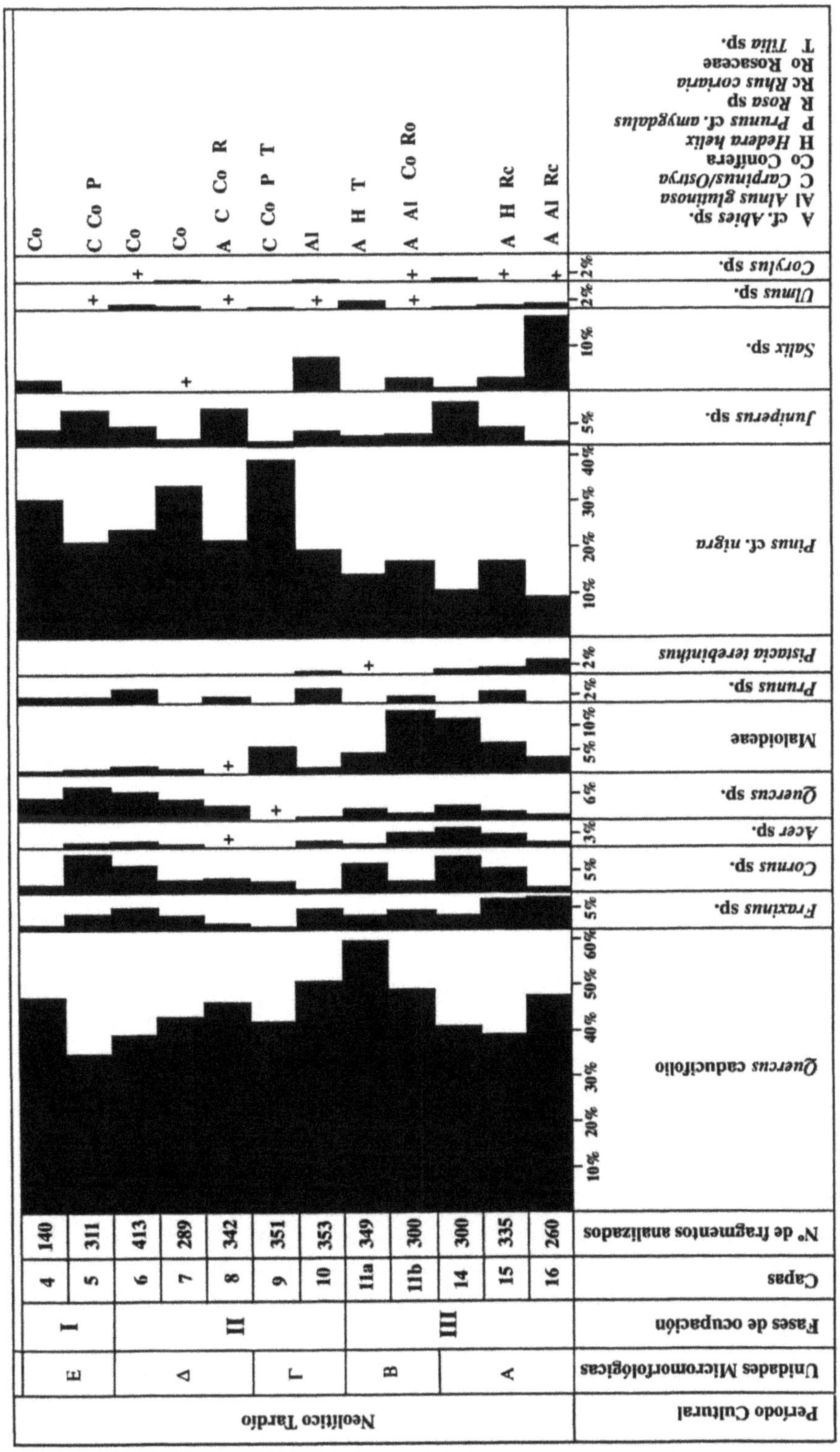

Fig. 46: El diagrama antracológico del yacimiento de Dispilió. Frecuencias relativas de los taxa en las muestras antracológicas de las sucesivas capas.

Fig. 46: Charcoal diagram from the site of Dispilio showing relative frequency of taxa in the charcoal assemblages from successive layers.

73. El entorno del yacimiento de Dispilio.
    El yacimiento se indica en la orilla del lago.
73. The surroundings of the site of Dispilio.
    The site is indicated by the lake side.

74. Postes de madera *in situ* en el yacimiento de Dispilio.
74. Wooden posts *in situ* at the site of Dispilio.

Capítulo 7

LA PALEOVEGETACIÓN EN EL ENTORNO DEL YACIMIENTO NEOLITICO DE MAKRI

7.1. El yacimiento: ubicación, clima y vegetación

El yacimiento de Makri se localiza en la parte oriental de Tracia (40° 52'N, 25° 62'E), a unos 10 km de la ciudad de Alexandroupoli (Fig. 31). Es un yacimiento costero ubicado en la cima de un acantilado, a 40 m sobre el nivel del mar, que domina la llanura circundante. Hacia el norte está el pueblo actual de Makri y toda la zona presenta un relieve suave de colinas de altitud media. Al sur, el Egeo riega la costa y desde el yacimiento se ve la isla de Samotracia. Al este se extiende el ancho valle aluvial (0 - 100 m de altitud) de Alexandroupolis que llega hasta el delta del río Evros (Maritsa). Al oeste el territorio más elevado (± 40 m) de acantilados pierde progresivamente altitud formando finalmente playas extensas de arenas y cantos.

La estructura tectónica de la zona está formada por una sucesión de "horst" y "graben" que sigue la alineación de un sistema de fallas paralelas a la costa (Efstratiou *et al.* 1998). La litología es mesozoica y pertenece a la serie superior e inferior de "Makri Unit", una unidad geológica local compuesta de rocas metamórficas (esquistos y quarzitas) y rocas carbonatadas. Puntualmente se encuentran metaconglomerados pertenecientes también a la serie inferior de "Makri Unit". En zonas muy localizadas afloran formaciones del Paleógeno, calizas bioclásticas y series piroclásticas. A lo largo de la costa predominan los depósitos aluviales cuaternarios (IGME 1977, 1982).

El yacimiento está ubicado sobre una plataforma ancha y ligeramente cóncava. Ésta corresponde a un depósito travertínico, una formación que se encuentra aisladamente en esta parte de la Tracia costera y que normalmente durante su desarrollo favorece el estancamiento de aguas. La plataforma se une a la línea de costa mediante un abrupto acantilado (Efstratiou *et al.* 1998).

La batimetría de la zona es de gradiente bajo, menos de 50 m hasta alcanzar el relieve de Samotracia. La isobata de los -100 m, de origen tectónico distinto, es paralela a la costa al sur de la isla (Efstratiou *et al.* 1998). En cuanto a la línea de costa, los estudios realizados en el mediterráneo oriental indican que para el 6000 BP el mar había adquirido más o menos los niveles actuales (Efstratiou *et al.* 1998, Lambeck 1996, van Andel y Shackleton 1982).

El clima de la zona es mediterráneo, con influencias continentales debido a los vientos del norte. Los inviernos son fríos; las temperaturas medias del mes de enero oscilan entre 0° y 5 °C. Los veranos son cálidos y las temperaturas medias del mes de julio se sitúan entre los 20 °C y 25 °C. El ombroclima es semiseco con precipitaciones medias anuales de alrededor a los 500 mm. El piso bioclimático es el mesomediterráneo. No obstante, la estrecha franja costera presenta puntualmente débiles características termomediterráneas en cuanto al número de días secos durante el periodo de sequía estival, que suelen ser más de 100 y menos de 125 (Forest Service 1989, Polunin 1980).

La vegetación de la zona costera donde se localiza el yacimiento, pertenece a las formaciones mesomediterráneas del *Quercion ilicis*. Las elevaciones cercanas a la costa se cubren de máquia alta dominada por perennifolios *Quercus coccifera*, *Quercus ilex*, *Phillyrea media*, *Arbutus unedo*, etc. La presencia de *Arbutus andrachne* en este contexto es más esporádica. Especies caducifolias como *Pistacia terebinthus* y *Pyrus amygdaliformis* son frecuentes también. El *Quercion ilicis* es el límite superior de *Olea europaea* y en la zona cercana al yacimiento se cultivan ocasionalmente olivos en los nichos más protegidos.

Hacia el interior a partir de los 200-300 m aproximadamente aparecen formaciones del *Ostryo-carpinion*. Formaciones suprameditérraneas de robles termófilos poco densas, comienzan a expandirse entre los 300 y 400 m ganando en densidad a mayor altitud y hacia el interior.

La vegetación natural del entorno del yacimiento está muy afectada por las actividades humanas. Parte del territorio está plantado de olivos y almendros u otros frutales, y en el resto de la llanura aluvial se cultivan intensivamente el algodón, el tabaco y los cereales. En las colinas que rodean el yacimiento la vegetación natural tiene forma arbustiva, densa, regenerando a veces a partir de tocones, lo cual evidencia intensivo pastoreo, tala y quema. El abandono de estas prácticas en parte, hace que la vegetación recupere su porte arbóreo. Este proceso natural se ha detenido en algunas zonas que se sometieron a un proyecto de reforestación con coníferas, concretamente *Pinus nigra*, por su valor económico y crecimiento rápido, o tal vez por el empobrecimiento del suelo que no permite la regeneración de otras especies. Estas plantaciones en cuanto a su composición son totalmente ajenas a la zona y es posible que alteren el entorno invadiendo terrenos abiertos o poco densos de vegetación natural forzándola a retroceder.

7.2. El yacimiento: la excavación y la secuencia cronológica - cultural

El proyecto de excavación en el yacimiento neolítico de Makri organizado y dirigido por el Museo Arqueológico de Komotiní y el Departamento de Prehistoria de la Universidad de Salónica se inició en el año 1988 y, de forma intermitente, siguió hasta el año 1996. La realización de este proyecto se integra en el fomento a la investigación sobre la prehistoria de Tracia durante la década de los 80. Entonces se publicó el yacimiento de Paradimi y se realizó la excavación de Proskinites pero pronto se hizo patente la falta de una excavación sistemática que aportaría información nueva sobre la secuencia cultural del Neolítico en Tracia, y sobre todo dataciones que la pudieran introducir en el marco cronológico del Neolítico de Grecia, así que estos fueron los objetivos principales de la excavación en el yacimiento de Makri. Asimismo, se planteó de nuevo el tema de la ausencia de fases anteriores al Neolítico Tardío y en Makri se veía la oportunidad de volver a tratarlo. Finalmente, con un equipo interdisciplinar en que participaban miembros de la Universitat de València, se intentaron analizar en todo lo posible aspectos de organización del asentamiento, economía, producción y medio ambiente.

La excavación extensiva y sistemática reveló un asentamiento neolítico del VI milenio con niveles intactos, restos arquitectónicos bien conservados y abundante material arqueológico (Lamina 20: 75, 76).

El tell, resultado de la acumulación de sucesivos niveles de ocupación, tiene 4 m de altura y cubre un área de 2000 m^2. Los depósitos prehistóricos están intactos solamente en la parte este del tell ya que la ocupación de época clásica, romana y bizantina en la parte oeste ha cortado los niveles anteriores. La excavación se centró en los niveles intactos y se excavaron 16 cuadrículas (5 m x 5 m) repartidas en la cima del tell, en las laderas y en la periferia. El depósito se excavó por capas artificiales de 10 cm aproximadamente y se han distinguido suelos de habitación y unidades delimitadas como silos, hogares, plataformas y enterramientos. La excavación no llegó al substrato natural en todas las cuadrículas dado que la conservación de restos arquitectónicos no permitió profundizar. Solamente dos cuadrículas en la parte central del tell y otras dos en la periferia llegaron a la roca madre. La secuencia estratigráfica total del yacimiento se obtuvo a partir de la cuadrícula Γ1, la más profunda y la que ha revelado los niveles más antiguos (Efstratiou *et al.* 1998).

A partir de la estratigrafía (Fig. 47), de 4 m aproximadamente, se han distinguido dos periodos de ocupación, un periodo más antiguo Makri I y uno más reciente Makri II separados entre sí por un nivel de incendio. El reconocimiento de dos periodos distintos lo afirma el estudio de la tipología cerámica. Cada uno de los dos periodos documenta varias fases de ocupación bien delimitadas mediante sucesivos suelos de habitación (Efstratiou *et al.* 1998).

El periodo más antiguo, Makri I, evidencia seis suelos sucesivos que posiblemente sean simples reconstrucciones de un mismo suelo de habitación y pertenezcan a una única fase de ocupación. Según el estudio sedimentológico, los niveles inferiores de Makri I son el resultado de deposición natural. Makri I ha dado una datación de 5618-5532 cal BC [GrN-20475: 6640±50 BP] y dos dataciones más de 5600-5448 cal BC y 5525-5479 [GrN-21266: 6580±40 BP, GrN-21267: 6560±30 BP] proceden del nivel de incendio. Aparentemente, la ocupación más antigua del tell es de duración corta (Efstratiou *et al.* 1998).

El periodo más reciente, Makri II, se divide en cuatro fases de ocupación que se han documentado en varias cuadrículas y en distintas partes del tell. El estudio sedimentológico ha documentado las mismas características en cada una de estas fases de ocupación y un posible *hiatus* entre las fases 2 y 3 (Efstratiou *et al.* 1998). De la fase 2 de ocupación del periodo Makri II procede una datación de 5470-5370 cal BC [OxA-9222, DEM-1139: 6430±55].

La secuencia estratigráfica en combinación con la excavación en horizontal ha demostrado que la ocupación no es homogénea ni sincrónica en todas las partes del tell. La parte central evidencia la ocupación más persistente desde el periodo Makri I.

Esta primera ocupación parece tener un carácter intermitente que la pondría en relación con la ocupación semi-sedentaria o periódica del First Temperate Neolithic de los Balcanes (McPherron y Srejovic 1988, 468, citado en Efstratiou *et al.* 1998). El periodo Makri II, y en particular las fases 2 y 3, documentan el desarrollo del asentamiento y la expansión del hábitat en la zona periférica del tell. La variación del área ocupada entre las distintas fases se atribuye a la gradual extensión de la parte construida. Los límites del asentamiento neolítico fuera del tell no están todavía claros, ya que varios cortes a una distancia mínima de 150 m de su centro, mostraron depósitos neolíticos estratificados (Efstratiou *et al.* 1998).

Los niveles de Makri II han revelado restos arquitectónicos bien conservados, de manera que podemos hablar de técnicas de construcción con postes, entramado de madera y enlucido de barro. Hileras de agujeros de postes, fragmentos de adobe con improntas de ramas e incluso la parte inferior de paredes, son hallazgos frecuentes siempre en relación a suelos de tierra batida bien delimitados. Son frecuentes las estructuras de barro, plataformas y silos, aunque no es siempre fácil de identificar su función o ubicación en zonas interiores o exteriores. En la parte central del yacimiento se ha descubierto una zona, denominada "*complex area*", con una plataforma, varios silos y vasijas de barro sin cocer clavados en el suelo de tierra batida y todo esto rodeado de una estructura de postes. La funcionalidad que se le atribuye es la de una zona de almacenamiento comunal. Finalmente, un muro de piedra rodea el asentamiento o parte de éste durante el periodo Makri II (Efstratiou *et al.* 1998).

El estudio de la cerámica concluye hacia un conjunto que presenta uniformidad a lo largo de toda la secuencia. No obstante, la variabilidad documentada en algunos elementos corrobora la distinción de dos periodos de ocupación (Makri I, Makri II) bien diferenciados. La cerámica generalmente es negra, marrón o rojiza bruñida. Las formas del periodo más antiguo son mayoritariamente abiertas poco profundas y cónicas, mientras que las formas cerradas están menos representadas y tienen la parte superior vuelta o vertical. Algunas formas tienen pies cortos, las bases son principalmente planas y las asas son poco frecuentes. El estudio de la tipología cerámica de Makri I documenta características que no se han encontrado en otros yacimientos de Tracia. El periodo Makri II cuenta con algunas características nuevas que aparecen progresivamente: formas carenadas abiertas y cerradas, platos de bordes gruesos, vasos con pies cilíndricos altos, asas con forma de cuernos, decoración acanalada, vasos de pedestal con decoración incisa, decoración black-topped y red-topped. El análisis tecnológico de la cerámica documenta un nivel alto de técnicas de fabricación. La experimentación en relación a la cerámica neolítica muestra un nivel de especialización detectado en la estandarización de formas y una producción *in situ* reducida y no constante, no obstante el debate sobre estos temas queda abierto. Las características de la cerámica de Makri II tienen sus paralelos en otros yacimientos de Tracia y Macedonia (Efstratiou *et al* 1998).

Las figuritas antropomorfas y de animales, a pesar de un repertorio general de tradición de los Balcanes, parecen indican una tradición distinta de Tracia costera (Grecia - Paradimi, Makri y Turquía - Hoça Çesme). Una rara representación son dos figuritas hermafroditas; un hallazgo excepcional, desgraciadamente fuera de contexto, es una cabeza de figurita típica de Haçilar VI-I (Efstratiou 1996).

Se encontraron tres enterramientos debajo de un suelo de habitación. Los cuerpos se habían depositado en hoyos poco profundos, en posición contraida con las manos cerca de la cara y una piedra sobre el cuello (Aggelarakis y Efstratiou 1996, Efstratiou 1996).

La industria lítica esta realizada principalmente sobre materiales locales e incluye lascas, láminas y laminitas con retoque, raspadores, dientes de hoz y denticulados. El uso de materiales locales, la abundancia de restos de talla y el pequeño porcentaje de útiles de materiales exóticos indican una producción local donde intervienen productos extra locales como resultado de una red de comunicaciones y interacciones no claramente definidas en el nivel que actualmente está la investigación (Efstratiou *et al.*1998).

La indústria ósea documenta la producción local de útiles pensados para el trabajo de la piel y útiles cortantes posiblemente para el trabajo de madera (Efstratiou *et al.* 1998)

El estudio de la fauna ha detectado las características de un asentamiento plenamente neolítico donde predominan los ovicapridos aprovechados, tanto para la carne como para la leche o lana. Los bóvidos están menos representados y su contribución en la economía del asentamiento era la producción de carne aunque también hay evidencia de su uso como fuerza de tracción o carga. Los suidos poco representados se usaban solamente para la carne como demuestra el patrón de sacrificio. Actividades depredadoras como la caza, la pesca y el marisqueo se evidencian mediante restos de gamo, ciervo, jabalí, aves acuáticas, peces y moluscos. No obstante, la proporción de estos restos en relación con los domésticos demuestra la dependencia de los animales domésticos (Efstratiou *et al.* 1998).

El estudio carpológico documenta el cultivo de *Triticum monococcum*, *Triticum dicoccum*, *Triticum* cf. *aestivum* y en menor medida *Hordeum distichon* y *Hordeum vulgare*. Los cereales dominan sobre las legumbres representadas por *Lens* sp., *Vicia ervilia*, *Lathyrus sativus* L./*L. cicera* L., *Pisum sativum* y posiblemente *Vicia faba*. Se han identificado frutos, semillas o cotiledones, de bellotas, higos, almendras, cornicabras, saúcos, uvas, cornejos, posiblemente un aporte complementario a la dieta. El lino está muy poco representado y finalmente se han identificado varias especies silvestres de distintos hábitats (acuático, litoral, campos de cultivo) (Efstratiou *et al.* 1998).

En cuanto al medio natural, la propia plataforma travertínica que forma el substrato natural del tell y sus alrededores podría indicar la existencia de zonas de aguas estancadas como resultado de las fases de formación de los travertinos. Corroboran ésta hipótesis los restos de plantas y aves acuáticas encontradas en el yacimiento (Efstratiou *et al.* 1998).

Concluyendo, Makri es un asentamiento típicamente neolítico con rasgos culturales bien definidos y bastante homogéneos a lo largo de toda la secuencia. Los dos periodos culturales de Makri (Makri I y II), de acuerdo con las fechas radiocarbonicas y las características de la tipología cerámica, se sitúan entre la segunda mitad del VI milenio y el comienzo del V milenio BC. La secuencia cultural se adscribe al Neolítico Medio - Neolítico Tardío (Andreou *et al.* 1996). El periodo Makri I se diferencia de lo que se conoce de otros yacimientos de Macedonia oriental y Tracia. Es la primera vez que se distinguen estos caracteres diferenciales en Tracia y podrían corresponder a una ocupación del Neolítico Antiguo en la zona, aunque hacen falta más dataciones de los niveles más antiguos. Esta primera fase de ocupación presenta los rasgos de la tradición local de "Paradimi culture" que evoluciona y se generaliza durante el periodo Makri II. Dentro del ámbito de los Balcanes este periodo más reciente se integra en la tradición cerámica monocroma negra bruñida de Vinca A y es contemporánea cronológicamente y tal vez culturalmente de Sitagroi I - II, Paradimi I - II en Grecia, Karanovo III - Veselinovo en Bulgaria, Hoça Çesme e Ilipinar IV en Turquía (Demoule y Perlès 1993, Efstratiou *et al.* 1998).

7.3. El estudio antracológico en el yacimiento neolítico de Makri

En el yacimiento neolítico de Makri se han aplicado varias disciplinas complementarias en la investigación prehistórica con la finalidad de recoger cuantos más datos posibles en relación con el hábitat y las actividades humanas neolíticas. La Antracología fue una de las disciplinas que utilizadas en el estudio del yacimiento neolítico y, desde el principio, en su aplicación se han mantenido dos objetivos claros, definidos por las características del propio yacimiento: por un lado, conocer el medio vegetal alrededor del hábitat neolítico a través del carbón disperso en los niveles prehistóricos excavados y por otro lado, obtener información etnobotánica sobre el uso de la madera en la construcción.

Respecto a esas dos líneas de investigación, en el yacimiento hemos podido recoger muestras del carbón disperso en una zona del yacimiento que se ha considerado exterior, es decir, fuera de cualquier estructura de habitación y donde, posiblemente, se han depositado los residuos de hogares paralelamente a la formación de los depósitos prehistóricos. En cuanto a la madera de construcción, se ha detectado un nivel de incendio donde hay claramente visibles restos de madera carbonizada procedentes de la estructura. Junto a esto, una de las características más importantes del yacimiento neolítico de Makri es la conservación, en muy buen estado, de estructuras, suelos y paredes de habitaciones. En general, se ha evidenciado la gran importancia del uso de la madera en las técnicas de construcción en toda la secuencia lo que, dejando aparte la simple identificación de las especies vegetales como materia prima, es un reflejo más del uso del entorno vegetal según las necesidades predominantes, por parte de la comunidad neolítica.

El método antracológico no se aplicó en el yacimiento desde el inicio de la excavación y esto ha sido un *handicap* para el muestreo amplio y completo de toda la secuencia. Así, el muestreo se llevó a cabo en las campañas del 1993 y 1995 cuando ya se había excavado la mayoría de los depósitos adscritos al periodo cultural más reciente, Makri II. No obstante, en el curso de la excavación durante estos años hemos podido recoger muestras de los depósitos del periodo cultural más antiguo del yacimiento, Makri I, y también parcialmente de los niveles superiores del periodo Makri II. Sin embargo, el muestreo es incompleto ya que faltan los niveles de la secuencia que pertenecen a las fases de ocupación más antiguas del periodo Makri II.

La recogida de carbón, también se llevó a cabo en la parte del yacimiento caracterizada como periferia. Según el estudio de la secuencia y la tipología cerámica, los depósitos excavados forman parte del periodo Makri II. El carbón se ha estudiado pero de momento no nos parece prudente incluir los resultados en el diagrama antracológico dado que nos faltan todavía dataciones y correlaciones claras con la secuencia establecida a partir de la excavación del propio tell. Presentaremos estos resultados separadamente.

La recogida del carbón se realizó con tamizado en seco de la tierra de cada una de las capas artificiales excavadas que no eran especialmente ricas en carbón. Se utilizaron tamices de 4 mm de apertura de malla.

7.3.1. Los resultados antracológicos del carbón disperso

En el yacimiento de Makri se han analizado 1939 fragmentos de las muestras antracológicas de carbón disperso procedentes de la secuencia principal del tell y se han identificado 21 taxa y uno que ha permanecido Indeterminado (Cuadro 13). La lista vegetal de Makri consiste por orden alfabético de: *Acer* sp. (arce), Conífera, *Cornus* sp. (cornejo), *Ficus carica* (higuera), *Fraxinus* sp. (fresno), *Juglans regia* (nogal), *Juniperus* sp. (enebro), Leguminosae, Maloideae, *Paliurus spina-christi* (espinas de Cristo), *Phillyrea-Rhamnus* (labiérnago-aladierno), *Pistacia terebinthus* (cornicabra), *Prunus* sp., Rosaceae, *Quercus* caducifolio (roble), *Quercus* sp., *Salix-Populus* (sáuce-álamo), *Taxus baccata* (tejo), *Tilia* sp. (tilo), *Ulmus* sp. (olmo) y *Vitis vinifera* var. *sylvestris* (viña).

La lista vegetal de Makri sería más rica si tuviesemos en cuenta aquellos casos de géneros que podrían estar representados por más de una especie. Así *Quercus* caducifolio, puede incluir las especies *Q. pubescens*, *Q. frainetto*, *Q. cerris* y *Q. dalechampii* todos ellos incluidos actualmente en los robledales, predominantes en Tracia a partir de los 250 m de altitud aproximadamente.

El género *Prunus* podría estar representado por *P. spinosa* y *P. mahaleb* y también hemos incluido algunos fragmentos que atribuimos a la especie *Prunus amygdalus*.

Maloideae es una gran subfamilia de las Rosaceae con varias especies y géneros difícilmente distinguidos entre ellos por su anatomía. En las muestras de Makri creemos tener representados *Crataegus*, *Pyrus* y *Sorbus* pero careciendo de criterios claros para distinguir entre ellos los incluimos bajo el nombre de subfamilia.

Las angiospermas están representadas en la lista taxonómica de Makri por 15 familias incluyendo varios géneros y especies todos ellos caducifolios excepto *Phillyrea-Rhamnus*. En este caso están representadas dos familias diferentes pero la diferenciación anatómica entre los dos géneros no es posible, así que debemos especificar que el género *Phillyrea* y las especies *Rhamnus alaternus*, *R. lycioides* son peremnifolios mediterráneos mientras que *Rhamnus alpinus* y *R. sibthorpianus* son especies caducifolias de montaña. En Makri pensamos que el carbón pertenece al género *Phillyrea* dada la importancia de *Phillyrea media* en las formaciones vegetales actuales en el entorno de Makri y de la Grecia mediterránea en general.

Las coníferas están poco representadas en Makri y cuentan tan solo con la presencia de *Juniperus* sp. y *Taxus baccata*.

El carbón de cada capa artificial excavada se analizó por separado. No obstante, debido a la escasez de carbón nos hemos visto obligados a unir los efectivos de algunas capas de un mismo nivel arqueológico para poder realizar el recuento de los taxa; es el caso de las capas 32 y 34 igual que 27 y 28. La capa 26 cuenta tan solo con 120 fragmentos de carbón analizados. Las demás capas 29, Σ2 y Σ1 proporcionaron más riqueza de carbón.

En las capas 32-34 se analizaron 136 fragmentos de carbón y se identificaron 12 taxa (Cuadro 13, Fig. 48). El taxon dominante es *Quercus* caducifolio (25,74%). Con bastante diferencia en los valores le sigue *Ficus carica* (14,71%). Próximos a éste y con valores iguales (12,5%) se presentan *Fraxinus* sp. y *Pistacia terebinthus*. *Prunus* sp. está bien representado (10,29%) igual que Maloideae (6,62%). Los demás taxa tienen valores alrededor al 1%. *Juniperus* sp., *Acer* sp., *Vitis vinifera* var. *sylvestris* y *Quercus* sp. 1,47%; *Cornus* sp. y Rosaceae 0,74%.

La capa 29 incluye 401 fragmentos de carbón analizados y 14 taxa identificados (Cuadro 13, Fig. 48). El taxon dominante es *Ficus carica* (32,92%) y le sigue con bastante diferencia en los valores *Quercus* caducifolio (26,43%). *Fraxinus* sp. y *Pistacia terebinthus* tienen porcentajes iguales (8,48%). Maloideae le sigue con 7,73% y *Prunus* sp. se ve muy reducido en relación con el espectro anterior, siendo su valor de 2%. Los demás taxa tienen frecuencias bajas inferiores al 1%. *Cornus* sp. 0,75%, *Acer* sp. y *Ulmus* sp. 0,50%, Leguminosae, Rosaceae, *Vitis vinifera* var. *sylvestris*, *Paliurus spina-christi* e Indeterminada 1 0,25%.

En las capas 27-28 se han analizado 371 fragmentos de carbón y se han identificado 13 taxa (Cuadro 13, Fig. 48). El taxon dominante es *Quercus* caducifolio (30,73%). *Fraxinus* sp. y *Pistacia terebinthus* siguen con valores muy próximos, 15,36% y 14,82% respectivamente. Maloideae está muy bien representado (13,21%) respecto a los espectros anteriores. *Ficus carica* alcanza el 11,86%. *Prunus* sp. tiene un porcentaje muy bajo (1,08%) igual que *Ulmus* sp. Los demás taxa tienen frecuencias inferiores al 1%. *Acer* sp., *Cornus* sp. y *Juniperus* sp. 0,81%, *Taxus baccata* y *Quercus* sp. 0,54% y Conífera 0,27%.

En la capa 26, la más reciente del periodo cultural Makri I, se analizaron 120 fragmentos de carbón y se identificaron 9 taxa (Cuadro 13, Fig. 48). El taxon predominante es *Quercus* caducifolio (33,33%) y le sigue con pequeña diferencia *Fraxinus* sp. (28,33%). Este taxon ha ascendido considerablemente (13%) respecto a la capa anterior. Los demás taxa tienen valores bastante más bajos que los taxa principales. Así, la frecuencia de *Ficus carica* se establece al 10%, de Maloideae al 8,33% y de *Pistacia terebinthus* al 7,5%. *Juniperus* sp. alcanza el 1,67% y *Quercus* sp. el 3,33%. *Prunus* sp. y *Cornus* sp. tienen valores iguales y bajos (0,83%).

En la capa Σ2 se han analizado 507 fragmentos de carbón y se han identificado 13 taxa (Cuadro 13, Fig. 48). El taxon dominante es *Fraxinus* sp. (35,50%) pero con poca diferencia del siguiente *Quercus* caducifolio (32,74%). Maloideae tiene valor alto (11,64%). *Ficus carica* esta mucho menos representado (2,175) que en las capas anteriores igual que *Pistacia terebinthus* (3,75%). *Juniperus* sp. tiene un valor de 2,37%, *Quercus* sp. 2,96% y *Cornus* sp. 1,58%. Los demás taxa están representados con frecuencias muy bajas; *Acer* sp. 0,79%, *Phillyrea-Rhamnus* 0,39%, *Prunus* sp. 0,59%, *Salix-Populus* y *Ulmus* sp. 0,20%.

En la capa Σ1 se han analizado 404 fragmentos de carbón y se han identificado 14 taxa (Cuadro 13, Fig. 48). El taxon dominante es *Fraxinus* sp. (40,84%). *Quercus* caducifolio le sigue con una frecuencia de 36,63%. Todos los demás taxa tienen frecuencias muy bajas; *Quercus* sp. 3,47%, Maloideae 2,23%, *Ficus carica* 1,24%, *Pistacia terebinthus* 2,72%, *Cornus* sp. 1,49%, *Juniperus* sp. 1,73% y *Acer* sp. 2,23%. Los demás taxa están representados con valores inferiores al 1%; *Paliurus spina-christi* 0,5% y *Juglans regia*, *Prunus* sp., *Tilia* sp. y Leguminosae 0,25%.

7.3.2. El diagrama antracológico del yacimiento neolítico de Makri

Los datos obtenidos en el análisis de carbón del yacimiento neolítico de Makri se han representado en un diagrama antracológico (Fig. 48). Cada una de las capas analizadas representa un espectro del diagrama en el cual quedan reflejadas las frecuencias relativas de cada uno de los taxa.

Los espectros antracológicos mantienen el orden estratigráfico en el yacimiento; así de base a techo, los cuatro primeros pertenecen al periodo cultural más antiguo Makri I y los dos superiores al periodo Makri II, concretamente al depósito entre las fases de ocupación 2 y 3. El *hiatus* que se observa en el diagrama antracológico entre los periodos Makri I y Makri II no se ha observado en la secuencia estratigráfica, es la consecuencia de la falta de recogida de muestras antracológicas de los niveles iniciales de Makri II.

Las dataciones del yacimiento neolítico de Makri proceden del periodo Makri I y del nivel de incendio que separa Makri I de Makri II y de la fase 2 de ocupación de Makri II. La capa 29 de Makri I se ha datado por ^{14}C en 5618-5532 cal BC. La capa Σ1 de Makri II se ha datado en 5470-5370 cal BC.

La representación de los taxa y de sus frecuencias relativas en cada uno de los espectros permite observar su desarrollo y la dinámica de la vegetación a lo largo de la secuencia. La comparación cuantitativa y cualitativa entre los espectros ofrece la imagen diacrónica de la vegetación circundante. La interpretación ecológica se extrae a través de las tendencias que manifiesta la composición de los espectros globalmente.

Los espectros del diagrama antracológico de Makri presentan un número de taxa entre nueve y catorce. Siete de ellos mantienen una presencia continua en todos los espectros: *Quercus* caducifolio, *Fraxinus* sp., *Ficus carica*,

Pistacia terebinthus, Prunus sp., Maloideae y *Cornus* sp. Diacronicamente, no se documentan grandes diferencias ni sustituciones de unos taxa por otros pero sí fluctuaciones en las frecuencias de ellos.

En cuanto a los porcentajes, la observación general es el dominio de *Quercus* caducifolio y *Fraxinus* sp.

Quercus caducifolio tiende a ascender a lo largo de toda la secuencia, alcanzando su valor máximo, 36,63% en el espectro más reciente. *Fraxinus* sp. presenta la misma tendencia. Salvo en el espectro 29 que desciende, en los demás espectros sus frecuencias aumentan. Está tendencia culmina en los dos espectros superiores pertenecientes al periodo cultural Makri II. *Fraxinus* sp. supera *Quercus* caducifolio y se convierte en el taxon dominante en ambos espectros.

Los demás taxa más constantes presentan valores variados que en algún caso llegan a sobrepasar las frecuencias de los taxa prevalecientes. Así, *Ficus carica* es el segundo taxon más frecuente en el espectro 32-34 y el dominante en el espectro 29. A partir de ahí tiende a disminuir y su representación porcentual es muy débil en los dos espectros superiores.

Maloideae cuenta con valores que aumentan a lo largo de toda la secuencia y tan solo en el espectro más superficial bajan considerablemente respecto a los anteriores.

Cornus sp. cuenta con presencia y valores estables a lo largo de toda la secuencia.

Acer sp. está presente en la mayoría de los espectros con porcentajes débiles pero estables.

Pistacia terebinthus está bien representada en los espectros de Makri I con valores que oscilan entre el 12% y el 15% aproximadamente, pero decrece en los dos espectros superiores.

Prunus sp., en el diagrama antracológico de Makri, está bien representado tan solo en el espectro más antiguo, 32-34, y a partir de ahí sus frecuencias son muy débiles.

Juniperus sp. aparece en todos los espectros del diagrama salvo en el 29. Sus valores son bajos pero tienden a ascender ligeramente.

Los demás taxa están presentes ocasionalmente en algunos de los espectros.

El diagrama antracológico de Makri se caracteriza por el predominio total de los taxa caducifolios y entre ellos la constante y alta representación de *Quercus* y *Fraxinus* sp. Las formaciones dominantes en el entorno del yacimiento debieron ser los bosques caducifolios compuestos principalmente de robles junto a otros caducifolios como fresnos, cornejos, arces, serbales, etc.

Los robledales prehistóricos en Makri probablemente estuvieron compuestos por varias especies de robles; hoy en día, *Quercus pubescens, Q. cerris, Q. fraintetto* y *Q. dalechampii* participan en las formaciones caducifolias de Tracia. Actualmente los robledales son las formaciones predominantes en las zonas de Tracia que menos han sufrido la intervención humana. *Quercus* caducifolio es el taxon mejor representado en los diagramas polínicos del norte de Grecia desde el inicio del Holoceno y se asocia a la expansión de los bosques caducifolios favorecidos por el óptimo climático (Bottema 1974, Willis 1994a y b).

Fraxinus sp. puede incluir las especies *Fraxinus ornus* y *Fraxinus angustifolia*. La primera es un componente importante de los bosques mixtos caducifolios o frecuentemente participa en formaciones arbustivas más abiertas. La segunda crece en las zonas húmedas de los bosques caducifolios y en los valles de ríos.

Cornus sp. y *Acer* sp. pertenecerían a los bosques caducifolios. Los cornejos formarían parte del piso arbustivo del robledal o crecerían en los lindes del bosque. En cuanto a los arces, varias especies podrían participar en las formaciones caducifolias tales como, *Acer campestre, A. obtusatum, A. monspessulanum. Tilia y Taxus baccata,* ambos taxa templados, crecerían esporádicamente en los bosques caducifolios posiblemente en zonas de mayor humedad y cercanas a cursos de agua.

El rasgo particular de las formaciones caducifolias representadas en el diagrama antracológico del yacimiento neolítico de Makri son los componentes heliófilos representados por *Pistacia terebinthus, Pyrus* sp., *Juniperus* sp., *Paliurus spina-cristi, Prunus* sp. y posiblemente *Prunus* cf. *amygdalus*. Todos estos géneros y especies caducifolios ocupan espacios de vegetación abierta, dado que la influencia del sol es importante para su crecimiento.

Actualmente, *Pistacia terebinthus* es un componente importante en las formaciones arbustivas mesomediterráneas de Tracia junto a especies perennifolias. *Juniperus*, principalmente *J. oxycedrus*, coloniza zonas abiertas o degradadas en las altitudes bajas y medias. Junto a *Prunus spinosa, Pyrus amygdaliformis* y *Palirus spina-cristi*, crece en claros de los bosques, en formaciones arbustivas y abiertas.

Las zonas más húmedas de los bosques caducifolios y la vegetación cercana a los cursos de agua se representan en el diagrama antracológico de Makri por *Ulmus* sp., *Vitis vinifera* var. *sylvestris, Salix-Populus* y *Juglans regia.*

Ulmus sp. incluye varias especies que participan en formaciones caducifolias y bosques de montaña en las zonas cercanas a cursos de agua. *Salix* y *Populus* se relacionan a la existencia de cursos de agua en el entorno del hábitat neolítico.

En anatomía vegetal no se puede diferenciar entre la vid silvestre y la cultivada. En el caso de Makri hemos optado por la planta silvestre principalmente en virtud del contexto cronológico y la evidencia carpológica que no ha confirmado la presencia de semillas de vid domesticada. *Vitis* en su forma espontánea es una liana frecuentemente encontrada a lo largo de los cursos fluviales en los bosques del norte de Grecia donde crece hasta los 400 m de altitud y ocasionalmente hasta los 800 m. En los diagramas polínicos del norte de Grecia la viña silvestre está presente desde el comienzo del Holoceno y se asocia a bosques de ribera (Bottema 1982, Bottema y Woldring 1990).

Juglans regia es una especie problemática ya que aparece tarde en los diagramas polínicos de Grecia, hacia el 3500 BP aproximadamente. Sin embargo se ha documentado la presencia de *Juglans* durante el Tardiglaciar en secuencias polínicas de los Balcanes, concretamente en Slovenia y en el Mar Negro. Siendo una especie de poca producción de polen y pobres mecanismos de dispersión, podría haber existido en pequeños grupos en los refugios de vegetación en la región balcánica, pasando así desapercibida en el registro polínico (Willis 1994b). Su presencia tardía se ha relacionado a la actividad antrópica que favoreció la proliferación de la especie por el valor nutritivo de sus frutos, o por producir cambios ambientales que facilitaron la expansión de la especie (Bottema 1982). No obstante, es posible que sea una especie originaria de los Balcanes creciendo en el fondo de barrancos sobre suelos profundos como en la actualidad (Polunin 1980). Pensamos que la hemos identificado en las muestras de Makri; su presencia es puntual reflejando su escasez en el medio.

Ficus carica es un taxon muy abundante en el diagrama de Makri sobre todo en los espectros pertenecientes al periodo cultural Makri I. La higuera crece espontánea en la región Mediterránea desde el nivel del mar hasta los 1000 m de altitud. Esta especie caducifolia resiste bien la sequía estival igual que los inviernos fríos y crece en barrancos, cursos de agua, en malezas y zonas rocosas, incluso en grietas de las rocas. Es dudoso si la especie es originaria de Europa pero es probable que lo sea de Grecia, como lo demuestran los restos de Makri. En el territorio de Makri, actualmente, estos árboles son muy abundantes y en la prehistoria tal vez crecieran en la zona de los acantilados sobre el mar.

En el yacimiento neolítico de Makri se ha usado la higuera como leña, a pesar de ser mal combustible sobre todo recién cortada la madera. Los valores que adquiere la higuera en el espectro 29 del diagrama de Makri son excesivamente altos. Quizás la especie jugase un papel importante en las formaciones rupícolas pero es difícil interpretar sus altos valores exclusivamente en términos ecológicos. En estudios etnográficos en Marruecos se ha comprobado en un pueblo el uso de la leña de higuera en los fuegos para cocer la cerámica. La madera de la higuera no se usa habitualmente pero este uso concreto y aislado se justifica por quemar lentamente y bien cuando la madera está seca (Peña-Chocarro *et al.* 2000). Este ejemplo nos podría servir como referencia para tener en cuenta a la hora de interpretar actividades puntuales relacionadas con usos específicos. Estas pueden quedar reflejadas en el registro antracológico sin tener una interpretación puramente ecológica. Algo similar hemos observado en el estudio antracológico de Sarakini en algunos muestras de basureros que documentaban las características de los hogares en cuanto a la representación casual del último combustible. Los paralelos etnográficos no se pueden extrapolar a la prehistoria directamente; simplemente, lo que queríamos apuntar es la posibilidad de tener reflejada en el yacimiento de Makri una actividad puntual, cualquiera que esta fuese.

Las frecuencias de la higuera son muy bajas en los espectros del periodo cultural Makri II, al contrario que en Makri I. El *hiatus* antracológico entre Makri I y Makri II dificulta la interpretación de estas diferencias. No obstante, podríamos considerar la posibilidad de algún tipo de protección hacia estos árboles por sus frutos nutritivos. Semillas de higos y frutos carbonizados están presentes en las muestras carpológicas de Makri II (Efstratiou *et al.* 1998).

Finalmente, hay que mencionar la presencia puntual de *Phillyrea-Rhamnus*. *Phillyrea* se asocia a formaciones perennifolias que sustituyen las caducifolias en procesos de degradación. No obstante, el papel que juega en las formaciones holocenas podría ser más variado. El estudio antracológico de la secuencia mesolítica en una cueva en la isla de Youra, (Espóradas, Egeo norte), documenta el papel dominante del taxon en las formaciones perennifolias desde el comienzo del Holoceno (Ntinou inédito). En las costas e islas de Dalmatia los diagramas polínicos documentan su presencia junto a otros caducifolios y perennifolios desde el 8000 BP y no la relacionan a facies de degradación, sino al desarrollo de formaciones eu-mediterráneas debido a la mejoría climática (Beug 1975, Brande 1989, Jahns 1990). En el diagrama antracológico de Makri aparece solamente en un espectro y sus valores son muy bajos; tan solo nos informan de la existencia esporádica de este taxon perennifolio en el entorno.

A partir del diagrama antracológico de Makri observamos la existencia de tres formaciones principales, todas caducifolias:

- los robledales mediterráneos compuestos por otros taxa mesófilos y templados como ornos, fresnos, arces, tilos, cornejos, serbales etc.,

- las formaciones caducifolias abiertas ricas en especies heliófilas arbustivas tales como cornicabras, perales silvestres, prunos, almendros etc. Los enebros participarían en estas formaciones. Las higueras por sus características ecológicas también podrían pertenecer a estas formaciones sobre suelos pobres o rocosos. *Phillyrea-Rhamnus*, el único taxon perennifolio identificado en Makri, tal vez, creciese en relación a estas formaciones mediterráneas abiertas, cercanas a la costa,

- las formaciones de ribera y suelos húmedos, representadas débilmente en el diagrama antracológico de Makri.

El entorno del yacimiento se dominaría por las formaciones caducifolias principalmente compuestas de robles. La presencia de taxa heliófilos manifiesta el carácter abierto de estos bosques caducifolios. Las formaciones vegetales presentarían diferenciación en la densidad y composición, tal vez, con relación a la exposición y a la influencia del mar. Las zonas costeras y las laderas en contacto directo con los vientos marinos del Egeo comprenderían formaciones caducifolias más abiertas y las especies heliófilas jugarían un papel importante en la composición. A partir de las primeras elevaciones cercanas al yacimiento, entre los 100 y 300 m de altitud, el robledal se cerraría más enriqueciéndose con especies templadas de robles y de otros caducifolios.

Los taxa identificados en el yacimiento de Makri y sus valores a lo largo de la secuencia indican la persistencia de las formaciones caducifolias que probablemente fuesen las climácicas de la zona desarrollándose bajo condiciones de tipo mesomediterráneo seco o subhúmedo.

El medio vegetal prehistórico parece mantener cierta estabilidad a lo largo de toda la secuencia. No obstante, se observan tendencias en los valores de los taxa y en la representación de las formaciones que permiten diferenciar dos zonas antracológicas distintas que coinciden con los dos periodos culturales de la secuencia.

De este modo, una primera zona antracológica, la más antigua, se caracteriza por el dominio de los robledales y la alta representación de las formaciones heliófilas. La segunda fase antracológica se caracteriza por el descenso de los taxa heliófilas, excepto quizás *Juniperus* sp. y el predominio de *Fraxinus* sp., aunque *Quercus* caducifolio también asciende.

La falta de muestras de los niveles más antiguos de Makri II deja un vacío en la interpretación, pero las características de la segunda fase se manifiestan como tendencias ya desde los espectros anteriores. Asimismo *Fraxinus* dobla su porcentaje ya en el espectro 26. La importancia que adquiere se podría interpretar como:

a) un cambio en la vegetación. El constante uso del robledal como leña, madera de construcción, forraje, etc., tendría como resultado la apertura del bosque. Esto favorecería la proliferación de los ornos que son más heliófilos que los robles y más competitivos porque crecen más rápido. El orno frecuententemente prolifera en malezas, setos y bosques claros. El ascenso de *Fraxinus ornus* en diagramas polínicos de Dalmatia y Hungria se ha relacionado con facies de alteración de las formaciones por la actividad antrópica (Brande 1989, Willis *et al.* 1998). Los diagramas polínicos del mediterráneo oriental manifiestan el ascenso de *Fraxinus ornus* a partir del 3400 BP y los autores lo atribuyen a algún tipo de arboricultura de la especie por su valor económico (Bottema y Woldring 1990),

b) una ampliación hacia el uso de nuevas zonas. En el yacimiento y sus alrededores se han observado formaciones de travertinos debidas al encharcamiento. Cercanas a estas zonas encharcadas se encontrarían formaciones compuestas por especies que prefieren suelos húmedos y, entre ellas, serían abundantes los fresnos posiblemente la especie *Fraxinus angustifolia*,

c) una sobrerrepresentación de madera de construcción, resultado de selección, que distorsiona la imagen de la vegetación. En todo caso, durante la excavación de estos niveles superiores, no se identificó nada parecido a un nivel de incendio donde se conservarían los restos de madera de construcción.

La imagen de la vegetación que se obtiene a través del diagrama antracológico de Makri parece indicar una situación contraria a lo que se observa en los estudios antracológicos de otros yacimientos en España y Francia mediterránea. Allí la historia la vegetación se caracteriza por la sustitución de los caducifolios por perennifolios o de las formaciones perennifolias por garrigas degradadas resultado todo ello de la intensificación de la actividad antrópica a partir de los primeros 500 años de ocupación neolítica (Badal *et al.* 1994, 1995, Heinz 1991). Sin embargo, en Makri, las formaciones caducifolias perduran y están mejor representadas en las fases de ocupación más recientes. Esta observación ¿refleja realmente un cambio de las formaciones que se hacen más densas a detrimento de las abiertas o es tal vez, un reflejo de la gestión del entorno por parte de los grupos neolíticos?

El periodo cultural Makri I tiene una duración corta y en ese tiempo el territorio de Makri es ocupado por primera vez y posiblemente de una forma intermitente (Efstratiou *et al.* 1998). Durante esta ocupación incipiente las formaciones abiertas fueron muy frecuentadas y usadas tal vez por ser más cercanas y fáciles de aclarar con el propósito de obtener espacio para las primeras estructuras o campos. No obstante, el robledal, siendo la formación dominante proporcionó la mayoría del combustible.

Los datos arqueológicos documentan la intensificación de la ocupación a partir del periodo cultural Makri II. El asentamiento se amplia y se habita continuamente. La duración exacta de la ocupación del asentamiento, de momento no se puede precisar puesto que no disponemos de dataciones de las fases de ocupación más recientes. El tiempo comprendido entre la capa 29 y Σ1 a partir de las dataciones disponibles podría indicar una ocupación aproximada de 100 a 300 años. Durante este tiempo de ocupación lo que se observa, a pesar del establecimiento de una comunidad plenamente neolítica, es la persistencia de la formaciones caducifolias.

Las especies heliófilas, bien reflejadas al inicio de la ocupación de la zona, pierden importancia posteriormente mientras que los robles y *Fraxinus* sp. son más abundantes. Posiblemente no sea esto el resultado de la desaparición de los primeros del medio, sino de la mayor organización y estructuración de las actividades humanas. El aumento en las frecuencias de robles y *Fraxinus* podría indicar la ejecución de la recogida de leña, ya no como una actividad oportunista, sino una tarea organizada integrada en el ciclo agrícola de la comunidad. La recogida de leña es parte de la vida rural y debe acoplarse a su carácter totalmente sedentario y preventivo. Así que esta tarea se planifica y se hace selectiva. La selección no se refiere a la preferencia de unas especies sobre otras sino a la elección de aquellos lugares o formaciones donde la recogida de combustible se efectuaría de la forma más rentable y eficaz. De este modo, el robledal, como formación predominante más abundante y más densa, sería más frecuentado para la recogida de leña o para la realización de otras actividades como la preparación de forraje. Consecuentemente, en Makri a medida que se intensifica y se amplia la ocupación del hábitat se representa mejor el bosque caducifolio y esto no es una controversia; el medio natural se antropiza, no cambiándose su composición sino integrándose en las actividades vitales de la comunidad neolítica.

El bosque caducifolio debió ser la principal fuente de materias primas y combustible, zona de pastoreo y clareo en caso de abrir nuevos campos. Además, el bosque proporcinaría forraje para los animales domésticos. Esa práctica se ha evidenciado en yacimientos neolíticos del norte de Europa y se sigue practicando hoy en día en Tracia (Rasmussen 1993, Badal 1999). El método tradicional implica la poda constante de los robles una técnica que a largo plazo ralentiza su regeneración. El robledal se usaría constantemente, pero no de manera que lo redujera, sino produciendo algunas alteraciones como la proliferación de los ornos. La persistencia de los robles a lo largo de toda la secuencia tal vez indique la explotación de diferentes partes del robledal en cuanto una zona se hubiese utilizado bastante; consecuentemente estos árboles, los robles, siempre presentan frecuencias altas.

Cerca de Makri, existirían zonas encharcadas y cursos de agua; de ello hay evidencia geológica por las formaciones travertínicas; en la fauna del yacimiento se incluyen restos de aves y animales de hábitats acuáticos y entre el material arqueobotánico se han identificado restos de plantas asociadas al agua tales como *Juncus*, *Scirpus*, *Cladium* y Cyperaceae (Efstratiou *et al.* 1998). Tal vez, estas zonas fuesen preferidas por los habitantes de Makri para el cultivo y en ellas se concentrarían muchas actividades. Así, el aumento de los restos de fresno en los niveles de Makri II podría ser en parte el resultado del uso más intenso de estos hábitats. Así el aumento en las frecuencias de *Fraxinus* sp. podría ser resultado de una combinación de factores.

Durante el tiempo de ocupación del yacimiento registrado en el diagrama antracológico, las formaciones vegetales no manifiestan grandes cambios. Al respecto, debemos considerar más bien un régimen de "horticultura" intensiva, que una agricultura extensiva, que tendría poco impacto sobre la vegetación (Halstead 1996, Sherratt 1980, 1981). También el potencial regenerativo de la propia vegetación es un factor importante especialmente cuando la topografía es favorable; el consumo de leña, madera, etc., puede ser fuerte pero el bosque también se repone vigorosamente (Chabal 1997). Finalmente, debemos tener en cuenta posibles periodos cortos de abandono o reducción del hábitat; el análisis sedimentológico en el yacimiento de Makri ha detectado una posible desocupación entre las fases de ocupación 2 y 3 (Efstratiou *et al.* 1998).

En conclusión, el entorno vegetal del yacimiento neolítico de Makri se caracteriza por formaciones caducifolias no muy densas, principalmente robledales. Estas formaciones están presentes a lo largo de toda la ocupación del asentamiento y deben corresponder a la vegetación clímax de la zona desarrollada bajo unas condiciones climáticas semejantes a las actuales. Los grupos humanos hacen uso constante de las formaciones existentes a sus alrededores, pero generalmente se mantiene el equilibrio y la estabilidad de la vegetación natural. La actividades de subsistencia de los grupos neolíticos no tuvieron graves consecuencias sobre el medio, por lo menos, en el periodo de tiempo que aquí nos interesa. Lo que sí pensamos que se refleja en el diagrama antracológico de Makri son las decisiones humanas sobre la integración del medio natural en las actividades productoras a medida que se intensifica y se amplia la ocupación.

7.3.3. Los resultados antracológicos de las cuadrículas periféricas

En el yacimiento de Makri se excavaron tres cuadrículas (E1, E2, E4), de 4 m^2 cada una, en la zona periférica del tell. El estudio de la tipología cerámica adscribe la secuencia estratigráfica de las tres cuadrículas al periodo cultural Makri II. Sin embargo las dataciones de las capas más profundas de la cuadrícula E2 son de momento las más antiguas obtenidas en el yacimiento, 5840-5670 cal BC [OxA-9362, DEM-1142: 6890±90 BP] y 5660-5540 cal BC [OxA -9223, DEM-1140: 6690±50 BP].

Los depósitos de estas cuadrículas se tamizaron y se recogio el carbón de las capas excavadas. Presentamos aquí los resultados antracológicos de cada una de las cuadrículas por separado. Las muestras de las capas de un mismo nivel se han unido; y en los cuadros 14, 15 y 16 quedan reflejados los taxa identificados y sus frecuencias absolutas y relativas por capa o conjunto de capas en cada una de las cuadrículas.

Las capas excavadas en la cuadrícula E1 han sido muy pobres en carbón. Se han recogido en total 176 fragmentos (Cuadro 14). Se han identificado 9 taxa, 7 de ellos presentes en las muestras que componen el diagrama antracológico de Makri, *Fraxinus* sp., Maloideae, *Ficus carica*, *Pistacia terebinthus*, *Prunus* sp., *Quercus* caducifolio y *Quercus* sp. y dos taxa nuevos cf. *Anagyris foetida* y *Tamarix* sp. *Anagyris foetida* es una leguminosa que se encuentra en lugares rocosos, colinas secas y pedregosas o campos de cultivo en toda Grecia (Polunin 1980, 1991, Sfikas 1994). En Makri prehistórico participaría en las formaciones abiertas. *Tamarix* sp. incluye especies que crecen en relación al agua, en riberas, pantanos y arenas de la costa (Polunin 1980, 1991, Sfikas 1994). En el yacimiento prehistórico de Makri podría crecer en los cursos de agua que desembocan en la costa, como en la actualidad.

De los taxa identificados *Quercus* caducifolio y *Ficus carica* están presentes en toda la secuencia. Los demás taxa documentan presencia más variable (Cuadro 14, Fig. 49).

En la capas más antiguas, 14 - 16, tan solo se han recogido 12 fragmentos de carbón y se han identificado 2 taxa, *Ficus carica* que domina en la muestra (45,45%) *Quercus* caducifolio es el segundo taxon identificado y su valor porcentual es 40,91%.

En la capas 11 - 12 se analizaron 136 fragmentos de carbón y se identificaron 5 taxa. El taxon dominante es *Quercus* caducifolio (58,82%) seguido con mucha diferencia porcentual por *Fraxinus* sp. (11,03%). *Ficus carica* desciende al 4,41%. Todos los demás taxa tienen frecuencias muy débiles, *Quercus* sp. 2,21%, *Pistacia terebinthus* 1,47%, cf. *Anagyris foetida*, Maloideae y *Prunus* sp. 0,74%.

En la muestra de la capa 9 se recogieron 28 fragmentos de carbón y se identificaron 6 taxa. *Fraxinus* sp. es el taxon dominante (28,57%), seguido por *Quercus* caducifolio (21,43%). *Prunus* sp. se representa bien con un 10,71 %. *Ficus carica* y *Tamarix* sp. tienen valores iguales, 7,14%. *Pistacia terebinthus* alcanza el 3,57%.

La cuadrícula E1 es muy pobre en carbón y, por lo tanto, la lista taxonómica es incompleta. No obstante, están presentes los taxa dominantes de la secuencia antracológica principal *Quercus* caducifolio y *Fraxinus* sp. igual que los demás taxa representativos de las formaciones caducifolias; *Ficus carica*, *Pistacia terebinthus*, *Prunus* sp., Maloideae. cf. *Anagyris foetida* es un elemento nuevo de los heliófilos y *Tamarix* sp. el taxon nuevo de los hábitats acuáticos.

En cuanto a los resultados cuantitativos (Cuadro 14, Fig. 49), evidentemente con tan poco carbón analizado, los datos son poco fiables estadísticamente. Tan solo como tendencias generales podemos anotar las frecuencias altas de *Quercus* caducifolio, el dominio de *Ficus carica* en la capa más antigua y de *Fraxinus* sp. en la capa superior.

En la cuadrícula E2 se han analizado 513 fragmentos de carbón y la lista taxonómica incluye 11 taxa que por orden alfabético son (Cuadro 15): *Acer* sp., *Alnus glutinosa*, *Cornus* sp., *Ficus carica*, *Fraxinus* sp., Maloideae, *Pistacia terebinthus*, *Prunus* cf. *amygdalus*, *Prunus* sp., *Quercus* caducifolio y *Quercus* sp. Todos los taxa identificados en las muestras de la cuadrícula E2 están presentes en el diagrama antracológico. *Alnus glutinosa* es el taxon nuevo, especie típica de los bosques de ribera y de las zonas pantanosas. Actualmente, en Tracia participa en formaciones de *Alno-Ulmion* a lo largo de los cursos fluviales en la llanura o en los bosques de montaña (Ntafis *et al.* 1997, Sfikas 1994). En la prehistoria crecería posiblemente en cursos de agua en los bosques y sobre suelos profundos junto a otras especies de ribera.

En las capas 14 - 16, las más antiguas, se han analizado 254 carbones y se han identificado 10 taxa (Cuadro 15). El taxon dominante es *Ficus carica* (18,11%). Le siguen *Fraxinus* sp. (15,75%) y *Quercus* caducifolio (14,17%) con poca diferencia entre ellos. *Pistacia terebinthus* está bien representado (11,81%) igual que *Prunus* sp. (9,45%). Maloideae alcanza el 5,91%, *Quercus* sp. 5,51%, *Prunus* cf. *amygdalus* 1,57%, *Cornus* sp. y *Acer* sp. 0,39%.

En las capas 12 - 15, se analizaron 128 fragmentos de carbón y se identificaron 10 taxa (Cuadro 15). El taxon dominante es *Quercus* caducifolio (30,47%). Le siguen con mucha diferencia en los valores *Ficus carica* y *Pistacia terebinthus*, 17,19% y 11,72% respectivamente. *Fraxinus* sp. adquiere el 7,03%, *Prunus* sp. 4,69%, *Prunus* cf. *amygdalus*, 3,13% *Quercus* sp. 1,56 %, *Acer* sp. y *Alnus glutinosa* 0,78%.

En las capas 7 - 9 - 11, las más recientes, se analizaron 131 fragmentos de carbón y se identificaron 9 taxa (Cuadro 15). El taxon dominante es *Fraxinus* sp. (33,59%) seguido por *Quercus* caducifolio (29,01%). Los demás taxa presentan valores bajos, *Pistacia terebinthus* 3,82%, *Quercus* sp. 3,05%, *Ficus carica*, *Prunus* sp. y Maloideae 2,29%, *Cornus* sp. 1,53% y *Acer* sp. 0,76%.

En las capas de la cuadrícula E2 hay una representación constante de casi todos los taxa. Las formaciones caducifolias manifiestan la misma composición que en la secuencia principal del yacimiento (Fig. 48); los robledales con su cortejo acompañante compuesto de ornos, arces, cornejos y Maloideae, las formaciones abiertas con cornicabras, prunos, almendros etc., *Ficus carica* componente de las formaciones abiertas o rupícolas y la ripisilva enriquecida con un taxon nuevo *Alnus glutinosa*.

En la Figura 50 hemos representado las frecuencias relativas de los taxa por conjuntos de capas y así de base a techo se representan sus frecuencias de las más antiguas a las más recientes. Las capas más antiguas, se caracterizan por el dominio de *Ficus carica* que supera en porcentajes los principales componentes del bosque caducifolio *Quercus* caducifolio y *Fraxinus* sp. Los taxa heliófilos están bien representados. A continuación (capas 12 - 15), *Quercus* caducifolio asciende y domina, *Ficus carica* desciende ligeramente pero está bien representado. La misma tendencia presentan los taxa heliófilos. *Fraxinus* sp. desciende bastante respecto al nivel anterior. En las capas superiores *Fraxinus* sp. asciende y se convierte en dominante, *Quercus* caducifolio desciende muy poco y sus valores siguen siendo altos. *Ficus carica* está muy poco representado respecto a los niveles anteriores. Igualmente, los taxa heliófilos descienden mucho.

La secuencia de la cuadrícula E2 manifiesta las mismas tendencias que el diagrama antracológico. Las formaciones caducifolias predominan en toda la secuencia. *Quercus* caducifolio tiende a ascender. *Fraxinus* sp. se convierte en taxon dominante en el nivel más reciente. En los momentos más antiguos *Ficus carica* está muy bien representado, incluso llega a ser el taxon dominante en las capas más antiguas, pero sus valores son muy débiles en la parte superior de la secuencia. Todos los taxa heliófilos están bien representados en un primer momento para descender mucho después.

En la cuadrícula E4 se han analizado 408 fragmentos de carbón, se han identificado 16 taxa y dos han permanecido Indeterminables (Cuadro 16). En la lista taxonómica se incluyen por orden alfabético: *Acer* sp., cf. *Anagyris foetida*, *Ficus carica*, *Fraxinus* sp., *Hedera helix*, Maloideae, *Phillyrea-Rhamnus*, *Pistacia terebinthus*, *Prunus* cf. *amygdalus*, *Prunus* sp., *Quercus* caducifolio y *Quercus* sp., *Rosa* sp., *Tamarix* sp., *Vitex agnus-castus* y *Vitis vinifera* var. *sylvestris*. Todos los taxa están presentes en el diagrama antracológico de Makri y en las listas de las demás cuadrículas. Aparecen tres taxa nuevos, *Hedera helix*, *Rosa* sp. y *Vitex agnus-castus*. La primera especie es una liana frecuente en varios hábitats, lugares umbrosos, bosques, paredes y rocas. En Makri prehistórico probablemente se encontraría en los bosques caducifolios y las paredes de los acantilados. *Rosa* sp. incluye varias especies; la mayoría de ellas crecen en zonas de vegetación abierta y arbustiva, en colinas rocosas y en setos. En el medio prehistórico formaría parte de las formaciones abiertas, heliófilas y crecería en los lindes de los bosques. *Vitex agnus-castus* es una especie común en los lugares húmedos de los litorales griegos y abundante en los cursos de agua. Por su ecología actual, en el entorno del yacimiento prehistórico de Makri podríamos ubicarla en los cursos de agua cercanos a la costa junto a *Tamarix* sp.

En las capas 14 - 15, las más antiguas de la cuadrícula E4 se han analizado 119 fragmentos de carbón y se han identificado 13 taxa. Dos han permanecido indeterminados (Cuadro 16). El taxon más abundante es *Quercus* caducifolio (27,73%); *Fraxinus* sp. tiene valores muy próximos (26,05%). Maloidae y *Pistacia terebinthus* están bien representados con valores de 10,92% y 8,40% respectivamente. *Quercus* sp. adquiere el 8,40%. Los demás taxa tienen valores bajos; *Tamarix* sp. y *Vitex agnus-castus* 1,68%, *Acer* sp., cf. *Anagyris foetida*, *Ficus carica*, *Hedera helix*, *Prunus* cf. *amygdalus* y *Prunus* sp. 0,84%.

En las capas 12 - 13, se han analizado 162 fragmentos de carbón y se han identificado 9 taxa (Cuadro 16). El taxon dominante es *Quercus* caducifolio, 38,89%. *Fraxinus* sp. le sigue pero sus valores han descendido respecto a las capas anteriores 11,11%. *Ficus carica* está bien representado (9,88%). *Quercus* sp. también tiene un porcentaje alto, 9,88%. *Pistacia terebinthus* se representa con un 8,02%. Maloideae desciende al 4,94%. Los demás taxa tienen frecuencias bajas, cf. *Anagyris foetida* y *Prunus* sp. 1,85% y *Prunus* cf. *amygdalus* 1,23%.

En las capas superiores 10 - 11, se han analizado 127 fragmentos de carbón y se han identificado 9 taxa (Cuadro 16). El taxon dominante y posiblemente sobrerrepresentado es *Quercus* caducifolio (73,23%). Maloideae está representado con un 4,72%, cf. *Anagyris foetida* y *Vitis vinifera* var. *sylvestris* alcanzan el 3,15%, *Fraxinus* sp. tiene un valor bajo (2,36%), *Phillyrea-Rhamnus* 1,57% y *Prunus* sp., *Pistacia terebinthus* y *Rosa* sp. 0,79%.

Quercus caducifolio es el taxon mejor representado y dominante en toda la secuencia y asciende constantemente, prácticamente doblando sus valores en las capas superiores (Fig. 51). *Fraxinus* sp. manifiesta la tendencia contraria, está bien representado en las muestras más antiguas pero desciende notablemente a continuación. *Ficus carica* está bien representado pero de manera esporádica. Maloideae está bien representado en las capas más antiguas pero a continuación desciende considerablemente. Las heliófilas están débilmente representadas exceptuando *Pistacia terebinthus*, que es frecuente al principio para descender mucho en las capas superiores.

Los datos antracológicos obtenidos en las tres cuadrículas periféricas no se pueden unir a los de la secuencia principal por falta de dataciones y correlación directa de los niveles excavados. No obstante, los resultados antracológicos manifiestan las mismas características y/o tendencias en la progresión de los taxa, tanto en el diagrama antracológico como en las secuencias de las cuadrículas periféricas.

- Los taxa presentes en las muestras de las tres cuadrículas son los mismos que en el diagrama antracológico. Se han identificado seis taxa nuevos. Las formaciones representadas en las secuencias de las tres cuadrículas son las mismas documentadas en el diagrama antracológico:

a) el robledal,

b) las formaciones caducifolias abiertas enriquecidas con dos taxa nuevos cf. *Anagyris foetida* y *Rosa* sp. *Ficus carica*, muy bien representado, tal vez se incluyese en las formaciones abiertas o rupícolas,

c) la vegetación de ribera que presenta un taxon en común con el diagrama antracológico *Vitis vinifera* var. *sylvestris* y tres taxa nuevos *Alnus glutinosa*, *Tamarix* sp. y *Vitex agnus-castus*. Estos taxa nuevos nos permiten hacer una diferenciación de la vegetación de ribera de distintos hábitats. *Alnus glutinosa* representaría posiblemente la ripisilva de zonas hacia el interior mientras que *Tamarix* sp. y *Vitex agnus-castus* se encontrarían en las zonas de los cursos fluviales más cercanas a la costa o incluso en estuarios litorales.

- Las tendencias cuantitativas de los taxa manifiestan semejanza con el diagrama antracológico. Así pues, las tres secuencias se caracterizan por el dominio de las formaciones caducifolias, no se detectan cambios o sustituciones pero si fluctuaciones. Las formaciones caducifolias perduran e igual que en el diagrama de Makri, *Quercus* caducifolio y *Fraxinus* sp. aumentan en detrimento de los heliófilas que están bien representadas en los momentos más antiguos pero descienden en los niveles superiores.

- Un caso particular es *Ficus carica*. El comportamiento de este taxon en las secuencias de las cuadrículas E1 y E2 (Fig. 49 y 50) es idéntico al del diagrama antracológico (Fig. 48); buena representación al principio incluso dominio en las capas más antiguas y descenso a continuación. Esta observación nos hace replantear el tema de la alta representación de un taxon con un papel difícil de interpretar, al menos en las formaciones actuales. En el diagrama antracológico, debido a la alta representación del taxon, hemos pensado tener representado un acontecimiento puntual. Las mismas características se reflejan en los niveles periféricos, los más antiguos siempre, lo que nos hace plantear que:

a) el taxon está bien representado porque realmente juega un papel importante en las formaciones,

b) se refleja una actividad que tal vez tuviese que ver con el primer establecimiento sobre una zona, quizás ocupada por estos árboles o donde estos tienen un significado o función especial.

- Las observaciones en cuanto a las tendencias globales en las tres cuadrículas parecen indicar, por lo menos en cuanto a la vegetación, una dinámica paralela de las secuencias. El estudio de la cerámica atribuye las tres secuencias periféricas al periodo cultural Makri II. Las características antracológicas de la base de la secuencia, al menos en la cuadrícula E2, la que más seguridad estadística ofrece, coinciden con el periodo cultural Makri I en el diagrama antracológico. A este respecto, parte de la secuencia de las cuadrículas periféricas coincidiría con Makri I, a pesar de la evidencia cerámica. Las dataciones obtenidas de las capas basales de la cuadrícula E2 (5840-5670 cal BC y 5660-5540 cal BC) corroboran este planteamiento.

- Los resultados antracológicos de las cuadrículas periféricas y de la secuencia central se confirman mutuamente ya que distintas columnas estratigráficas ofrecen documentación semejante.

THE PALAEOVEGETATION AT THE SURROUNDINGS OF THE NEOLITHIC SITE OF MAKRI

The Neolithic site of Makri lies 10 km west of the modern city of Alexandropoli in Thrace (40° 52'N, 25° 62'E) (Fig. 31). It is located on top of a cliff at 40 m a.s.l., overlooking the Aegean Sea to the south. To the east and west lies the Thracian plain. To the north the landscape rises in altitude to the peaks of the Rodopi mountain range, that forms the natural border between Greece and Bulgaria.

The climate is Mediterranean with continental influences due to northern winds through the Rodopi Mountains. Mean annual precipitation is 500 mm approximately. The bioclimatic conditions in the area are of mesomediterranan type.

Vegetation in the coastal zone belongs to the *Quercion ilicis*. Evergreen species such as *Quercus coccifera*, *Quercus ilex*, *Phillyrea media*, *Arbutus unedo*, *Arbutus andrachne* dominate the surrounding hills. Some deciduous plants such as *Pistacia terebinthus* and *Pyrus amygdaliformis* are very frequent. *Quercion ilicis* forms the upper limit for the expansion of *Olea europaea* and in the area close to the site some olive trees are cultivated in protected niches. From 200-300 m onwards *Ostryo-carpinion* formations appear. Oak woodland expands and gains in density towards the interior.

The natural vegetation is much affected by human intervention. A great part of the plain is cultivated with olive and almond trees, other fruit trees, tobacco, cotton and cereals. On the surrounding hills shrubby vegetation is regenerating, its aspect indicating much grazing and burning in the past.

The excavation of Neolithic deposits at the mound of Makri revealed a four-metre deep stratigraphic sequence that is divided in two different cultural periods, a short early Makri I and a longer late Makri II, separated by a destruction layer (Fig. 47). The pottery study confirms this division through slight changes in the shape and decoration repertory. Each one of the two cultural periods includes several habitation phases (Plate 20: 75, 76).

The site is ascribed to the Middle and Late Neolithic horizons of the southern Balkans. On the reading of radiocarbon dating the main sequence is placed between 5618-5532 cal BC and 5470-5370 cal BC. New dates go back to 5840-5670 cal BC.

Charcoal analysis covers only part of the sequence at Neolithic Makri. For the earlier period Makri I, samples of dispersed charcoal were collected from all layers in one trench. For the later Makri II period, only two layers beneath the second habitation phase were sampled.

Because of scarcity of charcoal, the data have necessarily been analysed independently of the thickness of the archaeological layers. Some layers did not contain enough charcoal fragments and for this reason some samples had to be counted together in order to do the statistical treatment of the data.

At the site of Makri 1939 dispersed charcoal fragments were analysed. Twenty-one taxa were identified and one remained Indeterminate. The plant list from Makri in alphabetic order consists of (Table 13): *Acer* sp. (maple), Conifer, *Cornus* sp. (cornelian cherry), *Ficus carica* (fig tree), *Fraxinus* sp. (ash), *Juglans regia* (walnut tree), *Juniperus* sp. (juniper), Leguminosae, Maloideae, *Paliurus spina-christi* (Christ's thorn), *Phillyrea-Rhamnus* (buckthorn), *Pistacia terebinthus* (terebinth), *Prunus* sp., Rosaceae, *Quercus* deciduous (deciduous oak), *Quercus* sp., *Salix-Populus* (willow-poplar), *Taxus baccata* (yew), *Tilia* sp. (lime), *Ulmus* sp. (elm) and *Vitis vinifera* var. *sylvestris* (grape vine).

Charcoal analysis results from the site of Makri are represented in a diagram where the frequencies of the taxa in charcoal assemblages for successive layers are shown (Fig. 48). The diagram consists of 6 spectra; the first four, from bottom to top, correspond to Makri I cultural period and the last two to Makri II. The *hiatus* observed in the diagram between Makri I and II periods is not represented in the stratigraphic sequence but there were no charcoal samples for that interval of time.

All charcoal spectra document a number of taxa between nine and fourteen; seven taxa are constant in all spectra, namely, *Quercus* deciduous, *Fraxinus* sp., *Ficus carica*, *Pistacia terebinthus, Prunus* sp., Maloideae and *Cornus* sp. Diachronically there are no big differences in the composition of the spectra or substitution of some taxa by others; some fluctuations in the frequencies of the taxa are documented.

In all Makri I spectra the dominant taxon is *Quercus* deciduous, except in layer 29 where *Ficus carica* is more abundant. In the Makri II spectra, the dominant taxon is *Fraxinus* sp., followed closely by *Quercus* deciduous. However, *Quercus* deciduous frequencies show an increasing trend throughout the sequence and the same occurs with *Fraxinus* sp.

The remaining constant taxa, Maloideae, *Cornus* sp., *Prunus* sp., *Pistacia terebinthus*, *Acer* sp. and *Juniperus* sp., present variable frequencies with a tendency to decrease towards the recent spectra. The rest of the taxa are sparse and appear occasionally in some of the spectra.

On the anatomy of *Vitis* it is not possible to distinguish between the cultivated and domesticate plants. Wild *Vitis* is found along watercourses in woodlands of north Greece from 400 to approximately 800 m a.s.l. In pollen diagrams from Greece the taxon appears from the beginning of the Holocene and is associated to riverside vegetation.

Juglans regia is a problematic species since it appears late in the pollen sequences from Greece, towards 3500 BP. The late appearance of the species has been associated with human activity and introduction in relation to the highly nutritious nuts. However, it is documented in some pollen diagrams from the Balkans during the Late Glacial. It has been postulated that its late proliferation might be due to environmental changes that favoured the expansion of these trees. Possibly the species was native in the Balkans, growing in gorges on deep soils. At Makri we think we have identified the species; its presence is very sparse probably as a result of low frequency in the environment.

Ficus carica is very abundant in the charcoal assemblages of Makri, especially during Makri I cultural period. The wild form of the fig tree grows in the Mediterranean region from sea level to 1000 m. This deciduous tree, which tolerates dry summers and cold winters well, occupies rock crevices, gorges and streamsides. The fig tree was used for firewood in prehistoric Makri although it does not provide good quality fuel unless dry. It must have been an important element of the vegetation in the territory of Makri. Though well represented during Makri I period the frequencies of the taxon decrease during Makri II. An explanation for such a change could be associated to some protection of these trees for the highly nutritious fruit. Fig seeds as well as entire carbonised fruit are present in the archaeological layers of Makri II.

From the charcoal diagram we can distinguish three main plant formations:

- Mediterranean deciduous oak woodland with ash, lime, cornelian cherry, etc.,

- Open deciduous formations rich in bushy heliophilous plants, namely, *Pistacia terebinthus*, *Pyrus* sp., *Juniperus* sp., *Paliurus spina-cristi*, *Prunus* sp. and possibly *Prunus* cf. *amygdalus*. These formations would probably include junipers, fig trees and somewhere in low numbers the only evergreen species documented, *Phillyrea-Rhamnus,*

- Riverside or humid formations are slightly represented in the diagram and would include *Ulmus* sp., *Vitis vinifera* var. *sylvestris*, *Salix-Populus* and *Juglans regia*.

Deciduous forests mainly composed of oaks would cover the surroundings of the site. A distinctive feature of this deciduous oak woodland is the presence of the heliophilous components. All these genera and species grow in open formations since they need plenty of light and seem to indicate a plant cover rather open in places.

The frequencies of the taxa identified in the assemblages at the site of Makri document the persistence of these deciduous formations all through the sequence; they probably were the climax formations growing under mesomediterranan dry to subhumid bioclimatic regime.

The prehistoric environment seems rather stable during the time of the occupation of the site. However, some tendencies in the frequencies of the taxa led us distinguish two charcoal zones that correspond to the two cultural periods Makri I and II.

The first and older charcoal zone is characterised by the predominance of oak woodland and the important presence of heliophilous taxa. The second zone documents the dominance of *Fraxinus* sp. although *Quercus* deciduous increases as well. The heliophilous taxa, probably with the exception of *Juniperus* sp. decrease markedly.

The increase in *Fraxinus* sp. frequencies from spectrum 26 onwards culminates in the last two spectra of the diagram. In respect we could think of:

- A change in the vegetation. The intensive use of the oak woods caused the opening up of the canopy and the proliferation of the more heliophilous ash, especially *Fraxinus ornus*,

- Human activities expand towards new areas maybe humid places where *Fraxinus angustifolia* could grow,

- An over-representation of timber in the samples; however this seems improbable since during the excavation no such elements were observed. Testing of the corresponding samples points towards an unbiased image.

During the time of the occupation of the settlement of Makri, deciduous formations do not document any significant modifications. This contrasts with the results from other parts of the Mediterranean where after the first 500 years of Neolithic occupation the vegetation shows clear signs of human impact. On the contrary, at Makri the deciduous formations are better represented in later periods.

We think this is not the result of a real change in the vegetation but a reflection of modifications in the managing of the surrounding resources by humans. In this respect, during the incipient occupation (Makri I), open formations were much used probably for being the closest and the easiest to clear. However, oak woods provided the majority of firewood. During the Makri II cultural period, intensification of the occupation is documented.

Heliophilous plants become less important while the main components of deciduous woods are dominant, *Quercus* deciduous and *Fraxinus* sp. This might be the result of integrating firewood provisioning in the circle of other farming activities. In this sense, firewood gathering would be an organised activity directed to these plant resources, which would give a more effective result. Deciduous formations, abundant and dense would be more frequented for firewood, fodder, etc., because of greater input. So there was no change in the vegetation since deciduous formations remain dominant; but some widening of the managed territory occurred and probably new biotopes were incorporated in the activity areas.

Deciduous formations, mainly oak woods rather open in places, dominated the vegetation around Makri. Those plant formations, probably the climax vegetation in the area, do not document significant changes during the time of the occupation of the site. Human groups constantly used these formations; however, there must have been a balanced interaction and Neolithic subsistence strategies did not have consequences on the plant environment. On the contrary, at the site of Makri there is a better representation of the dominant oak woodland with the intensification of the occupation because the most abundant formations become more integrated in the circle of human activities.

At the site of Makri, three additional trenches, namely E1, E2, E4, of 4 m^2 each were excavated at the periphery of the tell. The dating of the deepest layers of square E2 is 5840-5670 cal BC and 5660-5540 cal BC.

Charcoal samples were collected from all the excavated layers in those trenches. The results for charcoal assemblages from each trench are presented in Tables 14, 15 and 16. In figures 49, 50 and 51, the frequencies of the most significant taxa are represented in the form of histograms to facilitate the comparison with the charcoal diagram of the main sequence.

At the moment there is no direct correlation with the main sequence. However, the charcoal analysis results of the three trenches manifest characteristics and/or tendencies in the changes of the taxa values similar to the ones observed in the charcoal diagram (Fig. 48).

- The taxa and plant formations are the same as in the charcoal diagram; additionally six more taxa were identified. The main plant formations are:

a) Oak woodland,

b) Open deciduous formations enriched by two more taxa cf. *Anagyris foetida* and *Rosa* sp.,

c) Riverside vegetation enriched with three new taxa; leaving aside *Vitis vinifera* var. *sylvestris*, *Alnus glutinosa*, *Tamarix* sp. and *Vitex agnus-castus* were identified.

- The quantitative tendencies of the taxa are similar to the ones observed in the charcoal diagram. The charcoal sequences of the three periphery trenches are characterised by the dominance and persistence of deciduous formations. There are no substitutions of taxa but some fluctuations in frequencies are observed. *Quercus* deciduous and *Fraxinus* sp. increase at the expense of the heliophilous taxa that are better represented in the deeper layers to decrease in the upper.

- The frequency of *Ficus carica* in the sequences of trenches E1 and E2 (Fig. 49, Fig. 50) is similar to the charcoal diagram (Fig. 48); well represented or even dominating at the beginning and decreasing afterwards. Those tendencies make us think of the following:

a) The taxon is so abundant in the charcoal samples because it was an important constituent of the immediate plant formations,

b) The abundance of the taxon reflects some activity related to the first establishment in the area probably occupied by these trees or where these were of a special use.

- The observations in relation to the general tendencies of the taxa in the main sequence and the periphery sequences seem to indicate a parallel progress. The charcoal analysis characteristics, at least in trench E2 where statistical reliability is achieved, correspond to the ones of the Makri I and Makri II cultural periods in the charcoal diagram. According to the reading of the dates from the basal layers in trench E2 (5840-5670 cal BC y 5660-5540 cal BC) this correlation is confirmed.

Fig. 47: La secuencia estratigráfica del yacimienrto de Makri (modificado a partir de Efstratiou *et al.* 1998).
Fig. 47: The stratigraphic sequence of the site of Makri (modified after Efstratiou *et al.* 1998).

	MAKRI I								MAKRI II			
MAKRI - CAPAS	**32-34**		**29**		**28 - 27**		**26**		**Σ2**		**Σ1**	
TAXA	**Nº**	**%**	**Nº**	**%**	**Nº**	**%**	**Nº**	**%**	**Nº**	**%**	**Nº**	**%**
Acer sp.	2	1.47	2	0.50	3	0.81			4	0.79	9	2.23
Conífera					1	0.27						
Cornus sp.	1	0.74	3	0.75	3	0.81	1	0.83	8	1.58	6	1.49
Ficus carica	20	14.71	132	32.92	44	11.86	12	10.00	11	2.17	5	1.24
Fraxinus sp.	17	12.50	34	8.48	57	15.36	34	28.33	180	35.50	165	40.84
cf. *Juglans regia*											1	0.25
Juniperus sp.	2	1.47			3	0.81	2	1.67	12	2.37	7	1.73
Leguminosae			1	0.25							1	0.25
Maloideae	9	6.62	31	7.73	49	13.21	10	8.33	59	11.64	9	2.23
Paliurus spina-christi			1	0.25							2	0.50
Phillyrea-Rhamnus									2	0.39		
Pistacia terebinthus	17	12.50	34	8.48	55	14.82	9	7.50	19	3.75	11	2.72
Salix-Populus									1	0.20		
Prunus sp.	14	10.29	8	2.00	4	1.08	1	0.83	3	0.59	1	0.25
Quercus caducifolio	35	25.74	106	26.43	114	30.73	40	33.33	166	32.74	148	36.63
Quercus sp.	2	1.47			2	0.54	4	3.33	15	2.96	14	3.47
Rosaceae	1	0.74	1	0.25								
Taxus baccata					2	0.54						
Tilia sp.											1	0.25
Ulmus sp.			2	0.50	4	1.08			1	0.20		
Vitis vinifera var. *sylvestris*	2	1.47	1	0.25								
Indeterminada I			1	0.25								
Indeterminables	14	10.29	44	10.97	30	8.09	7	5.83	26	5.13	24	5.94
TOTAL	**136**	**100**	**401**	**100**	**371**	**100**	**120**	**100**	**507**	**100**	**404**	**100**

Cuadro 13: Frecuencias absolutas y relatives de los taxa en las muestras de carbón del yacimiento de Makri.
Table 13: Absolute and relative frequency of taxa in the charcoal assemblages from the site of Makri.

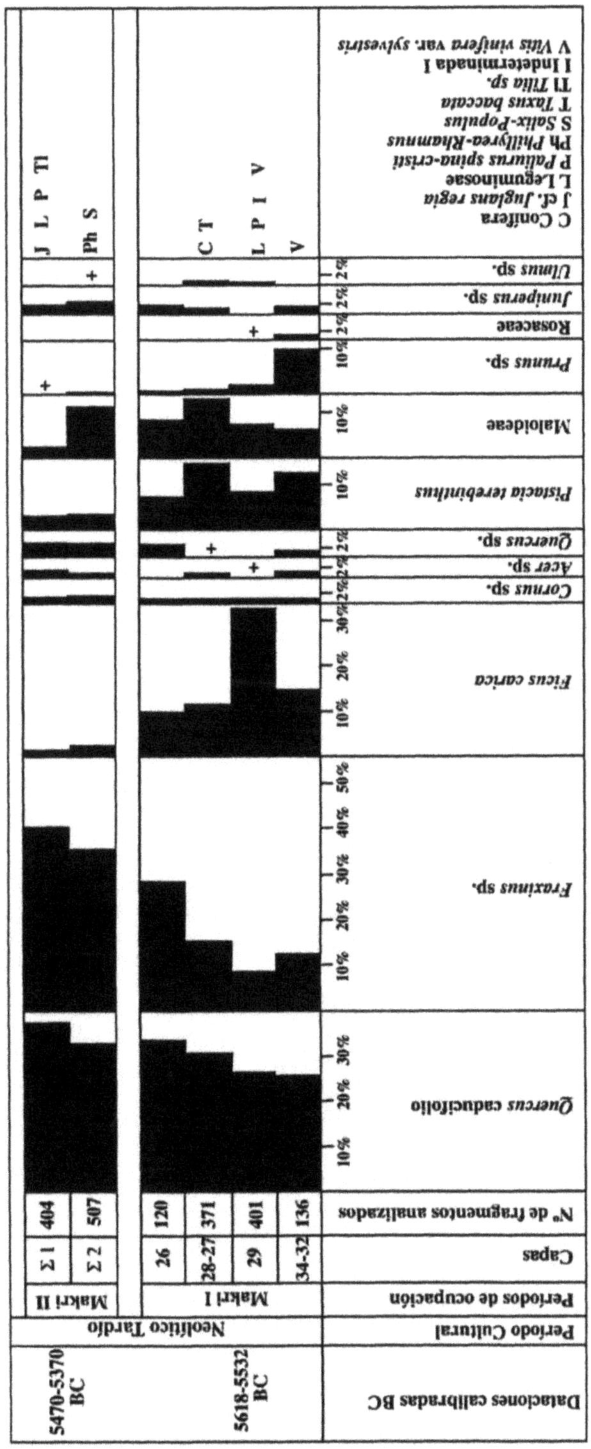

Fig. 48: El diagrama antracológico del yacimiento de Makri. Frecuencias relativas de los taxa en las muestras antracológicas de las sucesivas capas.

Fig. 48: Charcoal diagram from the site of Makri showing relative frequency of taxa in the charcoal assemblages from successive layers.

MAKRI E1 - Capas	14, 16		11, 12		9	
TAXA	Nº	%	Nº	%	Nº	%
cf. *Anagyris foetida*			1	0.74		
Ficus carica	10	45.45	6	4.41	2	7.14
Fraxinus sp.			15	11.03	8	28.57
Maloideae			1	0.74		
Pistacia terebinthus			2	1.47	1	3.57
Prunus sp.			1	0.74	3	10.71
Quercus caducifolio	9	40.91	80	58.82	6	21.43
Quercus sp.			3	2.21		
Tamarix sp.					2	7.14
Indeterminables	3	13.64	27	19.85	6	21.43
TOTAL	**22**	**100**	**136**	**100**	**28**	**100**

Cuadro 14: Frecuencias absolutas y relativas de los taxa en las muestras de la cuadrícula E1 del yacimiento de Makri.
Table 14: Absolute and relative frequency of taxa in the assemblages from trench E1 at the site of Makri.

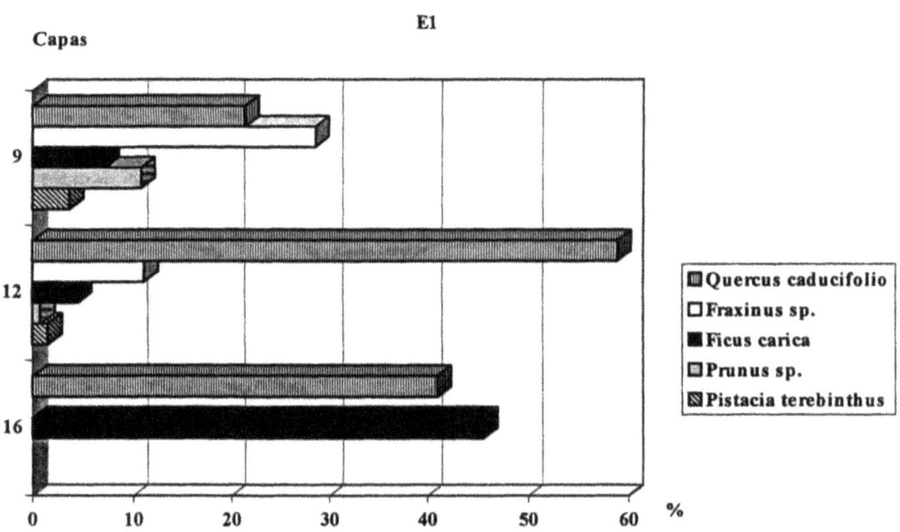

Fig. 49: Frecuencias relatives de los taxa en las muestras de capas sucesivas de la cuadrícula E1 del yacimiento de Makri.
Fig. 49: Relative frequency of taxa in the charcoal assemblages from successive layers in trench E1 at the site of Makri.

MAKRI E2 - Capas	14, 16		15, 12		7, 9 ,11	
TAXA	Nº	%	Nº	%	Nº	%
Acer sp.	1	0.39	1	0.78	1	0.76
Alnus glutinosa			1	0.78		
Cornus sp.	1	0.39			2	1.53
Ficus carica	46	18.11	22	17.19	3	2.29
Fraxinus sp.	40	15.75	9	7.03	44	33.59
Maloideae	15	5.91	5	3.91	3	2.29
Pistacia terebinthus	30	11.81	15	11.72	5	3.82
Prunus cf. *amygdalus*	4	1.57	4	3.13		
Prunus sp.	24	9.45	6	4.69	3	2.29
Quercus caducifolio	36	14.17	39	30.47	38	29.01
Quercus sp.	14	5.51	2	1.56	4	3.05
Indeterminables	43	16.93	24	18.75	28	21.37
TOTAL	**254**	**100**	**128**	**100**	**131**	**100**

Cuadro 15: Frecuencias absolutas y relativas de los taxa en las muestras de la cuadrícula E2 del yacimiento de Makri.
Table 15: Absolute and relative frequency of taxa in the assemblages from trench E2 at the site of Makri.

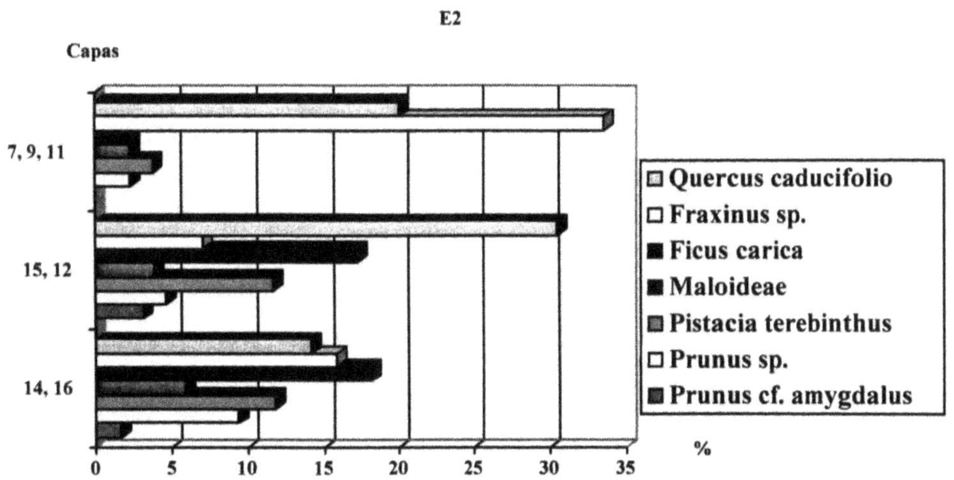

Fig. 50: Frecuencias relativas de los taxa en las muestras de capas sucesivas de la cuadrícula E2 del yacimiento de Makri.
Fig. 50: Relative frequency of taxa in the charcoal assemblages from successive layers in trench E2 at the site of Makri.

MAKRI E4 - Capas	14, 15		12,13		10, 11	
TAXA	Nº	%	Nº	%	Nº	%
Acer sp.	1	0.84				
cf. *Anagyris foetida*	1	0.84	3	1.85	4	3.15
Ficus carica	1	0.84	16	9.88		
Fraxinus sp.	31	26.05	18	11.11	3	2.36
Hedera helix	1	0.84				
Maloideae	13	10.92	8	4.94	6	4.72
Phillyrea-Rhamnus					2	1.57
Pistacia terebinthus	10	8.40	13	8.02	1	0.79
Prunus cf. *amygdalus*	1	0.84	2	1.23		
Prunus sp.	1	0.84	3	1.85	1	0.79
Quercus cadicifolio	33	27.73	63	38.89	93	73.23
Quercus sp.	10	8.40	16	9.88		
Rosa sp.					1	0.79
Tamarix sp.	2	1.68				
Vitex agnus-castus	2	1.68				
Vitis vinifera var. *sylvestris*					4	3.15
Indeterminada 1	1	0.84				
Indeterminada 2	2	1.68				
Indeterminables	9	7.56	20	12.35	12	9.45
TOTAL	**119**	**100**	**162**	**100**	**127**	**100**

Cuadro 16: Frecuencias absolutas y relativas de los taxa en las muestras de la cuadrícula E4 del yacimiento de Makri.
Table 16: Absolute and relative frequency of taxa in the assemblages from trench E4 at the site of Makri.

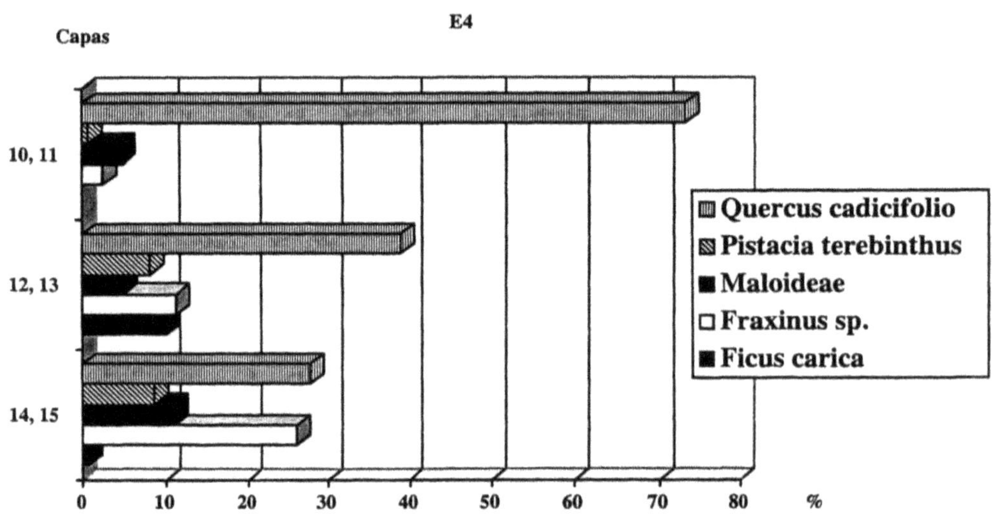

Fig. 51: Frecuencias relativas de los taxa en las muestras de capas sucesivas de la cuadrícula E4 del yacimiento de Makri.
Fig. 51: Relative frequency of taxa in the charcoal assemblages from successive layers in trench E4 at the site of Makri.

LAMINA 20

PLATE 20

75. Restos arquitectónicos en el yacimiento de Makri.
75. Architectural remains at the site of Makri.

76. La "complex area" en el yacimiento de Makri.
76. The "complex area" at the site of Makri.

LA PALEOVEGETACION EN EL NORTE DE GRECIA DURANTE EL TARDIGLACIAR Y EL HOLOCENO: UNA SINTESIS DE DATOS POLINICOS Y ANTRACOLOGICOS

Introducción

El método antracológico se ha aplicado en tres yacimientos prehistóricos en el norte y noroeste de Grecia. Las secuencias de los yacimientos se atribuyen a distintos periodos cronológicos y culturales; uno de ellos, el abrigo de Boila, abarca el Tardiglaciar, es decir el final del Pleistoceno, mientras que los otros dos, los yacimientos del Neolítico Final de Dispilió y de Makri, cubren parte del periodo Atlántico del Holoceno. Los yacimientos se localizan en zonas diversas y bastante alejadas entre sí en el norte de Grecia y, consecuentemente, no disponemos de una secuencia única y larga que cubra el Tardiglaciar y el Holoceno. También, es cierto que falta en nuestro registro antracológico del norte de Grecia, la fase inicial y el Holoceno antiguo así como el periodo cronológico correspondiente al Neolítico Antiguo.

En Grecia la investigación sobre la paleovegetación ha sido exclusivamente el objeto de análisis polínicos en depósitos naturales. Es muy escasa la información antracológica o polínica procedente de yacimientos prehistóricos. Así, el registro de la vegetación prehistórica se ha formado basándose, principalmente, en los análisis polínicos que se han llevado a cabo en distintas regiones de Grecia en lagos o turberas, localizadas en su mayoría en la parte norte y noroeste del país (Fig. 52); probablemente debido a que el régimen climático local y las elevadas precipitaciones favorecen la preservación de depósitos adecuados para la investigación palinológica.

Consecuentemente, hay mucha información polínica sobre Grecia continental y cubre el tiempo que abarcan las secuencias de los yacimientos estudiados aquí. Las regiones del Epiro y de Macedonia occidental son de las mejor estudiadas en cuanto a análisis palinológicos, y han ofrecido secuencias muy largas permitiendo la reconstrucción de la sucesión de la vegetación a lo largo de gran parte del Pleistoceno y el Holoceno. Respecto a eso, los yacimientos de Boila y Dispilió, aquí estudiados, cuentan con un registro de información paleoambiental muy amplio. El yacimiento de Makri se ubica en una zona menos investigada en cuanto a cuestiones de paleoambiente; no obstante, el yacimiento polínico de Tenaghi Philippon, localizado relativamente cerca, es un punto de referencia muy importante.

La información extraída de los análisis antracológicos no es directamente comparable con la polínica, principalmente por las distintas escalas cronológicas y espaciales además de los agentes de transporte de los restos depositados. Así, en Antracología se ve reflejada la vegetación local o inmediata y el uso que los grupos humanos hacen de los recursos naturales en un periodo de tiempo concreto, lo que dura la ocupación de un hábitat; es muy probable que la imagen de la vegetación refleje también aspectos culturales que tengan que ver con la economía, la organización social y el nivel tecnológico de los grupos humanos. A través de los análisis polínicos en depósitos naturales se adquiere información sobre la vegetación pero la correlación con la actividad humana es indirecta; la procedencia de los granos de polen puede ser local o extralocal según las dimensiones de la depresión, y la correlación cronológica con la presencia humana no es siempre directa.

A pesar de las diferencias que existen entre las dos disciplinas y las discrepancias que pueden producirse, frecuentemente aportan datos complementarios. En nuestro caso, hay bastante información polínica recopilada que ha ofrecido el marco general sobre la sucesión de la vegetación, el desarrollo de las formaciones y los cambios climáticos a lo largo del último estadial e interestadial del Pleistoceno y el presente interglaciar. Se ha propuesto la hipótesis de la existencia de refugios de vegetación en la sierra de Pindo, donde se localiza el abrigo Tardiglaciarde Boila. La neolitización y el desarrollo de las comunidades campesinas ha sido la clave de la interpretación sobre los cambios medioambientales durante el Holoceno y el registro polínico cuenta con unos indicadores de actividad antrópica que sin embargo surgen relativamente tarde respecto al establecimiento de los grupos neolíticos. Con relación a esas cuestiones se asocian directamente los yacimientos neolíticos de Dispilió y Makri.

Pensamos, pues, que una síntesis de los resultados antracológicos y polínicos puede poner de manifiesto datos que han sido bastante difusos quizás por la escala de resolución de los métodos aplicados. El registro polínico, detecta los taxa mesófilos o termófilos y plantea los ciclos de sucesión de la vegetación durante el Pleistoceno pero según la escala espacial que refleja, la localización de determinados taxa es más o menos imprecisa. La Antracología cuenta con la ventaja de recoger las formaciones utilizadas por el hombre; asimismo los resultados corresponden al medio circundante del yacimiento y la localización de taxa y las formaciones puede cobrar, a través de la Antracología, mayor precisión. Igualmente, el factor económico y cultural que produce los cambios medioambientales a partir del Neolítico puede tener muchas facetas que posiblemente tengan una explicación a través del estudio antracológico puesto que en este se refleja una actividad más, la recogida de leña, relacionada sin duda al ciclo agrícola de las comunidades productoras.

Intentaremos, pues, sintetizar los datos polínicos y antracológicos. Los primeros nos ofrecen el marco general, puesto que disponen de amplitud temporal y espacial. Los segundos, pensamos que ofrecen inmediatez, resolución a pequeñas escalas.

Los diagramas polínicos que forman la base de esta síntesis corresponden a los periodos cronológicos que aquí nos interesan, el Tardiglaciar y el Holoceno. Las secuencias aquí recopiladas son las siguientes (Fig. 52): Ioánnina I (Bottema 1974), Ioánnina 249 (Tzedakis 1994), Ioánnina 284 (Galanidou *et al.* 2000), Gramousti, Rezina (Willis 1992a, 1992b), Tseravinas, Ziros (Turner y Sanchez Goñi 1997) en el Epiro, Edessa, Khimaditis, Kastoriá, Giannitsa (Bottema 1974) en Macedonia occidental, Tenaghi Philippon (Wijmstra 1969) en Macedonia oriental, Xinias (Bottema 1979) en Tesalia y Kopais en Grecia Central (Allen 1990, Turner y Greig 1975, Tzedakis 1999). Otros sondeos polínicos se han realizado tanto en Grecia continental como en el Peloponeso o Creta. La mayoría cubren parte del Holoceno y se hace referencia a la síntesis con relación al periodo cronológico - cultural que representan o las características medioambientales que revelan.

8.1.1. El Tardiglaciar: el contexto

El Tardiglaciar es la etapa final del último estadial, el Würm o Weischelian en la terminología alpina y noreuropea respectivamente que coincide con la transición entre la última glaciación y el presente interglaciar. Tradicionalmente el Tardiglaciar se ha fechado entre el 13,000 y el 10,000 BP pero la investigación reciente ha evidenciado que la secuencia de cambios climáticos y medioambientales asociados, comenzó en algunas regiones antes del 13,000 BP y continuó durante el presente interglaciar de modo que el Tardiglaciar abarca un periodo de tiempo más largo, del 15,000 BP al 9000 BP aproximadamente (Lowe y Walker 1997).

El último estadial del Pleistoceno, especialmente la mitad más reciente de la última glaciación, se caracteriza por varias oscilaciones de condiciones climáticas más suaves, varios interestadiales. Según datos procedentes de sondeos en hielo en Groenlandia estos interestadiales generalmente ocurren a intervalos irregulares; la duración de ellos se calcula entre 500 y 2000 años y suelen empezar de manera abrupta, tal vez en unas décadas, terminando gradualmente (Johnsen *et al.* 1992, Lowe y Walker 1997).

El máximo del glaciar fennoscandinavo ocurrió entre el 22,000 y 18,000 BP; a partir de entonces, con algunas transgresiones entre el 18,000 y el 15,000, la deglaciación fue rápida. El frente polar en el Norte del Atlántico comenzó a retroceder; desde su posición en la latitud 40° N en las costas norte de Portugal durante el máximo de la última glaciación, migró a una posición cerca de Islandia hacia el 13,500 BP. Como consecuencia se produjeron los grandes cambios climáticos que caracterizaron el Tardiglaciar (Bell y Walker 1992, Lowe y Walker 1997).

Un elemento distintivo del Tardiglaciar es lo que parece ser un número de oscilaciones climáticas que se han trazado mediante investigación multidisciplinar en varias regiones de Europa y que han sido la base para la subdivisión de este periodo.

La zonación polínica para el interestadial del Tardiglaciar en el noroeste de Europa indica un periodo de mejoría climática caracterizado por dos fases cálidas, una temprana el Bolling y otra más tardía el Allerod. Así, el registro bioestratigráfico del norte de Europa documenta cuatro subdivisiones dentro del Tardiglaciar que se caracterizan por alternancia entre condiciones más cálidas y más frías. Los límites entre las biozonas se han datado por radiocarbono y las fases se han definido como cronozonas. Bolling corresponde a un episodio cálido del 13,000 al 12,000 BP, Dryas Antiguo es el siguiente episodio frío datado entre el 12,000 y el 11,800 BP, Allerod se caracteriza por la mejoría climática del 11,800 al 11,000 BP y finalmente el Dryas Reciente corresponde al último episodio frío datado entre el 11,000 y el 10,000 BP (Anderson 1997, Lowe y Walker 1997).

No obstante, muchos problemas surgen en relación con esta subdivisión puesto que las cronozonas muchas veces no coinciden con biozonas ya que la respuesta biológica a los cambios climáticos es variable en el tiempo y el espacio. Consecuentemente, se aceptan cuatro episodios; un fase fría anterior al 13,000 BP que manifiesta las primeras señales de la incipiente mejoría climática (en ocasiones llamada Oldest Dryas); un periodo de condiciones bastante más cálidas entre el 13,000 y el 11,000 BP que corresponde al Bolling y Allerod conjuntamente, el interestadial del Tardiglaciar; un episodio frío entre el 11,000 y el 10,000 BP que coincide con el Dryas Reciente y finalmente la mejoría climática del Holoceno a partir del 10,000 BP, aproximadamente (Lowe y Walker 1997). Asimismo, la deglaciación después del Pleniglaciar se puede dividir en dos fases: Terminación 1a representando el primer calentamiento hacia el 13,000 BP y Terminación 1b representando el final del Dryas Reciente y el inicio del Holoceno o Preboreal (Anderson 1997).

Las oscilaciones climáticas a lo largo del Tardiglaciar se relacionan con cambios en la posición del frente polar en el norte del Atlántico. Los contrastes térmicos y de vegetación en el espacio y el tiempo, fueron resultado del deshielo del glaciar de Escandinavia que causó el movimiento de masas de aguas frías hacia el sur y produjo cambios en los patrones de circulación de las aguas superficiales y profundas en el Atlántico norte. Asimismo, después de la mejoría el deterioro gradual de las condiciones climáticas se manifestó hacia la mitad y durante el final del Tardiglaciar.

El retroceso inicial del frente polar fue tan rápido - se ha calculado una velocidad de 2 km por año entre las latitudes 35° y 55° N - que causó un calentamiento casi sincrónico en grandes áreas. El comienzo de la mejoría climática se manifestó en el sur de Europa hacia el 15,000 BP; estas tempranas manifestaciones se hicieron más evidentes hacia el 13,500 y sobre todo a partir del 13,000 BP. A partir del análisis de coleópteros se ha calculado en Bretaña el aumento de las temperaturas hasta un 1° C cada década y 7°

C cada siglo, mientras que la temperatura del mes más frío pudo haber incrementado hasta 20° C. El máximo térmico no fue simultáneo y particularmente al inicio del Tardiglaciar hubo diferencias climáticas significativas en Europa y cambios de temperatura de hasta 6° - 7° C en pocas centenas de kilómetros. El retroceso inicial que situó el frente polar en la latitud de Islandia hacia el 13,000, fue sustituido entre el 11,000 y 10,000 BP por la migración del flanco este del frente hacia el sur a la latitud de Irlanda. Finalmente, el frente retrocedió rápidamente hacia el norte alrededor al 10,000 BP (Anderson 1997, Bell y Walker 1992, Lowe y Walker 1997).

Durante los primeros 1000 años del interestadial del Tardiglaciar la migración de la vegetación sucedió en muchas partes de Europa y el clima fue suficientemente cálido para el desarrollo de taxa arbóreos. Después del inicio de la deglaciación, las secuencias polínicas documentan en el norte de Europa la sustitución de comunidades abiertas de tundra por formaciones de parque - tundra donde *Betula*, *Juniperus* y *Pinus* desempeñaron un papel importante. En las latitudes sur las formaciones estépicas de la última glaciación se sustituyeron por bosques abiertos donde *Pinus* y *Quercus* fueron importantes. No obstante, no todos los taxa respondieron inmediatamente a la mejoría climática, así que hay variabilidad espacial y temporal en el registro polínico. Concretamente se detecta una marcada tendencia diferencial entre este y oeste contrastando con la actual diferenciación principalmente manifestada en el eje norte - sur (Huntley 1990, Lowe y Walker 1997).

El Dryas Reciente se caracteriza por el retorno de condiciones frías y áridas; probablemente las temperaturas más bajas se manifestasen pronto y hay evidencias de un ligero incremento durante las fases más tardías (Anderson 1997). En el registro paleobotánico esta etapa se define por el avance de formaciones de tundra en detrimento de bosques y formaciones boreales arbustivas. En latitudes más al sur, la reducción del AP acompañada del incremento de taxa como *Artemisia*, Poaceaeae, Chenopodiaceae y *Ephedra*, sugiere aridez a lo largo de todo el Dryas Reciente. El análisis de coleópteros sitúa la temperatura media del mes de julio entre 9° y 13°C, para los Apeninos y el Massif Central; las temperaturas medias de enero, especialmente en las regiones más al norte y más próximas al Atlántico, serían iguales a -20°C o incluso inferiores. En otras regiones de Europa se ha estimado un descenso de temperaturas entre 3° y 7°C (Bell y Walker 1992, Lowe y Walker 1997). El comienzo y final del Dryas Reciente fueron abruptos y a partir de los sondeos en hielo (GISP2 y GRIP) se ha estimado su duración en unos 1300 años. Se postula que una combinación de descarga de los icebergs y la acumulación de aguas de deshielo pudo producir cambios en la circulación termohalina que resultaron en la iniciación de esta etapa fría (Anderson 1997).

La mejoría climática al inicio del Holoceno fue tan abrupta que la transición Dryas Reciente/Preboreal se estima en 50 años (Alley *et al.* 1993, Anderson 1997). El comienzo del Holoceno no es fácil de datar debido al "plateau" de radiocarbono que ocurre durante este tiempo. No obstante, la evidencia polínica y el análisis de restos coleópteros, indica que en muchas partes de Europa, se habían alcanzado temperaturas comparables a las actuales hacia el 9800-9500 BP (Anderson 1997, Lowe y Walker 1997).

8.1.2. El Tardiglaciar en el Mediterráneo y Grecia

El clima en la región mediterránea durante la última glaciación se caracterizaba por inviernos fríos y veranos con temperaturas más bajas que las actuales. Generalmente se debate sobre las características del clima mediterráneo durante el final de la última glaciación y parece ser que la clave está en el patrón de precipitaciones; hay opiniones que optan por inviernos áridos o clima con fuerte estacionalidad de las precipitaciones que en ambos casos tuvieron como resultado el dominio de las formaciones estépicas.

Simulaciones de modelos generales de circulación (GCM) para el 18,000 BP indican el enfriamiento general de los continentes (COHMAP 1988). Se postula que la región mediterránea se vio afectada por el desplazamiento de vientos occidentales fríos hacia el sur debido a la barrera orográfica que supuso la formación y extensión de los glaciares. Estos vientos fueron más fríos y áridos que los actuales como consecuencia de la larga trayectoria por encima de océanos fríos o helados y causaron veranos frescos y nublados pero no con más precipitación. Los anticiclones que evolucionaron por encima de los glaciares moviéndose desde el noreste causaron en el mediterráneo inviernos áridos y fríos.

A pesar de las condiciones climáticas más rigurosas y las dominantes formaciones estépicas que se registran al final del Pleistoceno en la región mediterránea, en algunos lagos, y entre ellos el lago de Ioánnina en el Epiro, Greciase han documentado niveles de agua altos para el 18,000 BP. Harrison y Digerfeldt (1993) basandose en los resultados del lago de Ioánnina y otros, sugieren para el Mediterráneo oriental un clima más húmedo en el 18,000 BP que en la actualidad. Consecuentemente, y al contrario de la aridez sugerida en algunas simulaciones de las condiciones climáticas, para el 18,000 BP se reconstruyeron en la región mediterránea, inviernos fríos y húmedos, veranos secos y fuerte estacionalidad de las precipitaciones (Prentice *et al.* 1992).

Así, a partir de las simulaciones climáticas (GCM) para el máximo de la última glaciación, se documenta la influencia del incremento de precipitaciones invernales a lo largo del eje del jet-stream que se desplazó hacia el sur extendiéndose cerca las latitudes del mediterráneo (Prentice *et al.* 1992). El exceso de precipitación invernal sobre suelos saturados no se absorbía y contribuía a escorrentía superficial; en consecuencia, el aguano estaba disponible para compensar el déficit de la humedad edáfica durante la estación de crecimiento. El jet-stream en verano se movía lejos del Mediterráneo produciendo climas secos. Las temperaturas de invierno en estas regiones serían entre 5 y 10 °C más bajas que las actuales; las temperaturas de verano serían solo ligeramente más bajas, 1-3 °C. Debido a estas condiciones las formaciones vegetales dominantes fueron las estépicas ya que las temperaturas eran demasiado bajas para los taxa perennifolios y la humedad insuficiente para los caducifolios templados (Prentince *et al.* 1992).

Sin embargo, todas las hipótesis expuestas en los párrafos anteriores se están revisando en la actualidad. Estudios recientes sobre el lago de Ioánnina sugieren la influencia de la actividad tectónica con relación a la existencia de unas playas pleniglaciares expuestas (Galanidou *et al.* 2000). Por otro lado la investigación sobre los niveles paleohidrológicos de lagos de Grecia demuestra la insuficiencia de datos para apoyar una reconstrucción climática (Digerfeldt *et al.* 2000).

En el Mediterráneo oriental, donde se incluye Grecia, las principales subdivisiones del Tardiglaciar y las biozonas del registro polínico no coinciden siempre; la secuencia bioestratigráfica del Tardiglaciar se documenta bastante homogénea. La importancia de los episodios fríos del Dryas Antiguo y el Dryas Reciente no está muy clara.

Hacia el 15,000 BP la vegetación en la región está dominada por las formaciones estépicas y las floras locales son muy pobres en taxa arbóreos. Paisajes con características de bosque solo existen en zonas favorecidas por lluvias de origen orográfico, como los Balcanes y la sierra de Pindo en Grecia (Bennett *et al.* 1991, Bottema 1991). Alrededor del 15,000 BP las temperaturas mundiales serían unos 8° a 10°C más bajas que las actuales que según Bottema (1991) no causarían desaparición de las especies arbóreas, pero si el descenso del límite de expansión de los árboles (tree-line) a los 1000-1200 m, de modo que el medio forestal se restringiría en altitudes donde la humedad local fuera suficiente y las temperaturas no excesivamente bajas.

La mejoría climática del Tardiglaciar, en mediterráneo oriental se manifestó con un aumento de temperaturas respecto al periodo anterior que favoreció el incremento de taxa arbóreos en media montaña mientras que en las altitudes más bajas causó sequía y obstaculizó la expansión de los mismos. A continuación, los taxa arbóreos se redujeron o se restringieron en zonas más altas a medida que las condiciones se hicieron más secas. En el Dryas Reciente las formaciones de coníferas se expandieron y las condiciones fueron más favorables para el crecimiento de robles, tal vez porque el descenso de temperaturas estaba acompañado por un aumento en las precipitaciones (Bottema 1978, 1982).

Las condiciones medioambientales en el territorio de Grecia durante la última glaciación y el Tardiglaciar se reflejan en el registro polínico. Las secuencias de Tenaghi Phillippon (Wijmstra 1969), Ioánnina I (Bottema 1974), Ioánnina 249 (Tzedakis 1993, 1994), Ioánnina 284 (Galanidou *et al.* 2000), Xinias (Bottema 1979) y Kopais (Turner y Greig 1975, Tzedakis 1999) abarcan ambos periodos. Otros secuencias más cortas, Khimaditis, Edessa (Bottema 1974), Gramousti (Willis 1992a), Tseravinas, Ziros (Turner y Sanchez Goñi 1997) y Kopais (Allen 1986 citado en Willis 1994b, Allen 1990) reflejan el Tardiglaciar (Fig. 52). La región del Epiro concretamente, donde se encuentra el abrigo de Boila, cuenta con seis secuencias polínicas diversas en cuanto a la localización geográfica y altitudinal, Ziros en baja altitud y otros cinco Ioánnina I, Ioánnina 249, Ioánnina 284, Tseravinas y Gramousti, a media altitud entre los 400 y 500 m. También las dimensiones de los lagos donde se han efectuado los sondeos son variadas y de ese modo reflejan diferentes áreas de captación e información tanto local como regional.

La vegetación en Grecia, al igual que en todo el Mediterráneo, durante la última glaciación, el Würm, fue estépica pero es cierto que éstas formaciones del Pleistoceno no tienen paralelos actuales aunque se han buscado en las estepas de la zonas montañosas del oeste de Irán o del Asia central (Turner y Sanchez Goñi 1997). A pesar de la falta de paralelos actuales, está claro que el medio durante el Würm en Grecia era árido y sin árboles excepto en áreas muy favorables.

Las secuencias polínicas de Ioánnina (Bottema 1974), Ioánnina 249 (Tzedakis 1994), Tenaghi Philippon (Wijmstra 1969), Xinias (Bottema 1979) y Kopais (Turner y Greig 1975), en cuanto a las características de la vegetación con anterioridad al 15,000 BP y durante el Pleniglaciar, coinciden en que la vegetación estuvo dominada por las formaciones estépicas caracterizadas principalmente por *Artemisia* y Chenopodiaceae, que junto a otras herbáceas elevan los porcentajes del NAP al 80% aproximadamente. No obstante, las curvas de *Pinus* y *Quercus* son continuas; asimismo, están representados débilmente algunos taxa arbóreos. Estas características sugieren la existencia de refugios de vegetación, nichos favorables entre los 500 y 800 m de altitud, donde perduran formaciones abiertas de tipo estepa - bosque y taxa arbóreos templados a lo largo de la última glaciación (Bottema 1974, 1978). La secuencia larga de Ioánnina 249 (Tzedakis 1993, 1994, Tzedakis y Bennett 1995) que cubre 423,000 años aproximadamente, documenta la persistencia de *Pinus*, *Quercus*, *Abies* y otros taxa arbóreos más esporádicos, a lo largo de varios estadiales y asocia su presencia a refugios localizados en zonas montañosas particularmente en la sierra de Pindo, en el Epiro.

Las condiciones climáticas hacia el 25,000-24,000 BP debieron ser más frías y considerablemente más áridas (Bottema 1982). En Grecia, durante el Pleniglaciar superior la precipitación fluctuó más o menos uniformemente en todo el territorio y esa característica se refleja en el registro polínico que documenta de manera bastante uniforme el dominio de bosques - estepa o estepas con escasos árboles en todas las regiones (Bottema 1974, 1979, 1982).

Las condiciones climáticas en Grecia, durante el máximo de la última glaciación vienen indicadas a partir de la distribución de taxa polínicos de cuatro secuencias (Ioánnina, Xinias, Khimaditis y Tenaghi Philippon) en tipos funcionales de plantas. La reconstrucción indica temperaturas medias anuales entre 8° y 11°C más bajas que las actuales, temperaturas medias del mes más frío entre 15°

y 19°C más bajas, y humedad disponible entre 10% y 25% más baja que la actual siendo las zonas más occidentales las más perjudicadas (Peyron *et al.* 1998). En cuanto a las temperaturas de verano para las latitudes de Grecia, todavía hay incertidumbre e igualmente se debate entre aridez y estacionalidad respecto al patrón de las precipitaciones (Turner y Sanchez Goñi 1997).

El Tardiglaciar en las secuencias polínicas de Grecia no se presenta tan homogéneo como el periodo anterior y, consecuentemente, las condiciones climáticas y peleoambientales están lejos de ser concluyentes. Es probable que en las distintas characteristicas de las secuencias se manifiesten diferencias regionales (Fig. 53).

En Grecia centro - oriental el diagrama de Xinias (Bottema 1979) y el diagrama de Kopais (Turner y Greig 1975) se muestran bastante parecidos y documentan el dominio de la vegetación estépica entre el 25000 y el 15000. *Quercus* y *Pinus* están restringidos en hábitats favorables en las montañas. Hacia 15,000 BP el incremento de temperaturas y precipitación probablemente favoreció la expansión de *Pinus* en las montañas pero en las altitudes más bajas siguieron siendo dominantes las estepas. A continuación el AP, principalmente *Pinus*, disminuye y los altos valores de Chenopodiaceae indican aridez. La reconstrucción climática paleoambiental para Xinias indica la existencia de estepas frescas entre 18,000 y 13,000 BP que a continuación están desplazadas por un bosque mixto cálido. Estos datos indican para el periodo entre 18,000-13,000 BP temperaturas medias del mes más cálido inferiores a 22°C, temperaturas medias del mes más frío inferiores a 5°C y humedad disponible inferior al 65% (Tarasov *et al.* 1998). La aridez fue el factor responsable para la escasez de vegetación arbórea y posiblemente se produjo a raíz del aumento de temperaturas no compensado por el incremento de las precipitaciones más altas (Bottema 1982). El Dryas Reciente se caracteriza por la expansión de *Pinus* que a su vez sugiere el incremento de la humedad, en parte debido al descenso de temperaturas (Bottema 1979, 1982).

El diagrama de Kopais, en Grecia centro – oriental, igual que Xinias, pero más al sur, indica una sucesión de fases distinta. A partir del Tardiglaciar, se aprecia en el diagrama de Kopais el aumento de AP y la expansión de las formaciones de bosque donde el participante más importante es *Quercus* junto a *Pinus* y *Juniperus*. Aparecen seguidamente *Pistacia*, *Ostrya* y *Corylus*. A continuación los valores de *Quercus* bajan al 10% y aumenta el NAP.

Los autores (Turner y Greig 1975) relacionan la sucesión observada en el diagrama de Kopais a la de Tenaghi Philippon y distinguen la mejoría climática del Tardiglaciar en la expansión de formaciones abiertas de bosque que a continuación se ven perjudicadas por los cambios climáticos del Dryas Reciente.

Allen (1986 citado en Willis 1994b, Allen 1990) en el sondeo que efectuó en Kopais obtuvo resultados semejantes a los de Turner y Greig; pero en virtud de las dataciones de la secuencia, entre el 11,250 y el 11,000 BP aproximadamente, los cambios en la vegetación, no se pueden correlacionar con los cambios climáticos del Dryas Reciente sino con fluctuaciones anteriores del Tardiglaciar.

En Grecia noroccidental, la vegetación Tardiglaciar se manifiesta variable según las diferentes secuencias polínicas. Los diagramas de Ioánnina, Khimaditis, Edessa (Bottema 1974) y Gramousti (Willis 1992a) evolucionan de manera semejante y se correlacionan con el de Xinias.

Entre el 20,000 BP y 14,000 BP la vegetación estépica domina en las altitudes bajas. Las coníferas y algunos taxa caducifolios estuvieron presentes en mayores altitudes que recibían más precipitación. A partir del 14,000 BP se expandieron *Pinus* y *Abies* pero en altitudes bajas siguieron dominando las formaciones estépicas. El declive de *Pinus* y *Abies* en el noroeste de Grecia es sincrónico al de Xinias. La causa debió ser la misma, el incremento de las temperaturas al inicio del Tardiglaciar seguido por un periodo seco, resultado del continuo aumento térmico y de las bajas precipitaciones (Bottema 1982). La secuencia de Gramousti documenta un desarrollo de la vegetación muy parecido a la secuencia de Ioánnina. La vegetación del Tardiglaciar se caracteriza por comunidades estépicas y la presencia reducida de *Pinus* y *Quercus* (Willis 1992a).

Las secuencias de Tseravinas y Ziros, en el noroeste de Grecia también, antes del 15,000 BP, documentan el dominio de la vegetación abierta de plantas estépicas y herbáceas; pero también se detecta la diferenciación debida a la localización geográfica entre zonas bajas y altas. En Ziros, que refleja la vegetación de menor altitud y más al sur, existen formaciones abiertas de *Quercus* mientras que en Tseravinas los taxa arbóreos son escasos, principalmente las coníferas y los robles. Lo que se registra en los diagramas polínicos es la baja productividad polínica de la vegetación estépica a pesar de que era la dominante en el área. A partir del 15,000 BP en ambos diagramas se observa la expansión considerable de los bosques. En Ziros el robledal evoluciona más rápido, y en Tseravinas después del aumento inicial de *Betula*, las formaciones vegetales están dominadas por *Quercus*. No obstante, en ambos diagramas se aprecia la persistencia de elementos que sugieren un mosaico de vegetación, bosque y enclaves de formaciones estépicas. A continuación se documenta el declive de la vegetación arbórea; las formaciones están dominadas por *Pinus* y aumentan los espacios abiertos. Las características se atribuyen al deterioro climático del Dryas Reciente o alternativamente a un episodio frío anterior (Turner y Sanchez Goñi 1997).

En el noreste de Grecia, la secuencia de Tenaghi Philippon muestra para el Tardiglaciar un desarrollo de la vegetación distinto al de Ioánnina o de Xinias, pero con afinidades a las secuencias de Kopais, Tseravinas y Ziros. Con anterioridad al 14,000 BP, *Pinus* se expandió probablemente en las montañas debido a la mayor humedad. A partir del 14,000 BP aumenta considerablemente *Quercus* y comienza la expansión de formaciones abiertas dominadas por este taxon. El Dryas

Reciente se ve reflejado en la reducción de *Quercus* y el aumento de *Juniperus*, *Artemisia* y Chenopodiaceae.

Las condiciones climáticas entre el 14,000 BP y el 11,000 BP se resumen en un incremento de temperaturas que causa mayor evaporación y insuficiente humedad. El papel de las precipitaciones fue fundamental para el desarrollo de las formaciones vegetales. Al final del Tardiglaciar la humedad aumentó de nuevo, tal vez a causa del declive de las temperaturas. No obstante, existió variabilidad regional que se detecta en la distinta sucesión de la vegetación en las diferentes secuencias polínicas (Bottema 1982, 1991, Turner y Sanchez Goñi, 1997, Wijmstra *et al.* 1990).

Las discrepancias del registro polínico en relación a la vegetación Tardiglaciar de Grecia a partir del 15,000 BP aproximadamente, derivan de las distintas characteristicas de la vegetación observadas en los diagramas de Tenaghi Philippon (Wijmstra 1969), Kopais (Turner y Greig 1975, Allen 1986 citado en Willis 1994b, Allen 1990) Tseravinas y Ziros (Turner y Sanchez Goñi 1997) por un lado y Ioánnina, Khimaditis, Edessa (Bottema 1974), Xinias (1979) y Gramousti (Willis 1992a, 1997) por otro. En los primeros, contrariamente a lo que se observa en los demás, el comienzo del Tardiglaciar se caracteriza por la expansión de los taxa arbóreos y especialmente *Quercus*.

Wijmstra (1969), interpretó los cambios en la vegetación detectados en el diagrama de Tenaghi Philippon como resultado de los cambios climáticos del Tardiglaciar entre el 13,500 y el 10,000 BP. Bottema (1974, 1978) criticó la correlación de la zona Y del diagrama de Tenaghi Philippon con el Tardiglaciar y sugirió que la misma zona (particularmente las subzonas Y2 e Y3) formaba parte del Holoceno, de modo que el aumento de *Quercus* se sincronizaba con los paralelos de los diagramas del noroeste de Grecia donde ésta característica se había datado en el 10,190±90 BP. El mismo autor en una publicación posterior (1982) atribuía esas diferencias a la posible diversidad regional en cuanto al régimen pluviométrico, a la composición y a la densidad de la vegetación arbórea. En el noreste, en Tenaghi Philippon, la humedad debió ser relativamente alta y la cubierta forestal continua aunque más abierta. El noroeste y centro - este experimentaron marcadas fluctuaciones de humedad; los árboles eran escasos en Xinias y el noroeste representa un punto intermedio entre Tenaghi Philippon y Xinias. Las diferencias regionales en la composición de la vegetación arbórea se manifiestan en el ligero aumento de coníferas en Xinias, Ioánnina, Edessa y Khimaditis mientras que *Quercus* expandió en Tenaghi Philippon.

Turner y Greig (1975) atribuyen las diferencias entre los diagramas de Kopais, Tenaghi Philippon y el de Ioánnina a la diferente localización altitudinal de los yacimientos y también a la influencia reducida que probablemente tuvo la oscilación del Dryas Reciente en Grecia, en relación con el norte de Europa. Así sugieren que en bajas altitudes como Kopais y Tenaghi Philplippon la mejoría climática del Tardiglaciar se detecta en la expansión de *Quercus* y se observa una secuencia de oscilaciones parecida a la noreuropea. A mayor altitud, como en Ioánnina, la vegetación no respondió a los cambios del Tardiglaciar y solamente el cambio del Dryas Reciente favoreció la expansión de las coníferas, *Pinus* y *Abies*.

Las secuencias de Tseravinas y Ziros (Turner y Sanchez-Goñi 1997) contrastan con los diagramas de Ioánnina (Bottema 1974) y Gramousti (Willis 1992a), todos localizados en el Epiro. Los autores (Turner y Sanchez-Goñi 1997) detectan el desarrollo de formaciones de bosque durante el Tardiglaciar, acordes con las observaciones de Wijmstra en Tenaghi Philippon (1969) y Turner y Greig (1975) en Kopais. Los resultados contradicen la documentación procedente de Ioánnina y Gramousti donde, a lo largo del Tardiglaciar, predominan las formaciones estépicas y el desarrollo de *Quercus* tan solo ocurre con la transición al Holoceno. Turner y Sanchez-Goñi (1997) atribuyen las diferencias con la secuencia de Ioánnina I a que la parte superior que representa el Tardiglaciar y el Postglaciar está comprimida en tan solo 3 m en comparación con los 13 m de la secuencia de Tseravinas para el mismo periodo. En el caso de la secuencia de Gramousti la discrepancia es bastante sorprendente puesto que la distancia que separa los lagos Tseravina y Gramousti no es superior a 8 km. El problema según los autores (Turner y Sanchez-Goñi 1997) reside en un *hiatus* en la secuencia de Gramousti entre las zonas G2 y G3 de manera que no se representa el Tardiglaciar, sino tan solo las etapas justo antes (la última glaciación) y después (Holoceno).

Los diagramas polínicos de Grecia no documentan oscilaciones parecidas a las de los diagramas del norte de Europa. Respecto a eso, la subdivisión del Tardiglaciar en Dryas Antiguo - Alleröd, Bolling - Dryas Reciente, en el caso de Grecia no es fácil de detectar. En el caso de Tenaghi Philippon (Wijmstra 1969) y Kopais (Turner y Greig 1975) se ha visto algo semejante a la secuencia noreuropea. Las fluctuaciones en los valores de *Pinus*, para el caso de Xinias se han relacionado a las subdivisiones del Tardiglaciar considerando las precipitaciones como el factor limitante para el desarrollo de las coníferas durante el periodo de temperaturas más elevadas contemporáneo al Allerod (Bottema, 1978).

Según Bottema (1995), la manifestación del periodo frío del Dryas Reciente no es fácilmente detectada y responde a diferencias regionales; al oeste de la sierra de Pindo el desarrollo del AP es bastante homogéneo a lo largo de todo el Tardiglaciar. Tan solo después del Dryas Reciente los taxa estépicos se reducen y la composición del AP cambia; al este de la sierra de Pindo los diagramas polínicos se parecen más a los de Europa central y oeste. Hay fluctuaciones en los valores del AP que aumentan rápidamente durante del Tardiglaciar y al comienzo del Holoceno.

En general, en cuanto las características de la vegetación tardiglaciar parece haber una inversión respecto a la secuencias del noroeste de Europa. Asimismo, ambos Dryas, los episodios más fríos del Tardiglaciar, son los más favorables para la vegetación y el interestadial del Tardiglaciar se caracteriza por la expansión de las formaciones estépicas (Bottema 1978, 1995).

No hay suficientes evidencias para detectar los Dryas y el Alleröd como biozonas claramente definidas. Los valores de los distintos taxa en los diferentes diagramas documentan oscilaciones frecuentes que no ocurren uniformemente; más que cambios climáticos indican la existencia de microclimas en función de la altitud, las condiciones microambientales o incluso la existencia de refugios cercanos (Willis 1992c, 1994b).

8.1.3. Una síntesis de los datos antracológicos y polínicos

La región del Epiro, como ya hemos mencionado, presenta la mayor concentración de información palinológica para el Tardiglaciar. Paralelamente, es la zona que más información ha ofrecido sobre el Paleolítico. El abrigo de Boila, el yacimiento tardiglaciar donde se ha realizado nuestro estudio antracológico, se encuentra en esta región, precisamente muy cerca de los yacimientos polínicos de Ioánnina, Gramousti, Rezina y Tseravinas (Fig. 42 y 52). Los resultados obtenidos a partir del estudio antracológico, pensamos que ofrecen la posibilidad de aportar información sobre algunas cuestiones que se han planteado a través de la investigación palinológica de cara a la sucesión de la vegetación durante el Tardiglaciar (Fig. 53).

La secuencia antracológica de Boila abarca el periodo entre el 14,000 BP y el 10,000 BP con posible representación de momentos anteriores y posteriores. La documentación obtenida no puede ser directamente comparada con el registro polínico puesto que en el diagrama antracológico están representados solamente los taxa arbóreos y faltan taxa que no lignifican y que, como las herbáceas, tendrían un papel importante en las formaciones del final del Pleistoceno. No obstante, pensamos que hay unas cuestiones que se han tratado en las secuencias polínicas y que se reflejan también en los resultados antracológicos:

a) la composición de la vegetación arbórea durante en Tardiglaciar,

b) la importancia de los taxa arbóreos durante el Tardiglaciar,

c) la progresión de estos taxa y la relación con la existencia de refugios en la parte occidental de la sierra de Pindo.

En la lista floral del abrigo de Boila se incluyen 25 taxa, la riqueza del entorno en taxa arbóreos es evidente y existe mucha afinidad en cuanto a los taxa identificados en el registro polínico. La mayoría de los taxa, tanto templados como mesófilos y termófilos, presentes ocasionalmente en los diagramas polínicos se han identificado en el abrigo de Boila. *Pinus* y *Quercus* suelen ser los taxa mejor representados en las secuencias polínicas; los demás taxa, *Betula, Abies, Corylus, Carpinus orientalis/Ostrya, Ulmus, Tilia, Fraxinus, Fagus, Salix, Acer, Quercus* coccifera-type, tienen valores muy bajos.

En relación con la presencia de taxa templados en los diagramas polínicos de Grecia, se había propuesto la posibilidad de tener representado el transporte de polen desde zonas de refugios localizados en Turquía y el Oriente Próximo. Sin embargo, el volumen de información polínica procedente de Grecia como del resto de los Balcanes contradicen la migración de las distintas especies y argumentan a favor de la persistencia local en zonas de refugio (Bennett *et al.* 1991, Bottema 1974, 1978, Willis 1992c, 1994a, 1994b). En cuanto a las cuestiones de persistencia de taxa templados y termófilos durante el Tardiglaciar, lo más significativo es la presencia continua de casi todos estos taxa a lo largo de la secuencia antracológica de Boila, lo cual indica la permanencia de las especies en el entorno inmediato a pesar de las oscilaciones climáticas observadas a partir del registro polínico.

La aportación antracológica al respecto es especialmente importante puesto que el material analizado es el producto de actividades llevadas a cabo por los humanos, con lo que se puede delimitar hasta cierto punto la procedencia de la leña. Consecuentemente, la presencia de los taxa registrados en las secuencias polínicas del Tardiglaciar queda confirmada a partir de los datos antracológicos; además se puede especificar la localización de los distintos taxa más o menos en el entorno inmediato del abrigo.

El diagrama antracológico de Boila parece indicar un medio relativamente arbolado aunque están presentes a lo largo de toda la secuencia los indicadores de espacios abiertos. La vegetación es de tipo mosaico y los taxa identificados son aquellos que según los diagramas polínicos se encontrarían durante el Tardiglaciar en los refugios en la sierra de Pindo.

Como ya hemos mencionado, el registro polínico no es concluyente en cuanto al aspecto del medio durante el Tardiglaciar, ni en cuanto al papel que jugarían los taxa arbóreos y las herbáceas. Los datos antracológicos, respecto a esto, manifiestan la existencia de formaciones forestales o preforestales de *Betula* y la existencia constante de otros taxa mesófilos y termófilos; es decir, destaca la imagen de un medio colonizado por taxa arbóreos desde los niveles más antiguos de la secuencia, *circa* 14,000 BP, que coinciden con los momentos iniciales de la secuencia cronológica convencional del Tardiglaciar. En cuanto a la existencia de espacios abiertos y formaciones tipo parque o estepa, la información antracológica es indirecta. Están presentes a lo largo de toda la secuencia aquellos taxa que se relacionan con espacios abiertos, como *Prunus*, y nos permiten sugerir la existencia de enclaves de vegetación poco densa con árboles dispersos y tal vez mayor importancia de las herbáceas.

Teniendo en cuenta esas características del entorno del abrigo, nos parece que el Tardiglaciar en la zona viene marcado por una relativa mejoría climática y un importante desarrollo de la vegetación arbórea. Esta conclusión cobra más importancia para la comprensión de los cambios medioambientales del Tardiglaciar, si tenemos en cuenta que el entorno del abrigo, el cañón de Vikos, debió ser una de las zonas más afectadas y poco rentables para la ocupación humana durante el máximo de la última glaciación. Hay evidencia de la existencia de glaciares locales y la ocupación humana en el interior del cañón propiamente dicho, no comenzó hasta el 16,500 BP. Con todo esto, se postulan condiciones climáticas rigurosas que seguramente repercutirían en la erosión de laderas, suelos pobres, espacios abiertos y, en definitiva, vegetación estépica. Los resultados antracológicos denotan desde principios del Tardiglaciar una vegetación en cambio.

En comparación con los diagramas polínicos de la zona y de Grecia en general, vemos que los resultados de Boila tienen más afinidad con las secuencias de Tseravinas, Ziros y las más lejana de Tenaghi Philppon, en el sentido de que, igualmente, detectan el desarrollo de formaciones forestales y el declive de las formaciones estépicas bastante pronto en el Tardiglaciar. No obstante, hay diferencias con estas secuencias polínicas más afines, principalmente en cuanto a los taxa dominantes. Asimismo, en estas secuencias el desarrollo de las formaciones forestales se detecta en el aumento de *Quercus* y sin embargo en nuestro diagrama antracológico el taxon dominante es *Betula*. El diagrama de Tseravinas documenta un máximo de *Betula* posterior al 15,000 BP y que precede el gran aumento de *Quercus*. La diferencia con el diagrama antracológico de Boila reside en que en este último el aumento de *Quercus* no se produce de forma tan evidente en ningún momento mientras que *Betula* asciende.

Estas diferencias podrían ser un reflejo de regionalidad, aparentemente documentada en las distintas regiones reflejadas en el registro polínico de Grecia. De este modo, el entorno vegetal de Boila, tal vez, bajo la influencia de condiciones diferentes, producto de geomorfología, relieve y topografía especial reaccionó con un ritmo temporal distinto.

Ciertamente, durante el Tardiglaciar, a escala europea, se detecta mucha variabilidad espacial y temporal. La respuesta de la vegetación a los cambios medioambientales es bastante compleja; en ella influyen la capacidad de adaptación de cada taxon, que tiene así un papel importante en la composición cambiante de las comunidades vegetales. Parece ser que cada taxon sigue separadamente su trayectoria en relación a las condiciones medioambientales a que está adaptado. Igualmente, las formaciones vegetales no muestran propiedades y respuestas uniformes ni en espacio ni en tiempo. Hacia el 11,000 BP, la complejidad de medio vegetal, respecto a etapas anteriores, se documenta en la fragmentación de la cubierta vegetal, en el gran número de unidades vegetales de composición diversa y de reducida extensión distribuidas por el continente Europeo (Huntley 1990).

Es difícil, trasladar las características de escalas grandes, como la europea, en un medio local de distancias cortas, pero es interesante considerar la posibilidad de distintas evoluciones en espacios reducidos; una posibilidad que no está muy lejos de la base teórica que apoya la hipótesis sobre la existencia de refugios de vegetación en Grecia occidental.

A todo esto, también deberíamos considerar los factores internos de las comunidades vegetales que a medida que disminuye la escala temporal y espacial empiezan a tener mayor importancia. La organización de las comunidades a nivel local depende de la medida que se aproxima un equilibrio con las condiciones medioambientales prevalecientes. Pero ciertos factores internos como la competencia o la colonización pueden producir cambios que tan solo indirectamente se relacionan con las condiciones medioambientales locales (Gee y Giller 1991). Realmente, es difícil detectar estos factores en una necrocenosis; pero es importante considerar la posibilidad de que varios factores medioambientales e internos de las propias comunidades pudieran causar diversidad en el registro paleoecológico. Según la teoría de policlímax, en una misma región climática podrían coexistir diversas comunidades climácicas en función de la combinación de aquellos factores que afectan a la sucesión (relieve, topografía, competencia, etc.) y bajo una única dinámica climática global; en respuesta de las características biogeográficas de cada territorio las etapas de sucesión y la vegetación climácica que se desarrollaría en el interstadial del Tardiglaciar sería diferente (Ramil Rego 1993).

Finalmente, deberíamos tener en cuenta que las diferencias metodológicas entre el análisis polínico y antracológico podrían influir sobre la distinta representación de los taxa. La proliferación de *Betula* sobre espacios abiertos se refleja enseguida en el registro polínico; en cuanto otro taxon comienza a aumentar, concretamente *Quercus* gran polinizador y dispersor de polen a grandes distancias, el predominio local o extra local se refleja en los espectros polínicos. En el caso de Antracología tan solo se refleja el entorno inmediato y cualquier cambio fuera de éste pasa desapercibido.

El diagrama antracológico de Boila, a partir de la sucesión de espectros donde se representan los taxa identificados, muestra las condiciones medioambientales y tal vez internas de entorno vegetal inmediato. Un rasgo importante es la trayectoria que describen los géneros *Betula*, el taxon dominante, *Corylus* y *Prunus*.

Respecto a *Betula*, como ya hemos mencionado es un taxon competente, colonizador de espacios abiertos y suelos pobres cuyo papel en la sucesión de la vegetación es importante. En Boila domina durante el Tardiglaciar aunque tiende a disminuir de acuerdo con sus características ecológicas y con la progresiva mejoría climática. Los diagramas polínicos del norte de Europa documentan la presencia de este taxon, atribuyéndolo a *Betula nana* en formaciones de tipo tundra durante el final del Pleniglaciar y a especies arbóreas de abedul al comienzo del Tardiglaciar. La sucesión de la vegetación con relación a la mejoría climática, se asocia en estos diagramas a la curva en progresión de *Betula* al inicio de interestadiales e interglaciares (Bennett *et al.* 1991, van der Hammen *et al.* 1971). Concretamente, el comienzo del Tardiglaciar coincide en los espectros polínicos de los diagramas del norte y oeste de Europa con el aumento de este taxon (Bell y Walker 1992, Perez-Obiol 1988, Pérez-Obiol y Julià

1994, Reille y Lowe 1993). La presencia de este taxon es muy escasa en los diagramas polínicos del Tardiglaciar en Grecia (Bottema 1974, 1979); la única excepción es el diagrama de Tseravinas en el Epiro y cerca del abrigo de Boila (Turner y Sanchez Goñi 1997), donde se observa una curva continua a partir del 15,000 BP asociada a las primeras fases de la sucesión progresiva de la vegetación al inicio del Tardiglaciar.

Corylus es un taxon heliófilo que en los diagramas polínicos en el noroeste de Europa sigue a *Betula* en la sucesión de la vegetación durante la transición glacial - interglaciar y al inicio del Holoceno, considerándose un indicador de mejoría climática (van der Hammen 1971, Tzedakis 1994, Zagwin 1994)). En el diagrama de Boila se presenta de manera semejante, es decir, le sigue a *Betula* y en cuanto ese taxon comienza su descenso *Corylus* alcanza su máxima representación. Estas mismas características se reflejan en el diagrama polínico de Tseravinas en la zona TS2 pero paralelamente aumenta *Quercus* que se convierte en el taxon dominante.

En estos taxa y en su comportamiento en el diagrama de Boila, nos parece ver reflejado un progresivo cambio en la vegetación forestal que se podría relacionar con los ciclos de la sucesión de la vegetación observados entre anteriores glaciales - interglaciares o estadiales - interestadiales.

En Grecia la secuencia polínica de Ioánnina 249 (Tzedakis 1994) ha evidenciado periodos de vegetación forestal que corresponden a los interglaciares o interestadiales y periodos de vegetación abierta que corresponden a estadiales. Dentro de cada ciclo se observa un orden jerárquico de variación en cuanto a la respuesta de la vegetación a los cambios medioambientales. Así, en interglaciares o interestadiales se registra una sucesión que comprende la temprana expansión de *Quercus* y *Ulmus* seguida por *Carpinus betulus* y *Ostrya carpinifolia/Carpinus orientalis* y finalmente *Abies* acompañado por *Fagus* (Tzedakis 1993, 1994, Tzedakis y Bennett 1995).

Evidentemente estas características no se producen de la misma manera en nuestro diagrama antracológico, entre otras razones porque la escala temporal y espacial que se recoge es muy diferente; el interestadial del Tardiglaciar se caracteriza por progresiva colonización de los espacios abiertos por *Betula/Corylus* en el diagrama antracológico de Boila y *Betula/Quercus/Corylus* en la secuencia polínica de Tseravinas (Turner y Sanchez Goñi 1997). Junto a la información del registro polínico, las características del diagrama antracológico podrían indicar que, dentro de los propios refugios de vegetación, existe un patrón de sucesión semejante al que se evidencia en las zonas receptoras de la migración de taxa durante los interglaciares (Turner y Sanchez Goñi 1997).

En el diagrama antracológico de Boila un taxon importante es *Prunus*. Este taxon no se recoge en la lluvia polínica y consecuentemente no se representa en los diagramas. Sin embargo, la documentación antracológica sobre el Tardiglaciar destaca su papel en formaciones vegetales abiertas y en relación a estas hemos interpretado su presencia y valores en el entorno del abrigo de Boila.
Prunus y las Rosaceae, entre ellas Maloideae, en general están escasamente representadas en los diagramas polínicos puesto que son entomófilos. No obstante, los diagramas antracológicos documentan la presencia y el papel de estos taxa en la vegetación del Pleistoceno y Holoceno. En Grecia, se ha detectado la presencia de *Prunus* en muestras antracológicas de la cueva de Theopetra, procedentes de niveles del Paleolítico Medio y Superior. Un dato importante sobre su papel en las formaciones vegetales pleistocenas abiertas y bajo condiciones climáticas adversas, es la presencia del taxon junto a *Juniperus* sp. en las muestras de los niveles datados en el 25,000 BP aproximadamente, que marcan el inicio del Pleniglaciar (Ntinou 2000). Las almendras están presentes en las muestras carpológicas de la cueva de Franchthi durante el Tardiglaciar y se asocian a bosques abiertos de *Prunus* cf. *amygdalus*, *Pistacia*, *Pyrus*, variedad de leguminosas, avena y cebada (Hansen 1991). En los diagramas antracológicos del sur de Francia y de los Pirineos centrales, el incremento de *Prunus* durante el Dryas Reciente se asocia a la reacción de la vegetación ante el deterioro climático (Heinz y Barbaza 1998). *Prunus amygdalus* junto a *Juniperus* y *Pinus* se relacionan a espacios abiertos frescos y secos de influencias montanas (Heinz 1991).

Prunus, a pesar de no quedar reflejado en los diagramas polínicos, pensamos que en los espectros antracológicos indica las formaciones abiertas de tipo bosque - estepa o formaciones de tipo parque. Y este tipo de formaciones dominan en la secuencia tardiglaciar de los diagramas polínicos de Ioánnina, Gramousti, Khimaditis, Edessa y Xinias en Grecia. En Ziros y Tseravinas la importancia de estas formaciones abiertas es menor. En todo caso, cualquiera que fuese la razón de esa variabilidad en el registro polínico, la secuencia antracológica de Boila parece indicar la coexistencia de reducidos espacios abiertos con una vegetación arbórea en pleno desarrollo donde *Betula* podría estar disperso en el paisaje o formando bosques.

La persistencia de las formaciones estépicas se ha interpretado como consecuencia de una mayor aridez causada en las altitudes medias por el continuo aumento de las temperaturas no compensado, sin embargo, por más precipitaciones y acentuado por evaporación.

Estas características climáticas también se han visto reflejadas en la trayectoria de *Pinus* y *Quercus* en los diagramas polínicos. El inicio del Tardiglaciar se caracteriza por la expansión de *Pinus* y en segundo lugar *Quercus*, favorecidos ambos por el aumento de temperaturas. Su presencia se atribuye a la existencia de refugios de vegetación en las altitudes medias de las montañas de los Balcanes, entre otras en la sierra de Pindo (Bennett*et al.* 1991, Bottema 1974, van der Hammen 1971, Willis 1994d, Zagwin 1992). Después de la expansión tardiglaciar inicial, el déficit de precipitaciones, funcionó como factor limitante perjudicando el crecimiento de taxa arbóreos que quedarían restringidos en las altitudes medias donde la humedad aumentaría. *Pinus* y *Quercus* en los diagramas polínicos reflejan estas condiciones en las montañas de Grecia mientras las zonas bajas sufren la aridez del Tardiglaciar expresadas en formaciones de *Artemisia* y Chenopodiaceae. El periodo entre el 13,000 BP y el 11,000 BP coincide con la máxima aridez y es cuando los taxa arbóreos decrecen considerablemente. El final del Tardiglaciar documenta la progresión de *Pinus* sobre todo y se ve reflejado en este acontecimiento el enfriamiento del Dryas Reciente, que en las latitudes del Mediterráneo más bien se traduciría en aumento de precipitaciones.

En el diagrama antracológico de Boila, podemos apreciar una situación parecida. No obstante, en el caso de Boila, lo anteriormente expuesto, no deja de ser una hipótesis a confirmar por un lado porque carecemos de otros paralelos antracológicos para comprobar los nuestros y, por otro lado, porque siempre cabe la posibilidad de no tener reflejadas condiciones puramente ecológicas puesto que el material analizado es producto de una actividad humana y responde a los espacios aprovechados y usados por ellos.

Lo que observamos en el diagrama antracológico es un avance progresivo de las formaciones arbóreas. Así en un primer momento se documenta bien la vegetación de ribera, quizás presente a lo largo de toda la última glaciación en bosques - galería en la zona. Sin embargo, al igual que en el registro polínico los taxa arbóreos están presentes desde el inicio de la secuencia y uno de ellos, *Betula*, se comporta como *Pinus* o *Quercus* en las secuencias polínicas, aumentando significativamente al inicio del Tardiglaciar. La mejoría climática seguramente influyó en estos procesos y en el diagrama antracológico de Boila a continuación aumenta *Corylus*. En Boila, *Betula* empieza a decrecer progresivamente pero sigue siendo el taxon dominante. El aumento de *Prunus* alrededor al 12,500 BP, podría indicar unas condiciones semejantes a las del registro polínico, es decir, un ligero avance de las formaciones abiertas debido a la reducción de las precipitaciones. No obstante, en ningún momento el entorno inmediato del abrigo documenta algo parecido a la extensión que tendrían las formaciones estépicas según los diagramas polínicos. Entre el 11,000 BP y el 10,000 BP, en el diagrama antracológico de Boila, *Betula* sigue decreciendo y aumentan ligeramente algunos taxa tal vez como respuesta a cambios ombroclimáticos. El final de la secuencia antracológica documenta la progresión de *Cornus* y *Pinus nigra-P.sylvestris* y el descenso abrupto de *Betula*. El aumento de *Pinus nigra-P.sylvestris* tal vez sea comparable al aumento de *Pinus* evidenciado al final del Tardiglaciar en varios diagramas polínicos.

Un rasgo particular del diagrama antracológico de Boila es la constante representación de taxa mesófilos y termófilos en pequeños porcentajes. *Quercus* caducifolio, *Fraxinus* sp., *Carpinus orientalis, Carpinus-Ostrya*, están presentes a lo largo de toda la secuencia, igual que los taxa termófilos mediterráneos *Quercus* perennifolio, *Phillyrea* y *Pistacia terebinthus*; *Ulmus, Acer* y Maloideae son más esporádicos.

Los diagramas polínicos del Epiro documentan todos los taxa caducifolios identificados en Boila. Los demás diagramas polínicos también documentan algunos de los taxa caducifolios dependiendo su presencia de la latitud y altitud del yacimiento. Así en Tenaghi Philippon por localizarse en una altitud muy baja, 40 m, tal vez la aridez climática y la mayor distancia de zonas de altitud media hagan que no se reflejen en el diagrama polínico las especies caducifolias presentes en otros diagramas.

Fraxinus excelsior-type está relativamente bien representado en algunos diagramas del Epiro durante el Tardiglaciar (Turner y Sanchez-Goñi 1997). *Carpinus betulus* y *Carpinus orientalis/Ostrya carpinifolia* aparecen en los diagramas polínicos de Grecia ocasionalmente a lo largo del Pleniglaciar y Tardiglaciar (Bottema 1974, 1979) y su papel es importante en la sucesión de la vegetación durante interestadiales e interglaciares (Tzedakis 1993, 1994). Junto a ellos, en el registro polínico se documentan *Acer* y *Ulmus* ambos presentes en el diagrama antracológico de Boila pero de forma más esporádica (Bottema 1974, 1979, Tzedakis 1993, 1994). Todos estos taxa perduran durante los estadiales pleistocenos en los refugios de vegetación en pequeñas cantidades y, como consecuencia, a veces pasan desapercibidos en la dispersión polínica. Los interestadiales e interglaciares manifiestan el avance de estos taxa que participan en formaciones caducifolias y se expanden hacia el norte de Europa con ritmos de progresión variados (Bennet *et al.* 1991, Tzedakis 1993).

En el registro polínico de Grecia, la presencia de los tres taxa termófilos mediterráneos presentes en Boila durante el Tardiglaciar es bastante escasa y variable dependiendo de las zonas investigadas. En el Epiro *Quercus coccifera*-type está presente a partir del 15,000 BP en los diagramas de los lagos Tseravinas y Ziros (Turner y Sanchez-Goñi 1997); en Ioánnina y Xinias su presencia es puntual; en el diagrama de Tenaghi Philippon, el Tardiglaciar viene marcado por el aumento de AP debido principalmente al incremento de *Quercus ilex* que domina en formaciones abiertas (van der Hammen *et al.* 1971, Wijmstra 1969).

Pistacia se documenta en el diagrama polínico de Tenaghi Philippon durante el Tardiglaciar en asociación con *Quercus ilex* y ambas relacionadas con formaciones abiertas (van der Hammen *et al.* 1971, Wijmstra 1969). En Franchthi, los restos carpológicos de *Pistacia* proceden de los niveles del Tardiglaciar, del 13,000 al 11,000 BP, y del Holoceno (Hansen 1991). Su presencia es puntual en los diagramas de Ioánnina y Kopais. En el Epiro aparece en el diagrama de la turbera de Rezina a los 1800 m de altitud al comienzo del Holoceno, hacia el 9000 BP. La presencia del taxon a esa altitud, tan temprano en el Holoceno, se explica aceptando su existencia durante el Pleistoceno en pequeños enclaves favorables en los refugios de vegetación de las montañas de los Balcanes (Willis 1992b, 1992c).

En cuanto a *Phillyrea* está presente de forma ocasional durante el Tardiglaciar en los diagramas polínicos de Ioánnina y Gramousti. En Rezina, aparece también hacia el

9000 BP y se considera la misma argumentación que en el caso de *Pistacia*. En Grecia, es abundante en la secuencia antracológica del yacimiento mesolítico en una cueva en la isla de Youra en el Norte del Egeo a partir del 9252±31 BP (Ntinou inédito). El taxon es abundante a partir del 8000 BP en los diagramas polínicos de las costas dálmatas (Brande 1989). *Phillyrea* generalmente se representa poco en la lluvia polínica aunque crezca cerca de zonas registradas en los polenes (Bottema 1974).

En el diagrama antracológico de Boila todos los taxa mesófilos y termófilos coexisten a lo largo de toda la secuencia. Es más, si el entorno usado por los grupos humanos es el inmediato, entonces en un territorio relativamente reducido conviven todos los taxa típicamente mediterráneos junto a otros de alta montaña como *Pinus nigra-P. sylvestris* y taxa de ambientes realmente fríos como *Betula*. Es cierto que en muchos casos las formaciones del pasado no tienen paralelos actuales, y es difícil discernir las condiciones medioambientales prevalecientes puesto que ciertos taxa se relacionan a condiciones muy concretas e incompatibles en la distribución actual de las comunidades vegetales. Así sucede en dos casos opuestos como *Betula* y los taxa termófilos del diagrama antracológico de Boila. La coexistencia es difícil de interpretar en el sentido estricto de las influencias climáticas. Posiblemente otros factores como la maduración de suelos y la propias características ecológicas de las especies influyesen.

El diagrama antracológico nos parece indicar cierta continentalidad climática que se evidencia en la representación de *Betula*, un taxon tal vez favorecido también por su facilidad a colonizar suelos pobres e inmaduros. Todos los demás taxa mesófilos y termófilos son muy constantes a lo largo de toda la secuencia, lo que parece indicar persistencia debida a condiciones que favorecen su crecimiento y se mantienen más o menos inalteradas; algo que se podría traducir en microclimas y zonas de refugio de la vegetación, herencia de la última glaciación o tal vez de varios ciclos glaciares anteriores.

Los Balcanes y concretamente las montañas occidentales balcánicas, se han propuesto como posible territorio para la localización de los refugios. El aspecto geomorfológico, orográfico y climático de la zona se ha considerado apropiado para crear condiciones muy diferenciadas y de hecho ofrecer varias posibilidades de medios y microclimas distintos. Las altitudes que alcanzan las montañas balcánicas son parecidas a las del norte de Europa, disponiendo de ese modo índices de precipitaciones igual de altos. Paralelamente, la orientación norte - sur y las cortas distancias que separan las cordilleras de los Balcanes de las costas mediterráneas hacen que los vientos del oeste afecten a las laderas occidentales. Como consecuencia, las precipitaciones pueden llegar a los 2000 mm anuales. Las temperaturas medias anuales responden a la localización en latitudes bastante al sur y la orografía accidentada crea zonas de condiciones favorables para el crecimiento de árboles en mayor altitud (Bennett *et al.* 1991).

Durante la última glaciación, hay evidencia de glaciares locales en las montañas de los Balcanes; no obstante, asumiendo un descenso medio de las temperaturas igual a un 1°C para cada 200 m de altitud, parece probable que en los Balcanes, donde la altitud máxima llega los 3000 m aproximadamente, existieran zonas de temperaturas suficientemente altas para asegurar la persistencia de taxa mesófilos y termófilos durante las etapas frías (Bennett *et al.* 1991).

El tamaño de los refugios es un factor a considerar importante. Refugio sería cualquier zona, independientemente de la superficie total del área ocupada, donde distintas especies persistirían a cualquier densidad (Bennett *et al.* 1991; Willis 1992c). Podría tratarse de zonas extensas en las altitudes medias que reflejarían una densidad de poblaciones arbóreas alta, como en algunos casos han detectado los diagramas polínicos. Pero también podrían ser nichos protegidos donde pocos individuos de varias especies se mantendrían durante etapas frías o templadas. Además, para el caso de las montañas de los Balcanes y considerando su aspecto geomorfológico es muy probable que la existencia de refugios se refleje muy poco en el registro polínico, sobre todo por la localización de estos en zonas remotas, de pendiente abrupta y lejos de áreas de deposición de sedimentos como los grandes lagos o las extensas turberas que han sido el objeto de la palinología (Bennett *et al.* 1990, Willis, 1992c).

La sierra de Pindo, en el noroeste de Grecia, se ha relacionado con la existencia de refugios de vegetación en las altitudes medias durante los ciclos glaciares, puesto que concentra todas las características de las montañas balcánicas y los yacimientos polínicos cercanos han aportado información al respecto. La secuencia tardiglaciar de los diagramas polínicos del lago de Ioánnina documentan la existencia de refugios en las montañas próximas (Bottema 1974, 1978, Tzedakis 1994). La secuencia de Gramousti refleja una situación semejante a las formaciones estépicas alrededor del lago y los refugios de árboles en las montañas circundantes (Willis 1992a, 1997).

Junto a estos datos es significativa la información obtenida a partir de la secuencia de Rezina (Willis 1992b, 1997); al inicio del Holoceno se documenta a los 1800 m de altitud la presencia de taxa arbóreos mesófilos y termófilos que, algunos de ellos, deberían crecer localmente como se deduce del pequeño tamaño de la turbera y por la baja productividad polínica de algunos de los taxa encontrados (*Abies, Ulmus, Tilia*). Los taxa aparecen simultáneamente y se documenta mayor riqueza florística en Rezina que en los demás diagramas polínicos obtenidos en altitudes más bajas y hasta los 500 m. La argumentación, refuerza la hipótesis de refugios y descarta la posibilidad de migración.

El diagrama polínico de Rezina define el tema de los refugios de montaña con más claridad que los yacimientos registrados en altitudes más bajas y señala la importancia del factor altitudinal en la distribución y la persistencia de la vegetación durante el Tardiglaciar. Los refugios se localizarían en altitudes medias donde las temperaturas se mantendrían bastante altas y a la vez las precipitaciones serían suficientes para el desarrollo de vegetación arbórea. Adicionalmente, en la topografía accidentada de las montañas de Pindo, se localizarían aquellas zonas protegidas y con microclimas favorables (Willis 1992b, 1992c, 1994a).

Pensamos que el estudio antracológico de Boila, se relaciona tanto con los resultados polínicos del Tardiglaciar de las turberas en las altitudes bajas y medias como con resultados del comienzo del Holoceno, reflejados en el diagrama de Rezina a mayor altitud (1.800 m). En el diagrama de Boila se documenta gran riqueza florística y una combinación de taxa templados, mesófilos y termófilos que conjuntamente se puede interpretar como resultado de los cambios climáticos del interestadial del Tardiglaciar y una persistencia local y más larga en el tiempo de especies refugiadas en zonas favorables. Los resultados antracológicos de Boila nos parece que indican la proximidad de estas zonas favorables. Los valores de los taxa, que supuestamente crecerían en estos lugares no son altos; es decir, que probablemente se tratase de espacios reducidos, o tal vez marginales, en el entorno del abrigo y de hecho poco frecuentados por los grupos humanos. Pero, lo que es más importante es su constante representación. Contrariamente *Betula*, el taxon dominante a lo largo de la secuencia, tiene valores que decrecen y finalmente deja de ser importante; en este caso nos parece que la sucesión responde a cambios medioambientales de gran escala. Los demás taxa mesófilos y termófilos no documentan cambios en sus valores que tal vez indiquen estabilidad y equilibrio con ciertas condiciones microclimáticas que por ser muy localizadas no favorecen la expansión pero si contribuyen al mantenimiento de los taxa.

El estudio antracológico de Boila se integra con la documentación polínica disponible para el Tardiglaciar en Grecia y más en concreto en el Epiro. Es interesante considerar que se trata de un estudio realizado sobre material, producto de las actividades humanas en el entorno inmediato. La ocupación del abrigo en la desembocadura del cañón, y cronológicamente más tardía que la de otros abrigos en su interior (Klithi y Megalakkos) (Fig. 42), se ha asociado a los cambios medioambientales que fueron considerados en la estructuración y articulación de los patrones de ocupación por parte de los grupos humanos.

En relación a estas hipótesis deberíamos hacer una mención a la ocupación del abrigo de Boila; la secuencia cronológica respecto a los demás yacimientos y la imagen de la vegetación extraída a partir del análisis antracológico. En el cañón, se observa un cambio en la ocupación a partir del 13,000 BP que consiste en la casi desocupación de Klithi y Megalakkos y la cada vez más intensa presencia humana en Boila que culmina hacia el 10,000 BP cuando el abrigo presenta todas las características de un "*specialized site*" para la caza de cápridos y cérvidos. Se ha propuesto que los cambios en la densidad de la vegetación y biomasa del interestadial del Tardiglaciar afectaron en el interior del cañón a los hábitats de cápridos, el recurso animal casi exclusivamente explotado en Klithi; estos hábitats desaparecieron rápidamente con la expansión de la vegetación en el sentido de que la reducida visibilidad tal vez hiciera el acceso difícil para los grupos de cazadores que se vieron obligados a trasladarse a otras zonas de caza, probablemente cercanas a los límites superiores del bosque (tree-line) (Willis 1997). Una alternativa también pudo ser la desembocadura del cañón. La documentación de la excavación de Boila corrobora este respecto. La expansión de la vegetación queda reflejada en los resultados antracológicos; adicionalmente los restos de fauna del abrigo indican la caza complementaria de cápridos y cérvidos, lo que implica una explotación de diversos hábitats (valle y escarpes) cercanos a la desembocadura del cañón, que es el lugar de localización del abrigo. Los cambios en la cubierta vegetal tal vez afectasen las decisiones de los cazadores de íbices de Klithi que al ver los hábitats de estos animales reducidos, modificaron sus estrategias abandonando lugares de ocupación anteriores y buscando nuevos recursos en zonas de mayor diversidad de biotopos como lo confirma el caso de Boila.

Si la documentación antracológica aporta algo a la investigación prehistórica es ciertamente una mirada al entorno inmediato, el más frecuentado por los grupos humanos y utilizado para realizar las actividades diarias. La densidad de la vegetación o la localización de los espacios abiertos son temas muy difíciles de tratar pero seguramente junto a otros elementos del entorno afectarían de manera diferencial las distintas actividades.

8.2.1. La mejoría climática del Holoceno

La transición del Tardiglaciar al Holoceno se ha establecido convencionalmente *circa* de 10,000 BP. Sin embargo, existen muchos problemas para obtener mayor precisión en las dataciones debido a las variaciones en la concentración de ^{14}C en la atmósfera al inicio, durante y al final del Dryas Reciente, producidas por cambios en la circulación de las aguas profundas. El "plateau" de radiocarbono se sitúa aproximadamente en el 10,000 ^{14}C BP y las dataciones de radiocarbono de esa edad pueden variar entre el 12,200 cal BP y 11,200 cal BP, lo que hace difícil datar la transición Dryas Reciente/Preboreal (Anderson 1997).

El Holoceno, a partir del estudio de polen, se subdivide en cinco periodos. El Preboreal del 10,000 al 9000 BP o 10,300-8800 BP, el Boreal del 9000 al 8000 BP o 8800-7500 BP, el Atlántico del 8000 al 5000 BP o 7500-4700 BP, el Subboreal del 5000 al 3000 BP o 4700-2800 BP y finalmente el Subatlántico a partir del 3000 BP o 2700 BP (Bernabeu *et al.*1993, Zagwin 1994). En los diagramas polínicos estos periodos se distinguen como cronozonas asociadas a biozonas que manifiestan los principales rasgos de la vegetación en relación a las condiciones climáticas prevalecientes.

Durante el Preboreal se manifiesta en toda Europa el aumento de temperaturas y humedad. La documentación procedente de secuencias marinas y de los isotopos de oxígeno indica la mejoría global de las condiciones climáticas manifestada principalmente en el aumento de las temperaturas. Hacia el 9000 BP el frente polar había retrocedido al noroeste de Islandia, la temperatura de las aguas superficiales a lo largo del las costas occidentales europeas se había establecido a los 14°C y en el Artico canadiense y la Antártida las temperaturas eran parecidas a las actuales. A partir de los datos de análisis polínicos en Francia se ha calculado un aumento de temperaturas de 3° o 4°C cada 500 años a partir del 10,000 BP y ese aumento fue todavía más rápido en Bretaña donde se ha calculado entre 1,7° a 2,8°C cada 100 años. Los análisis de restos de coleópteros tanto en Francia como en Bretaña documentan temperaturas de verano e invierno muy próximas a las actuales hacia el 9500 BP (Bell y Walker 1992).

El registro polínico manifiesta el desplazamiento de las formaciones abiertas por las forestales. En el noroeste de Europa las formaciones de tundra se sustituyeron por formaciones forestales de *Betula* y *Pinus* y hacia el 9000 BP los bosques mixtos estaban en progresión. En el sur de Europa los espacios abiertos de estepa o bosque - estepa pronto se colonizaron por especies de formaciones preforestales donde dominaba *Quercus* caducifolio (Bell y Walker 1992, Huntley 1990).

El óptimo climático ocurrió entre el 9000 y 4000 BP pero existe mucha diferenciación geográfica y las dataciones no son homogéneas en todas partes.

El Boreal, en cuanto al clima, fue más cálido que el periodo anterior mientras que el Atlántico, por los datos paleobotánicos, se considera el periodo más cálido y húmedo del Holoceno. En Europa parece ser que el Boreal fue más seco que el Atlántico. En Bretaña la precipitación se ha estimado al 90% en relación a los niveles actuales al principio del óptimo climático mientas que durante el Atlántico estos niveles ascendieron al 110% en comparación con los actuales. Las temperaturas en el norte de Europa durante el Atlántico se estiman de 1° a 2°C más altas que las actuales. La expansión de *Hedera*, *Ilex* y *Viscum* indican que las temperaturas máximas de verano ocurrieron entre el 8000 y el 7000 BP (Bell y Walker 1992, Zagwin 1994).

En el Mediterráneo oriental se ha llevado a cabo la correlación de la sucesión polínica entre el registro isotópico marino y el registro terrestre. Para eso se han utilizado los datos de sondeos marinos en el mar Adriático, Tirreno, Jónico y Arábigo occidental y los resultados de secuencias polínicos terrestres en Grecia, Turquía, Siria, Israel e Irán. Las secuencias isotópicas regionales coinciden en la identificación de dos fases climáticas contrastadas que corresponden a las cronozonas del Dryas Reciente con condiciones áridas y frías y el Holoceno Antiguo de condiciones óptimas. El registro polínico terrestre documenta una sucesión de la vegetación acorde con las characterísticas climáticas detectadas en el registro marino. Asimismo, para el Mediterráneo oriental y el Oriente Próximo se distingue el incremento de *Quercus* caducifolio en los primeros 1000 años del Holoceno Antiguo y se detecta la presencia de *Pistacia* a partir del 9000 BP. Las condiciones climáticas del óptimo climático del Holoceno para el Mediterráneo oriental, del 9000 al 6000 BP, se caracterizan por un aumento de las precipitaciones que favoreció la expansión de *Quercus* caducifolio; se postula una media de *circa* 600 mm anuales y una reducida sequía estival. Las temperaturas también aumentaron, principalmente las de invierno, de modo que se expandió *Pistacia* que requiere inviernos sin heladas. Finalmente los altos valores de Gramineae indican precipitaciones repartidas en primavera y verano. El óptimo climático pues, culminó entre el 9000 y el 6000 BP y lo representan inviernos suaves en las altitudes mayores y veranos húmedos en las altitudes bajas (Rossignol-Strick 1995).

Entre el 5000 BP y el 3000 BP, la documentación multidisciplinar evidencia oscilaciones climáticas especialmente en el norte de Europa. Durante el Subboreal el clima se volvió algo más frío y seco que en la etapa anterior. Después del óptimo climático se documenta un descenso de temperaturas más agudo en el norte, estimando 2°C en verano y 2° a 3°C en invierno en la latitud 60° N (Zagwijn 1994). En Suecia, hacia el 5300 BP, las temperaturas descienden y el ombroclima se documenta más árido entre en 5500 BP y el 3500 BP. En el sondeo de hielo de Groenlandia se detecta el enfriamiento de las aguas superficiales a partir del 4000 BP y en los Alpes el límite superior de los árboles desciende a partir del 4500 BP (Bell y Walker 1992).

En la región mediterránea las condiciones climáticas adquirieron sus características actuales después del Atlántico. Parece ser que las temperaturas de invierno descendieron ligeramente y la característica más importante fue el progresivo cambio hacia una marcada estacionalidad de las precipitaciones; concentración en invierno y un periodo de sequía estival más o menos prolongado según la región. Hacia el 6000 los inviernos comenzaron a ser más frescos y los veranos más cálidos de modo que hubo cambios en la estacionalidad del clima (Huntley y Prentice 1993, citado en Willis 1994b).

La sucesión de la vegetación en Europa a lo largo del Holoceno está en función del desarrollo de distintas unidades vegetales durante el Tardiglaciar asociadas a la variabilidad climática. En el 10,000 BP se documenta la proliferación de distintas unidades de vegetación como respuesta a la reacción diferencial de cada zona geográfica a la mejoría climática. Hacia el 8000 BP todavía existía gran número de unidades vegetales diferentes a lo largo del continente, pero cada una de ellas había adquirido mayores dimensiones y mayor extensión espacial. Alrededor al 6000 BP se detecta menor número de unidades de vegetación y se establece con claridad la diferenciación en el eje norte - sur. A partir de estas fechas el centro y sur de Europa documentan mayor heterogeneidad entre distintas zonas geográficas. Cambios continuos se manifiestan en estas partes del continente a lo largo de todo el periodo entre el 5000 BP y el presente (Huntley 1990).

8.2.2. El Holoceno en Grecia a partir de datos polínicos y antracológicos

La sucesión de la vegetación en Grecia a lo largo del Holoceno (Fig. 53), se ha investigado a través de varias secuencias polínicas distribuidas en todo el territorio continental y también en la isla de Creta (Fig. 52).

La transición Tardiglaciar/Holoceno se caracteriza en todas las secuencias polínicas por el aumento de AP y se ha establecido a partir de las secuencias de Ioánnina y Edessa en el 10,190±90 BP y en el 10,645±100 BP respectivamente (Bottema 1974). En los diagramas de Gramousti y Rezina, la transición se fecha hacia el 9800-9300 BP aproximadamente. En la turbera de Rezina a los 1800 m de altitud, aparecen simultáneamente o con poca diferencia temporal muchos taxa arbóreos tanto mesófilos como termófilos, *Ulmus*, *Corylus*, *Tilia*, *Pistacia*, *Phillyrea* (Willis 1997). El taxon arbóreo dominante en todas las secuencias que representan este episodio de transición es el *Quercus* caducifolio. Incluso los diagramas polínicos de los yacimientos más sureños, como el de Aghia Galini en el litoral sur de Creta documenta la expansión de los robles en la zona V que por extrapolación de fechas se data en el 9500 BP (Bottema 1980).

Los cambios en la vegetación al inicio del Holoceno ocurrieron en la mayoría de las regiones balcánicas entre el 10,000 y el 9500 BP, y se caracterizan por la expansión del bosque mixto caducifolio. Los taxa dominantes difieren según la región siendo en Grecia *Quercus*, en Bulgaria *Quercus/Ulmus/Tilia* y más al norte en Rumania y Eslovenia jugaron un papel importante taxa templados como *Betula* y varias coníferas como *Pinus* y *Picea*. No obstante, hay taxa comunes en todas las secuencias polínicas como *Corylus*, *Tilia* y *Ulmus*, que se consideran una prueba de la existencia en todos los Balcanes de amplios refugios tardiglaciares para estas especies de distribución extensa. También hay otros taxa de presencia más limitada como *Carpinus orientalis/Ostrya carpinifolia*, *Pistacia* y *Phillyrea* que están presentes en Grecia y en las costas Dálmatas indicando refugios más restringidos. La ubicación de refugios dependía no solo del factor latitudinal, sino también del altitudinal de modo que en la secuencia polínica de Rezina, a los 1800 m de altitud, se observa mayor diversidad que en zonas de media o baja altitud. Esta característica se asocia a la persistencia de todos estos taxa arbóreos en los refugios de vegetación en las montañas de Grecia de donde se expandieron rápidamente, en cuanto las condiciones climáticas mostraron las primeras señales de mejoría (Willis 1994b).

En un primer momento la vegetación Preboreal de Grecia mantuvo características de las etapas anteriores. Junto a la expansión de los taxa arbóreos tenemos evidencia de espacios abiertos. En Gramousti la vegetación mantenía un aspecto estépico donde la mayor diferencia respecto al periodo anterior residía en la expansión de *Quercus* (Willis 1992a). Igualmente en Khimaditis y Edessa, en las altitudes bajas se conservaron las formaciones estépicas mientras el bosque mixto se expandió en las altitudes medias, y las coníferas siguieron siendo importantes en las montañas (Bottema 1974).

Hacia el 9000 BP todos los diagramas polínicos se caracterizan por la presencia de *Pistacia*. Este taxon heliófilo, tiene débil representación en la lluvia polínica y su presencia incluso en los diagramas más al norte (Khimaditis y Edessa) al inicio del Holoceno es significativa para detectar los cambios en las condiciones climáticas respecto a las etapas anteriores. La fase entre el 9000 y 8000 BP viene determinada por las presencia de *Pistacia* y es indicativa de temperaturas en aumento y formaciones vegetales no muy densas. El taxon aparece en todos los yacimientos polínicos aunque su papel es más temprano e importante en aquellos localizados en menor altitud y/o más al sur, como en el caso de Ioánnina (Bottema 1974), Ziros (Turner y Sanchez Goñi 1997), Kopais (Allen 1990, Turner y Greig 1975), Tenaghi Philippon (Wijmstra 1969) y Xinias (Bottema 1979). Frecuentemente, junto a *Pistacia* evolucionan otros taxa mediterráneos como *Quercus ilex-coccifera*, *Juniperus* y *Olea* según el yacimiento. Entre el 9000 y el 8000 BP *Pistacia* aparece en todos los diagramas de Grecia y hacia el 8000 BP documenta un descenso abrupto. Estas tendencias se relacionan con las características todavía abiertas de las formaciones vegetales al inicio del Holoceno. A medida que las formaciones se hicieron más densas y los espacios abiertos desaparecieron, *Pistacia* como planta heliófila se redujo (Bottema 1974, Willis 1994b).

La siguiente etapa, a partir del 8000 y, a lo largo de todo el Atlántico, se caracteriza por cambios internos en las formaciones vegetales y la máxima expansión de los bosques caducifolios.

Willis (1994b) distingue en la historia de la vegetación balcánica dos fases: una entre el 8000 y el 7000 BP caracterizada por cambios en los taxa dominantes de las formaciones, y la otra entre el 7500 y el 5000 BP cuando los cambios detectados en la vegetación vienen marcados por la expansión de *Carpinus orientalis/Ostrya*, *Abies*, *Carpinus betulus* y *Fagus*.

Durante la primera fase, los taxa presentes desde el inicio del Holoceno se mantienen iguales pero en la mayoría de las secuencias polínicas se detecta el aumento de *Corylus*, con la excepción de Edessa y Rezina en Grecia, que se caracterizan por la expansión de *Pinus* y *Abies* y de Malo Jezero en Croacia, donde aumentan *Phillyrea* y *Juniperus*. Respecto a eso ya desde la etapa anterior se evidenciaba la diferenciación entre algunas zonas insulares, costeras y del interior donde la influencia mediterránea tiene efectos variados (Willis 1994b).

Estas diferencias pensamos que también se reflejan en Grecia entre zonas insulares y continentales en algunos casos. Las secuencias polínicas de Xinias y Kopais en Grecia centro - oriental vienen determinadas por la expansión de bosques caducifolios de *Quercus* durante el Holoceno Antiguo (Allen 1990, Bottema 1979, Turner y

Greig 1975). La secuencia antracológica de la isla de Youra en el Egeo norte, fuera de las costas de Tesalia documenta la expansión de formaciones perennifolias principalmente compuestas por *Phillyrea* a partir del 8000 BP (Ntinou inédito). No obstante la secuencia del sur de Creta documenta entre el 8000 y 7000 BP formaciones donde los caducifolios como *Quercus*, *Tilia*, *Ulmus*, tenían un papel importante (Bottema 1980). También es cierto que durante éste mismo periodo, mientras en las zonas más al norte de Grecia se registran cambios en los taxa vegetales dominantes, los diagramas en el sur no documentan ningún cambio. Se observa, pues, una variación regional en la dinámica interna de las formaciones vegetales.

Así, al oeste en Ioánnina, a partir del 8000 BP el bosque caducifolio alcanza su máxima diversidad y extensión y las mismas características se observan en todas las secuencias del Epiro, en Gramousti, Rezina (Willis 1992a, 1992b), Tseravinas y Ziros (Turner y Sanchez Goñi 1997). Las coníferas no juegan un papel importante. Al norte de la sierra de Pindo, tal como se refleja en las secuencias de Khimaditis y Edessa, una nueva fase está en progresión a partir del 8020 BP y 8050 BP respectivamente, de modo que en el norte se distingue una diferenciación altitudinal de la vegetación (Bottema 1974). Algo similar ocurre en zonas más al sur, pero a mayor altitud como deja ver la secuencia de Rezina (Willis 1992b). Se registra entonces el final del dominio de *Quercus*, otros caducifolios proliferan y las coníferas, *Pinus* y *Abies*, se expanden a partir de los 700 m. Las condiciones climáticas se caracterizan por el incremento de precipitaciones (Bottema 1974). Sin embargo, la vegetación al este y sur de Grecia no presenta cambios, de modo que Allen (1990), Turner y Greig (1975) no distinguen zonas polínicas diferentes hasta el 5000 BP aproximadamente.

La siguiente etapa en el registro polínico de Grecia se identifica con relación a la expansión de *Carpinus orientalis/Ostrya carpinifolia* hacia el 6500 BP. Durante esta etapa se documenta el descenso general en los valores de los taxa caducifolios que parcialmente se sustituyen por el aumento de *Carpinus orientalis/Ostrya carpinifolia*. Según Bottema (1974) el taxon tuvo un papel más importante en las zonas de baja y media altitud, principalmente entre los 400 y 500 m. A mayor altitud y al norte un papel semejante debió jugar la especie más templada *Carpinus betulus*.

Como responsables de las modificaciones registradas en la vegetación entre el 8000 y el 5000 BP se han postulado causas climáticas. Sin embargo, esa posibilidad parece poco probable puesto que las variaciones en la vegetación no fueron globales como sería de esperar en el caso de cambios climáticos generalizados. No obstante, se aprecia la influencia indirecta de los cambios climáticos del Holoceno en relación con la evolución de los suelos. La maduración de suelos favoreció la competencia entre especies puesto que posibilitó la expansión de algunas que, a pesar de estar presentes con anterioridad no habían encontrado las condiciones adecuadas para alcanzar los niveles máximos de proliferación. Alternativamente, los cambios en la vegetación podrían deberse a distintos ritmos de instalación de las diferentes especies. Probablemente la respuesta esté entre las dos posibilidades, es decir, distintos ritmos de instalación y evolución de los suelos promovida por los cambios climáticos del Holoceno y que fomenta la competencia entre especies (Willis 1994b).

En el caso de *Carpinus orientalis/Ostrya carpinifolia* la argumentación es semejante. Se aprecian factores internos como el ritmo de instalación y la competencia y externos como la evolución de los suelos o la actividad humana. El efecto humano debió de ser indirecto en el sentido de que el aclarado del bosque creó nichos favorables para el establecimiento del taxon en el bosque. Por regla general, hay poca evidencia de impacto humano antes del 6000 BP (Willis 1994b, 1997).

A partir del 5000 BP se registran algunos cambios en la vegetación que empiezan a demostrar las señales de la influencia humana sobre el medio. Hacia el 4500 BP comenzó la aparición del medio actual. La actividad antrópica tuvo como resultado la destrucción de la cubierta vegetal y nuevos taxa aparecieron asociados directa o indirectamente a la antropización del medio: *Juglans*, *Olea*, *Platanus*, *Castanea* y Ericaceae (Willis 1994b).

El Holoceno documenta varias oscilaciones climáticas que se han reflejado a través de varias investigaciones paleoambientales (Bell y Walker 1992, Bond *et al.* 1997). No obstante, este periodo y especialmente su parte más reciente está caracterizado por el incremento de la intervención antrópica en los procesos naturales de manera que se afecta su curso. Asimismo, el registro polínico cuenta con cambios en la vegetación. Incluso durante las etapas más antiguas del Holoceno a veces es difícil distinguir entre el reflejo de cambios naturales u otros producidos por las actividades antrópicas en progresión.

Por un lado, porque cada vez se hace más evidente que la manipulación del medio natural es anterior al establecimiento de las comunidades productoras. Se postula que los grupos mesolíticos/epipaleolíticos efectuaban un uso selectivo de los recursos naturales interviniendo en los procesos naturales con el uso del fuego. En varias secuencias polínicas se detectan niveles con abundante carbón que, según los casos, podría ser evidencia de fuegos provocados en los bosques (Moore 1997, Zvelebil 1994). Los grupos sedentarios neolíticos también cambiaron su entorno interviniendo de varias maneras directas e indirectas, abriendo el bosque mediante talas y quemas, obstaculizando la regeneración con el pastoreo y causando erosión debida a la falta de cubierta vegetal. Cada modo de vida tiene una forma de influir sobre el entorno y la investigación palinológica ha intentado establecer unos criterios basandose en bioindicadores para detectar el efecto humano.

Por otro lado, es también la propia vegetación la que complica la interpretación. No todas las zonas responden igualmente. Así los taxa mediterráneos no son, obligatoriamente y en todas la regiones indicadores, de degradación puesto que forman parte de la vegetación natural. Es la combinación de los taxa y las tendencias de los valores de las especies más significativas las que más ayudan a detectar la influencia antrópica. Las indicaciones de cultivo no pueden detectarse siempre a partir de la aparición de Cerealia-type puesto que en algunas regiones podrían ser espontáneos. Otros taxa como las plantas ruderales pueden tener una interpretación variable según el contexto. Los taxa arbóreos que aparecen *ex novo* podrían asociarse a las actividades humanas cuando tienen un valor económico; pero también existen casos que sin ninguna característica especial a su favor proliferan.

Delimitar la intervención antrópica en el tiempo y en el espacio es complicado porque depende de la propia vegetación, de su composición y su fragilidad, del ritmo de establecimiento de los distintos taxa y la competencia interna, de los grupos humanos, su modo de vida, su número y su nivel tecnológico, de las condiciones climáticas y las características topográficas, geomorfológicas y de suelos. No obstante, se han buscado aquellos indicadores que pudieran sugerir la influencia de actividades antrópicas sobre el medio para poder establecer algunos límites en el tiempo y marcar su comienzo o al menos indicar el momento en que se hacen evidentes las consecuencias. También somos concientes de que en muchos casos lo que se utiliza para delimitar una etapa nueva caracterizada por degradación podría ser el resultado de un proceso más largo en el tiempo, que solamente se aprecia como consecuencia de acumulación de influencias (Allen 1990).

A partir de las primeras evidencias sobre la actividad humana, mayoritariamente detectada en el descenso del AP, aparecen varios indicadores del impacto humano. Así, Behre (1990) divide los indicadores en primarios y secundarios. El primer grupo incluye aquellos taxa que son cultivados o introducidos como *Olea*, *Punica granatum*, *Vitis vinifera*, *Ceratonia siliqua*, *Castanea sativa*, *Juglans regia*, *Platanus orientalis*. El segundo grupo incluye aquellos taxa de la máquia mediterránea que son espontáneos pero se expanden a causa de las actividades humanas, principalmente la quema. Bottema y Woldring (1990) hacen una síntesis de los indicadores de la actividad antrópica y seleccionan los siguientes: de las herbáceas *Artemisia*, *Chenopodiaceae*, *Plantago lanceolata* *Centaurea*, Cerealia-type, *Rumex*, *Plygonum aviculare*-type, *Humulus/Cannabis*, *Xanthium*, *Urtica*, *Asphodelus*, Gramineae y de los taxa arbóreos *Platanus orientalis*, *Juglans regia*, *Castanea sativa*, *Vitis vinifera*, *Olea europaea* y *Fraxinus ornus*. Con estos criterios se ha tratado de distinguir y separar con claridad el comienzo de la influencia antrópica sobre el medio y delimitar el umbral irreversible en el cambio de la vegetación.

Mayoritariamente la influencia antrópica cobra importancia y se hace evidente a partir del 4500 BP. No obstante, esta situación no es homogénea ni coetánea en todas las secuencias polínicas de Grecia. La evidencia más temprana se da en las secuencias de Gramousti, Rezina (Willis 1994b, 1997) y Tseravinas (Turner y Sanchez Goñi 1997). Hacia el 6000 BP, estas secuencias documentan el incremento de las herbáceas, el descenso de los taxa arbóreos, el aumento del aporte alógeno en la sedimentación y niveles de acumulación de microcarbones. Las características, puesto que faltan evidencias de cereales y especies cultivadas, se asocian al clareo de la vegetación para abrir zonas de pastos. Esta situación fue corta en el tiempo y a continuación el bosque regeneró en las altitudes medias; pero parece ser que hubo un cambio en la composición de las formaciones donde *Quercus* caducifolio fue sustituido mayoritariamente por *Quercus coccifera*. En Rezina, a los 1800 m, la situación fue irreversible a pesar de un aumento del AP. Los ecosistemas de montaña fueron más vulnerables y la densidad de la vegetación no se recuperó.

En Kopais los cambios debidos a las actividades humanas se detectan a partir del 5500-5000 BP (Allen 1990, Turner y Greig 1975). El AP disminuye y aumentan las herbáceas mientras se documentan cambios en la sedimentación atribuidos a la erosión de las laderas por falta de cubierta vegetal.

En otras zonas las evidencias son más tardías. En Xinias (Bottema 1979) entre una vegetación densa de caducifolios se documentan hacia el 6500 BP los débiles indicios de actividad humana en la presencia de *Plantago lanceolata*. No obstante, es tan sólo a partir del 4000 BP cuando se documenta claramente el impacto humano en el aumento de Ericaceae, *Quercus coccifera* y posteriormente *Platanus*, *Castanea* y *Juglans*.

Turner y Greig (1975, 1986) para la zona de Tenaghi Philippon tan sólo registran fluctuaciones débiles que no se pueden atribuir a antropización a gran escala. Las condiciones se documentan bastante inalteradas hasta épocas históricas.

En Grecia noroccidental las evidencias sobre la influencia humana en el medio, aparecen entre el 4500 BP y el 4000 BP. En algunas zonas son más tempranas como en Ioánnina y Giannitsa y en otras más tardías como en Khimaditis, Kastoriá y Edessa (Bottema 1974, 1982), pero siempre se reflejan en la reducción del AP, el aumento del NAP y de *Ericaceae*, la presencia y contiguo aumento de *Quercus coccifera*-type, *Juniperus*, *Platanus*, *Juglans* y *Castanea*.

Junto a las secuencias polínicas largas, hay varias secuencias más cortas, principalmente a partir del 7000 BP que aportan documentación sobre varias regiones de Grecia. Las secuencias se localizan en el norte de Grecia y en el Peloponeso y Creta. Un rasgo importante en todas estás secuencias es la presencia y dominio de *Quercus* caducifolio entre los taxa arbóreos. Evidentemente, existen diferencias regionales que se distinguen en los diferentes componentes de las formaciones pero también se observan unas charecterísticas similares a las de las secuencias principales.

En el lago Vegoritis (Bottema 1982), uno de los yacimientos más norteños, en la zona Y1 datada antes del 6000 BP, la imagen de la vegetación es similar a las demás secuencias del norte. Los bosques predominan y en su mayoría están compuestos de abetos y pinos en las zonas altas y de varios caducifolios como *Quercus*, *Ulmus*, *Corylus*, *Carpinus betulus*, *Tilia*, *Carpinus orientalis/Ostrya* en las altitudes medias. La parte más antigua del diagrama indica poca presión humana sobre el paisaje que empieza a aumentar a partir del 3100 BP. La destrucción del bosque de coníferas ocurrió en 200 años, durante los cuales descendieron fuertemente *Pinus* y *Abies*, aumentó *Juniperus* favorecido por el clareo del bosque y también en cierta medida *Quercus* caducifolio. A medida que aumentaba el impacto humano, aumentaba la diversidad en taxa y esta correlación se debe a que el bosque cerrado es menos diverso que las formaciones abiertas. Cuando se efectúan claros por tala o cultivo se crean posibilidades favorables para nuevas especies y empieza a influir un factor importante, la penetración de la luz.

Hacia el sur de Grecia los componentes mediterráneos de las formaciones son más evidentes. En el Lago Trikhonis en Grecia central (Bottema 1982) en una secuencia que comienza poco antes que el 6500 BP aproximadamente, se documenta un bosque caducifolio de robles, *Carpinus orientalis/Ostrya*, *Corylus* y tal vez elementos semi-caducifolios.

Más al sur, en Peloponeso el diagrama del lago Lerna (Jahns 1993), con una secuencia que comienza hacia el 7000 BP, indica el predominio de formaciones caducifolias mixtas de *Quercus* hasta el 4800 BP (3600 BC) cuando se documenta un significativo descenso de *Quercus* caducifolio y del AP en general. Al principio de la secuencia un bosque caducifolio abierto prepondera en la zona. Los taxa termófilos mediterráneos, *Quercus ilex-coccifera*, *Phillyrea*, *Juniperus*, *Pistacia*, están bien representados indicando formaciones abiertas. *Myrtus communis* aparece a continuación, paralelo al aumento de *Quercus* caducifolio. Todos ellos, según Behre (1990), se consideran indicadores secundarios de la influencia humana en el medio. *Juglans*, *Castanea* y *Platanus* también aparecen durante esta etapa más antigua. El periodo correspondería al Neolítico y la influencia antrópica es débil; pero aumenta considerablemente a continuación durante el Bronce. Es sorprendente que en la latitud sur del Peloponeso las altitudes bajas y medias estuvieron dominadas por *Quercus* caducifolio. Se esperarían valores más altos de *Quercus ilex/coccifera*, formaciones de tipo *Quercion ilicis* durante el Neolítico. En el Bronce, las formaciones caducifolias se convierten en más abiertas. *Pinus* aumenta significativamente igual que *Carpinus/Ostrya* indicando formaciones de *shiblyak* (estado de degradación de las formaciones caducifolias) y actividades humanas en aumento. Posteriormente, los valores altos de *Juniperus*, *Pistacia Phillyrea*, *Quercus ilex/coccifera*, *Erica* y Cistaceae indican la expansión de máquia. Paralelamente incrementa *Olea* tal vez indicando el cultivo de estos árboles en época micénica. En época histórica las formaciones de máquia evolucionan hacia su estado actual. En el diagrama de Lerna aparecen todos los indicadores de actividad antrópica pero la mayoría de ellos son miembros de la vegetación natural del sur de Grecia de modo que se pueden asociar a la actividad antrópica solamente cuando aparecen con valores muy altos o en un grupo particular de taxa.

Las mismas características de la vegetación regional documentan otros diagramas del Peloponeso, los de Nemea, Limni Thermisia y Kiladha (Bottema 1990, Jahns 1993). Bottema (1990), a partir del diagrama de Kiladha en la Argolida, piensa que los robles formarían los bosques caducifolios en mayor altitud y las formaciones abiertas se expandirían en los valles. El carácter abierto de la vegetación en Argolida durante el Neolítico no fue el resultado del impacto humano, que su influencia probablemente se delimitaba en los fondos de valles, sino una característica del medio vegetal.

Finalmente, en Creta los diagramas de Aghia Galini (Bottema 1980) en el suroeste y de Tersana - Limnes (Moody *et al.* 1996) en el noroeste incluyen, junto a la vegetación típicamente mediterránea, taxa mesófilos como *Quercus* caducifolio, *Tilia*, *Ulmus*, *Carpinus/Ostrya* y *Corylus*. La reconstrucción de la vegetación a partir del diagrama de Aghia Galini, indica unas formaciones naturales compuestas por varios planifolios caducifolios, entre los cuales domina *Quercus*, que perduran hasta el 6300 BP aproximadamente. Un *hiatus* en la sedimentación deja un vacío entre el 6300 y el 5000 BP; a partir de entonces el paisaje se detecta más abierto y muy próximo a su densidad actual pero *Quercus* caducifolio supera con creces *Quercus ilex*-type (Bottema 1980).

La secuencia de Tersana-Limnes (Moody *et al.* 1996) que comienza antes del 5800±130 BP, supuestamente hacia el Neolítico Antiguo, 6358 BC aproximadamente, documenta la existencia de formaciones abiertas junto a formaciones forestales donde participan tanto *Quercus* perennifolios como *Q.* caducifolios. Las condiciones climáticas, juzgando por los perennifolos, serían cálidas con temperaturas mínimas por encima de los 6°C pero significativamente más húmedas que las actuales, como deja suponer la presencia de *Tilia* a lo largo de todo el Neolítico. El rasgo particular de la secuencia es la aparición de *Olea* a partir del Neolítico Medio y el continuo aumento de sus valores. Estas características son de las más tempranas en relación a *Olea* en el registro de Grecia y los autores las atribuyen a la manipulación de la vegetación natural local por parte de los grupos humanos en el Neolítico Medio y el cultivo de estos árboles a partir del Neolítico Tardío.

La vegetación en Grecia desde la transición Tardiglaciar/Holoceno muestra un sistema dinámico; en un principio muchos taxa se expandieron simultáneamente desde sus refugios pleistocenos y a continuación adquirieron mayor extensión los bosques por lo menos 1000 años antes de que lo mismo ocurriese en el norte de Europa (Willis 1994b). A partir de esta primera etapa de expansión se distinguen en el registro polínico diferencias regionales que principalmente se manifiestan en las formaciones complementarias a las caducifolias. También los diagramas polínicos detectan cambios sucesivos en los componentes de las formaciones que se observan prácticamente en todas las regiones y en diferentes altitudes

El Holoceno en Grecia se caracteriza por la instalación de las primeras comunidades neolíticas hacia el 7700 BP; a partir de este momento inicial se documenta la ocupación gradual del territorio a lo largo del periodo Neolítico. El Neolítico en Grecia abarca unos 3000 años aproximadamente y en la periodización se distinguen cuatro fases; en el Cuadro 17 presentamos la cronología calibraba BC de cada fase en relación con las dataciones aproximadas de ^{14}C BP sin calibrar para facilitar la correlación con el registro polínico.

Neolítico Antiguo	6700/6500 - 5800/5600 BC	7700 - 7000 BP sin calibrar
Neolítico Medio	5800/5600 - 5400/5300 BC	7000 - 6500 BP sin calibrar
Neolítico Tardío	5400/5300 - 4700/4500 BC	6500 - 5700 BP sin calibrar
Neolítico Final	4700/4500 - 3300/3100 BC	5700 - 4600 BP sin calibrar

Cuadro 17: La periodización y secuencia cronológica del Neolítico en Grecia.
Table 17: Archaeological phases and chronology for the Neolithic in Greece.

La ocupación neolítica no es continua en todas las regiones a lo largo de ese tiempo. Tesalia documenta la ocupación más larga que abarca todas las fases del Neolítico. La instalación neolítica temprana en regiones de Grecia meridional como Tesalia se ha asociado a las condiciones medioambientales, concretamente espacios de vegetación abierta y discontinua que facilitarían la realización de las tareas agrícolas y ganaderas de los grupos humanos (Demoule y Pérles 1993). Las demás regiones de Grecia documentan una ocupación más esparcida en el tiempo y en el espacio. Macedonia central y occidental han documentado ocupación desde el Neolítico Antiguo igual que Peloponeso y Creta. Realmente, es a partir del Neolítico Tardío cuando se documenta con claridad la expansión de los asentamientos neolíticos en gran parte del territorio de Grecia y en zonas de gran diversidad ecológica, desde las islas del Egeo a las zonas del interior continental.

El Neolítico en Grecia coincide con el periodo Atlántico del Holoceno que se considera la culminación del óptimo climático postglaciar. Según la documentación obtenida del registro polínico las condiciones óptimas se reflejan tanto en el clima como en la cubierta vegetal que muestra su máxima extensión y densidad. Algunos de los sondeos polínicos proceden de zonas próximas a yacimientos neolíticos y mediante los resultados polínicos se ha tratado de ver la interacción hombre - medio vegetal. Es el caso de Giannitsa, cercano al yacimiento de Nea Nikomedeia, de Tenaghi Philippon cercano a Sitagroi, de Kilhada cercano a Franchthi. La conclusión general en todos los casos, añadiendo la información polínica independiente de zonas de ocupación humana, es la permanencia de formaciones vegetales mayoritariamente inalteradas por la actividad antrópica hasta el final del Neolítico aproximadamente. Estos resultados son bastante sorprendentes puesto que el análisis polínico y antracológico en el mediterráneo occidental documenta los primeros cambios en la vegetación pronto, después de los primeros 1000 años de la neolitización. Estos cambios se manifiestan en la sustitución por un lado de las formaciones mediterráneas perennifolias, por pinares secundarios y a continuación por garrigas y por otro lado en la progresión de las formaciones abiertas perennifolias en detrimento de los bosques caducifolios (Bernabeu *et al.* 1993).

En Grecia la documentación antracológica, que podría dar información directa de yacimientos neolíticos con secuencias largas, es poca. Nuestro estudio antracológico de los dos yacimientos del Neolítico Tardío, Dispilió y Makri, junto al análisis de carbón realizado en el yacimiento de Sitagroi, Macedonia oriental (Rackham 1986), con una secuencia del Neolítico Medio al Bronce Antiguo, son de los pocos que existen hasta este momento en Grecia. Evidentemente, faltan secuencias antracológicas que permitirían una comparación y una reconstrucción de la vegetación a través de la disciplina que daría otra perspectiva respecto a la palinológica, la del entorno inmediato usado por los grupos humanos. A pesar de la imposibilidad de una comparación directa con el registro polínico, principalmente porque nuestras secuencias antracológicas funcionan en una escala temporal y espacial bastante distinta, en un intento de correlación observamos que los datos son compatibles y complementarios.

Las secuencias antracológicas de Dispilió y Makri, proceden ambas del norte de Grecia pero de dos regiones opuestas en el eje este - oeste, con una diferencia altitudinal de unos 600 m aproximadamente y con una localización muy distinta respecto al mar. El tiempo que cubren nuestras secuencias antracológicas es corto respecto tanto a la duración del Holoceno como a la del Neolítico. Así el yacimiento de Makri está situado en el extremo noreste de Grecia, en la Tracia costera, a 40 m sobre el nivel del mar y la secuencia abarca posiblemente unos 300 años al principio del Neolítico Tardío. El yacimiento de Dispilió se localiza en el extremo noroeste del país, en el interior de Macedonia occidental, a los 625 m de altitud y la secuencia posiblemente abarque gran parte del Neolítico Tardío.

Los datos antracológicos de los yacimientos documentan la existencia en ambas regiones de unas formaciones caducifolias a lo largo de la ocupación de los asentamientos. El taxon dominante de estas formaciones es *Quercus* caducifolio lo que sugiere la presencia de robledales en ambas regiones independientemente de las diferencias geográficas y altitudinales. Esta característica de las formaciones atlánticas de nuestros yacimientos neolíticos es acorde a la documentación antracológica del yacimiento de Sitagroi y la polínica procedente de varios puntos de Grecia. Igualmente, el punto en común de norte a sur y este a oeste, de Macedonia a Peloponeso e incluso Creta y de Tesalia al Epiro, es el predominio de bosques extensos compuestos principalmente por *Quercus* caducifolio que es el taxon que marca el inicio de Holoceno para caracterizar, a partir de este momento, las formaciones forestales.

Los acompañantes caducifolios de los robledales están presentes en los diagramas antracológicos de Dispilió y Makri, la mayoría de ellos comunes en ambos; *Fraxinus* sp., *Cornus* sp., *Acer* sp., Maloideae, *Tilia* sp., *Ulmus* sp. y adicionalmente *Carpinus/Ostrya* en el diagrama de Dispilió. En el análisis de carbón del yacimiento de Sitagroi taxa templados como *Fraxinus*, *Ulmus* y *Carpinus* están presentes a lo largo de toda la secuencia (Rackham 1986). En los diagramas polínicos son estos mismos taxa que se reflejan en todas las secuencias holocenas de Grecia como componentes de los bosques caducifolios y merece mención la expansión amplia de algunos de ellos como *Tilia* y *Carpinus/Ostrya* hasta latitudes muy al sur como en Creta (Moody *et al.* 1996). Si en el norte de Grecia su presencia, particularmente la de *Tilia*, no tiene especiales connotaciones climáticas, sin embargo en Creta es un indicador de mayor humedad una de las características atribuidas al óptimo climático del Atlántico.

Los yacimientos del presente estudio antracológico están localizados en zonas y altitudes bastante contrastadas desde el punto de vista de la influencia que las condiciones climáticas pueden tener sobre la vegetación. Consecuencia de esto es la clara diferenciación del carácter de estas formaciones que se obtiene, no a partir de los taxa dominantes, sino a partir de los taxa y formaciones complementarias.

En el yacimiento de Makri, la localización costera y la baja altitud se ven reflejadas en los taxa heliófilos mediterráneos, *Pistacia terebinthus*, *Prunus* sp., *Prunus* cf. *amygdalus*, *Paliurus spina-christi* y *Phillyrea-Rhamnus*. Son indicadores de espacios abiertos puesto que la penetración de la luz solar favorece su crecimiento. Un taxon mediterráneo de una espectacular presencia en el yacimiento de Makri es *Ficus carica*; a pesar de su amplia tolerancia es un indicador de condiciones climáticas típicamente mediterráneas. El dato importante que ofrece el análisis antracológico del yacimiento de Makri, es la presencia de esta especie desde la fase más antigua de la ocupación que adicionalmente se ha datado en el 5840-5670 cal BC a partir de un fragmento de *Ficus carica*. Junto a los taxa heliófilos, este taxon marca el carácter de las formaciones caducifolias de Makri, que serían abiertas y crecerían bajo un régimen climático mediterráneo donde las influencias marinas del Egeo jugarían un papel importante en el desarrollo de las formaciones.

En el yacimiento de Dispilió, la continentalidad de las condiciones climáticas en la región y la altitud, a 625 m sobre el nivel del mar, se evidencian en las formaciones de coníferas, en la presencia principalmente de *Pinus* cf. *nigra* con valores altos a lo largo de toda la secuencia. Un acompañante esporádico de estos bosques de coníferas sería *Abies* sp.

La información de los diagramas antracológicos de Makri y Dispilió sobre el carácter y la composición de las formaciones tiene sus paralelos en el registro polínico del norte de Grecia. Todas las secuencias polínicas del Macedonia occidental, Khimaditis, Kastoriá, Vegoritis, Edessa, documentan la importancia de los bosques de coníferas en esta región a lo largo del Holoceno. *Pinus* y *Abies* fueron los elementos principales de estos. La ventaja del estudio antracológico fue la posibilidad de poder precisar la especie de pino, algo que los datos polínicos intuían dada la ubicación de los yacimientos. Los diagramas polínicos documentan la expansión de los bosques de coníferas a partir del 8000 BP de forma que se encuentran las coníferas ya a partir de los 700 m y paralelamente asciende el límite del bosque en las montañas.

La reconstrucción del paisaje vegetal en el lago de Kastoriá hacia el 6500 BP a partir de los datos polínicos (Bottema 1974), es comparable con los datos antracológicos procedentes del yacimiento de Dispilió en la orilla de este mismo lago. Los bosques caducifolios de robles dominaban en el valle alrededor del lago mientras que las montañas cercanas estarían cubiertas de formaciones de coníferas. El las zonas de contacto serían frecuentes las formaciones caducifolias mixtas.

En Tracia no hay ninguna secuencia polínica y la más cercana al yacimiento de Makri es la de Tenaghi Philippon (Wijmstra 1969, Turner y Greig 1986). Las mismas características que se observan en las formaciones de Makri se detectan en estos diagramas polínicos. Es decir, un robledal acompañado de algunos elementos heliófilos.

Los diagramas antracológicos de los dos yacimientos neolíticos documentan la permanencia de unas formaciones relativamente inalteradas a lo largo de toda la secuencia. Los dominantes robledales neolíticos están en claro contraste con las formaciones perennifolias, actualmente prevalecientes en la zona de Makri, y caducifolias degradadas en la zona de Dispilió. Los resultados antracológicos del yacimiento de Sitagroi, cercano a Makri, llevan al autor (Rackham 1986) a conclusiones parecidas y afirma la existencia de formaciones vegetales con elementos centroeuropeos y submediterráneos de los cuales están ausentes los perennifolios.

Los datos antracológicos son acordes a la información procedente de los análisis polínicos que no detectan el impacto humano generalmente hasta después del 4500 BP lo que correspondería al final del Neolítico Final. Evidencia adicional procede del estudio sobre episodios erosivos; los resultados indican que la erosión de suelos y la aluviación de los valles ocurrió en las distintas regiones investigadas entre el Neolítico Tardío y el final del Bronce Antiguo (van Andel y Zangger 1990, van Andel *et al.* 1990).

Los yacimientos neolíticos aquí estudiados corresponden al Neolítico Tardío y durante el curso de su ocupación lo que se refleja en los diagramas antracológicos es el efecto humano mínimo sobre la vegetación. A las mismas conclusiones llegan Turner y Greig (1986) a través del análisis polínico de Thenaghi Philippon y en relación a la ocupación continua del tell de Sitagroi desde el final del Neolítico Medio hasta el Bronce Antiguo.

En cuanto a la ocupación neolítica de las respectivas zonas deberíamos considerar la duración y la continuidad de ella en relación a la estabilidad y el equilibrio entre formaciones vegetales y actividades humanas.

Según la información arqueológica disponible hasta el momento los yacimientos de Makri y Dispilió se ocupan por primera vez en el Neolítico Tardío. Ambas zonas investigadas, no han documentado ocupación anterior durante el Holoceno. Con todo esto y mientras no se compruebe lo contrario, partimos de la base de que los asentamientos se instalaron en un medio natural que no había sufrido ninguna intervención humana hasta aquel momento.

En cuanto a la duración de la ocupación se puede estimar para el yacimiento de Makri un mínimo de 300 años y para el yacimiento de Dispilió unos 1000 años. Respecto a la continuidad de la ocupación, por la información arqueológica disponible no existen *hiatus* en las secuencias. La información sedimentológica en Makri, documenta un *hiatus* que no se ha comprobado en la investigación arqueológica (Efstratiou *et al.* 1998). El asentamiento de Makri después de la instalación inicial se amplía y ocupa mayor extensión con el tiempo. Datos semejantes para Dispilió no tenemos salvo para la fase más reciente, cuando el asentamiento está extenso.

Se trataría de asentamientos que se establecieron sobre territorios nuevos y a partir de la primera instalación tuvieron una vida continua. Durante el tiempo de ocupación las actividades humanas se realizaron de tal manera que no alteraron significativamente el entorno vegetal.

La explicación de estas condiciones requiere considerar factores internos de la organización económica de los asentamientos, externos relacionados con las propias formaciones vegetales y la representatividad del método antracológico.

La base económica de los asentamientos aquí estudiados debió de ser la que resultara igualmente en un eficaz sistema de manutención de la comunidad y el mínimo impacto sobre el medio. Respecto a eso tenemos que considerar la posibilidad de tener representada una economía mixta agricola-pastoril, u otra que se basaría mayoritariamente en una de las dos.

La mayor dependencia de la ganadería se documenta en el Neolítico griego hacia los momentos más avanzados y en relación a la ocupación de zonas agriculturalmente marginales identificadas normalmente con la ocupación de las islas y cuevas o pequeños asentamientos. En cuanto comienza este tipo de ocupación es cuando principalmente se registran por primera vez episodios de erosión y alteración del medio vegetal a gran escala. La existencia de rebaños de animales donde, según la evidencia de la fauna, el porcentaje de cabras es elevado, requiere zonas de pasto (Halstead 1996). El pastoreo en si no es directamente perjudicial para la vegetación pero es más catastrófico cuando se efectúa sobre terrenos aclarados, abiertos o de mucha pendiente donde los cambios en la cubierta vegetal aceleran los procesos erosivos.

Igualmente, mayor dependencia en la agricultura requeriría mayor extensión de tierras para el cultivo que a su vez implicarían el uso de tecnología que no se documenta durante el Neolítico. La introducción del arado es posterior al Neolítico (Halstead 1996, Sherratt 1981); su uso es más efectivo en los sistemas de agricultura extensiva donde el arado facilita el cultivo de amplios territorios que recompensan un descenso en la producción causado por el propio método, precisamente la siembra a voleo (Halstead 1995). El cultivo de campos extensos evidentemente implicaría amplios claros en las zonas forestales que se reflejarían al menos en el registro polínico.

Un sistema económico mixto basado en el cultivo y la cría de animales podría tener un efecto diferente. Para el neolítico de Grecia y la típica organización en aldeas de una vida continua que tiene como resultado la formación de tells, se sugiere una organización basada principalmente en el cultivo y cría de animales, ambos a pequeña escala. La producción de cereales y legumbres es la base de la subsistencia y los pequeños rebaños domésticos, compuestos por toda la gama de animales, serían aprovechados mayoritariamente para la carne y servirían como banco de reserva para aminorar los efectos de los malos años agrícolas. Con tal base económica y dado el nivel tecnológico neolítico, la agricultura sería más bien "horticultura"; es decir, pequeñas parcelas cultivadas en rotación con cereales y legumbres donde el uso del utillaje neolítico sería muy eficaz y no agotaría las propiedades de los suelos de manera que los mismos campos podrían seguir usándose largo tiempo. Un pequeño número de animales domésticos, controlados e integrados en el sistema agrícola no tendría grandes influencias sobre el medio vegetal especialmente si este medio hubiese sufrido la mínima intervención humana (Halstead 1992, 1996, Sherratt 1981).

Las comunidades campesinas neolíticas del norte de Grecia efectuaron probablemente unas estrategias de subsistencia basadas en la economización del trabajo utilizando diferentes medios fisiográficos del entorno para combinar variedad de actividades. De este modo, la producción se situaba por debajo del potencial máximo del medio. Ante la necesidad de mayor producción lo que ocurriría probablemente sería un desplazamiento de parte de la población con el objetivo de seguir produciendo, alcanzando la máxima utilidad del trabajo. Las comunidades se extienden en el territorio para reducir el esfuerzo requerido en la producción. De esta forma se produce un fenómeno de subexplotación que tiene como resultado la persistencia de los asentamientos neolíticos y su entorno. Evidentemente, esto no significa preservación consciente de los recursos por parte de los grupos humanos. Simplemente, la base económica y tecnológica de las comunidades campesinas de subsistencia afecta solo una pequeña porción del medio y a un ritmo temporal relativamente lento (Fotiadis 1985).

A través de la imagen que obtenemos de los diagramas antracológicos de los yacimientos de Makri y Dispilió y junto a la documentación arqueológica pensamos que se trata de comunidades campesinas que se instalan sobre medios teóricamente "vírgenes". Estos grupos humanos debieron efectuar el cultivo y cría de animales a una escala pequeña y estable durante largo tiempo. Se trataría posiblemente de pequeños campos localizados en las zonas más favorables respecto al aprovisionamiento de agua. La tecnología neolítica sería la adecuada para este tipo de cultivo puesto que la inexistencia de medios técnicos como el arado haría difícil el cultivo de grandes extensiones. Paralelamente el propio utillaje neolítico y el sistema rotatorio de cultivo cereal - legumbre garantizaría el uso de los mismos terrenos durante más tiempo. Consecuentemente, la vegetación se vería poco perjudicada por las actividades agrícolas y sobre un medio con pocos claros, aparte de los naturales, el pastoreo no dejaría mucho rastro.

La vegetación natural no es un sistema estático, tiene una dinámica interna y su potencial regenerativo no es despreciable. Se tienen que combinar varios factores para conseguir eventualmente una alteración significativa. Evidentemente la presión humana sigue siendo de los más importantes, pero si aceptamos un uso moderado y estable del entorno vegetal como el que acabamos de plantear es muy probable que los efectos sean menores y no tan rápidos. Junto a eso cabría tal vez añadir la influencia del clima en la regeneración de la vegetación. En el caso del yacimiento de Dispilió, a la hora de buscar una interpretación para la imagen de la vegetación a lo largo de la ocupación, sería importante considerar el alto índice de humedad, las precipitaciones elevadas y la reducida temporada de sequía estival en la zona en la actualidad. Para el Atlántico los índices de humedad se describen todavía más altos y los cambios hacia una estacionalidad climática parecida a la actual comienzan a partir del Subboreal. La región de Makri no tiene las características de Macedonia occidental pero no nos parece probable que escapase a las influencias benignas del Atlántico.

El método antracológico recoge la imagen de la vegetación inmediata, la que está explotada para combustible. ¿Pero hasta qué punto la inmediatez no deja de ser un término relativo? ¿Qué radio de distancia alrededor del yacimiento se refleja a través del estudio antracológico? y ¿cómo puede variar este según las particularidades de cada yacimiento? Finalmente ¿es posible que haya cambios que no se puedan reflejar a través de un diagrama antracológico?

Se ha postulado que el aprovisionamiento diario de leña se efectúa dentro del respectivo Territorio de Producción Restringida (TRP), el área de 1 km de radio alrededor del asentamiento (Bernabeu y Badal 1992, Heinz 1993). No obstante, pensamos que esa conclusión estaría en función de los patrones de ocupación, organización económica, el tipo de cada yacimiento y posiblemente otros factores de organización social de la comunidad. Es muy probable que en una comunidad neolítica, el leñateo fuese una actividad integrada en el ciclo agrícola y organizada para compaginar con las demás actividades. Si se trata de una actividad que no se efectúa diariamente sino en intervalos periódicos en relación a las demás actividades agrícolas y si es una tarea organizada, lo cual implica tal vez el trabajo de varias personas, entonces este radio de acción podría ser más amplio, teniendo en cuenta además que en 1 km de TPR deberían incluirse varias actividades, que por poco extensas que fuesen, requerirían espacio. Además en una comunidad campesina la recogida de leña no es oportunista y posiblemente tiene que adaptarse a ciertos razonamientos; tal vez hubiese alternancia en los lugares visitados para leña para asegurar así la existencia de la materia prima y lo mismo ocurriría para el forraje. También hay que considerar el factor de distancia y medios para el acarreo que durante el Neolítico se ve bastante limitado por las reducidas posibilidades de medios de transporte aunque no se debe despreciar el potencial humano que hasta muy recientemente se ha manifestado en las comunidades campesinas (literalmente femeninas) transportando leña sobre la espalda en territorios muy accidentados y a largas distancias. Nos parecería, pues, más probable aceptar un radio de recogida de leña superior a 1 km pero también delimitado por el factor distancia – rendimiento. Aceptaríamos así, un radio de actividad más amplio y variable, pero lo delimitaríamos quizás por debajo de los 5 km teóricos (Higgs y Vita-Finzi 1972) aceptando la argumentación que los sustenta pero también asumiendo que es difícil resumir la actividad humana en un modelo teórico.

Cabría la posibilidad de pensar que tenemos reflejadas en los diagramas antracológicos unas formaciones que parecen estables; pero no sabríamos decir si mediante algún tipo de gestión, por alternancia de zonas de aprovisionamiento de leña, por ampliación del TPR u otro, estas formaciones son las primarias, secundarias o envejecidas. Consecuentemente sería difícil diferenciar la influencia humana sobre el medio.

En el caso del yacimiento de Makri, es probable que se refleje algo parecido en el aumento de *Fraxinus* sp. y en el yacimiento de Dispilió no podemos descartar la posibilidad de tener reflejadas zonas de aprovisionamiento de leña muy variadas, dado que el propio lago (junto a ríos y torrentes tal vez desembocando en él) ofrece un medio de transporte adicional.

De los yacimientos neolíticos aquí estudiados ninguno ha ofrecido señales de cambios en las formaciones vegetales que justifiquen el impacto humano sobre el medio. Esta conclusión es coherente con los resultados palinológicos y hemos tratado de explicar, al menos la imagen antracológica, con una argumentación basada en la organización económica de las comunidades campesinas neolíticas, en la estabilidad de campos, sistemas de cultivo, técnicas y tecnología y posiblemente en el potencial regenerativo de la vegetación y favorables condiciones ecológicas. No obstante, no podemos descartar dos posibilidades ambas relacionadas con los métodos aquí mencionados:

- en la mayoría de los casos los análisis polínicos proceden de lagos y turberas de grandes dimensiones. La imagen de la vegetación depende de la procedencia local o regional del polen y de la proximidad a yacimientos arqueológicos. Respecto a esto, deberíamos mencionar la evidencia procedente de los pequeños lagos/turberas de Gramousti, Rezina, Tseravinas que efectivamente documentan episodios cortos de impacto humano sucedidos por cambios en la vegetación (Turner y Sanchez Goñi 1997, Willis 1997),

- los análisis antracológicos en yacimientos neolíticos al aire libre, nos plantean la posibilidad de tener reflejada una imagen de la vegetación hasta cierto punto distorsionada, porque los agentes de aporte del material estudiado son los propios humanos. Aunque delimitemos la zona de aprovisionamiento de combustible en el máximo de los 5 km del modelo teórico, si la recogida de leña es una actividad organizada puede también ser dirigida a diversas zonas dentro de ese territorio y así se produce menos efecto negativo. Es posible tener reflejadas zonas que no sufren cambios en la cubierta vegetal porque se alternan; dado que no se producen sustituciones de especies o formaciones, las posibles modificaciones en la vegetación causadas por los humanos, como los bosques secundarios o envejecidos, pasan desapercibidas. Si acaso tenemos reflejado el punto intermedio antes de una sustitución de las formaciones no es fácil detectarlo. Harían falta para eso secuencias más largas y datos procedentes de distintas regiones con variabilidad en el tipo de hábitat y organización económica, en la localización latitudinal y altitudinal y condiciones climáticas.

En todo caso se acepta que la actividad antrópica fue un factor importante en la historia de la vegetación; pero parece más significativa la escala en la que ocurrió la intervención humana en el paisaje.

En los Balcanes hubo degradación del paisaje a gran escala antes del 5000 BP y aún así hay bastante variabilidad regional; en Grecia las mayoría de las zonas experimentan las consecuencias de actividades humanas con mayor fuerza a partir del 4500-3000 BP. En Bulgaria las consecuencias se detectan con antelación, entre el 5000-2880 BP y en Eslovenia no se documentan hasta más tarde, entre el 3000-1500 BP. Las primeras comunidades productoras neolíticas no parecen haber causado grandes cambios en su entorno. Los factores antrópicos después del 5000 BP debieron estar relacionados con cambios demográficos, mayor presión por la adopción de técnicas intensivas de agricultura asociadas a la introducción del arado y el uso de los metales en progresivo aumento. Los factores locales en relación a factores climáticos, altitud y pendiente pudieron también tener su parte pero claramente no funcionaron aisladamente de la intervención humana (Willis 1995).

En definitiva, hemos expuesto nuestro punto de vista en cuanto a los resultados del estudio antracológico de los dos asentamientos neolíticos y la correlación con los datos polínicos. Los datos son complementarios que dejarían a primera vista poco lugar a dudas. No obstante, hemos dejado algunos "cabos sueltos" porque pensamos que disponemos de poca documentación antracológica para ser tajantes; en todo caso debemos seguir investigando por las líneas que aquí hemos establecido ampliando el registro antracológico.

PALAEOVEGETATION IN NORTH GREECE DURING THE LATE GLACIAL AND THE HOLOCENE. POLLEN AND CHARCOAL EVIDENCE

In this work, charcoal analysis is applied in three prehistoric sites of North and Northwest Greece. The sequences cover in the case of Boila part of the Late Glacial and in the cases of Dispilio and Makri a small portion of the Holocene corresponding to the Late Neolithic.

Charcoal data from Greece are very scarce; however, there is abundant information on past vegetation and climate from palynological investigation carried out in natural deposits in Greece. The prolific pollen record documents the history of the vegetation in long sequences that go back to the Pleistocene while shorter sequences from continental Greece and the island of Crete add to the knowledge of Holocene plant formations (Fig. 52).

Charcoal and pollen records are not directly comparable due to different methodology, different temporal and spatial scale and transport agents of the deposited remains. Nevertheless, the kind of information offered by both methods can be complementary. In our case, since pollen analysis provides a wide framework for the vegetation succession during the periods of concern for the prehistoric sites studied, we will try to summarise the results of both methods in a synthesis of data. The pollen record offers a long temporal and spatial perspective and charcoal analysis the immediate small-scale resolution.

The main pollen sequences recovered here are (Fig. 52): Ioannina I (Bottema 1974), Ioannina 249 (Tzedakis 1994), Ioannina 284 (Galanidou et al. 2000), Gramousti, Rezina (Willis 1992a, 1992b), Tseravinas, Ziros (Turner and Sanchez Goñi 1997) in Epirus, Edessa (Fig. 65), Khimaditis, Kastoria, Giannitsa (Bottema 1974) in West Macedonia, Tenaghi Phillipon (Wijmstra 1969) in East Macedonia, Xinias (Bottema 1979) in Tesalia and Kopais in Central Greece (Allen 1990, Turner and Greig 1975). Other shorter sequences from continental Greece, the Peloponnese and Crete are complementary to the vegetation history especially for the Holocene.

The Late Glacial

The Late Glacial pollen record from Greece documents variable vegetation succession schemes and pronounced regional diversity. Nevertheless, the common feature in all sequences is that there is no neat division in biozones of Older Dryas-Late Glacial interstadial-Younger Dryas.

In the Epirus region where the Boila rockshelter is located there is a prolific pollen database recording the Late Glacial vegetation history. In this area there exist five such records, namely Ioannina I, Ioannina 249, Gramousti, Tseravinas and Ziros. Also a summary diagram has been recently published from lake Ioannina while the Rezina sequence, although strictly speaking does not preserve a record of the Late Glacial, is of relevance to the issues under consideration.

Pollen diagrams from Ioannina I, Ioannina 249 and Gramousti share some common features. In the former, the Late Glacial documents the persistence of steppe-forest vegetation at low altitudes. As far as tree taxa are concerned, from 14,000 BP the diagram detects the expansion of *Pinus* and secondarily of *Abies* in the mountains. *Quercus* has a continuous curve and some deciduous species are also present. The Late Glacial as far as the tree taxa are concerned is characterised by the alternating increase of conifers and temperate species. The decline of the conifers, according to Bottema (1982) was the result of a rise in temperature not compensated for by higher precipitation. The Younger Dryas might be detected in the expansion of *Pinus,* which suggests a rise in humidity due in part to a lowering of the temperature. Finally the end of the Late Glacial is characterised by a rise of deciduous taxa.

In agreement with such a scheme seems to be the Gramousti sequence, derived from a medium-sized basin in the hinterland of Epirus, close to the Voidomatis watershed. The Late Glacial vegetation is characterised by steppe communities. The Ioannina 249 core shows a condensed sequence for the Late Glacial mainly characterised by steppic conditions. Also, the summary pollen diagram from Ioannina I284 documents a series of fluctuations in terms of intermediate expansions of woodland within an overall open landscape for the Late Glacial (the period between 15,000 to 10,000 BP).

The picture of the vegetation derived from the above diagrams points to the prevalence of steppic conditions. Tree species are limited to favourable locations. The forest expansion is confined to the Late Glacial/Postglacial transition. This interpretation is in agreement with other pollen sequences from sites east of the Pindus massif, namely the Xinias sequence in east-central Greece, the Khimaditis and Edessa sequences in Western Macedonia.

Other recently published sequences recovered from small basins in Epirus, Tseravinas (c. 450 m a.s.l.) and Ziros (50 m a.s.l.) testify to a more complicated picture of the vegetation succession during the Late Glacial. In both diagrams forest expansion is observed from 15,000 BP onwards. At Ziros oak woodland expands more rapidly while at Tseravinas *Quercus* and *Corylus* dominate plant formations after the initial expansion of *Betula*. Also, Mediterranean taxa are present especially at Ziros. At some time during the Late Glacial, especially at Tseravinas, tree vegetation declines, *Pinus* becomes dominant and open habitats increase. The dating of this oscillation is attributed to either the Younger Dryas or a former cold episode. In all, these diagrams manifest mosaic vegetation combining forest and steppe elements.

The information for the vegetation succession in Epirus derived from those new sequences in not surprising. Other pollen diagrams from the rest of continental Greece had already registered a similar process of forest expansion as early as the Late Glacial, which culminates with the beginning of the Holocene. This is the case of the Tenaghi Philippon and the two Kopais diagrams.

The pollen record is not conclusive as to the characteristics of the vegetation during the Late Glacial (after 15,000 BP) and this has given rise to a debate concerning the timing of forest expansion. The question is whether this took place within the Late Glacial or at the Late Glacial/Postglacial transition. An in depth discussion of this complicated issue, started during the 70's. However it remains a fact that the vegetation changes in Greece corresponding to the Late Glacial and the beginning of the Holocene have particularities that do not conform to the biozonation established by North European pollen record.

The Boila charcoal diagram is in tune with the broader framework of vegetation structures derived from the pollen sequences and testifies to the regional character of the vegetation profile in Epirus (Fig. 53).

Affinities between the charcoal diagram and those pollen diagrams that detect a clear expansion of tree taxa during the Late Glacial can be traced. The sequences of Tseravinas and Ziros manifest this trend. The marker of such expansion is expressed by the oak curve. This taxon is not significant at Boila, where we see tree expansion manifested by the dominant role of birch from the very beginning of the sequence. Worthy of mention is that at Tseravinas, the pollen site situated close to Boila, there is an initial expansion of birch followed by hazel, before the marked oak progression. Those characteristics are in agreement with the trends of birch and hazel in spectra 2 and 3 of the Boila charcoal diagram. At our site we are perhaps seeing a very local character of the vegetation conditioned by the physiographically diverse catchment of the Voidomatis. This emphasises that diachronic patterns of the landscape configuration (bedrock categories, soil properties, relief, altitude, etc) bear a not negligible weight over the characteristics of plant formations.

At the charcoal sequence from Boila we have also evidence of the constant presence of tree taxa, which appear in the pollen sequences of Epirus and Greece during the Late Glacial. Hornbeam, evergreen oak, willow, alder, ash are examples of this common feature between the Boila charcoal and pollen records. These temperate, mesic and Mediterranean taxa have been associated with long-term vegetation refugia in the Balkan Mountains and among them the Pindus massif in Epirus. The presence of these taxa at Boila, lends further support to the idea of refugia. The co-existence of ecologically diverse tree taxa in an overall homogeneous record contributes to the understanding of the concept of vegetation refugia in Southern Balkans. Locating those areas is difficult but in the case of Boila the nature of the material, firewood procured by humans in their immediate surroundings gives further information as to the location of tree refugia. The Lower Vikos gorge, in particular, emerges as a good candidate.

The Rezina pollen diagram offers additional information to the above considerations. The site is located at a close distance, at 1800 m a.s.l., on the Pindus range bordering the gorge. The pollen sequence starts at 9800 BP approximately and from the very beginning the pollen zones are rich in taxa including, from 9000 BP onwards, *Pistacia* and *Phillyrea*. The early expansion of tree taxa at such high altitudes reflects their persistence, at least during the Late Glacial, in favourable niches in the local setting.

The upper part of the Boila charcoal diagram, if it corresponds to an early Holocene depositional record, it shows a substitution of birch by other deciduous taxa and a marked rise of *Pinus*. The latter is a common element between our charcoal and the pollen data for the Late Glacial/Holocene transition. According to the interpretations of the pollen record such a feature is attributed to the repercussions of the Younger Dryas. This could mean that conditions at Boila during the deposition of Stratigraphic Unit IV manifest continentality. Alternatively the decrease in birch frequency could be viewed as a response to stronger competition from other plant species. However a combination of the above processes may have given rise to a still poorly understood Late Glacial/Holocene transition.

The data from Boila correlate with other information from the archaeological record in the area. The investigation carried out in the gorge has demonstrated that the occupation started sometime around 16,000 BP and only when climatic conditions made the exploitation of the Epirus hinterland profitable for hunter-gatherers groups. The sequence of Klithi, a specialised site for ibex and chamois hunting in the interior of the gorge starts at 16,500 BP. 13,000 BP marks the end of frequent occupation of the site. During the same period of time other sites such as Boila and Megalakkos are occasionally visited acting as satellites to the major site.

It has been postulated that the causes of the more sporadic use of the site from 13,000 BP were the changes in the vegetation cover that posed difficulties for caprine hunting. Increasing biomass could affect this activity in the sense of lower visibility for hunters' groups. In response they would have to move close to the tree line, in order to hunt effectively.

The area where the gorge opens out onto the plain and where different biotopes could be exploited presented an alternative. The location of Boila at the very mouth of the gorge seems to respond to such a window of possibilities where two ecologically different areas are in contact, the valley and the gorge.

The charcoal information from the Boila rockshelter shows an expansion of tree vegetation soon after 14,000 BP, in this respect the data are in agreement with the hypothesis for growing biomass. Dating evidence from Boila documents more intense occupation after 13,000 BP and especially after 11,000 BP. What is more important as to the function of Boila in relation to changing ecological conditions is the faunal record. A shift from an interior site such as Klithi is, to more diverse environments, as the surroundings of Boila seem to be the result of a change in the exploitation strategies of the human groups visiting Boila. The Late Glacial/Holocene transition at Boila is characterised by specialisation in hunting that is no more directed to the caprines as in Klithi but to the alternative resources offered in the new environment and reflected in the complementary hunting of caprines and cervids.

The Boila charcoal diagram synthesises various elements of the pollen record of Epirus and Greece generally. It is in agreement with the interpretations that postulate an expansion of woodland within the Late Glacial. The particular characteristics of the plant formations around the site (i.e. birch dominated woods) can be viewed under the co-influence of macro and microclimatic conditions, specific landscape properties and competition of tree taxa. Throughout, the constant presence of temperate and Mediterranean taxa close to the highland western Pindus range corroborates the pollen-based information of tree refugia. A clear-cut scheme of successive stages in the vegetation history is not evident in the charcoal material from Boila.

The Holocene

Vegetation succession in Greece, during the Holocene has been the scope of palynological investigation carried out in continental territory and the island of Crete. A reconstruction of the vegetation and the climatic conditions has been achieved through numerous pollen sequences (Fig. 53) some covering the whole Holocene and others only part of it.

The Late Glacial/Holocene transition is characterised in all pollen sequences by a marked rise of the AP and has been dated to 10,190±90 BP and 10,645±100 BP in the Ioannina and Edessa sequences respectively. The dominant tree taxon is *Quercus* deciduous.

Changes in the vegetation occurred between 10,000 and 9500 BP in all Greece, and the Balkans generally, which mainly document the expansion of mixed deciduous forests. There are common taxa in all pollen sequences such as *Corylus*, *Tilia* and *Ulmus*; they indicate the existence of extensive Late Glacial refugia of those taxa with wide distribution in the Balkans. Parallel, there are other taxa with presence limited to the Greek pollen record, *Carpinus orientalis/Ostrya carpinifolia*, *Pistacia* and *Phillyrea*, which were probably growing in restricted refugia in Greece.
The Pre-boreal vegetation maintained characteristics of previous periods. Until approximately 9300 BP, open habitats and steppic elements are documented parallel to the expansion of woodlands. Oak forests dominate between 400 and 800 m altitude; where humid conditions prevail other deciduous species, elm and lime proliferate; the frequencies of the conifers decrease, indicating a shift to higher altitudes.

Around 9000 BP the presence of *Pistacia* is a common characteristic of the pollen diagrams, including the ones from the northern part of Greece (Khimaditis and Edessa), This heliophilous taxon evidences increasing temperatures and rather open plant formations. The taxon appears earlier in the sequences from sites with a southern location or at lower altitude. In cases, other Mediterranean taxa such as *Quercus ilex-coccifera* and *Phillyrea* evolve next to *Pistacia*. Towards 8000 BP *Pistacia* shows an abrupt decrease. This must have been the result of deciduous formations growing in density, which in turn forced the sunloving *Pistacia* to decrease.

The following stage in vegetation succession, from 8000 BP and during the Atlantic period, is characterised by internal changes of plant formations and maximum expansion of deciduous forests. Willis (1994b) distinguishes two phases in the Balkan vegetation history; the first one between 8000 and 7000 BP is characterised by changes in the dominant taxa and the second from 7500 to 5000 BP is a period that documents the expansion of *Carpinus orientalis/Ostrya*, *Abies*, *Carpinus betulus* and *Fagus*.

In the sequences to the northwest of the Pindus mountain range (Ioannina, Gramousti, Tseravinas and Ziros) and from 8000 BP onwards, deciduous forests are the most important element while the conifers lose terrain.

To the north of the Pindus in the sequences of Khimaditis and Edessa the altitudinal differentiation of the vegetation is documented from 8020 BP - 8050 BP. Similar trends occur to the south but in areas located at a considerable altitude such as Rezina at 1800 m altitude. The conifers, *Pinus* and *Abies* proliferate and expand from 700 m onwards. Some increment in precipitation has been postulated.

At the same time, the southern parts of Greece do not document significant changes in the pollen record. For this, in the Kopais diagrams Allen (1990), Turner and Greig (1975) do not distinguish different pollen zones until approximately 5000 BP.

The following stage is characterised by the expansion of *Carpinus orientalis/Ostrya carpinifolia* towards 6500 BP and a general decrease in the frequencies of other deciduous taxa.

The changes documented in the vegetation between 8000 and 5000 BP were the result of a combination of factors. Different establishment rates for different taxa in relation to the evolution and maturity of soils triggered by the global climatic changes of the Holocene, and also competence between species must have been the main reasons for modifications in the composition of the plant formations.

From 5000 BP onwards, some changes in the pollen record document the increase of human impact upon the vegetation. Human activities resulted in the destruction of plant cover and new taxa appeared directly or indirectly associated to the anthropization of the environment: *Juglans*, *Olea*, *Platanus*, *Castanea* and Ericaceae.

Shorter sequences mainly from the Peloponnese and Crete show similar trends where the Mediterranean components are somewhat better represented without being dominant. That is the case of Lake Trikhonis in central Greece where oak woodland is recorded with *Carpinus orientalis/Ostrya*, *Corylus* and probably semi-deciduous elements.

In the Peloponnese, the Lerna diagram starting at 7000 BP indicates the dominance of mixed deciduous formations until 4800 BP (3600 BC) when a decrease in AP is documented. All the Mediterranean elements are present, *Quercus ilex-coccifera*, *Phillyrea*, *Juniperus*, *Pistacia*, *Myrtus communis*, but their occurrence is interpreted as part of an open natural environment and not as a sign of degrading conditions. The human influence is negligible during the Neolithic but increases considerably in the Bronze Age when *shiblyak* formations are documented.

Similar characteristics are detected in the sequences of Nemea, Limni Thermisia and Kiladha at the Peloponnese. According to Bottema (1990), oak woodland would expand at higher altitudes and open formations would dominate in the valley floors. However, open plant formations was not the result of human impact on the environment during the Neolithic but a natural characteristic of the vegetation. At the latitude of the Peloponnese higher *Quercus ilex/coccifera* frequencies and *Quercion ilicis* formations would be expected but the pollen record documents the prevalence of *Quercus* deciduous.

Finally, in Crete the sequences of Aghia Galini to the south-west and Tersana - Limnes to the north-west include mesic taxa such as *Quercus* deciduous, *Tilia*, *Ulmus*, *Carpinus/Ostrya* and *Corylus* next to the typical Mediterranean taxa. These characteristics in the case of Tersana-Limnes permit the reconstruction of the climate; that would be equally hot as the present day with minimum temperatures over 6°C but significantly moister judging by the presence of *Tilia* throughout the Neolithic.

Human impact becomes progressively more important from 4500 BP onwards. However this is not synchronous in all sequences. The earliest signs of human impact upon the vegetation come from the sequences of Gramousti, Rezina and Tseravinas. Towards 6000 BP, herbaceous taxa increase, tree taxa decrease, allogenous input in the sediment augments and microcharcoal is accumulated. Those characteristics are associated with the opening up of the canopy and clearing of the vegetation to create pastureland. Those changes did not last long and the regeneration is documented in the sequences. However changes occurred in the composition of the formations since *Quercus* deciduous was replaced by *Quercus coccifera*. At higher altitudes as at Rezina (1800 m a.s.l.), this situation was irreversible despite the AP increase. Mountain ecosystems were more vulnerable and never regained in density.

Leaving aside those early evidences of human impact on the vegetation, the pollen record documents significant modifications only from 5000-4500 BP onwards. In cases such as the Drama plain cores no such evidence exists until historical times.

Vegetation in Greece from the Late Glacial/Holocene transition documents a dynamic system. In the pollen record, from an initial stage of forest expansion onwards, various phases of change are evidenced in the dominant deciduous formations.

Charcoal analysis data from prehistoric sites in Greece are scarce. Nevertheless, the results presented here together with some previous studies are in agreement with the pollen record and add further information on the managing of the prevalent plant formations by human groups.

In continental Greece, mainly the northern part, the pollen record documents the dominance of deciduous forest and oak woodland during a great part of the Holocene. Variation in other components of those forests, fluctuations in the mountain conifer frequencies and earlier or later appearance of Mediterranean elements mark latitudinal, altitudinal and topographic differences between regions. Charcoal analysis information from the neolithic sites in North Greece is an additional source of information in this respect.

The charcoal sequences from the sites of Dispilio and Makri, presented here, and the analysis of charcoal samples from the site of Sitagroi, East Macedonia, are all located in north Greece but in two extremes in the east-west axes; there is also a marked altitudinal difference of approximately 600 m between sites and a variable location in relation to sea influence.

Charcoal analysis data document the prevalence, in the otherwise geographically and altitudinally distant regions, of deciduous oak woodland. Other components of those deciduous forests are common in the charcoal results from Makri and Dispilio. At Sitagroi temperate taxa are present all through the site's sequence.

Different location and altitudinal variation between sites is not evidenced in the predominant plant formations but in the complementary taxa.

At the site of Makri, abundant sun-loving species reflect open formations at this low altitude (40 m a.s.l.), territories close to the sea. By contrast, around the site of Dispilio oak woodland seems denser and the coniferous forest, mainly of black pines and some fir, reflects the location of the site at 627 m altitude in an inland basin surrounded by high mountains.

Parallels in the pollen record are in the first case the sequence of Tenaghi Philippon and the Drama basin in East Macedonia and in the second case various sequences in West Macedonia, especially the one from Lake Kastoria where the site of Dispilio is located.

The sequence from Tenaghi Philippon indicates the gradual expansion of forests in the Holocene. The forested nature of the landscape and the relative importance of sun-loving elements are documented.

The sequences from Khimaditis and Kastoria in west Macedonia point to the occurrence, at medium altitudes, of a dense deciduous oak forest, while pine forests with some fir would cover the mountain zone.

The Holocene documents climatic oscillations reflected in palaeoenvironmental studies. However, this period and mainly its recent part are characterised by progressively greater human influence in the natural processes. Establishing the beginning of human impact in time and space is not easy; the composition and fragility of plant formations, species establishment rates, competence between species, topographic characteristics and prevalent climatic conditions, human subsistence strategies, population number and technological level are factors that might interact. It is also true that when a new phase is distinguished and characterised by degraded environments this might be the result of a longer process that becomes clear only when there is an accumulation of influences.

In Greece the Holocene is characterised by the establishment of the first neolithic communities some time around 7700 BP; from this time onwards the gradual proliferation of sites is documented all over the territory.

Neolithic occupation is synchronous in part to the Atlantic period of the Holocene, the postglacial climatic optimum. The pollen record documents optimal conditions and maximum forest extension. No big scale deforestation and land degradation is detected until after 5000-4500 BP or the end of the Neolithic approximately.

In relation to the stability of local deciduous formations, charcoal data from the neolithic sites here presented, come to the same conclusions. At Makri and Dispilio charcoal sequences are characterised by the unaltered quantitative and qualitative composition of the principal deciduous oak formations. At the site of Sitagroi the author (Rackham 1986) comes to similar conclusions and states that deciduous formations prevail throughout and Mediterranean taxa are absent.

In interpreting the charcoal data from the neolithic sites, some issues deserve further consideration; that is duration, continuity and intensity of occupation of the settlements.

At the moment archaeological information from the sites documents that they are occupied for the first time during the Late Neolithic. No *hiatus* is detected in the sequences. At Makri, according to the available ^{14}C dates, a minimum of 300 years of occupation might be estimated. For Dispilio no radiocarbon dates are as yet available; from other areas of evidence such as the pottery typology some 1000 years of occupation could be proposed, however the intensity of occupation is a subject under study. Assuming the minimum of occupation for these sites, the transformation of the vegetation is minimal. Human activities were carried out in a way that did not alter the immediate surroundings significantly. An explanation of such a situation could be related to the organisation of the communities

Subsistence strategies in the sites here presented must have been such that offered an efficient system of maintenance of the community with a minimum impact over the environment.

The farming communities of Makri and Dispilio were probably carrying out sustainable farming and grazing techniques and practices over a long period of time. A kind of "horticulture" is postulated for the neolithic communities, which would require small pieces of land. Rotation techniques and the neolithic farming technologies would be efficient with such farming practices and soil properties would not be so vulnerable. The same fields could be used for longer periods of time. Thus no big scale clearing would be necessary. Additionally, a small number of animals integrated in the farming system would demand little pastureland and would cause little effect on the environment.

Subsistence strategies of neolithic farming communities were probably oriented to economise labour through the use of different physiographic elements of their environment in order to combine activities. Production was always under the potential maximum of the environment; thus activities and technology influenced only a small portion of this environment and in a slow temporal rate.

Natural vegetation is not a static system; it has got an internal force and regenerating potential, which is not negligible. A variety of factors must come together to end up in significant alterations. Human pressure is a considerable one; however, accepting a moderate and sustainable use of the plant resources, it is very probable that the effect would be less and not that fast. Regeneration of the vegetation might also be a positive factor and favourable conditions such as high rainfall in the region around Dispilio, would contribute to this. The Atlantic period at large is considered one of the most favourable of the Holocene, documenting high moisture and not that marked seasonality of rainfall.

Charcoal results from the sites here presented do not document any human pressure upon the immediate vegetation. This conclusion is coherent with the pollen record from Greece. Some considerations, in order to look for an explanation of such an image at least in the charcoal analysis results, refer to the subsistence strategies of the neolithic communities studied, techniques and technology and probably the regenerative potential of the vegetation.

However we would like to mention another two possibilities related to the analysis methods mentioned here:

- Pollen sequences in most cases come from big lakes or marshes. The image of the vegetation depends on the provenance, local or regional, of the pollen. In this respect, small lakes/marshes such as Gramousti, Rezina, and Tseravinas that reflect a narrower area, document short erosive episodes succeeded by changes in vegetation cover and composition. The detection of such events could be in relation to the dimensions of the pollen site to sample,

- Charcoal analysis in open-air neolithic sites might reflect a slightly biased image of the vegetation since human groups are the agents for the transport and deposition of the material. Even if we delimit the provisioning firewood zone within the 5 km radius of the proposed model, this activity becoming organised and predetermined, might be oriented towards different parts in the territory. Thus, a negative effect does not occur; alternating provisioning areas give a stable image of the vegetation since they do not get overexploited; since there are no substitutions or composition changes, potential modifications such as secondary forests or old non-regenerating forests are not detected. If an intermediate point before a big change or a substitution is reflected it is not easy to distinguish. Longer sequences, variation in habitat types and subsistence bases, data from different and distant regions would be necessary for a better evaluation of the results.

In Greece there is regional variability as to the deforestation and degradation of the environment. In general it occurred sometime after 5000 BP and it might be related to demographic change, new farming techniques associated with the introduction of the plough and the increasing use of metals. Local factors such as altitude, climate, slope inclination and topography would influence processes but would not act independently from human activities.

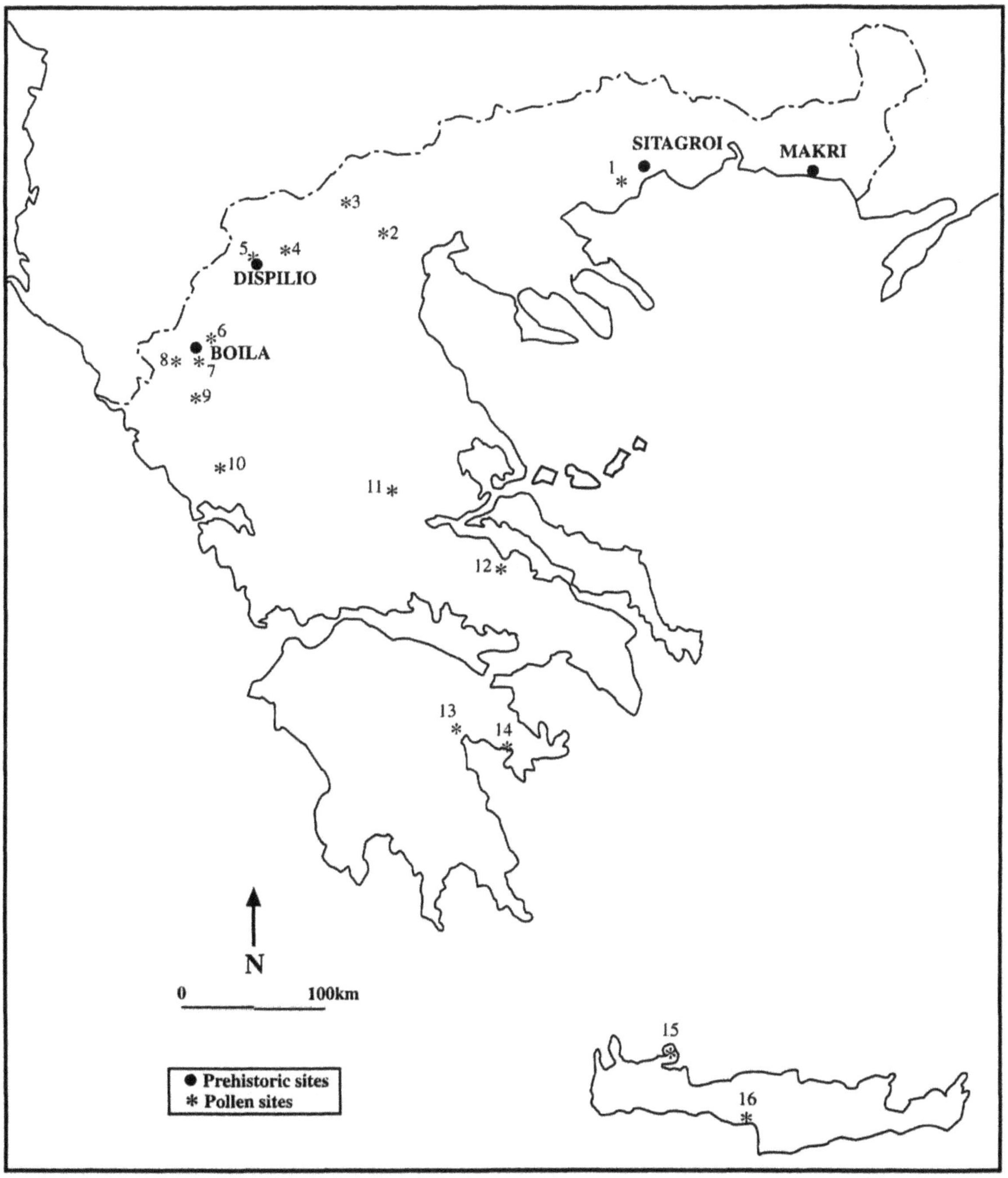

Fig. 52: Mapa de Grecia donde se indica la localización de yacimientos polínicos y prehistóricos mencionados en el texto.
Fig. 52: Map of Greece showing location of pollen and prehistoric sites mentioned in the text.

1. Tenaghi Philippon, 2. Giannitsa, 3. Edessa, 4. Khimaditis, 5. Kastoria, 6. Rezina, 7. Gramousti, 8. Tseravinas, 9. Ioannina I, Ioannina 249, Ioannina 284, 10. Ziros, 11. Xinias, 12. Kopais, 13. Lerna, 14. Koiladha, 15. Tersana-Limnes, 16. Aghia Galini.

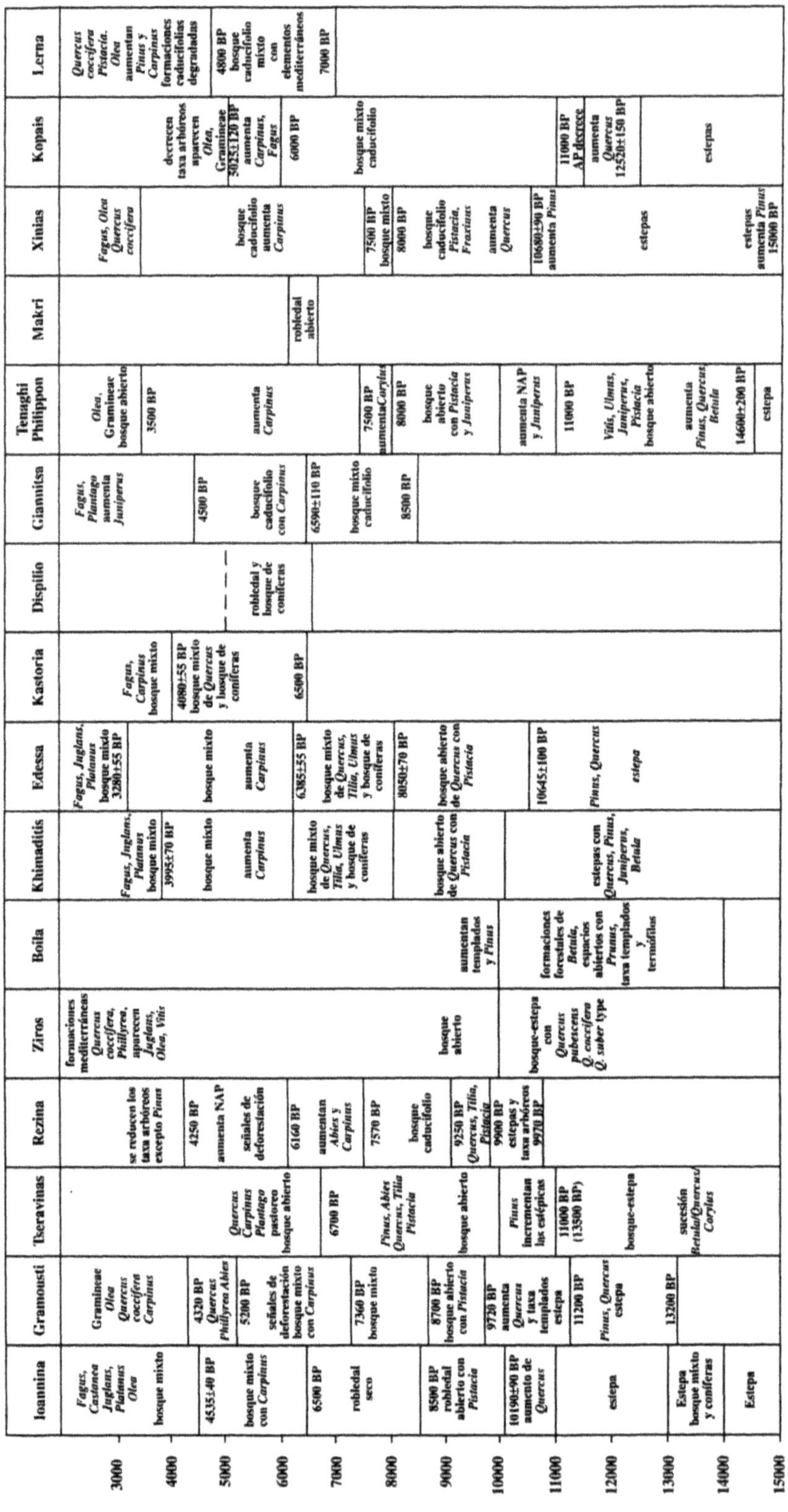

Fig. 53: Síntesis de los datos polínicos y antracológicos para el Tardiglaciar y el Holoceno en Grecia.
Fig. 53 : A synthesis of pollen and charcoal data for the Late Glacial and the Holocene in Greece.

EL USO DE LOS RECURSOS VEGETALES EN LA CONSTRUCCION. LOS RESULTADOS DE LOS YACIMIENTOS NEOLITICOS DE MAKRI Y DISPILIO

Introducción

El entorno vegetal de las comunidades prehistóricas ha sido ampliamente usado como combustible como evidencian los restos de madera carbonizada recuperada en hogares domésticos o dispersos por los sedimentos arqueológicos. Adicionalmente, las formaciones vegetales han sido la fuente que ha proporcionado la materia prima para la fabricación de útiles y para la construcción.

Los restos de estas actividades, y concretamente del uso de la madera en la construcción, son difíciles de documentar directamente, principalmente porque la materia prima no se conserva si no ha sido sometida a un proceso de carbonización por un fuego accidental o intencional que ha quemado las estructuras dejando sus restos depositados en niveles de incendio. Muchas veces la información sobre el uso de la madera en la construcción es indirecta y procede de la recuperación en la excavación de útiles relacionados con el trabajo de la madera, como hachas o azuelas; también las improntas de la madera utilizada, como los agujeros de postes, evidencian el empleo de este material en la construcción.

En el norte de Grecia, las técnicas de construcción durante el Neolítico incluyen el amplio uso de la madera en estructuras de postes y armazón revestido de barro. Esa técnica de construcción tiene una distribución amplia en el territorio de los Balcanes desde el Neolítico Antiguo y hasta el Neolítico Final, que es cuando progresivamente se sustituye por otras técnicas que emplean otros materiales como la piedra o el adobe. En Tracia y gran parte de Macedonia los yacimientos neolíticos evidencian estas prácticas de construcción basadas en el uso de la madera en los restos arquitectónicos hallados en las excavaciones, principalmente en forma de hileras de agujeros de postes o improntas de entramado sobre fragmentos de barro rubefactado.

Los dos yacimientos neolíticos, Makri y Dispilió, presentados en este trabajo se incluyen en el marco de esa práctica neolítica del empleo de la madera y los restos indirectos son abundantes. Adicionalmente, en ambos yacimientos durante el proceso de la excavación, se han descubierto niveles de incendio que preservaban restos carbonizados de la madera de construcción. Es más, en el yacimiento de Dispilió el asentamiento litoral/lacustre, se han preservado los postes implantados en el suelo debido al nivel alto del acuífero que ha creado condiciones anaerobias; ocasionalmente otros restos de madera sin carbonizar también se han preservado en el mismo contexto.

La madera empleada en la construcción es un resto arqueológico que puede aportar información sobre ciertas actividades prehistóricas relacionadas con el trabajo de este material y, adicionalmente, con la gestión del entorno vegetal. Los restos carbonizados de la madera de construcción tienen en este sentido un significado etnobotánico; hablan de las especies vegetales empleadas, de los posibles criterios de selección respecto al uso de ciertas especies y de la importancia que tiene el entorno vegetal en el cumplimiento de actividades específicas como la construcción. Mediante secuencias largas se pueden detectar cambios en el estado de las formaciones reflejados en la edad y las dimensiones de la madera empleada en la construcción.

9.1. La madera de construcción en el yacimiento de Makri

En el yacimiento de Makri la madera parece ser el material más ampliamente utilizado en la construcción. Hileras de postes e improntas de entramado de madera son restos comunes en todas la fases de ocupación.

Los restos arquitectónicos hallados en varias zonas del yacimiento indican la existencia de construcciones domesticas o comunales de planta rectangular.

Los postes se emplean para formar el armazón de la estructura dispuestos en hileras. En todos los casos parece ser que los árboles empleados para postes se utilizan con el diámetro completo. El diámetro medio de los troncos utilizados es de 15 cm aproximadamente aunque ocasionalmente se utilizan árboles de mayor diámetro que puede llegar los 25 ó 30 cm. Los postes se implantan en el suelo a una distancia de 20 a 40 cm entre ellos. No obstante, existe variabilidad en estas características. Hemos observado:

a) el uso de postes de mayor diámetro a una distancia de aproximadamente 1 m uno del otro; el espacio entre los postes mayores se llena con postes de menor diámetro en simple o doble hilera y densamente implantados,

b) el uso más espaciado de los postes, de 25 hasta 50 cm, independientemente de su diámetro.

En el interior de las estructuras se emplean postes, mínimo dos en una hilera, posiblemente para la sujeción de la viga maestra que forma el techo. Para los asentamientos neolíticos del norte de Grecia se postula la construcción de techos a dos aguas, formados por vigas horizontales y maderas oblicuas apoyadas sobre los postes laterales y del centro. Para la cubierta se utilizaría paja o cañas y tal vez barro (Treuil *et al* 1989). En Makri posiblemente se empleó la misma técnica a dos aguas para la cubierta de las estructuras (Efstratiou *et al.* 1998).

Las paredes de las estructuras se alzan basadas en un armazón de madera recubierto de barro que aísla y protege el interior. Las improntas de la madera sobre el barro evidencian el empleo de un entramado con ramas finas que da solidez a la estructura. En un caso se han observado las improntas de ramas de diámetros entre 0,4 y 1,6 cm entrelazadas a una distancia de 1,5 cm a 4 cm una de la otra (comunicación oral S. Martínez). Es posible que para la construcción de las paredes se empleasen otras técnicas; así por ejemplo en el caso de postes densamente hincados se podrían utilizar ramas largas con el diámetro entero o hendidas sin entrelazar, tal vez atadas horizontalmente.

Las paredes revestidas de barro, por los fragmentos que se han recuperado, parecen tener superficies lisas y bien preparadas lo que aparte de estética añadiría impermeabilización. En el interior de las estructuras los suelos están preparados de tierra batida, compacta y tienen una superficie muy lisa que se distingue claramente en el proceso de excavación. Adicionalmete, en el interior se encuentran otra estructuras como silos, plataformas, etc. También es posible que existiesen divisiones internas de postes y entremado de madera (Efstratiou *et al.* 1998).

En el yacimiento de Makri se ha localizado un nivel de incendio que separa los dos principales periodos culturales de la secuencia del yacimiento (Fig. 47). Restos de madera de construcción carbonizada, se han recuperado de este nivel de incendio en la cuadrícula Γ1 del yacimiento.

A partir del análisis antracológico de los restos de madera carbonizada del nivel de incendio se han identificado 8 taxa (Cuadro 18, Fig. 54): *Ficus carica*, *Fraxinus* sp., *Juniperus* sp., Maloideae, *Pistacia terebinthus*, *Quercus* caducifolio, Rosaceae y *Tilia* sp. En el recuento de los taxa hemos tenido en cuenta el estado de fragmentación de vigas o ramas de manera que los distintos fragmentos de las mismas se han atribuido a un solo elemento de construcción.

Las frecuencias de los taxa identificados (Cuadro 18, Fig. 54) en la muestra del nivel de incendio indican que la madera más empleada en la construcción es la de los robles que está representada con el 73,64%. La diferencia porcentual con los demás taxa es clara; el orno/fresno alcanza tan solo el 11,32 %, la higuera el 5,66% y todos los demás taxa tienen valores más bajos.

A partir de estos datos se puede observar una clara preferencia por los robles para la construcción. Las formaciones vegetales predominantes del entorno, como ha manifestado el estudio antracológico del carbón disperso, fueron los robledales compuestos de otros caducifolios e interrumpidos por espacios de vegetación abierta, rica en especies heliófilas. En la madera de construcción queda reflejado el aprovechamiento de los recursos vegetales cercanos; pero la selección hacia una especie queda zanjada en los porcentajes altos de los robles.
La preferencia por el roble probablemente viene marcada por las propiedades de la madera, las características de la técnica de construcción y adicionalmente su abundancia en el medio.

La madera de los robles es pesada, dura, fuerte, tenaz y resistente a la descomposición. Estos árboles suelen tener un porte recto y alto que sería lo apropiado para la preparación de los postes; en las técnicas de construcción empleadas en el yacimiento de Makri la madera utilizada tendría que tener suficiente altura/longitud para la elevación del techo y la fabricación de las largas vigas y traversas horizontales y oblicuas.

Algunos fragmentos de carbón con un diámetro alrededor a los 5 cm procederían de las ramas horizontales utilizadas en el armazón, para la construcción de las paredes y del techo. Para estas finalidades se seleccionaban ramas jóvenes, finas y flexibles que se trabajarían con mayor facilidad. Probablemente se utilizase el orno/fresno; su madera es fuerte, flexible y no se astilla. Adicionalmente, da ramas rectas y de tamaño más regular que los robles por lo que sería una madera apreciada para los elementos horizontales de la construcción. En menor grado se utilizarían los demás taxa identificados. Las ramas jóvenes de robles también se podrían emplear con esa finalidad y no se puede descartar el uso de ramas de mayor diámetro tangencialmente o radialmente hendidas para la construcción de las paredes y del techo. La técnica de hendir la madera no era desconocida a los grupos neolíticos. Hay abundante información sobre el empleo de postes, vigas, tablas de madera fabricadas incluso a partir de troncos de gran diámetro hendidos mediante el uso de cuñas de madera dura, hueso o asta. En los yacimientos neolíticos lacustres o litorales del norte de Europa, donde se ha preservado abundante madera se han identificado las técnicas de hendir la madera empleando cuñas de haya (Pétrequin y Pétrequin 1988).

Los enebros en el nivel de incendio de Makri están poco utilizados. La madera de estos árboles es especialmente duradera y fuerte. Los enebros que crecen sin presión adquieren un porte recto que podría servir para la fabricación de postes tal vez los más cortos o los utilizados en el exterior para vallar.

En el yacimiento de Makri el nivel de incendio documenta el uso más intenso de los robles y en segundo lugar de los ornos/fresnos. Las demás especies del entorno vegetal son usadas ocasionalmente. Evidentemente, la técnica de construcción basada en postes, vigas y entramado requiere el uso de madera con unas características morfológicas concretas. Además las propiedades de la madera juegan un papel importante para la duración de la estructura. Bajo este punto de vista, los robles proporcionarían la madera más adecuada para la construcción y serían los más utilizados. El robledal incluiría variedad de individuos que según las dimensiones deseadas se emplearían a las distintas partes de las estructuras. Los ornos/fresnos tendrían un papel complementario en la construcción.

La preferencia por unas especies está claramente definida en la madera utilizada para la construcción. Los factores que intervienen en una selección específica son múltiples e influyen conjuntamente; la abundancia de las especies en cuestión en el medio, la facilidad quizás del aprovisionamiento a la vez que la inexistencia de otras alternativas con las mismas características morfológicas y las mismas propiedades. El robledal, parece ser que proporcionaba suficiente madera. El conocimiento tecnológico es alto; la variedad de los diámetros de los postes indica tal vez una racional selección con relación a la parte de la estructura donde se localizan.

9.2. La madera de construcción en el yacimiento de Dispilió

En el yacimiento de Dispilió la técnica de construcción se basa en el uso de postes verticales, armazón de madera, uso de barro para cubrir paredes, techo y para preparar los suelos de habitación.

El estudio de la distribución vertical y horizontal de restos arquitectónicos ha confirmado la existencia de tres principales fases de ocupación - construcción (Hourmouziadi y Yangoulis en prensa). La fase más reciente es terrestre, las fase intermedia posiblemente es litoral y sobre suelos húmedos y las fase más antigua es litoral/lacustre sobre un medio periódicamente inundado; información micromorfológica de las capas más antiguas ha documentado un ambiente lacustre en la base de la secuencia del que progresivamente se retiran las aguas durante los periodos siguientes (Karkanas 1999).

Los restos arquitectónicos más abundantes en todas las fases de ocupación son los postes. A lo largo de toda la secuencia se han identificado 1451 agujeros de postes, 95 agujeros con restos de madera y 159 postes que mantienen todavía la madera y se concentran en los niveles más antiguos de la secuencia. El diámetro medio de los postes a lo largo de toda la secuencia es de 12 cm aproximadamente.

El gran número de agujeros de postes o postes identificados en un mismo nivel durante el proceso de excavación hace muy difícil la delimitación de estructuras de habitación. Esta característica es frecuente en muchos yacimientos litorales o lacustres y parece ser que las sucesivas fases de ocupación incorporan elementos de las anteriores de modo que la única manera para delimitar y correlacionar estructuras coetáneas es mediante la aplicación de la dendrocronología a la madera de construcción. El caso del yacimiento de Dispilió es particular al respecto porque la madera de postes, u otra, tan solo se ha preservado en el nivel más antiguo.

Las demás características de la construcción incluyen el uso del barro para formar los suelos de habitación con tierra batida y el uso del mismo material para el revestimiento de las paredes. La distribución horizontal de los restos arquitectónicos indica que hay un desplazamiento del hábitat en las fases consecutivas evidenciado en diferentes zonas de mayor concentración de restos.

En el yacimiento de Dispilió se ha localizado un nivel de incendio en la fase más antigua de la ocupación del asentamiento. Por el efecto del fuego se han preservado aparte de la abundante madera carbonizada, muchos fragmentos de barro rubefactados que mantienen las improntas de las ramas o cañas ofreciendo así información adicional sobre la preparación de paredes, suelos y techos. Adicionalmente, el nivel del acuífero que se ha mantenido alto hasta la actualidad ha favorecido la preservación de la madera de postes y otros restos de madera sin carbonizar asociados al nivel del incendio.

Dadas las características de este particular nivel de incendio descubierto en el proceso de excavación, el estudio de la madera empleada para la construcción tenía que incluir los elementos verticales y horizontales asociados a la construcción:

- los postes,

- fragmentos grandes de madera carbonizada o sin carbonizar horizontalmente dispuestos en el nivel,

- fragmentos pequeños de carbón en abundancia por toda la superficie del nivel de incendio que prácticamente cubre la superficie excavada.

No obstante, las propuestas del estudio se han tenido que reducir en pocas muestra de cada uno de los conjuntos anteriormente mencionados, principalmente debido a los problemas que impone la excavación en un medio húmedo, incluso en temporadas cubierto por las aguas. Así del nivel de incendio se recogieron muestras parcialmente, tan solo las veces que el nivel del agua dejaba descubierta la superficie; además se tomó la decisión de no proseguir de momento en la excavación de este nivel a mayor profundidad puesto que no se disponía de las instalaciones necesarias para tratar, preservar y estudiar la madera de construcción que se recuperaba.

La información que aquí presentamos es preliminar pero puede aportar algunos datos para el conocimiento de las técnicas de construcción en un medio lacustre.

Los postes asociados al nivel de incendio preservan la madera. El gran número de postes (159) y el aspecto de desorden que presentan hacen muy difícil la delimitación de estructuras de habitación. Tan solo en dos ocasiones parece ser que se han podido delimitar por la alineación de postes y concentración de otros elementos arquitectónicos, las plantas de dos cabañas posiblemente con un extremo absidal.

En el proceso de la excavación solo se ha descubierto el extremo superior de los postes y, dado que no ha proseguido la excavación, sobre su diámetro solo disponemos la información de las fases de ocupación más recientes y de un poste que se extrajo del sedimento. A partir de los agujeros de postes parece ser que su diámetro oscilaba entre ente 8 y 18 cm siendo el diámetro más frecuente de 12 cm. Los diámetros de los postes permanecen generalmente estables, una característica que podría indicar el alto nivel tecnológico ya que un diámetro alrededor a los 12 cm es suficientemente grande para dar estabilidad a la estructura y bastante pequeño para facilitar la tala y el trabajo de la madera (Hourmouziadi y Yangoulis en prensa).

El poste extraído está fabricado sobre el tronco de *Juniperus* sp., tiene un diámetro de 15 cm, longitud de 2,30 m y preservaba la corteza. El poste estaba implantado a una profundidad de dos metros aproximadamente en el sedimento arcilloso lacustre y la extracción fue especialmente difícil. La punta afilada preservaba las marcas del trabajo con hacha o azuela y estaba preparada en la parte más alta y fina del tronco de modo que éste estaba hincado en el suelo, opuestamente al crecimiento anatómico del árbol. Esta práctica se ha documentado en otros yacimientos arqueológicos y podría deberse:

a) a la mayor facilidad que supone hincar la parte más fina del tronco y/o,

b) al intento de aumentar la resistencia de la madera a la putrefacción ya que el sentido de circulación de los conductos de la savia y el agua se invierte (Billard *et al.* 1997a, Passard 1986). En los casos que se utiliza una madera circular no se suele quitar la corteza; esa técnica (quitar la corteza) es más frecuente cuando un tronco de gran diámetro se hiende longitudinalmente para obtener más de un poste.

Las observaciones sobre el poste extraído nos podrían llevar a plantear algunas hipótesis sobre la construcción, aunque no podemos generalizar ya que se trata de una pequeña muestra de un total de 159 postes preservados en el yacimiento. Juzgando por la profundidad a la que estaba implantado este poste podríamos pensar en un tipo de estructura sobrelevada sobre pilotes ("*pieux flottants*"). En yacimientos lacustres/litorales del norte de Europa, los postes implantados directamente en el sedimento lacustre a profundidad de dos metros o superior, se asocian a estructuras elevadas sobre plataformas para conseguir el aislamiento de los suelos inundables y húmedos (Gentizon y Monnier 1997, Pétrequin y Pétrequin 1988). Es posible tener representada en esta fase antigua de ocupación en Dispilió un técnica similar. La información micromorfológica sobre los niveles más antiguos corrobora esto indicando aguas permanentes o suelos periódicamente inundados (Karkanas 1999).

La implantación de los postes en el sedimento lacustre, como se ha comprobado por experimentación, es simple y rápida incluso para los postes más altos. Los sedimentos lacustres al tener las mismas propiedades que un líquido, oponen al peso del poste la fuerza de Arquímedes hasta que se llegue a un nivel de equilibrio que es cuando el poste deja de hundirse. El sedimento lacustre se consolida rápidamente manteniendo el poste en la profundidad deseada (Gentizon y Monnier 1997).

La altura a la que se eleva el suelo de la estructura es difícil de calcular. En casos experimentales se ha construido a 1 m por encima de la superficie. Las maderas horizontales que formarían el suelo de la estructura podrían estar:

a) atadas y sujetas sobre los postes laterales o,

b) fijadas en horquillas esculpidas o naturales en un extremo de los postes en el caso que se utilizasen dobles postes, cortos con bifurcación para el suelo y más altos para las paredes.

En el yacimiento de Dispilió no hay evidencia de ninguna de la dos técnicas. Parece ser que el incendio que destruyó las estructuras afectó al extremo superior de los postes de manera que se ha perdido la información sobre la sujeción de las traversas horizontales del suelo. Postes dobles se han observado pero el desorden general de su distribución hace difícil la asociación de ellos a plantas concretas de estructuras. Además, los dobles postes es posible que no correspondan siempre a la técnica anteriormente mencionada sino que sean simplemente reparaciones o refuerzos de algunas partes de la estructura. Únicamente por la forma de implantación del poste, opuestamente al desarrollo anatómico de la planta podemos decir que, en este caso, la intención de los constructores neolíticos no fue el aprovechamiento de la bifurcación natural de las ramas más bajas del árbol, lo que podría indicar la existencia en el extremo superior del poste de una bifurcación artificial o la sujeción de los elementos de la construcción mediante cuerdas y muescas esculpidas en el poste.

Los postes que se han descubierto son 159 como ya hemos dicho. Exceptuando el poste que se extrajo del sedimento recogimos muestras de la madera de otros 27, los que eran más fácilmente accesibles debido a la inundación de la cuadrículas. Estos postes se encontraban en una zona de la excavación donde podrían asociarse a estructuras de habitación por los abundantes restos de barro rubefactado con improntas, elementos de paredes y tal vez techumbre. Veinticuatro de los postes muestreados están fabricados sobre troncos de *Juniperus* sp., dos de *Pinus* cf. *nigra* y uno no se ha podido determinar nada más que como Conífera (Cuadro 19).

El uso de *Juniperus* sp. para la fabricación de los postes se puede explicar por la resistencia de esa madera a la putrefacción. La madera de los enebros es muy duradera a la intemperie y tradicionalmente se ha utilizado en estructuras al exterior como vallas y cercados. Adicionalmente, cuando estos árboles crecen sin presión suelen tener un porte muy recto; algunos individuos de *Juniperus oxycedrus* que crecen actualmente en las colinas cercanas al yacimiento tienen ese aspecto con las ramas dispuestas en forma cónica.

El pino salgareño en la muestra recogida está menos representado, tan sólo dos postes están fabricados con esta madera. Estos árboles tienen un porte recto y poca ramificación en la parte inferior del tronco, lo que posiblemente facilita el trabajo de la madera. Adicionalmente, son árboles altos, pudiendo llegar a los 20 o 40 m, dependiendo por supuesto de la edad, y su crecimiento es mas rápido que de los enebros. Nuestra hipótesis, dados los números de individuos incluidos en la muestra recogida es que tal vez se empleasen los enebros, que generalmente son más cortos, para los postes laterales de la estructuras y los pinos salgareños para los postes del medio y de las fachadas que sujetan la viga maestra del techo y que deben ser bastante más altos que los laterales. La experimentación sobre construcción en medios lacustres partiendo de modelos arqueológicos documenta el uso de postes para el techo de 2,5 m más largos que los laterales (Gentizon y Monnier 1997). Evidentemente, se utilizan más postes laterales que centrales, lo que explicaría el mayor número de postes de enebro frente a los de pino salgareño.

Los elementos horizontales en el yacimiento comprenden fragmentos largos de madera carbonizada, sin carbonizar, o solamente carbonizada exteriormente. De estos elementos se han recogido muestras de varias zonas del yacimiento donde aparecieron y casi siempre estaban asociadas a otros restos arquitectónicos que indican estructuras de habitación y espacios interiores. Estas maderas deben proceder de las vigas horizontales y oblicuas del techo, de la madera de las paredes y de la madera utilizada para la preparación de los suelos elevados. También es posible que se incluyan fragmentos de los postes que al quemarse se derrumbaron. La presencia de maderas medioquemadas o sin quemar nos parece indicar el derrumbe de elementos de la construcción sobre superficies húmedas y, tal vez, el hundimiento de los suelos de las estructuras.

La muestra de las maderas dispuestas horizontalmente en la superficie de la excavación, incluye veintiséis fragmentos, todos ellos pertenecientes a material carbonizado o mediocarbonizado, ya que la madera sin quemar no se ha retirado por razones de conservación. En la muestra, trece fragmentos pertenecían a *Quercus* caducifolio, doce a *Pinus* cf. *nigra* y uno a *Juniperus* sp (Cuadro 20). Las maderas sin quemar se conservaban a una longitud media de 50 cm; la madera carbonizada presenta longitud variable y estando quemada es posible que se haya fragmentado por lo que no se pueden sacar conclusiones respecto a las dimensiones del material utilizado. En el caso de dos fragmentos de *Pinus* cf. *nigra* hemos observado huellas de trabajo de la madera que estaba tangencialmente hendida en forma de tabla. Otro fragmento de *Pinus* cf. *nigra* conservaba el diámetro completo de 4 cm y la superficie exterior parecía trabajada. Además en la excavación se recuperó el extremo apuntado probablemente de un poste de *Pinus* cf. *nigra* con el diámetro preservado de 8-9 cm.

Los datos son parciales y dado que la muestra es muy reducida no hemos procedido a la cuantificación de los resultados. Como observación general, cabe mencionar las diferencias entre las especies empleadas para la fabricación de los postes y para los elementos horizontales. Para los segundos se observa el uso más amplio del roble que no está representado en la madera utilizada para los postes. Adicionalmente, el pino salgareño es más abundante en la muestra de los elementos horizontales que en los postes.

Las coníferas son fácilmente hendidas a lo largo de su eje tangencial o radial dejando cortes limpios. Si los pinos se utilizasen para la preparación de los suelos esa propiedad de la madera no sería despreciable para la fabricación de tablas; igualmente se podrían aprovechar las ramas de menor diámetro enteras en varias partes de la construcción incluyendo los suelos y postes menores para el alzado de paredes. Improntas de ramas de una media de 3 cm de diámetro, encontradas sobre fragmentos de barro rubefactado, utilizado para cubrir los suelos, indican que madera de esas dimensiones se utilizó en esta parte de la estructura (Hourmouziadi y Yangoulis en prensa). El uso de ramas circulares en comparación con tablas hendidas es tal vez preferible por el ahorro en esfuerzo y tiempo que supone.

Los robles también tienen madera resistente y fuerte, tal vez algo difícil de trabajar pero seguramente muy apreciada en aquellas partes de la construcción donde se requiere dureza y mayor longitud. Finalmente, en el caso del enebro pensamos que tal vez pertenezca a algún fragmento de poste.

La información adicional sobre la madera utilizada en la construcción procede de muestras de carbón recogidas en dos distintas zonas donde se había descubierto el nivel de incendio asociado a estructuras de habitación. En el Cuadro 21 se presentan los resultados del estudio antracológico de estas muestras. Se expresan por presencia - ausencia de los taxa, indicando con asteriscos la presencia más o menos abundante. Así tres asteriscos indican abundantes restos del taxon, dos asteriscos una presencia relativamente abundante y un asterisco escasa presencia. Hemos preferido, presentar los datos de esta forma en vez de cuantificar porque las muestras no han recogido una gran superficie y es posible que tuviésemos una distorsión debido a fragmentación de una misma madera.

En la primera muestra (Cuadro 21) se han identificado solamente seis especies *Pinus* cf. *nigra* es la más abundantemente presente, seguida por *Alnus glutinosa* y *Quercus* caducifolio. Los otros tres taxa, *Fraxinus* sp., *Cornus* sp. y Maloideae están poco representados. La segunda muestra es mucho más rica en especies; se han identificado 13, seis de ellas comunes con la primera muestra. En esta segunda muestra *Quercus* caducifolio es el más abundante, *Pinus* cf. *nigra*, *Juniperus* sp. y *Fraxinus* sp. tienen una presencia fuerte y todos los demás taxa son generalmente escasos.

Lo que observamos en estas dos muestras es la mayor presencia de los tres taxa encontrados en las demás categorías de material de construcción, *Pinus* cf. *nigra*, *Quercus* caducifolio y *Juniperus* sp. Cada una de las muestras está dominada por un taxon diferente. Adicionalmente aparecen dos taxa nuevos que juegan un papel importante, al menos en una de las dos muestras y son *Alnus glutinosa* y *Fraxinus* sp. Estas características de las muestras son indicativas de la variabilidad que puede haber en la construcción. Obviamente, en un asentamiento podrían existir estructuras con morfología y dimensiones diferentes igual que utilizaciones de distintas especies.

Los restos carbonizados de enebro y pino salgareño podrían pertenecer a las partes más altas de los postes principales que se quemaron durante el incendio que destruyó las estructuras. Pinos y robles se utilizaron mayoritariamente en la superestructura. Las dimensiones y las propiedades de la madera de estos árboles seguramente influyeron en su selección igual que su abundancia en el medio; como refleja el diagrama antracológico del yacimiento (Fig. 46) estos taxa son los principales componentes de las dos formaciones más importantes en el entorno.

La madera de *Alnus glutinosa* es blanda y resistente bajo el agua, aunque en seco pierde estas propiedades. Se puede hendir con facilidad y en yacimientos arqueológicos se han identificado tablas de aliso utilizadas para cubrir suelos y paredes (Billamboz 1987). No obstante, la fabricación de paredes con planchas verticales parece mal adaptada para las casas sobre pilotes, la resistencia mecánica es menor y el tiempo dedicado a la preparación y colocación de las planchas es muy elevado; parece más adecuado el uso de entramado de ramas finas recubierto de barro (Gentizon y Monnier 1997).

En el yacimiento de Dispilió se han recuperado numerosos fragmentos de barro con improntas. Tradicionalmente, en esa técnica se emplean las ramas de avellano pero otras especies podrían hacer la misma función. Las flexibles ramas de aliso podrían utilizarse con esa finalidad o incluso tablas de aliso podrían utilizarse para la preparación de suelos. No podemos descartar la posibilidad de tener reflejada cualquier otra estructura, mueble o objeto en el interior de la casa donde se utilizara la madera de aliso.

El orno/fresno tiene madera densa, dura y muy resistente. En la madera de construcción del yacimiento de Makri se emplea con frecuencia y su amplio uso para postes y otros elementos se documenta en los yacimientos litorales de Jura, Francia (Billard *et al.* 1997b).

Los demás taxa presentes se usan menos en la construcción. El cornejo se menciona como un sustituto de los avellanos en los entramados y muchas más especies como el olmo, *Prunus* igual que el fresno y el roble se pueden utilizar con la misma finalidad seleccionando las ramas jóvenes (Billard *et al.* 1997c, Pétrequin 1991, Lundstrom-Baudais *et al.* 1997).

Tilos, arces, carpes se utilizarían ocasionalmente, tal vez, para los postes menores del esqueleto de las casas u otros elementos incluso muebles o útiles. Es posible, que todas estas especies tuviesen un uso esporádico como elementos de reparación de algunas partes de la estructura. En la construcción original se emplearían las especies seleccionadas y más preferidas, pero en el caso de una reparación urgente todos las especies disponibles que cumplieran las dimensiones requeridas serían utilizadas.

Los datos obtenidos en el yacimiento de Dispilió son parciales y preliminares y no es fácil llegar a conclusiones sobre el uso específico de cada una de las especies porque falta documentación de otras partes de la superficie que cubre el nivel de incendio. No obstante, podríamos mencionar algunos observaciones generales:

- toda la madera utilizada en la construcción es material local procedente de las formaciones del entorno vegetal, una conclusión a la que llegamos si comparamos los resultados del nivel de incendio con el diagrama antracológico del yacimiento (Fig. 46),

- destaca el uso más amplio de aquellas especies que son más abundantes en las formaciones vegetales del entorno como el roble y el pino salgareño. Igual que en el yacimiento de Makri, se aprovechan las formaciones dominantes que además en Dispilió tienen la ventaja de incluir más especies con porte arbóreo que son las que principalmente se utilizan para la elevación de las estructuras,

- sin embargo, se puede apreciar un uso diferencial de las especies según las partes de la estructura donde se van a emplear. Un ejemplo de ello, es la ausencia del roble en los postes y el uso selectivo del enebro probablemente relacionado con las cualidades de la especie y las características morfológicas como podría ser el diámetro relativamente homogéneo de estos árboles de crecimiento lento,

- las dimensiones casi constantemente iguales de los postes, el aprovechamiento de las características del sedimento lacustre para su implantación, el transporte de esos elementos más pesados y voluminosos de la construcción, el uso de distintas especies en distintas partes, nos parece que indican un nivel tecnológico alto que se manifiesta no solamente en el "saber hacer" sino en el intencional "decidir cómo y con qué hacer".

THE USE OF PLANT RESOURCES AT THE NEOLITHIC SITES OF MAKRI AND DISPILIO

Plant formations in prehistory have provided timber and other raw material for construction. Neolithic techniques in north Greece document the wide use of wood in structures; posts formed the wooden frame and the wattle and daub technique was applied for the walls.

At the two Neolithic sites of Makri and Dispilio presented here, the use of such techniques is evidenced in post-hole features or/and imprints of wattle on burned clay. Additionally, at both sites "destruction" levels (burnt occupation levels), which preserved abundant remains of burned timber, were revealed during excavation. Wooden poles and other wooden construction elements were also preserved at the lake settlement of Dispilio, due to anaerobic conditions because of the high aquifers.

We have studied the burned wood recovered in the "destruction" levels of both sites. Our aim is to gain information on the plant species employed, on the selection criteria in relation to the use of certain species, on the techniques and activities related to construction and woodworking, on the managing of the natural environment for specific purposes, etc.,

At the site of Makri, wood was widely used in construction. Rows of post holes and wattle imprints are the main architectural features in all occupation phases. Domestic or communal structures must have been rectangular. The mean diameter of tree trunks used for the posts is 15 cm approximately. However, there is evidence for the use of bigger trees up to 25 or 30 cm diameter. The posts, distributed in rows, formed the frame of the structure and supported the roof. For the construction of walls the wattle and daub technique was probably used.

Burned remains of timber were recovered in a "destruction" level (burnt occupation level). Charcoal analysis was carried out and 8 taxa were identified (Table 18, Fig. 54), namely, *Ficus carica*, *Fraxinus* sp., *Juniperus* sp., Maloideae, *Pistacia terebinthus*, *Quercus* deciduous, Rosaceae and *Tilia* sp. Each fragment identified corresponds to a single construction element.

The charcoal analysis results (Table 18, Fig. 54) document preference for deciduous oak in the construction (73,64%). These trees were dominant in the surroundings of the site. Thus, human groups used the closest and most abundant formations but they were selective towards deciduous oaks. The much lower frequencies of other taxa identified in the "destruction" level clearly evidence such an attitude.

The properties of deciduous oak wood, which is strong, heavy and resistant to decay, were probably considered. Additionally, those big trees would provide large and long enough timber for posts and main beams. Flexible, strong and straight ash branches might be used in those parts of the structure where thinner elements were needed e.g. walls and roofs. The remaining taxa would be used in a lesser degree.

At the site of Dispilio, the construction techniques are based on the use of vertical posts, of a wooden frame for walls and superstructure and of clay to cover walls and floors.

The most abundant remains in all occupation phases are the post imprints or posts preserving wood. The mean diameter of posts throughout the sequence is 12 cm approximately.

During excavation an extensive "destruction" level (burnt occupation level) was exposed with plenty of carbonised timber remains and imprints of wooden construction elements on burned clay pieces. However, the most important finds were the wooden poles or other elements preserved due to anaerobic conditions related to the high aquifers.

The preliminary study of this particular destruction level includes the analysis of a small portion of vertical and horizontal construction elements, namely:

- The posts,
- Fragments of horizontally exposed timber, burnt or not,
- Charcoal fragments recovered from the "destruction" level that extends over great part of the excavated area.

The analysis of 27 wood samples from the posts is presented in Table 19. Juniper is the species mostly used probably because it is highly resistant to decay and rotting and preserves well in open-air constructions. Black pines are less represented. A hypothesis could be the use of those long trees for the main roof-supporting posts. This would explain their low frequency in the sample and the construction, while shorter juniper posts probably used for the main frame would be more numerous.

The burnt horizontal elements revealed during the excavations might belong to horizontal or oblique beams of the superstructure or even parts of collapsed posts. 26 fragments of burnt or half-burnt timber were recovered and identified. In Table 20 the results of the analysis are presented though without quantification since the sample was very small.

As a general observation we should mention the differences in the taxa used for horizontal construction elements and for posts. For the first a wider use of deciduous oak is documented in contrast to the dominance of conifers and particularly junipers in posts. Additionally, black pines are more abundant in the sample of horizontal construction elements. These could belong to parts of the walls and roof or to parts of collapsed posts, as could be the case for juniper.

Additional information on the plant species used in construction comes from charcoal fragments recovered in the "destruction" level. In Table 21 the results of the analysis are presented in the form of presence - absence of taxa, indicating degrees of higher presence. In those two samples the taxa identified in the other categories of construction elements are present, *Pinus* cf. *nigra*, *Quercus* deciduous and *Juniperus* sp. New taxa appear as well, some of them very well represented such as alder or ash.

Leaving aside the most frequently used species in the construction at Dispilio, the diversity of new species identified in those samples is indicative of the variability that might exist in the use of plant resources in construction, morphology and dimensions of structures altogether. There is evidence for the use in construction of the species identified in the samples of dispersed charcoal at Dispilio (Fig. 46). Possibly those species were used in the preparation of the walls in the form of wattle-and-daub or other similar techniques.

The results from the timber remains recovered in the destruction level at the site of Dispilio are preliminary. The material analysed is very small in relation to the surface that the burned layer occupies and thus inconclusive. However, some general observations can be made:

- All the taxa-species used for timber formed part of the surrounding plant resources. A comparison between the results of timber remains and the charcoal diagram of the site (Fig. 46) argues in favour to the above observation,

- The taxa more widely used are dominant in the local plant formations, namely deciduous oaks and black pines,

- It seems that there is some preference for particular species used in different parts of the structure. An example of this is the almost exclusive use of junipers for the manufacture of posts. The criteria for such a selection would refer to the properties of the juniper wood and other morphological characteristics,

- Some characteristics of the techniques and the materials used for the construction argue in favour of a high technological level. That is the *quasi* homogeneous dimension of the posts, the transport of these heavy elements, the knowledge of the characteristics of lacustrine sediments and their properties regarding the foundation of structures, the differential use of plant species in single parts of the structures.

MAKRI	Nivel de	Incendio
Taxa	**No**	**%**
Ficus carica	6	5,66
Fraxinus sp.	12	11,32
Juniperus sp.	2	1,88
Maloideae	3	2,83
Pistacia terebinthus	4	3,77
Quercus caducifolio	77	72,64
Rosaceae	1	0,9
Tilia sp.	1	0,9
Total	106	100

Cuadro 18: Frecuencias absolutas y relativas de los taxa identificados en la muestra del nivel de incendio en el yacimiento de Makri.
Table 18: Relative and absolute frequencies of taxa in the burnt occupation level at the site of Makri.

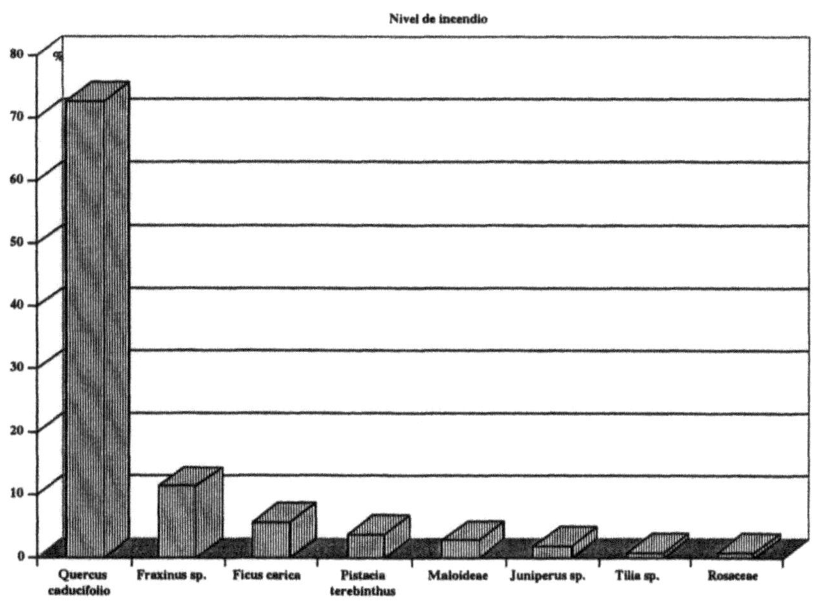

Fig. 54: Frecuencias de los taxa de la madera de construcción en el nivel de incendio del yacimiento de Makri.
Fig. 54: Frequency of taxa in timber remains from the burnt occupation level at the site of Makri.

Postes	*Juniperus* sp.	*Pinus* cf. *nigra*	Conífera
28	25	2	1

Cuadro 19: Taxa empleados para la fabricación de postes en el yacimiento de Dispilió.
Table 19: Taxa used for posts at the site of Dispilio.

Maderas horizontales	*Quercus* caducifolio	*Pinus* cf. *nigra*	*Juniperus* sp.
26	13	12	1

Cuadro 20: Taxa empleados para la fabricación de elementos de la superestructura en el yacimiento de Dispilió.
Table 20: Taxa used for timber in the superstructure at the site of Dispilio.

Taxa	**Muestra 1**	**Muestra 2**
Acer sp.		*
Alnus glutinosa	**	*
Carpinus-Ostrya		*
Cornus sp.	*	*
Fraxinus sp.	*	**
Juniperus sp.		**
Maloideae	*	*
Pinus cf. *nigra*	***	**
Pistacia terebinthus		*
Prunus sp.		*
Quercus caducifolio	**	***
Tilia sp.		*
Ulmus sp.		*

Cuadro 21: Presencia - ausencia de los taxa empleados en la construcción en dos muestras de carbón del nivel de incendio, en el yacimiento de Dispilió.
Table 21: Presence – absence of taxa used for timber in two charcoal samples from the burnt occupation level at the site of Dispilio.

CONCLUSIONES

Los objetivos principales de este trabajo están relacionados con tres temas:

- las observaciones metodológicas de la Antracología,

- la paleovegetación durante el Tardiglaciar y el Atlántico a partir del estudio antracológico en tres yacimientos prehistóricos: el abrigo tardiglaciar de Boila, el yacimiento neolítico de Dispilió y el yacimiento neolítico de Makri,

- los usos de la madera y las observaciones paleoetnobotánicas a partir de los restos de madera de construcción preservada en los niveles de incendio de los yacimientos neolíticos de Dispilió y Makri.

Observaciones metodológicas

El estudio antracológico de hogares y basureros dentro del marco del proyecto etnoarqueológico en la aldea pomaka de Sarakiní en la región de Tracia, nos ha permitido realizar algunas observaciones en relación con la aplicación de la Antracología en contextos cerrados.

1. Los hogares presentan mucha variabilidad tanto en los resultados cualitativos como en los cuantitativos. Generalmente, los taxa identificados proceden del entorno vegetal cercano y quedan reflejadas las formaciones principales del medio natural. No obstante, las proporciones de un hogar a otro son muy dispares incluso en los hogares puntuales de la misma zona de aprovisionamiento.

La riqueza en taxa de los hogares puede depender de su uso más prolongado, de su forma y de la riqueza de la vegetación. Los hogares estructurados de Sarakiní que tienen un uso constante generalmente son más ricos en taxa. El uso prolongado y la estructura que los rodea y que dificulta la dispersión del carbón son factores que influyen en la mayor riqueza taxonómica de estos hogares. La riqueza vegetal del medio influye en la riqueza taxonómica de los hogares tal como hemos comprobado en los hogares sin estructura de la ribera, donde la abundancia en especies del medio queda reflejada en los restos de carbón.

2. Las observaciones respecto a los hogares de Sarakiní nos han llevado a la conclusión de que a pesar de tener una representación ecológica del entorno mediante la presencia de los taxa, los datos cuantitativos de cada uno por separado son aberrantes y se caracterizan por la suprarrepresentación de algunos taxa. Consecuentemente, los resultados antracológicos de hogares no pueden utilizarse aisladamente para llegar a conclusiones ecológicas, pero si son válidos cuando forman un conjunto procedente de varios hogares coetáneos.

En la aldea de Sarakiní, el medio vegetal se podía observar puesto que se trata de un yacimiento actual; los resultados de los hogares, han sido adicionales y confirmados a través de la imagen directa del medio vegetal. En los yacimientos arqueológicos es el carbón disperso por el sedimento el que da la imagen del entorno vegetal, y los resultados de los hogares tan solo pueden usarse complementariamente.

3. En la Antracología arqueológica el carbón disperso es la base para la interpretación paleoecológica. Este carbón procede de la limpieza y vaciado de hogares durante el periodo de la ocupación del hábitat. Partiendo de esa hipótesis teórica hemos realizado una síntesis de todos los hogares de Sarakiní, suponiendo que su contenido al vaciarse correspondería al carbón disperso de un nivel del yacimiento de Sarakiní con una duración temporal mínima. Los resultados del conjunto tienen coherencia ecológica; las formaciones del entorno quedan reflejadas y además en proporciones que corresponden al orden de dominio en el medio. Evidentemente, la riqueza del medio es mayor pero quedan bien reflejadas las especies dominantes, cabezas de series y los elementos de cortejo. No obstante, existen divergencias respecto a la representación de algunas formaciones posiblemente debidas al uso particular de estas por parte de los habitantes y a la distribución de las actividades en ciertas zonas.

Consecuentemente, pensamos que con este experimento llevado a cabo en Sarakiní, podemos afirmar que el carbón disperso en yacimientos arqueológicos es un reflejo, a grandes rasgos, del entorno vegetal. Las frecuencias de los taxa no se pueden traducir en abundancia absoluta en el medio, pero sí queda reflejado el dominio de unas especies sobre otras y corresponde, al menos en Sarakiní, a la imagen real. Siendo el carbón producto de una actividad humana, refleja la zona utilizada para el aprovisionamiento y otros aspectos de lo cotidiano difícilmente discernibles en un yacimiento arqueológico. Es el factor tiempo el que minimiza estas distorsiones; así en la Antracología el carbón disperso a lo largo de toda la secuencia da la imagen del entorno a través de cambios en las proporciones en niveles y conjuntos sucesivos.

4. Los basureros dan resultados más coherentes que los hogares y eso debe ser consecuencia de su uso más prolongado y un contenido más amplio de restos de varios hogares o quemas. La relación entre hogares y zonas de dispersión o deposición a partir de ellos, queda reflejada en los taxa representados en ambos y en aquellas muestra de los basureros que han sido más cercanas a un hogar o han recibido en parte el vaciado del último combustible.

5. La recogida de leña en Sarakiní es:

- una actividad oportunista que tiene la función de proveer hogares puntuales con cualquier tipo de madera o,

- una actividad organizada destinada a los hogares domésticos, lo que supone la corta o tala de varios árboles, el transporte de la leña, la preparación de un *stock* y el almacenamiento.

En cualquier caso, no se ha observado ningún tipo de selección de las especies para su uso como combustible, tanto mediante observaciones durante las estancias en la aldea como a partir de los resultados antracológicos de los hogares. El "buen combustible" suele ser el más abundante y el más cercano en el medio, pero cualquier madera puede cumplir las necesidades diarias y la economía de combustible hace que se utilice cualquier material disponible. Obviamente, no se pueden extrapolar estas observaciones al pasado. No obstante, éstas nos permiten pensar que si los resultados antracológicos actuales y pasados presentan algunas características comunes, como la riqueza en especies y analogías con la composición de las formaciones actuales, es posible que la recogida de leña se fundamente en el factor de la necesidad energética, del esfuerzo - rendimiento y solamente, en segundo lugar, en función de criterios de selección culturales u otros. De este modo, la hipótesis antracológica de que el carbón disperso tiene valor ecológico puede ser cierta; adicionalmente, como hemos visto en Sarakiní, la recogida de leña siendo oportunista u organizada no es selectiva, lo que permite aceptar modos alternativos de recogida de leña realizados por los grupos humanos del pasado.

Observaciones paleoecológicas

1. El Tardiglaciar

Los resultados antracológicos del abrigo tardiglaciar de Boila, indican para el periodo entre el 14,000 y el 10,000 BP aproximadamente un medio cercano al yacimiento relativamente arbolado y en proceso de cambio. En este proceso se distinguen dos fases en virtud del desarrollo en la frecuencia del abedul. Estos arboles dominan en el entorno a lo largo de todo el Tardiglaciar y tan solo al final de la secuencia son sustituidos por otros árboles, principalmente especies caducifolias templadas. En general, la vegetación del entorno reúne elementos muy diversos y se puede definir como tipo mosaico, donde el papel principal corresponde a formaciones pre y/o forestales de abedules. La ripisilva probablemente se encuentre siempre presente en la orilla del río cercano, las formaciones abiertas persisten pero también están representados géneros mesófilos, templados y termófilos.

Según nuestros datos, en el entorno del abrigo, el Tardiglaciar se caracteriza por la progresión de taxa arbóreos. Adicionalmente, la presencia de otros taxa en porcentajes reducidos pero constantes es acorde con la localización de refugios de vegetación a lo largo del Pleistoceno en las montañas de la sierra de Pindo.

El desarrollo de los taxa arbóreos no está evidenciado en los datos polínicos de toda Grecia. En nuestra opinión, la variabilidad que existe se debe a diferencias regionales en la sucesión de la vegetación. Ésta presenta distintos rasgos en función de factores como el relieve, el substrato, la competencia entre especies, los microclimas etc.

Los datos antracológicos de Boila se correlacionan con la documentación arqueológica sobre los cambios en el patrón de ocupación de los abrigos en la zona y con la información procedente del estudio de la fauna de dichos yacimientos. Las modificaciones de la biomasa producidas por los cambios del Tardiglaciar dificultan la caza de cápridos, el principal recurso en el interior del cañón. Tal y como indican los datos antracológicos de Boila a partir del 14,000 BP el medio es bastante arbolado. Por ello, los grupos humanos que visitan el cañón se ven obligados a cambiar sus estrategias de caza, a abandonar las zonas del interior y a desplazarse hacia zonas más altas dónde la caza de cápridos es todavía factible. Igualmente, se documenta la ocupación en el abrigo de Boila que está localizado en la desembocadura del cañón, un medio que facilita el aprovechamiento de una mayor diversidad de recursos animales tanto cápridos como cérvidos.

Concluyendo, pensamos que los resultados antracológicos del abrigo forman parte de un conjunto de información y aportan datos tanto para el conocimiento del entorno vegetal como para la comprensión del *decision-making* prehistórico.

2. El Holoceno

En los dos yacimientos del Neolítico Tardío, Dispilió y Marki, donde se ha llevado a cabo el estudio antracológico, el Atlántico está en parte representado, unos 1000 y 300 años respectivamente. La vegetación del entorno y las zonas de aprovisionamiento de leña se ven reflejadas en los resultados antracológicos.

El medio en ambos yacimientos está dominado por robledales que incluyen otros planifolios caducifolios. El dominio de estas formaciones caducifolias coincide con toda la información ecológica sobre el Atlántico, el cual se caracteriza por óptimas condiciones climáticas y la máxima expansión, diversidad y densidad de las formaciones vegetales. Adicionalmente, en los dos yacimientos aquí presentados, se confirma la importancia de los robledales y la expansión de estos árboles en todo el territorio de Grecia independientemente de latitud, altitud o ubicación geográfica. En los yacimientos de nuestro estudio antracológico se aprecian las diferencias biogeográficas a través de las formaciones vegetales complementarias: los bosques de coníferas a mayor altitud y hacia el interior como en el caso de Dispilió y las formaciones abiertas heliófilas en Makri el yacimiento situado en las costas del Egeo norte.

La información adicional derivada a partir de los resultados antracológicos concierne a la gestión del entorno vegetal por parte de los grupos neolíticos. A lo largo de ambas secuencias las formaciones se mantienen mayoritariamente estables, lo que indica un efecto mínimo sobre el medio. Las comunidades campesinas de subsistencia utilizan los recursos disponibles a un nivel por debajo de su máxima productividad, de manera que no causan grandes cambios o por lo menos, si los hay, se producen de manera muy lenta. Así, de no contar con secuencias largas pueden pasar desapercibidos en el registro antracológico.

Los resultados de los dos yacimientos del Neolítico Tardío que presentan las mismas características en cuanto a la estabilidad del entorno vegetal parecen indicar que:

- el modo de gestión del entorno no cambia a lo largo del periodo de ocupación de los asentaminetos,

- las técnicas agrícolas - pastoriles se mantienen más o menos estables,- el nivel tecnológico no causa gran impacto en el medio. Las innovaciones tecnológicas posteriores y los cambios en la organización económica - social de la Edad de Bronce tal vez produzcan modificaciones a mayor escala,

- el potencial de regeneración de la vegetación no es despreciable mientras existe un equilibrio en la gestión por parte de los grupos humanos.

Observaciones paleoetnobotánicas

En los yacimientos neolíticos de Makri y Dispilió se han estudiado muestras antracológicas procedentes de niveles de incendio de las estructuras de habitación. Hemos intentado integrar los datos del análisis antracológico en el contexto más amplio de las técnicas de construcción y ver cómo se aprovechan los recursos vegetales para este tipo de actividades.

En ambos yacimientos la construcción está basada en el uso de la madera. Las especies utilizadas para las distintas partes de la estructura pertenecen todas a las formaciones vegetales del entorno. No obstante, hemos observado la preferencia hacia unas especies frente a otras. En el yacimiento de Dispilió, donde se han preservado maderas de las distintas partes de las estructuras, hemos documentado el uso selectivo de las especies en relación a su función y ubicación en la estructura.

El uso de la madera en la construcción está basado en las características de las especies empleadas y también en su abundancia en el medio. El aprovechamiento de cualidades y rasgos morfológicos de las distintas especies vegetales junto a la preparación del material utilizado indican un nivel tecnológico elevado.

CONCLUSIONS

The main objectives of this dissertation are focused on three subjects:

- Methodological observations on charcoal analysis,

- Palaeovegetation during the Late Glacial and the Holocene in north Greece through charcoal analysis carried out in three prehistoric sites, the Late Glacial Boila rockshelter, the Late Neolithic site of Dispilio, and the Late Neolithic site of Makri,

- The use of plant resources for timber. Palaeoethnobotanic observations derived from the analysis of burned timber preserved in destruction levels at the two Neolithic sites of Dispilio and Makri.

Methodological observations

Charcoal analysis of hearths and waste dumps at the ethnoarchaeological site of Sarakini in Thrace, has given us the opportunity to make some observation on the application of the method on closed contexts.

1. Hearths present great variability either in qualitative or quantitative results. In general, the taxa identified come from the surrounding vegetation and the main plant formations are reflected in the contents of the hearths. Nevertheless, the proportions between taxa differ greatly among hearths including the ones located in the same zone of firewood provision.

Richness of the hearths in taxa seems to depend on the duration of use of the structure, its form and morphology and the composition of the vegetation. Hearths with a stone structure at Sarakini are constantly used and are generally richer in taxa. Thus, longer use and a stone structure that makes dispersion more difficult seem to affect the qualitative image of those hearths. Hearths without a structure located by the riverside, include various taxa probably a reflection of the rich riverbank vegetation.

2. The results obtained from charcoal analysis of hearth remains at Sarakini are ecologically representative in what concerns the presence of taxa; nevertheless the quantitative image is aberrant, characterised by over-representation of some taxa. In consequence, individual charcoal results from closed contexts, such as hearths cannot be used for ecological interpretation. At Sarakini the plant formations were easily observed; charcoal results from the hearths were additional to direct observations of the environment and only by this means their ecological representation was confirmed. In archaeological sites, charcoal dispersed through the sediments is considered to give an image of the plant environment and the results from hearths can only be complementary.

3. Charcoal analysis applied in archaeological sites, bases ecological interpretation on charcoal dispersed through the sediment. This type of material is the result of successive cleaning and emptying of hearths during the occupation of the sites. Setting out from this theoretical basis we tried a synthesis of the charcoal results of all hearths sampled at Sarakini, supposing that their content corresponds to a habitation level of the site of Sarakini with a minimum duration in time.

Results for the total of charcoal assemblages are ecologically coherent. All plant formations of the immediate surroundings are reflected and additionally, their percentage frequency corresponds to their order of dominance in the environment. Obviously, plant formations in reality are more abundant in species but the charcoal results reflect all prevalent taxa and the main accompanying elements. Divergence observed in the representation of some plant formations, is the result we think, of particular use by the inhabitants and/or specific distribution of some every day activities in the territories occupied by those plant formations.

Through this test carried out at Sarakini, we could agree that dispersed charcoal in archaeological sites is quite representative of the vegetal environment. The percentage proportions of taxa cannot be directly translated in absolute abundance in the environment but prevalence of species is reflected and corresponds, at least in Sarakini, to the real conditions. Charcoal is the product of human activities of wood gathering thus charcoal analysis results reflect the territories managed and probably other aspects of everyday life and organisation hardly discernible in archaeological contexts. The duration in time minimises possible distortions of that type and in this sense analysis of dispersed charcoal throughout the sequence of a site could give a more precise image of vegetation through changes documented in assemblages of successive layers.

4. Charcoal Analysis of waste dumps offers more coherent results than that of hearths and most probably this is due to the longer use and wider contents including emptying of the remains of various fires. The relation between hearths and dispersion areas around them is reflected in the similarities of the taxa content of both. The samples from waste dumps that were collected from those areas closer to hearths or those that received the fuel remains of the last fire, confirm these observations.

5. Gathering firewood at Sarakini is:

a) An occasional activity for the provision of temporary hearths with whatever wood available or,

b) An organised activity destined to the provision of domestic hearths that includes cutting down whole trees, transporting the wood, preparing a stock and storing.
In any case there was no selection of species for firewood observed either during wood gathering or through charcoal analysis of the hearths. What the inhabitants consider "good quality firewood" is usually the most abundant tree species in the production territory of the site. Obviously, those

observations cannot be extrapolated in the past but could imply that if present and past charcoal analysis results present common characteristics concerning variety in taxa and analogy to present day composition of plant formations, then most probably firewood gathering is ruled in the first place by necessity for energy power and only occasionally by selection criteria, cultural or other. In this respect, charcoal analysis ecological interpretation based on dispersed charcoal seems reliable. Moreover, alternative modes of firewood gathering either opportunistic or organised, at least in Sarakini, have not been selective. This observation gives to dispersed firewood remains an ecological value rather than an etnobotanical one.

Palaeoecological observations

1. The Late Glacial

Charcoal analysis results from the Late Glacial Boila rockshelter for the time span between 14,000 and 10,000 BP approximately, show a quite forested environment surrounding the site. Two main phases can be distinguished based on the progress of birch. These trees dominate the immediate vegetation all through the Late Glacial and only by the end of the sequence are substituted by other species principally temperate deciduous. Plant formations include diverse elements and the vegetation can be characterised of a mosaic type. Riverside vegetation is always present, open formations persist and some mesic and thermophilous taxa are present throughout the sequence.

According to charcoal analysis results, in the surroundings of the rockshelter various tree taxa grew. The constant presence of mesic and thermophilous taxa in low percentages is in agreement with the location of vegetation refugia in the mountains of the Pindos range during the Pleistocene.

The characteristics of arboreal vegetation during the Late Glacial is not homogeneous in all pollen sequences from Greece. There is variability that could be due to distinct regional processes. In the same region, in Epirus, where charcoal analysis was carried out it seems that under global climatic changes the succession in vegetation presents different characteristics influenced by factors such as soil evolution, competence, microclimates etc.

During the Late Glacial there are changes in the patterns of occupation in the gorge. Charcoal analysis results are in agreement with those general changes and the fauna study results of the sites within the gorge. Late Glacial climatic changes produced modifications in the distribution and density of the biomass that made the caprine hunting, the main resource in the interior of the gorge, difficult. From 14,000 BP on, the environment became more forested according to charcoal data from the Boila rockshelter. Some time later human groups visiting the gorge probably changed hunting strategies, abandoning the interior sites previously used, and moved either to higher altitudes near the tree line where caprines were still easily hunted, or to the transitional zones at the mouth of the gorge where Boila is located and where more diverse habitats and animal resources (caprines, cervids) could be exploited.

To our opinion charcoal analysis results form part of a wider context of information and contribute both to the environmental reconstruction of an area and to the understanding of prehistoric decision-making.

2. The Holocene

The sequences of the two Neolithic sites, Dispilio and Makri, where charcoal analysis was carried out, cover a small part of the Atlantic some 1000 and 300 years respectively. Plant formations in the surroundings and especially the territories used for firewood gathering are represented in the charcoal results.

The main formations are oak woodlands including other deciduous broad-leaved. Those results are in agreement with all available information for the Atlantic period that is characterised by the climatic optimum and the maximum expansion, diversity and density of plant formations. The results from the two Neolithic sites confirm the information deriving from pollen sequences in Greece, where irrespective of latitude or geographic location, oak woodlands expand and dominate. Biogeographic differences between the two regions where the sites of Dispilio and Makri are located, are manifested through complementary plant formations; conifer forests in hinterland and higher altitude Dispilio, western Macedonia; open, heliophilous formations at Makri in coastal Thrace.

Neolithic groups at both sites make use of their surrounding vegetation without causing alterations; plant formations remain quite stable throughout the two sequences. Subsistence farming communities use their habitat at a level under maximum productivity; thus they do not cause changes or, at least if there are any they are slow, not discernible in the charcoal record.

Results from the two Neolithic sites show similar characteristics, which might indicate that:

- Woodland management patterns are maintained more or less stable,

- Farming techniques are stable as well,

- The technological level does not cause a great impact on the environment. Later technological innovations and socioeconomical organisation during the Bronze Age might be responsible for larger scale modifications,

- The regeneration potential of vegetation is not negligible especially if there is a balanced managing of the environment by human groups.

Palaeoetnobotanical observations.

At the Neolithic sites of Makri and Dispilio we have analysed charcoal samples from a destruction level of habitation structures. These results have been integrated into the wider context of construction techniques and use of plant resources as timber.

At both sites construction is based on the use of wood. All species employed in different parts of the structures belong to the plant formations in the vicinity of the sites. We have observed preference for some species in particular. In the case of the site of Dispilio where wood timber was preserved, the preferential use of species in specific parts of the structures has been documented.

Human groups use wood in the construction bearing in mind the characteristics of each species and their abundance in the environment. A high technological level is documented in that the quality and morphological characteristics of particular species are fully taken advantage of.

BIBLIOGRAFIA - REFERENCES

Adam E.
1997 To Know and to Have: Raw Material Availability and Upper Palaeolithic Stone Assemblage Structures in Epirus. En Bailey G.N. (ed): *Klithi: Palaeolithic Settlement and Quaternary Landscapes in Northwest Greece, Vol. 2: Klithi in its Local and Regional Setting*. McDonald Institute Monographs: 481-496.

Aggelarakis A. y Efstratiou N.
1996 Skeletal remains from the neolithic site of Makri - Thrace. A preliminary report. *Proceedings of the 2nd Symposium of Archaeometry*, Thessaloniki: 11-21.

Allen H.
1990 A Postglacial record from the Kopais Basin, Greece. En Bottema S., Entjes-Nieborg G. y van Zeist W. (eds): *Man's role in the Shaping of the Eastern Mediterranean Landscape*, Balkema, Rotterdam: 173-182.

Alley R.B., Meese D.A., Shuman C.A., Gow A.J., Taylor K.C., Grootes P.M., White J.W.C., Ram M., Waddington E.D., Mayewski P.A. y Zielinski A.
1993 Abrupt accumulation in Greenland snow accumulation at the end of the Younger Dryas event. *Nature*, 362: 527-529.

Amermann A., Efstratiou N. y Adam E.
1999 First evidence for the Palaeolithic in Aegean Thrace. En Bailey G.N., Adam E., Panagopoulou E., Perlès C. y Zachos K. (eds): The Palaeolithic Archaeology of Greece and Adjacent Areas. Proceedings of the ICOPAG Conference, Ioannina, 1994, *B.S.A. studies* 3: 211-214.

Anderson D.E.
1997 Younger Dryas research and its implications for understanding abrupt climatic change. *Progress in Physical Geography*, 21, 2: 230-249.
Andreou S., Fotiadis M. y Kotsakis K.
1996 Review of Aegean Prehistory V: The Neolithic and Bronze Age of Northern Greece. *American Journal of Archaeology*, 100: 537-597.

Athanasiadis N.HP.
1982 *Dasiki fytokoinoniologia*. Thessaloniki.

Badal E.
1988 Resultados metodológicos del estudio antracológico de la Cova de les Cendres (Alicante, España). *Actas do encontro "Paleoecologia e Arqueologia"*. Vila Nova de Famalicão: 57-71.

Badal E.
1990:*Aportaciones de la antracología al estudio del paisaje vegetal y su evolución en el cuaternario reciente, en la costa mediterránea del País Valenciano y Andalucía (18.000-3000 B.P.)*. Tesis Doctoral, Universitat de València.

Badal E.
1992 L'antracologie préhistorique: à propos de certains problèmes mèthodologiques. *Bull. Soc. Bot. Fr., 139, Actual. Bot. 1992-2/3/4. Les charbons de bois, les anciens écosystèmes et le rôle de l'homme*: Colloque organisé à Montpellier du 10 au 13 septembre 1991 par J.-L. Vernet: 167-189.

Badal E.
1995 La vegetación carbonizada. Resultados antracológicos del País Valenciano. *El Cuaternario del País Valenciano*: 217-226.

Badal E.
1997 El paisatge vegetal de la Marina, a partir dels carbons prehistòrics. *Aguaits*, 13-14: 23-37.

Badal E.
1999 El potencial pecuario de la vegetación mediterránea: las Cuevas Redil. Actes del II Congrés del Neolític a la Península Ibèrica. *Saguntum*, extra-2: 69-75.

Badal E., Figueiral I., Heinz C. y Vernet J.L.
1991 Charbons de bois archéologiques mediterraneens: de la fouille al'interprétation. Plaeoethnobotany and Archaeology, International work-group for Palaeoethnobotany 8th Symposium, Nitra-Nové Vozokany 1989. *Acta Interdisciplinaria Archaeologica*, Tomus VII: 7-22.

Badal E. y Heinz C.
1991 Méthodes utilisée en Anthracologie pour l'étude de sites préhistoriques. En Waldren W.H., Ensenyat J.A. y Kennard R.C. (eds) IInd Deya International conference of Prehistory. Recent Developments in Western Mediterranean Prehistory: Archaeological Techniques, Technology and Theory. Volume I, *BAR*, 573: 17-47.

Badal E., Bernabeu J. y Vernet L.
1994 Vegetation changes and human action from the Neolithic to the Bronze Age (7000-4000 B.P.) in Alicante, Spain, based on charcoal analysis. *Vegetation History and Archaeobotany*, 3: 155-166.

Bailey G. N.
1992 The Palaeolithic of Klithi in its Wider Context. *B.S.A.*, 87: 1-28.

Bailey G. N. (ed).
1997a *Klithi: Palaeolithic Settlement and Quaternary Landscapes in Northwest Greece. Vol. 1: Excavation and Intra-site Analysis at Klithi. Vol. 2: Klithi in its Local and Regional setting*. Cambridge: Mc Donald Institute for Archaeological Research.

Bailey G. N.
1997b Klithi: a Synthesis. En Bailey G.N. (ed): *Klithi: Palaeolithic Settlement and Quaternary Landscapes in*

Northwest Greece. Vol. 2: Klithi in its Local and Regional Setting. Mc Donald Institute Monographs: 654-677.

Bailey G.
1999 The Palaeolithic archaeology and palaeogeography of Epirus with particular reference to the investigations of the Klithi rockshelter. En Bailey G.N., Adam E., Panagopoulou E., Perlés C. y Zachos K. (eds): The Palaeolithic Archaeology of Greece and Adjacent Areas. Proccedings of the ICOPAG Conference, Ioannina, 1994. *B.S.A Studies*, 3: 159-169.

Bailey G.N., Carter P.L., Gamble C.S. y Higgs H.P.
1983a Epirus revisited: seasonality and inter-site variation in the Upper Palaeolithic of north-west Greece. En G. Bailey (ed), *Hunter - Gatherer Economy in Prehistory*: 64-78. Cambridge University Press.

Bailey G.N., Carter P.L., Gamble C.S. y Higgs H.P
1983b Asprochaliko and Kastritsa: Further Investigations of Palaeolithic Settlement and Economy in Epirus (North - West Greece). *Proceedings of the Prehistoric Society*, 49: 15-42.

Bailey G., King G. y Sturdy D.
1993 Active tectonics and land-use strategies: a Palaeolithic example from northwest Greece. *Antiquity*, 67, 292-312.

Bailey G., Turner C., Woodward J., Macklin M. y Lewin J.
1997a The Voidomatis Basin: an Introduction. En Bailey G.N. (ed): *Klithi: Palaeolithic Settlement and Quaternary Landscapes in Northwest Greece, Vol. 2: Klithi in its Local and Regional Setting*. McDonald Institute Monographs: 321-345.

Bailey G., Cadbury T., Galanidou N. y Kotjabopoulou E.
1997b Rockshelters and Open-air sites. En Bailey G.N. (ed.): *Klithi: Palaeolithic Settlement and Quaternary Landscapes in Northwest Greece, Vol. 2: Klithi in its Local and Regional Setting*. McDonald Institute Monographs: 521-537.

Barbéro M. y Quézel P.
1976 Les groupements forestiers de Grèce Centro-Meridionale. *Ecologia Mediterranea*, 2: 1-86.

Bazile-Robert E.
1979 *Flore et végétation du sud de la France pendant la dernière glaciation d'après l'analyse anthracologique*. Tesis Doctoral, U.S.T.L. Montpellier.

Bazile-Robert E.
1980 Les groupements a *Amygdalus* et *Prunus* de la fin du Tardiglaciaire et du Debut du Postglaciaire en Mediterranee nord-occidentale. *Geobios*, 13, 5: 777-781.

Bell M. y Walker M.J.C.
1992 *Late Quaternary Environmental Change*.

Behre K.E.
1990 Some reflections on anthropogenic indicators and the record of prehistoric occupation in pollen diagrams from the Near East. En Bottema S., Entjes-Nieborg G. y van Zeist W. (eds): *Man's role in the Shaping of the Eastern Mediterranean Landscape*, Balkema, Rotterdam: 219-230.

Bennett K.D., Tzedakis P.C. y Willis K.J.
1991 Quaternary refugia of north European trees. *Journal of Biogeography*, 18: 101-115.

Bernabeu Auban J. y Badal García E.
1992 A view of the vegetation and economic exploitation of the forest in the Late Neolithic sites of Les Jovades and Niuet (Alicante, Spain). *Bull. Soc. Bot. Fr., 139, Actual. Bot. 1992-2/3/4. Les charbons de bois, les anciens écosystèmes et le rôle de l'homme*: Colloque organisé à Montpellier du 10 au 13 septembre 1991 par J.-L. Vernet: 697-714.

Bernabeu J., Aura E. y Badal E.
1993 *Al Oeste del Eden*. Ed. Síntesis. Madrid.

Bernabeu Auban J., Pérez Ripoll M. y Martínez Valle R.
1999 Huesos, Neolitización y Contextos Arqueológicos Aparentes. *II Congrés del Neolític a la Península Ibérica, Saguntum-PLAV, Extra-2:* 589-596.

Bernabeu J., Villaverde V., Badal E. y Martínez R.
1999 Neolitización del Mediterráneo, Cova de les Cendres. *Geoarqueologia I, Quaternari Litoral*. Memorial Maria Pilar Fumanal. Universitat de València, Departament de Geografia: 69-81.

Beug H.-J.
1975 Changes of climate and vegetation belts in the mountains of mediterranean Europe during the Holocene. *Bulletin of Geology*, 19: 101-110.

Billamboz A.
1987 Le bois raconte l'histoire des hommes et de la fôret. *Archeologia*, 222: 30-38.

Billard M., Ernst T., Joly F., Pétrequin A.-M. y Pétrequin P.
1997a Les poteaux et les fondations des constructions. En *Les sites Littoraux néolithiques de Clairvaux-les-Lacs et de Chalain (Jura) III. Chalain station 3, 3200-2900 av. J.-C.* Vol. 1. Sous la direction de P. Pétrequin. Éditions de la Maison des Sciences de l'Homme, Paris: 237-257.

Billard M., Joly F., Lundström-Baudais K., Maitre A., Mignot C., Monnier J.-L. y Pétrequin P.
1997b Environnement végétal et sélection des bois d'oeuvre. En *Les sites Littoraux néolithiques de Clairvaux-les-Lacs et de Chalain (Jura) III. Chalain station 3, 3200-2900 av. J.-C.* Vol. 1. Sous la direction de P. Pétrequin. Éditions de la Maison des Sciences de l'Homme, Paris: 172-185.

Billard M., Delattre N., Ernst T., Joly F., Maitre A., Mignot C. y Pétrequin P.
1997c Les bois horizontaux et le plan des maisons. En *Les sites Littoraux néolithiques de Clairvaux-les-Lacs et de Chalain (Jura) III. Chalain station 3, 3200-2900 av. J.-C.* Vol. 1. Sous la direction de P. Pétrequin. Éditions de la Maison des Sciences de l'Homme, Paris: 211-236.

Bocquet A. y Noël M.
1984 Le Néolithique, âge du bois. *La Recherche,* 156: 830-836.

Bond G., Showers W., Cheseby M., Lotti R., Almasi P., deMenocal P., Priore P., Cullen H., Hajdas I. y Bonani G.
1997 A Pervasive Millennial-Scale Cycle in North Atlantic Holocene and Glacial Climates. *Science,* 278: 1257-1265.

Bottema S.
1974 *Late Quaternary vegetational history of northwest Greece.* Thesis, University of Groningen.

Bottema S.
1978 The Late Glacial in the Eastern Mediterranean and the Near East. En William C. Brice (ed): *The Environmental History of the Near and Middle East since the Last Ice Age,* Academic Press, London, New York, San Francisco: 15-28.

Bottema S.
1979 Pollen investigations in Thessaly (Greece). *Palaeohistoria* 21: 19-40.

Bottema S.
1980 Palynological investigations on Crete. *Review of Palaeobotany and Palynology,* 31: 193-217.

Bottema S.
1982 Palynological investigations in Greece with special reference to pollen as an indicator of human activity. *Palaeohistoria,* 24: 257-289.

Bottema S.
1990 Holocene Environment of the Southern Argolid: A Pollen Core from Kiladha Bay. En Wilkinson T.J. y Duhon S.T. (eds): *Excavations at Franchti Cave 6,* Indiana University Press: 117-138.

Bottema S.
1991 Dévéloppement de la végétation et du climat dans le bassin méditerranéen oriental à la fin du Pléistocène et pendant l'Holocène. *L'Anthropologie,* 95, 4: 695-728.

Bottema S.
1995 The Younger Dryas in the eastern Mediterranean. *Quaternary Science Reviews,* 14: 883-891.

Bottema S. y Woldring H.
1990 Anthropogenic indicators in the pollen record of the Eastern Mediterranean. En Bottema S., Entjes-Nieborg G. y van Zeist W. (eds): *Man's role in the Shaping of the Eastern Mediterranean Landscape,* Balkema, Rotterdam: 231-264.

Boulgari E., Sofronidou M. y Touloumis K.
1997 Apo to ostrako sto aggeio. Mia proti proseggisi tis keramikis apo to Neolithiko Dispilio. *AEMT,* 11: 9-17.

Brande A.
1989 Patterns of holocene vegetation and landscape in South Dalmatia. *Ecologia Mediterranea* XV (1/2): 45-53.

Braun-Blanquet J.
1979 *Fitosociología. Bases para el estudio de las comunidades vegetales.* Ed. Blume. Madrid.

Buxó R.
1990 Metodología y técnicas para la recuperación de restos vegetales (en especial referencia a semillas y frutos) en yacimientos arqueológicos. *Cahier Noir,* 5, Ajuntament de Girona, Girona.

Buxó R.
1997 *Arqueologia de las plantas.* Ediciones Crítica.

Chabal L.
1988 Pourquoi et comment prélever les charbons de bois pour la période antique: les méthodes utilisées sur le site de Lattes (Hérault). *Lattara,* 1: 187-222.

Chabal L.
1992 La représentativité paléo-écologique des charbons de bois archéologiques issus du bois de feu. *Bull. Soc. Bot. Fr., 139, Actual. Bot. 1992-2/3/4. Les charbons de bois, les anciens écosystèmes et le rôle de l'homme*: Colloque organisé à Montpellier du 10 au 13 septembre 1991 par J.-L. Vernet: 213-236.

Chabal L.
1994 Apports récents de l'anthracologie à la connaissance des paysages passés: performances et limites. *Histoire & Mesure,* IX-3/4: 317-338.

Chabal L.
1997 *Forets et sociétés en Languedoc (Néolithique final Antiquité tardive). L'anthracologie, méthode et paléoécologie.* Documents d'Archéologie Française, 63. Éditions de la Maison des Sciences de l'Homme, Paris.

Clarke D.
1978 *Mesolithic Europe. The Economic Basis.* Duckworth, London.

COHMAP Members.
1988 Climatic changes of the Last 18,000 Years: Observations and Model Simulations. *Science,* 241: 1043-1052.

Coles J.M.
1979 *Experimental Archaeology.* Academic Press: London & New York.

Demoule J.-P. y Perlès C.
1993 The Greek Neolithic: A New Review. *Journal of World Prehistory,* 7, 4: 355-416.

Digerfeldt G., Olsson S. y Sandgen P.
2000 Reconstruction of lake-level changes in lake Xinias, central Greece, during the last 40,000 years. *Palaeogeography, Palaeoclimatology, Palaeoecology* 158: 65-82.

Efstratiou N.
1986 Paragogi kai Ikonomia se mia Paradosiaki Kinotita tis Orinis Rodopis, *Thrakiki Epetirida* 6: 203-212.

Efstratiou N.
1993 New prehistoric finds from Western Thrace, Greece. *Anatolica* XIX: 33-46.

Efstratiou N.
1996 V. New investigations in Trace. *Die Ägäische Frühzeit. 2. Serie Forschungsbericht 1975-1993. 1. Band. Das Neolithikum in Griechenland mit Ausnahme von Kreta und Zypren*:: 567-580.

Efstratiou N.
1999 Pastoralism in highland Rhodope: Archaeological implications from recent observations. En Bartosiewicz L. y Greenfield H. (eds): *Transhumant pastoralism in southern Europe: recent perspectives from archaeology, history and ethnography*. Archaeolingua publishers (Academy of Sciences), Series Minor 11, Budapest 1999: 145-159

Efstratiou N.
2002 *Ethnoarchaeologikes anazitiseis sta Pomakohoria tis Rodopis*. Ed. Vanias.

Efstratiou N. y Ammerman A.J.
1996 Ta prota evrimata tis Palaiolithikis Epohis sti Thraki. *Archaeologia*, 60: 7-12.

Efstratiou N., Fumanal M.P., Ferrer C., Urem Kotsos D., Curci A., Tagliacozzo A., Stratouli G., Valamoti S.A., Ntinou M., Badal E., Madella A. y Skourtopoulou K.
1998 Excavations at the Neolithic settlement of Makri, Thrace, Greece (1988-1996) - a preliminary report. *Saguntum* 31: 11-62.

Epistimoniki Omada Ereunon.
1982 *Ekthesi gia axiologisi kai diaheiris ts haradras tou Aoou*. Ed. Ypourgeio Syntonismou. Athina.

Evans J.D.
1964 Excavations in the Neolithic settlement of Knossos, 1957 - 60. Part I. *B.S.A.* lix: 132-239.

Fahn A.
1982 *Anatomia vegetal*. Ed. Pirámide, Madrid.

Figueiral I.
1990 *Le Nord-Ouest du Portugal et les modifications de l'ecosysteme, du Bronze final à l'époque romaine, d'apres l'anthracoanalyse de sites archéologiques*. Thèse. Université des Sciences et Techniques du Languedoc. Montpellier.

Figueiral I.
1992 Méthodes en anthracologie: etude de sites du Bronze final et de l'age du Fer du nord-ouest du Portugal. *Bull. Soc. Bot. Fr., 139, Actual. Bot. 1992-2/3/4. Les charbons de bois, les anciens écosystèmes et le rôle de l'homme*: Colloque organisé à Montpellier du 10 au 13 septembre 1991 par J.-L. Vernet: 191-204.

Forest Service,
1989 Forest maps of Greece, 1:200.000. Ministry of Agriculture, Athens.

Fotiadis M.
1985 *Economy, Ecology and settlement among subsistence farmers in the Serres basin, Norhteastern Greece, 5000 - 1000 BC*. Tesis Doctoral. Indiana University.

Galanidou N.
1997 Spatial organization of Klithi. En Bailey G.N. (ed): *Klithi: Palaeolithic Settlement and Quaternary Landscapes in Northwest Greece, Vol. 1: Excavation and Intra-site Analysis at Klithi*. McDonald Institute Monographs: 275-304.

Galanidou N., Tzedakis P.C., Lawson I. T. y Frogley M.R.
2000 A revised chronological and palaeoenvironmental framework for the Kastritsa rockshelter, northwest Greece. *Antiquity*, 74: 349-355.

Gamble C.
1997 The animal bones from Klithi. En Bailey G.N. (ed): *Klithi: Palaeolithic Settlement and Quaternary Landscapes in Northwest Greece, Vol. 1: Excavation and Intra-site Analysis at Klithi*. McDonald Institute Monographs: 207-244.

Gee J.H.R. y Giller P.S.
1991 Contemporary community ecology and environmental archaeology. In Harris D.R. y Thomas K. (eds): *Modelling Ecological Change*: 1-12.

Gentizon A.-L. y Monnier J.-L.
1997 Experimentation en architecture. La reconstitution d'une maison sur pilotis du Neolithique moyen. En *Les sites Littoraux néolithiques de Clairvaux-les-Lacs et de Chalain (Jura) III. Chalain station 3, 3200-2900 av. J.-C.* Vol. 1. Sous la direction de P. Pétrequin. Éditions de la Maison des Sciences de l'Homme, Paris: 143-169.

Gibbon G.
1984 *Anthropological archaeology*. New York. Columbia University Press.

Gould J.
1974 Some current problems in ethnoarchaeology. En Donnan B. y Clewlow C. (eds): *Ethnoarchaeology*. University of California, Institute of Archaeology, Monograph No 4.

Gowlett J. y Carter P.
1997 The Basal Mousterian of Asprochaliko Rockshelter, Louros Valley. En Bailey G.N. (ed): *Klithi: Palaeolithic Settlement and Quaternary Landscapes in Nortwest Greece, Vol. 2: Klithi in its Local and Regional Setting*. McDonald Institute Monographs: 441-456.

Gowlett J., Hedges R. y Housley R.
1997 Klithi: the AMS Radiocarbon dating programme for the site and its environs. En Bailey G.N. (ed): *Klithi: Palaeolithic Settlement and Quaternary Landscapes in Nortwest Greece. Vol. 1: Excavation and Intra-site Analysis at Klithi*. McDonald Institute Monographs: 27-40.

Grau E.
1992a *El uso de la madera en yacimientos valencianos de la Edad de Bronce a época visigoda. Datos etnobotánicos y reconstrucción ecológica según la antracología*. Tesis Doctoral. Universitat de València.

Grau E.
1992b Méthodologie de prélèvement des charbons de bois dans les sites préhistoriques. *Bull. Soc. Bot. Fr., 139, Actual. Bot. 1992-2/3/4. Les charbons de bois, les anciens écosystèmes et le rôle de l'homme*: Colloque organisé à Montpellier du 10 au 13 septembre 1991 par J.-L. Vernet: 205-212.

Greguss P.
1955 *Xylotomische Bestimmung der heute lelebenden Gymnospermen*. Akadémiai Kiadó Budapest.

Greguss P.
1959 *Holtzanatomie der europaischen Lauhölzer und staücher*. Akadémiai Kiadó Budapest.

Haas J. N. y Schweingruber F. H.
1993 Wood-anatomical evidence of pollarding in ash stems from the Valais, Switzerland. *Dendrochronologia*, 11: 35-43.

Halstead P.
1981 Counting sheep in Neolithic and Bronze Age Greece. En Hodder I., Isaac G. y Hammond N. (eds): *Pattern of the Past*: 307-339.

Halstead P.
1992 From reciprocity to redistribution: modelling the exchange of livestock in Neolithic Greece. *Anthropozoologica*, 16: 19-30.

Halstead P.
1995 Plough and Power: the economic and social significance of cultivation with the ox-drawn ard in the Mediterranean. *Bulletin of Sumerian Agriculture*, 8: 11-22.

Halstead P.
1996 The development of agriculture and pastoralism in Greece: when, how, who and what? En Harris D.R. (ed): *The Origins and Spread of Agriculture and Pastoralism in Eurasia*: 296-309.

Halstead P.
1998 Ask the fellows who lop the hay: Leaf-fodder in the mountains of northwest Greece. *Rural History*, 9, 2: 211-234.

Hansen J.
1991 *The palaeoethnobotany of Franchthi Cave*. Excavations at Franchthi Cave, Greece, Fascicle 7. Indiana University Press, Bloomington and Indianapolis.

Harrison S.P. y Digerfeldt G.
1993 European lakes as palaeohydrological and palaeoclimatic indicators. *Quaternary Science Reviews*, 12: 233-248.

Heinz C.
1990 Dynamique des végétations Holocenes en Mediterranée Nord Occidentale d'après l'antracoanalyse de sites préhistoriques: méthodologie et paléoécologie. *Paleobiologie Continentale*, vol. XVI, N°2.

Heinz C.
1991 Upper Pleistocene and Holocene vegetation in the south of France and Andorra. Adaptations and first ruptures: New charcoal analysis data. *Review of Palaeobotany and Palynology*, 69: 299-324.

Heinz C.
1993 La vegetación de los Pirineos Orientales en relación con las actividades humanas desde el Neolítico medio hasta el Bronze final. *Estudios sobre el Cuaternario, VIII Reunión Nacional sobre Cuaternario*, Valencia 1991: 199-204.

Heinz C., Ruas M.P. y Vaquer J.
1992 La grotte de l'Abeurador (Félines-Minervois, Hérault): paléoécologie d'apres l'anthracologie et la carpologie. *Bull. Soc. Bot. Fr., 139, Actual. Bot. 1992-2/3/4. Les charbons de bois, les anciens écosystèmes et le rôle de l'homme*: Colloque organisé à Montpellier du 10 au 13 septembre 1991 par J.-L. Vernet: 465-482.

Heinz C. y Barbaza M.
1998 Environmental changes during the Late Glacial and Post-Glacial in the central Pyrenees (France): new charcoal analysis and archaeological data. *Review of Palaeobotany and Palynology*, 104: 1-17.

Higgs E.S.
1964 A hand axe from Greece. *Antiquity* 38: 54-55.

Higgs E.S.
1972 *Palaeoeconomy*. Cambridge University Press.

Higgs E.S. y Vita-Finzi C.
1972 Prehistoric Economies: A territorial approach. En Higgs E.S. (ed.) *Papers in Economic Prehistory*: 27-36.

Hourmouziadis G. X.
1996: *(Dispilio Kastoria), the prehistoric lakeside settlement*. Codex Editions.

Hourmouziadi A. y Yangoulis T.
(en prensa) Provlimata kai methodoi preoseggisis tou horou. En Hourmouziadis (ed.): *Anaskafi Dispiliou.*

Huntley B.
1990 European vegetation history: palaeovegetation maps from pollen data - 13000 yr BP to present. *Journal of Quaternanry Science*, 5: 103-122.

Huxteble J., Gowlett J.A.J., Bailey G.N., Carter P.L. y Papaconstantinou V.
1992 Thermoluminiscense Dates and a New Analysis of the Early Mousterian from Asprochaliko. *Current Anthropology*, 33: 1:109-114.

IGME
(1977) Geological Map, Greece. 1:50.000, Alexandroupolis Sheet.

IGME
(1982) Geological Map, Greece. 1:50.000, Maronia Sheet.

Jacquat C.
1988 Hauterive-Champréveyeres. Les plantes de l'âge du Bronze. Contribution à l'histoire de l'environnement et de l'alimentation 1. *Archéologie Neuchâteloise,* 7.

Jacquat C.
1989 Hauterive-Champréveyeres. Les plantes de l'âge du Bronze. Contribution à l'histoire de l'environnement et de l'alimentation 2. *Archéologie Neuchâteloise,* 8.

Jacquiot C.
1955: *Atlas d'anatomie des bois de conifères.* Centre technique du bois. Paris, 2 vol.

Jacquiot C., Trenard Y. y Dirol D.
1973 *Atlas d'Anatomie des bois des Angiospermes*, Centre Techniques du bois, 175 p., 72 pl., 2 vol., Paris.

Jahns S.
1990 Preliminary note on human influence and the history of vegetation in southern Dalmatia and southern Greece. En Bottema S., Entjes-Nieborg G. y van Zeist W. (eds): *Man's role in the Shaping of the Eastern Mediterranean Landscape*, Balkema, Rotterdam: 333-340.

Jahns S.
1993 On the holocene vegetation history of the Argive Plai (Peloponnese, southern Greece). *Vegetation History and Archaeobotany*, 2: 187-203.

Johnsen J., Clausen H.B., Dansgaard W., Fuhrer, Gunderstrup N., Hammer C.U., Iversen, Jouzel J., Stauffer B. y Steffensen J.P.
1992 Irregular glacial interstadials recorded in a new Greenland Ice core. *Nature*, 359: 311-313.

Johnson H.
1994 *La madera.* Editorial Blume.

Karkanas P.
1999: Site formation processes in Dispilio: the contribution of micromorphology. *AEMT, 13:* 631-643.

Kent S.
1987 Understanding the use of space: an ethnoarchaeological approach. En Kent S. (ed): *Method and Theory for activity area research: an ethnoarchaeological approach*, New York: 1-60.

King G. y Bailey G.
1985 The Palaeoenvironment of Some Archaeological Sites in Greece: The Influence of Accumulated Uplift in a Seismically Active Region. *Proceedings of the Prehistoric Society*, 51: 273-282.

King G., Derek S. y Bailey G.
1997 Tectonic Background to the Epirus Landscape. En Bailey G.N. (ed): *Klithi: Palaeolithic Settlement and Quaternary Landscapes in Nortwest Greece, Vol. 2: Klithi in its Local and Regional Setting*. McDonald Institute Monographs: 541-558.

Kotjabopoulou E., Panagopoulou E. y Adam E.
1997 The Boila Rockshelter: a preliminary report. En Bailey G.N. (ed): *Klithi: Palaeolithic Settlement and Quaternary Landscapes in Nortwest Greece, Vol. 2: Klithi in its Local and Regional Setting*. McDonald Institute Monographs: 427-437.

Kotjabopoulou E., Panagopoulou E. y Adam E.
1999 The Boila rockshelter: further evidence of human activity in the Voidomatis Gorge. En Bailey G.N., Adam E., Panagopoulou E., Perlès C. y Zachos K. (eds): The Palaeolithic Archaeology of Greece and Adjacent Areas. Proceedings of the ICOPAG Conference, Ioannina, 1994, *B.S.A. studies* 3:197-210.

Kourtessi-Philippakis G.
1996 I diereunisi tis Palaiolithikis Epohis stin Ellada. *Archaeologia,* 59: 6-31.

Kraus-Marguet I.
1980 *Contribution a l'Histoire de la végétation postglaciaire des grandes causses d'apres l'analyse anthracologique du gisement prehistorique de la Poujade (Commune de Millan-Aveyron).* Diplome d'Études Supérieurs. Université des Sciences et Techniques du Languedoc. Montpellier.

Lambeck K.
1996 Sea-level change and shore line evolution in Aegean Greece since Upper Palaeolithic time. *Antiquity* 70: 588-611.

Lewin J., Macklin M. G. y Woodward J.
1991 Late Quaternary fluvial sedimentation in the Voidomatis Basin, Epirus, northwest Greece. *Quaternary Research*, 35: 103-115.

Lowe J.J. y Walker M.J.C.
1997 *Reconstructing Quaternary Environments*. Longman Group Ltd.

Lundström-Baudais K., Mignot C., Monnier J.-L., Pétrequin A.-M., Pétrequin P. y Richard A.
1997: Le parois en clayonnage et les enduits. En *Les sites Littoraux néolithiques de Clairvaux-les-Lacs et de Chalain (Jura) III. Chalain station 3, 3200-2900 av. J.-C.* Vol. 1. Sous la direction de P. Pétrequin. Éditions de la Maison des Sciences de l'Homme, Paris: 260-276.

Macklin M., Lewin J. y Woodward J.
1997 Quaternary river sedimentary sequences of the Voidomatis basin. En Bailey G.N. (ed): *Klithi: Palaeolithic Settlement and Quaternary Landscapes in Nortwest Greece, Vol. 2: Klithi in its Local and Regional Setting*. McDonald Institute Monographs: 347-359.

Marinval P.
1988 *L'alimentation végétale en France. Du Mésolithique jusque'à l'Âge du Fer.* C.N.R.S., Paris.

Moody J., Rackham O. y George Rapp, Jr.
1996 Environmental Archaeology of Prehistoric NW Crete. *Journal of Field Archaeology*, 23: 273-297.

Moore J.
1997 The infernal cycle of fire ecology. En Topping P. (eds): *Neolithic Landscapes.* Oxbow Monograph, 86: 33-40.

Moss E.
1997 Lithic Use-Wear Analysis. En Bailey G.N. (ed): *Klithi: Palaeolithic Settlement and Quaternary Landscapes in Nortwest Greece, Vol. 1: Excavations and intra-site analysis at Klithi.* McDonald Institute Monographs: 193-205.

Mouseio Goulandri Fysikis Istorias – Ministerio de Medio Ambiente, de Ordenación Teritorial y Obras Públicas (M.M.A.O.T.O.P).
1992 *Meleti oikologiki kai horotaxiki haraktiristikon oikosystimaton oreinon ogkon tis Boreias Pindou*, tomos 1. Inédito.

Ntafis S., Papastergiadou E., Georgiou K., Mpampalonas D., Georgiadis Th., Papageorgiou M., Lazaridou Th., Tsiaousi V.
1997 *Odigia 92/43/EOK. To Ergo Oikotopon stin Ellada: Diktyo FYSI. Symvolaio arithmos B4-3200/84/756, Gen. Dieuthinsi Epitropi Europaikon Koinotiton, mouseio goulandri Fysikis Istorias - Elliniko Kentro Biotopon Ygrotopon*: 932.

Ntinou M.
2000 Prokatarktika apotelesmata tis anthrakologikis ereeunas sto spilaio tis Theopetras, Thessalia. En Kiparissi-Apostolika N. (ed) *Proceedings of the International Scientific Conference: "Theopetra Cave: 12 years of excavation and research»*: 69-80.

Ntinou M.
(inédito) Ta apotelesmata tis anthrakologikis ereunas sto spilaio tou Kuklopa sto nisi Youra, Boreies Sporades.
Ozenda P. 1975: Sur les étages de végétation dans les montagnes du bassin méditerranéen. *Documents de Cartographie Ecologique*, XVI: 1-32.

Papaconstantinou V. y Vassilopoulou D.
1997 The Middle Palaeolithic Industries of Epirus. En Bailey G.N. (ed): *Klithi: Palaeolithic Settlement and Quaternary Landscapes in Nortwest Greece, Vol. 2: Klithi in its Local and Regional Setting*. McDonald Institute Monographs: 459-480.

Passard F.
1986 Plan des villages et architecture des maisons. Essai d'interprétation. En Pétrequin P. (ed): *Les sites littoraux néolithiques de Clairvaux-les-Lacs (Jura), I, Problématique générale. L'exemple de la station III*: 263-288.

Peña-Chocarro L., Zapata Peña L., González Urquijo J.E. y Ibáñez Estévez J.J.
2000 Agricultura, alimentación y uso del combustible: aplicación de modelos etnográficos en arqueobotánica. *Actes de la IIIa reunió sobre economia en el món ibèric. Ibers. Agricultors, Artesans I Comerciants, Saguntum, PLAV*, Extra - 3: 403-420.

Pérez-Obiol R.
1988 Histoire tardiglaciaire et holocène de la végétation de la région volcanique d'Olot (N.E. Péninsule Ibérique). *Pollen et Spores*, XXX, 2: 189-202.

Pérez-Obiol R. y Julià R.
1994 Climatic change on the Iberian Península recorded in a 30,000-Yr pollen record from Lake Banyoles. *Quaternary Research*, 41: 91-98.

Pernaud J-M.
1992 L'interprétation paléoécologique des charbons concentrés dans les fosses-dépotoirs protohistoriques du Carrousel (Louvre, Paris). *Bull. Soc. Bot. Fr., 139, Actual. Bot. 1992-2/3/4. Les charbons de bois, les anciens écosystèmes et le rôle de l'homme*: Colloque organisé à Montpellier du 10 au 13 septembre 1991 par J.-L. Vernet: 329-341.

Pétrequin A.-M. y Pétrequin P.
1988 *Le Neolithique des Lacs. Préhistoire des lacs de Chalain et de Clairvaux (4.000-2.000 av. J.-C.)*. Editions Errance.

Pétrequin P.
1991 *Construire un maison: 3000 ans avant J.-C.*

Pétrequin P.
1996 Management of architectural woods and variations in population density in the fourth and third millenia B.C (Lakes Chalain and Clairvaux, Jura, France). *Journal of Anthropological Archaeology*, 15: 1-19.

Pétrequin P. y Pétrequin A.-M.
1993 *Écologie d'un outil: la hache de pierre en Irian Jaya (Indonésie).* Monograpie du CRA 12, CNRS Editions.

Peyron O., Guiot J., Cheddadi R., Tarasov P., Reille. M., de Beaulieu J.-L., Bottema S. y Andrieu V.
1998 Climatic reconstruction in Europe for 18,000 BP from pollen data. *Quaternary Research*, 49: 183-196.

Polunin O.
1976 *Arboles y arbustos de Europa*. Editorial Omega, S.A., Barcelona, 1993.

Polunin O.
1980 *Flowers of Greece and the Balkans: a field guide.* Oxford University Press.

Polunin O.
1991 *Guía de campo de las flores de Europa*. Editorial Omega, S.A., Barcelona.

Prentice I.C., Guiot J. y Harrison S.
1992 Mediterranean vegetation, lake levels and palaeoclimate at the Last Glacial Maximum. *Nature*, 360: 658-660.

Press B.
1992 *Field Guide to the trees of Britain and Europe.* Editorial CEAC, Barcelona 1993.

Quézel P. y Barbéro M.
1985*: Carte de la végétation potentielle de la région méditerranéenne*. Eds CNRS, Paris.

Rackham O.
1986 Appendix A. Charcoal. En Renfrew C., Gimbutas M. y Elster E. (eds.): *Excavationas at Sitagroi: a prehistoric village in Northeast Greece*, I. Monumenta Archaeologica, 13, Los Angeles: 55-62.

Ramil Rego P.
1993 Evolución climática e historia de la vegetación durante el Pleistoceno superior y el Holoceno enlas regiones montañosas del noroeste ibérico. En Pérez Alberti A., Guitián Rivera L. y Ramil Rego P. (eds.): *La evolución del paisaje en las montañas del entorno de los caminos jacobeos*, Xunta de Galícia: 25-60.

Rasmussen P.
1993 Analysis of Goat/Sheep Faeces from Ergolzwil 3, Switzerland: Evidence from Branch and Twig Foddering of Livestock in the Neolithic. *Journal of Archaeological Science*, 20: 479-502.

Raymont-Mignon M.
1993 *Dictionary of Concepts in Archaeology.* London.

Redman C., Berman M., Curtin E., Langhorne W., Versaggi N. y Wasner J. (eds)
1978 *Social archaeology. Beyond subsistence and dating.* New York.

Reille M. y Lowe J.J.
1993 A re-evaluation of the vegetation history of the eastern Pyrenees (France) from the end of the Last Glacial to the present. *Quaternary Science Reviews,* 12: 47-77.

Riou-Nivert P.
1996 *Les résineux.* Tome I: Connaissance et reconnaissance. Institut pour le développement forestier.

Rossignol-Strick M.
1995 Sea-land correlation of pollen records in the eastern Mediterranean for the Glacial-Interglacial transition: biostratigraphy versus radiometric time-scale. *Quaternary Science Reviews,* 14: 893-915.

Roubet C.
1997 The Lithic Domain at Klithi. Technology of Production and the Chaine Opératoire. En Bailey G.N. (ed): *Klithi: Palaeolithic Settlement and Quaternary Landscapes in Nortwest Greece, Vol. 1: Excavations and Intra-site Analysis at Klithi.* McDonald Institute Monographs: 125-153.

Runnels C.
1995 Review of Aegean Prehistory IV: The Stone Age of Greece from the Palaeolithic to the advent of the Neolithic. *American Journal of Archaeology*, 99: 699-728.

Runells C. y van Andel H.
1993 A handaxe from Kokkinopilos, Epirus, and its implications for the Palaeolithic in Greece and the southern Balkans. *Journal of Field Archaeology,* 24: 191-203.

Schweingruber F.H.
1978 *Mikroskopische holzanatomie*. Zürcher, AG, Zug: 226 p.

Schweingruber F.H.
1990 *Anatomie Europäischer Hölzer. Anatomy of European Woods*, 800 p., Haupt, Bern und Stuttgart.

Sfikas G.
1994 *Dentra kai thamnoi tis Elladas.* Ed. Efstathiadis Group A.E.

Shackleton C.M. y Prins F.
1992: Charcoal Analysis and the "Principle of Least Effort"-A Conceptual Model. *Journal of Archaeological Science,* 19: 631-637.

Sherratt A.
1980 Water, soil and seasonality in Early Cereal Cultivation. *World Archaeology*, 11: 313-330.

Sherratt A.
1981 Plough and Pastoralism: aspects of the secondary products revolution. In Hodder I., Isaac G. y Hammond N. (eds): *Pattern of the Past*: 261-305.

Smart T. y Hoffman E.
1988 Environmental interpretation of archaeological charcoal. En Hastorf C.A. y Popper V.S. (eds): *Current Palaeoethnobotany. Analytical Methods and Cultural Interpretations of Archaeological Plant Remains*: 167-205.

Steadman S.R. 1995 Prehistoric Interregional Interaction in Anatolia and the Balkans: an Overview. *BASOR*, 299/300: 13-32.

Sturdy D., Webley D. y Bailey G.
1997 The Palaeolithic Geography of Epirus. En Bailey G.N. (ed): *Klithi: Palaeolithic Settlement and Quaternary Landscapes in Nortwest Greece, Vol. 2: Klithi in its Local and Regional Setting*. McDonald Institute Monographs: 587-614.

Tarasov P.E., Cheddadi R., Guiot J., Bottema S., Peyron O., Belmonte J., Ruiz-Sanchez V., Saadi F y Brewer S.
1998 A method to determine warm and cool steppe biomes from pollen data; application to the Mediterranean and Kazakhstan regions. *Journal of Quaternary Science*, 13 (4): 335-344.

Théry-Parisot I.
1998 *Économie du combustible et Paléoécologie en contexte glaciaire et périglaciaire, Paléolithique moyen et supérieur du sud de la France. Anthracologie, Expérimentation, Taphonomie*. Tesis Doctoral. Académie de Paris, Université de Paris I Panthéon-Sorbonne.

Thiébault S.
1988 *L'homme et le milieu végétal. Analyses anthracologiques de six gisements des Préalpes au Tardi et au Postglaciaire*. Documents d'Archeologie Française, 15. Éditions de la Maison des Sciences de l'Homme, Paris.
Treuil R., Darcque P., Poursat J.-Cl. y Touchais G.
1989: *Les civilisations égéennes du Néolithique et de l'Age du Bronze*. Press Universitaires de France. Ed. Kardamitsa, en griego 1996.

Tsounis G. y Sfikas G.
1993 *Ecotouristic Guide of Greece*. Edición General Secretariat of Youth-Hellenic Society for the Protection of Nature, Athens.

Turner C. y Sanchez-Goñi M.-F.
1997 Late Glacial Landscape and vegetation in Epirus. En Bailey G.N. (ed): *Klithi: Palaeolithic Settlement and Quaternary Landscapes in Nortwest Greece, Vol. 2: Klithi in its Local and Regional Setting*. McDonald Institute Monographs: 559-585.

Turner J. y Greig J.A.R.
1975 Some holocene pollen diagrams from Greece. *Review of Palaeobotany and Palynology*, 20: 171-204.

Turner J. y Greig J.A.R.
1986: Vegetational History. En Renfrew C., Gimbutas M. y Elster E. (eds.): *Excavationas at Sitagroi: a prehistoric village in Northeast Greece*, I. Monumenta Archaeologica, 13, Los Angeles: 44-54.

Tzedakis P.C.
1993 Long-term tree populations in northwest Greece through multiple Quaternary climatic cycles. *Nature*, 364: 437-440.

Tzedakis P.C.
1994 Vegetation change through glacial-interglacial cycles: a long pollen sequence perspective. *Phil. trans. R. Soc. Lond. B*, 345: 403-432.

Tzedakis P.C.
1999 The last climatic cycle at Kopais, central Greece. *Journal of the Geological Society*, London, Vol. 156: 425-434.

Tzedakis P.C. y Bennett K.D.
1995 Interglacial vegetation succesion: a view from southern Europe. *Quaternary Science Reviews* 14: 967-982.

van Andel T.H. y Shackleton J. C.
1982 Late Paleolithic and Mesolithic coastlines of Greece and the Aegean. *Journal of Field Archaeology*, 9: 445-454.

van Andel T. y Zangger E.
1990 Landscape stability and destabilisation in the prehistory of Greece. En Bottema S., Entjes-Nieborg G. y van Zeist W. (eds): *Man's role in the Shaping of the Eastern Mediterranean Landscape*, Balkema, Rotterdam: 139-157.

van Andel T., Zangger E. y Demitrack A.
1990 Land use and soil erosion in prehistoric and historical Greece. *Journal of Field Archaeology*, 17: 379-396.

van der Hammen T., Wijmstra T.A. y Zagwijn W.H.
1971 The floral record of the Late Cenozoic of Europe. En T.K.K. Turekian (eds): *The Late Cenozoic Glacial Age*. Yale University: 391-424.

van Zeist W. y Bottema S.
1982 Vegetational history of the Eastern Mediterranean and the Near East during the Last 20,000 years. In J.L. Bintliff and W. van Zeist (eds): Palaeoclimates, Palaeoenvironments and Human Communities in the Eastern Mediterranean Region in Later Prehistory. *BAR International Series*, 133: 277-321.

Vernet J.-L.
1973 Étude sur l'histoire de la végétation du Sud-Est de la France au Quaternaire d'ápres l'étude des charbons de bois principalement. *Paléobiologie continentale, IV, 1*.

Vernet J.-L.
1997 *L'homme et la forêt méditerranéenne de la Préhistoire à nos jours*. Editions Errance.

Vernet J.-L., Bazile E. y Evin J.
1979 Coordination des analyses anthracologiques et des datations absolues sur charbons de bois. *Bull. St. Préhist. Fr.* 76, 3: 76-79.

Villaverde V., Martínez-Valle R., Guillem-Calatayud P.M., Badal E., Zalbidea L. y García R.
1997 Els nivells Magdalenians de la Cova de les Cendres (Teulada, Moraira). Resultats del sondeig del Quadre A - 17. *Aguaits,* 13-14: 77-115.

Wijmstra T.A.
1969 Palynology of the first 30 metres of a 120 m deep section in northern Greece. *Acta Botanica Neerlandica,* 18: 511-527.

Willis K.J.
1992a The late Quaternary vegetational history of northwest Greece. I Lake Gramousti. *New Phytologist,* 121: 101-117.

Willis K.J.
1992b The late Quaternary vegetational history of northwest Greece. II Rezina Marsh. *New Phytologist,* 121: 119-138.

Willis K.J.
1992c The late Quaternary vegetational history of northwest Greece. III A comparative study of two contrasting sites. *New Phytologist,* 121: 139-155.

Willis K.J.
1994a Altitudinal variation in the late Quaternary vegetational history of northwest Greece. *Historical Biology,* 9: 103-116.

Willis K.J.
1994b The vegetational history of the Balkans. *Quaternary Science Reviews,* 13: 769-788.

Willis K.J.
1995 Land degradation in the Balkans: Variations in time and space. *L'homme et la dégradation de l'environnement. XVe Recontres Internationales d'Archéologie et Histoire d'Antibes*: 161-174.

Willis K.J.
1997 Vegetational history of the Klithi environment: a palaeoecological viewpoint. En G.N. Bailey (ed) *Klithi: Palaeolithic Settlement and Quaternary Landscapes in Nortwest Greece, Vol. 2: Klithi in its Local and Regional Setting*. McDonald Institute Monographs: 395-413.

Willis K.J., Sümegi P., Braun M., Bennett K.D y Tóth A.
1998 Prehistoric land degradation in Hungary who, how and why? *Antiquity*, 72: 101-113.

Woodward J.C., Hamlin R.H.B., Macklin M.G., Karkanas P. y Kotjabopoulou E.
2001 Quantitative Sourcing of Slackwater Deposits at Boila Rockshelter: A Record of Lateglacial Flooding and Palaeolithic Settlement in the Pindus Mountains, Northwest Greece. *Geoarchaeology*, Vol. 16, No. 5: 501-536.

Zagwijn W.H.
1992 Migration of vegetation during the Quaternary in Europe. *Courier Forsch. Inst. Senckenberg*, 153: 9-20.

Zagwijn W.H.
1994 Reconstruction of climate change during the Holocene in western and central Europe based on pollen records of indicator species. *Vegetation history and Archaeobotany*, 3: 65-88.

Zapata Peña L. 1999 *La explotación de los recursos vegetales y el origen de la agricultura en el País Vasco: Análisis arqueobotánicos de macrorrestos vegetales.* Tesis Doctoral, Vitoria - Gasteiz, Universidad del País Vasco.

Zvelebil M.
1994 Plant Use in the Mesolithic and its Role in the Transition to Farming. *Proceedings of the Prehistoric Society*, 60: 35-74.

www.ingramcontent.com/pod-product-compliance
Lightning Source LLC
LaVergne TN
LVHW072250300926
849160LV00018B/1632